高等学校计算机专业系列教材

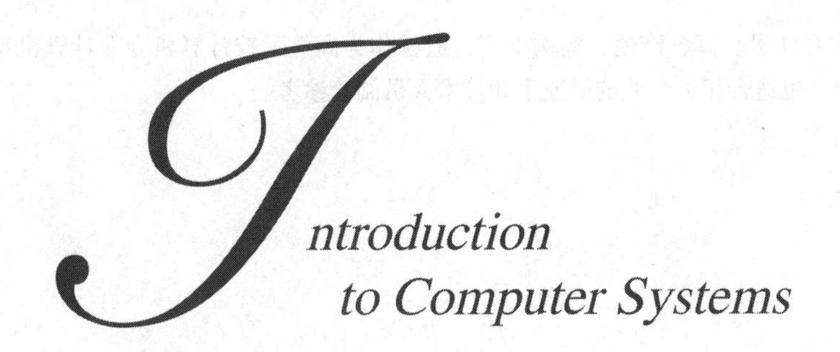

计算机系统导论

袁春风　余子濠　●编著

机械工业出版社
CHINA MACHINE PRESS

本书主要面向应用型大学计算机类专业学生，从程序员的视角出发，围绕可执行文件的生成、加载和执行，重点介绍如何利用计算机系统相关知识来编写更有效的程序。全书将每个环节涉及的硬件和软件的基本概念关联起来，帮助学生建立完整的层次框架，从而加强“系统观”。本书共分8章，涵盖计算机系统概述、高级语言程序、数据的机器级表示、数据的基本运算、指令集体系结构、程序的机器级表示、程序的链接、程序的加载和执行等内容。

本书内容详尽、概念清楚、实例丰富，适合作为高等学校计算机专业计算机系统相关课程的教材，也适合相关专业的研究生和技术人员阅读参考。

图书在版编目（CIP）数据

计算机系统导论 / 袁春风，余子濠编著 . —北京：机械工业出版社，2023.6
高等学校计算机专业系列教材
ISBN 978-7-111-73093-4

Ⅰ. ①计… Ⅱ. ①袁… ②余… Ⅲ. ①计算机系统 – 高等学校 – 教材 Ⅳ. ① TP303

中国国家版本馆 CIP 数据核字（2023）第 073827 号

机械工业出版社（北京市百万庄大街 22 号 邮政编码：100037）
策划编辑：曲 熠 责任编辑：曲 熠 关 敏
责任校对：韩佳欣 王 延 责任印制：张 博
保定市中画美凯印刷有限公司印刷
2023 年 8 月第 1 版第 1 次印刷
185mm × 260mm · 19 印张 · 423 千字
标准书号：ISBN 978-7-111-73093-4
定价：79.00 元

电话服务 网络服务
客服电话：010-88361066 机 工 官 网：www.cmpbook.com
010-88379833 机 工 官 博：weibo.com/cmp1952
010-68326294 金 书 网：www.golden-book.com
封底无防伪标均为盗版 机工教育服务网：www.cmpedu.com

前　言

随着计算机信息技术的飞速发展，早期多人一机的主机 – 终端模式发展为 PC（个人计算机）时代的一人一机模式，又发展为如今的人 – 机 – 物互联的智能化大数据并行计算模式。现如今各行各业都离不开计算机信息技术，计算机信息产业对我国现代化战略目标的实现发挥着极其重要的支撑作用。这对计算机专业人才培养提出了更高的要求，原先传统的计算机专业教学课程体系和教学内容已经远远不能反映现代社会对计算机专业人才的培养要求，特别是传统课程体系按计算机系统抽象层划分课程，不同课程内容之间相互割裂，软件和硬件分离，导致学生无法形成计算机系统的整体概念，缺乏“系统思维”。为此，过去十多年来，教育部高等学校计算机类专业教学指导委员会在全国开展了计算机类专业系统能力培养教学改革，重新规划教学课程体系，调整教学理念和教学内容，加强学生系统能力培养，使学生能够深刻理解计算机系统整体概念，更好地掌握软 / 硬件协同设计和并行程序设计技术，从而更多地培养出满足业界需求的各类计算机专业人才。

虽然不同类型高校的计算机类专业人才培养目标有所区别，例如，对于应用型大学计算机专业学生来说，毕业后绝大部分将从事计算机系统应用开发工作而不会直接从事计算机硬件和系统软件的设计开发工作，但是，不管培养计算机系统哪个层面的技术人才，计算机专业教育都要重视学生“系统观”的培养。本书的主要目的就是为加强计算机专业学生的“系统观”而提供一本关于“计算机系统导论”课程教学的教材，该课程主要面向应用型大学的计算机类专业课程体系而设置。

本书的写作思路和内容组织

本书从程序员视角出发，重点介绍应用程序员应该如何利用计算机系统相关知识来编写更有效的程序。本书以高级语言程序的开发和运行过程为主线，将该过程中每个环节涉及的硬件和软件的基本概念关联起来，试图使读者建立完整的计算机系统层次结构框架，了解计算机系统全貌和相关知识体系，初步理解计算机系统中每个抽象层及其相互转换关系，建立高级语言程序、ISA（指令集体系结构）、OS（操作系统）、编译器、链接器之间的相互关联，对指令在硬件上的执行过程和指令的底层硬件执行机制有一定的认识和理解，从而增强程序调试、性能优化、移植和健壮性保证等方面的能力，并为后续相关课程的学习打下坚实基础。

本书从高级语言程序中的变量 / 常量及其运算、控制结构语句和函数调用出发，将 C 语言程序与后续各章节的内容建立关联并进行导引。本书的具体内容包括数据在机器中的表示、数据在机器中的基本运算、指令集体系结构的基本内容、程序中各类控制语句和函数调用对应的机器级代码结构、复杂数据类型的分配和访问、缓冲区溢出及其攻击和防范、可执行目标代码的链接和加载、可执行文件中指令序列的基本执行过程等。

不管构建一个计算机系统的各类硬件和软件差别有多大，计算机系统的构建原理以及在计算机系统上程序的转换和执行机理都是相通的，因而，本书仅介绍一种特定计算机系统平台下的相关内容。

本书共分 8 章：第 1 章是计算机系统概述；第 2 章是高级语言程序；第 3 章和第 4 章分别介绍高级语言程序中数据的机器级表示及其在机器中的各类基本运算方法；第 5 章主要介绍 IA-32/x86-64 指令系统；第 6 章介绍 C 语言程序中的函数调用和各类语句所对应的底层机器级表示，展示高级语言程序与机器级语言程序的对应转换关系；第 7 章主要介绍如何将不同的程序模块链接起来构成可执行目标文件，展示程序的链接环节；第 8 章简要介绍程序的加载和执行，包括进程的存储器映射和进程的上下文切换，以及用于执行程序的 CPU 的基本功能和基本组成。

读者所需的背景知识

本书假定读者有一定的 C 语言程序设计基础，已经掌握了 C 语言的语法和各类控制语句、数据类型及其运算、各类表达式、函数调用和 C 语言的标准库函数等相关知识。

此外，本书介绍了计算机中的基本运算电路和程序中指令的执行过程，理解这些内容需要掌握布尔代数、逻辑表达式和基本逻辑门电路等基础知识，因而本书假定读者具有数字逻辑电路课程的基础。如果读者不具备这些背景知识也没有关系，本书 4.1 节对布尔代数和数字逻辑基础进行了简要介绍，在此基础上可进一步学习和理解基本运算电路与指令执行过程等内容。

本书所用平台为 IA-32/x86-64+Linux+GCC+C 语言。书中大多数 C 语言程序对应的机器级表示都是基于 IA-32/x86-64+Linux 平台用 GCC 编译器生成的。本书会在介绍程序的机器级表示之前，先简要介绍 IA-32/x86-64 指令集体系结构，包括其机器语言和汇编语言，因而，读者不需要具有任何机器语言和汇编语言的背景知识。

对于 gcc 工具软件和 GDB 调试软件的使用方法，本书附录中做了简要介绍，许多使用上的细节问题请读者自行在网上搜索答案。

本书在课程体系中的位置

传统计算机专业课程体系设置多按计算机系统层次结构进行横向切分，自下而上分解成数字逻辑电路、计算机组成原理、汇编程序设计、操作系统、编译原理、程序设计等课程，而且，每门课程都仅局限在本抽象层，相互之间几乎没有关联，因而学生对整个计算机系统的认识过程就像“盲人摸象”一样，很难形成对完整计算机系统的全面认识。

本书在内容上注重计算机系统各抽象层的纵向关联，将高级语言程序、汇编语言程序、机器代码及其执行串联起来，为学生进一步学习后续相关课程打下坚实的基础，适合在完成程序设计基础课程后进行学习。本书内容贯穿计算机系统的各个抽象层，是关于计算机系统的最基础的内容，因而使用本书作为教材开设的课程适用于所有计算机相关专业。使用本书作为教材开设的课程名称可以是“计算机系统导论”“计算机系统基础”等，该课程作为高级语言程序设计课程的解疑答惑课程，在程序设计课程、讲解程序编译转换及程序运行和系统管理机制等系统类课程之间起着承上启下的作用，因此该课程可以是后续所有系统类课程的前导课程。

如何阅读本书

本书试图将计算机系统各抽象层涉及的重要概念通过程序的开发和加载、执行为主线串接起来，因而本书涉及的所有问题和内容都是从程序出发的，这些内容涉及程序中数据的表示及运算，或者涉及程序对应的机器级表示，或者涉及多个程序模块的链接，或者涉及程序的加载及执行，或者涉及程序执行过程中的异常中断事件等。从读者熟悉的程序开发和加载、执行出发来介绍计算机系统基本概念，可以使读者将新学的概念与已有的知识建立关联，不断拓展和深化知识体系。特别是，因为所有内容都从程序出发，所以所有内容都可以通过具体程序进行验证，读者可以在边学边做中将所学知识转化为实践能力。

本书虽然涉及内容较广，但所有内容之间具有非常紧密的关联，因而，建议读者在阅读本书时采用“整体性”学习方法：通过对第 1 章的学习先建立一个粗略的计算机系统整体框架；然后通过第 2 章高级语言程序的相关内容，一边回顾前导课程所学内容，一边将高级语言程序中的相关内容与后续各章内容建立关联；再不断地通过对后续章节的学习，将新的内容与前面所学内容贯穿起来，以逐步细化计算机系统框架内容，最终形成比较完整的、相互密切关联的计算机系统整体概念。

本书提供了大量的例题和课后习题，这些题目大多是具体的程序示例，通过对这些示例的分析或验证性实践，读者可以对基本概念有更加深刻的理解。因此，读者在阅读本书时，若遇到一些难以理解的概念，可以先不用仔细琢磨，而是通过具体的程序示例来对照基本概念和相关手册中的具体规定进行理解。

本书提供的小贴士对理解书中的基本概念很有用，由于篇幅有限，这些补充资料不可能占用很大篇幅，大多是简要内容。如果读者希望了解更多细节，可以自行到网上查找。

本书虽然涉及高级语言程序设计、数字逻辑电路、汇编语言程序、计算机组成与系统结构、操作系统、编译和链接等内容，但是，本书主要讲解它们之间的关联，而不提供其细节，如果读者想要了解更详细的关于数字系统设计、操作系统、编译技术、计算机体系结构等方面的内容，还是要阅读相关的专业书籍。不过，若读者学完本书后再去阅读专业书籍，则会轻松很多。

致谢

衷心感谢在本书的编写过程中给予我热情鼓励和中肯建议的各位专家、同事和学生，正是因为有他们的鞭策、鼓励和协助，本书的编写才能顺利完成。

在本书的编写过程中，得到了国防科技大学王志英教授、北京航空航天大学马殿富教授、西北工业大学周兴社教授、武汉大学何炎祥教授、北京大学陈向群教授等各位专家的悉心指导和热情鼓励，浙江大学城市学院杨起帆教授对本书提出了许多宝贵的修改意见，西安邮电大学陈莉君教授、山东大学杨兴强教授和中国石油大学（华东）张琼声副教授从书稿的篇章结构到内容各方面都提出了许多宝贵的意见，中国海洋大学蒋永国副教授对本书的编写修改提出了很好的建议，中国石油大学（华东）范志东同学提供了第7章中某可执行文件程序头表中的部分信息，在此表示衷心的感谢。

本书以我在南京大学讲授的“计算机组成与系统结构”和“计算机系统基础”两门课程的部分讲稿内容为基础，感谢南京大学各位同人和各届学生对讲稿内容与教学过程所提出的宝贵反馈和改进意见，这使本书的内容得以不断改进和完善。本书第二作者余子濠博士对书中大部分程序进行了验证，并对书中相关内容与对应手册中的规定进行了详细的核对和审查，对一些关键内容提出了有益的修改意见。

结束语

本书广泛参考了国内外相关的经典教材和教案，在内容上力求做到取材先进并反映技术发展现状；在内容的组织和描述上力求概念准确、语言通俗易懂、实例深入浅出，并尽量利用图示和实例来解释和说明问题。但是，由于计算机系统相关技术仍在不断发展，新的思想、概念、技术和方法不断涌现，加之作者水平有限，在编写中难免存在不当或遗漏之处，恳请广大读者对本书的不足之处给予指正，以便在后续的版本中予以改进。

袁春风　于南京

2023年3月

目　录

第1章　计算机系统概述

本书主要围绕高级语言程序到机器级代码的转换过程、高级语言程序中的变量和常量以及表达式和语句的机器级表示、程序的链接、可执行文件的加载和执行等基本问题，介绍程序开发和执行的基本原理以及所涉及的重要概念，为高级语言程序员展示高级语言源程序与机器级代码之间的对应关系以及机器级代码在计算机硬件上的执行机制，通过将高级语言程序、语言处理软件（编译器、汇编器、链接器等）、指令集体系结构、操作系统等计算机系统核心内容贯穿起来，以增强读者的计算机系统思维。

本章概要介绍计算机的基本工作原理、冯·诺依曼结构基本思想及冯·诺依曼结构计算机的基本构成、程序和指令执行过程、计算机系统的基本功能和基本组成、程序的开发与运行、计算机系统层次结构。

1.1　计算机基本工作原理

1.1.1　冯·诺依曼结构基本思想

世界上第一台真正意义上的电子数字计算机是在1935～1939年间由美国艾奥瓦州立大学物理系副教授约翰·文森特·阿塔那索夫（John Vincent Atanasoff）和其合作者克利福特·贝瑞（Clifford Berry，当时还是物理系研究生）研制成功的，用了300个电子管，取名为ABC（Atanasoff-Berry Computer）。不过这台机器只是个样机，并没有完全实现阿塔那索夫的构想。

1946年2月，在美国研制成功了真正实用的电子数字计算机ENIAC（Electronic Numerical Integrator and Computer），不过，其设计思想基本来源于ABC，只是采用了更多的电子管，运算能力更强大。它的负责人是约翰·W. 莫克利（John W. Mauchly）和J. 普罗斯帕·艾克特（J. Presper Eckert）。他们制造完ENIAC后就立刻申请并获得了美国专利。就是这个专利导致了ABC和ENIAC之间长期的“世界第一台电子计算机”之争。

1973年美国明尼苏达地区法院给出正式宣判，推翻并吊销了莫克利的专利。虽然他们失去了专利，但是他们的功劳还是不能抹杀，毕竟是他们按照阿塔那索夫的思想完整地制造出了真正意义上的电子数字计算机。

现在国际计算机界公认的事实是：第一台电子计算机的真正发明人是美国的约翰·文森特·阿塔那索夫（1903—1995）。他在国际计算机界被称为“电子计算机之父”。

ENIAC的研制主要是为了解决美军复杂的弹道计算问题。它用十进制表示信息，通过设置开关和插拔电缆手动编程，每秒钟能进行5000次加法运算或50次乘法运算。1944年夏季的一天，冯·诺依曼巧遇美国弹道实验室的军方负责人戈尔斯坦。于是，冯·诺依曼被戈尔斯坦介绍加入了ENIAC研制组。在ENIAC研制的同时，冯·诺依曼等人开始考虑研制另一台电子计算机EDVAC（Electronic Discrete Variable Automatic Computer)。1945年，冯·诺依曼以“关于EDVAC的报告草案”为题，起草了长达101页的报告，发表了全新的存储程序（stored-program）通用电子计算机方案，宣告了现代计算机结构——冯·诺依曼结构的诞生。

“存储程序”方式的基本思想是：必须将事先编好的程序和原始数据送入存储器后才能执行程序，一旦程序被启动执行，计算机能在无须操作人员干预下自动完成逐条指令取出和执行的任务。

从20世纪40年代计算机诞生以来，尽管硬件技术已经经历了电子管、晶体管、集成电路和超大规模集成电路等发展阶段，计算机体系结构也取得了很大发展，但绝大部分通用计算机硬件的基本组成和计算机工作方式仍然具有冯·诺依曼结构特征。

冯·诺依曼结构的基本思想主要包括以下几个方面。

1）采用“存储程序”工作方式。

2）计算机内部以二进制形式表示指令和数据；每条指令由操作码和地址码两部分组成，操作码指出操作类型，地址码指出操作数的地址；由一串指令组成程序。

3）计算机由运算器、控制器、存储器、输入设备和输出设备5个基本部分组成。

4）存储器不仅能存放数据，也能存放指令，数据和指令在形式上没有区别，但计算机应能区分它们；控制器应能自动执行指令；运算器应能进行算术运算，也能进行逻辑运算；操作人员可以通过输入/输出设备使用计算机。

1.1.2 冯·诺依曼模型机基本结构

根据冯·诺依曼结构的基本思想可以给出一个冯·诺依曼结构模型机的基本硬件结构。如图1.1所示，模型机中主要包括：

1）用来存放指令和数据的**主存储器**，简称**主存**或**内存**；

2）用来进行算术逻辑运算的部件，即**算术逻辑部件**（Arithmetic Logic Unit，ALU)，在ALU操作控制信号ALUop的控制下，ALU可以对输入端A和B进行不同的运算，得到结果F；

3）用于自动逐条取出指令并进行译码的部件，即**控制部件**（Control Unit，CU)，也称**控制器**；

4）用来和用户交互的输入设备和输出设备。

在图1.1中，为了临时存放从主存取来的数据或运算的结果，还需要若干通用寄存器组成**通用寄存器组**（General Purpose Register set，GPRs)，ALU的两个输入端A和B的数据来自通用寄存器；ALU运算的结果会产生标志信息，例如，结果是否为0（零标志ZF)、是否为负数（符号标志SF）等，这些标志信息需要记录在专门的**标志寄存器**中；从主存取来的指令需要临时保存在**指令寄存器**（Instruction Register，IR）中，最简单的指令格式包含操作码字段 op 和地址码字段 addr；CPU 为了自动按序读取主存中的指令，还需要有一个**程序计数器**（Program Counter，PC），在执行当前指令的过程中，自动计算出下一条指令的地址并送到 PC 中保存。通常把控制部件、运算部件和各类寄存器互连组成的电路称为**中央处理器**（Central Processing Unit，CPU），简称处理器。

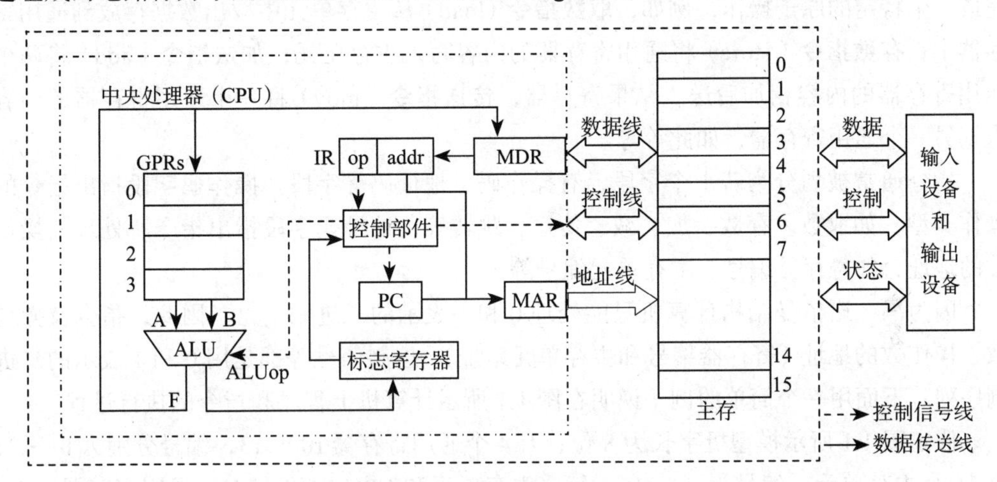

图 1.1　模型机的基本硬件结构

CPU 需要从通用寄存器中取数据到 ALU 中进行运算，或者把 ALU 运算的结果保存到通用寄存器中，因此，需要给每个通用寄存器编号；同样，主存中每个单元也需要编号，称为**主存单元地址**，简称**主存地址**。通用寄存器和主存都属于存储部件。通常，计算机中的存储部件从 0 开始编号，例如，图 1.1 中 4 个通用寄存器编号分别为 0、1、2 和 3，对应的二进制数占两位，分别为 00、01、10、11；16 个主存单元编号分别为 0 ～ 15，对应的二进制数占 4 位，分别为 0000、0001、0010、0011、0100、0101、0110、0111、1000、1001、1010、1011、1100、1101、1110、1111。可以看出，用 0 和 1 按顺序进行排列组合，就能表示十进制数的值。关于各类信息的二进制编码方式将在第 3 章详细介绍。

为了从主存取指令和存取数据，CPU 需要通过传输介质和主存相连。通常把连接不同部件进行信息传输的介质称为**总线**，其中包含分别用于传输地址信息、数据信息和控制信息的地址线、数据线和控制线。CPU 访问主存时，需先将主存地址、读 / 写命令分别送到总线的地址线、控制线，然后通过数据线发送或接收数据。CPU 送到地址线的主存地址应先存放在**主存地址寄存器**（Memory Address Register，MAR）中，发送到数据线或从数据线取来的信息存放在**主存数据寄存器**（Memory Data Register，MDR）中。

如果把食堂或饭店类比为计算机，则后厨就是中央处理器，厨房里的水池、灶台等相当于 ALU，碗碟盘子就是通用寄存器，厨师的大脑相当于控制器，厨房外面的货架相当于主存储器，货物采购员和外卖小哥相当于输入 / 输出设备。客户需要的菜单（其中包括做菜的每道工序）相当于程序，每个基本操作工序相当于指令。碗碟盘子和货架格子都按序进行了编号。做菜前，菜单和原材料都存放在货架上，碗碟盘子都为空。根据做菜过程可大致想象程序和指令如何在计算机中执行。

1.1.3 程序和指令的执行过程

冯·诺依曼结构计算机的功能通过执行程序实现，程序的执行过程就是所包含的所有指令的执行过程。**指令**（instruction）是用0和1表示的一串0/1序列，用来指示CPU完成一个特定的原子操作，例如，**取数指令**（load）从主存单元中取出数据存放到通用寄存器中；**存数指令**（store）将通用寄存器的内容写入主存单元；**加法指令**（add）将两个通用寄存器的内容相加后送入结果寄存器，**传送指令**（mov）将一个通用寄存器的内容送到另一个通用寄存器，如此等等。

指令通常被划分为若干个字段，有操作码、地址码等字段。**操作码字段**指出指令的操作类型，如取数、存数、加、减、传送、跳转等；**地址码字段**指出指令所处理的操作数的地址，如寄存器编号、主存单元编号等。

因为冯·诺依曼结构计算机只能处理0和1表示的二进制信息，因此，指令及操作数、操作数的地址（寄存器编号和主存单元地址）、控制信号等都是用0和1表示的二进制序列。下面用一个简单的例子说明在图1.1所示计算机上程序和指令的执行过程。

假定图1.1所示模型机字长为8位；有4个通用寄存器r0～r3，编号分别为0～3；有16个主存单元，编号为0～15。每个主存单元和CPU中的ALU、通用寄存器、IR、MDR的宽度都是8位，PC和MAR的宽度都是4位；连接CPU和主存的总线中有4位地址线、8位数据线和若干位控制线（包括读/写命令线）。该模型机采用8位定长指令字，即每条指令有8位。指令格式有R型和M型两种，如图1.2所示。

格式	4位	2位	2位	功能说明
R型	op	rt	rs	R[rt] ← R[rt] op R[rs] 或 R[rt] ← R[rs]
M型	op	addr		R[0] ← M[addr] 或 M[addr] ← R[0]

图1.2 定长指令字格式

图1.2中，op为操作码字段，R型指令的op为0000、0001时，分别定义为寄存器间传送（mov）和加（add）操作，M型指令的op为1110和1111时，分别定义为取数（load）和存数（store）操作；rs和rt为通用寄存器编号；addr为主存单元地址。图1.2中，R[r]表示编号为r的通用寄存器中的内容，M[addr]表示地址为addr的主存单元的内容，“←”表示从右向左传送数据。

例如，指令“1110 0110”中高4位op为1110，说明是取数指令load，因而是M型指令，功能为R[0]←M[addr]，指令中后4位addr为0110，表示主存地址，因此该指令的功能为R[0]←M[0110]或R[0]←M[6]，表示将主存6（对应二进制为0110）号单元中的内容取到0号寄存器。以此类推，可看出指令“0001 0001”的功能为R[0]←R[0]+R[1]，表示将0（对于二进制数00）号和1（对应二进制数01）号寄存器内容相加的结果送至0号寄存器。

若在该模型机上实现高级语言中的赋值语句“z=x+y;”，假定x和y分别存放在主存5号和6号单元中，结果z存放在7号单元中，则相应程序段在主存单元中的初始内容如图1.3所示。

主存地址	主存单元内容	内容说明（I*i* 表示第 *i* 条指令）	指令的符号表示
0	1110 0110	I1：R[0] ← M[6]；op=1110：取数操作	load r0, 6#
1	0000 0100	I2：R[1] ← R[0]；op=0000：传送操作	mov r1, r0
2	1110 0101	I3：R[0] ← M[5]；op=1110：取数操作	load r0, 5#
3	0001 0001	I4：R[0] ← R[0] + R[1]；op=0001：加操作	add r0, r1
4	1111 0111	I5：M[7] ← R[0]；op=1111：存数操作	store 7#, r0
5	0001 0000	操作数 x，值为 16	
6	0010 0001	操作数 y，值为 33	
7	0000 0000	结果 z，初始值为 0	

图 1.3　实现 z=x+y 的程序段在主存部分单元中的初始内容

如图 1.3 所示，该程序 共有 5 条指令和 3 个数据（两个源操作数和一个结果数据，通常将结果数据称为目的操作数），单个指令和数据都占 8 位，正好存放在一个主存单元中，因此程序共占用了 8 个存储单元，分别是第 0 ～ 7 这 8 个主存单元。为了便于理解用 0 和 1 表示的二进制形式指令的功能，通常对指令采用符号表示形式，例如，第 1 条指令 I1（1110 0110）对应的符号表示为“ load r0，6#”。根据符号表示，很容易看出是一条取数（load）指令，功能为从主存 6 号单元取数到 0 号寄存器。

“存储程序”工作方式规定，程序执行前，需将程序包含的指令和数据先送入主存，一旦启动程序执行，则计算机必须能够在无须操作人员干预下自动完成逐条指令取出和执行的任务。如图 1.4 所示，一个程序的执行就是周而复始执行一条一条指令的过程。每条指令的执行过程包括：从主存取指令、对指令进行译码、PC 增量（图中的 PC+“1”表示 PC 的内容加上当前这一条指令的长度）、取操作数并执行、将结果送至主存或寄存器保存。

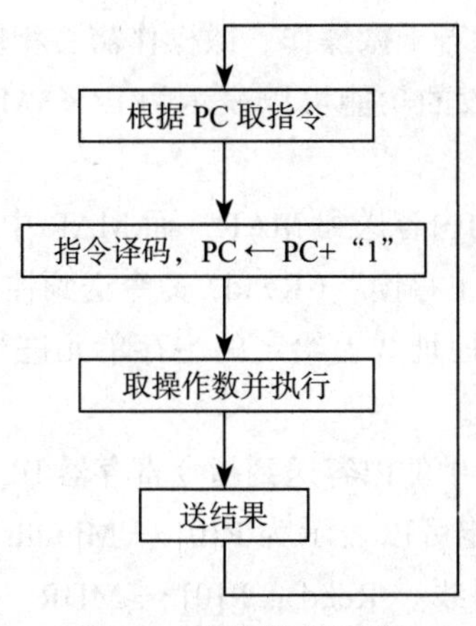

图 1.4　程序执行过程

程序执行前，首先将程序的起始地址存放在 PC 中，取指令时，将 PC 的内容作为地址访问主存。每条指令执行过程中，都需要计算下一条将要执行指令的主存地址，并送到 PC 中。当前指令执行完后，根据 PC 的值到主存中取到的是下一条将要执行的指令，因而计算机能够周而复始地自动取出并执行一条一条指令。

对于图 1.3 中的程序，程序首地址（即指令 I1 所在地址）为 0，因此，程序开始执行时，PC 的内容为 0000。根据程序执行流程，该程序运行过程中，所执行的指令顺序为 I1 → I2 → I3 → I4 → I5。每条指令在图 1.1 所示模型机中的执行过程及结果如图 1.5 所示。

	I1：1110 0110	I2：0000 0100	I3：1110 0101	I4：0001 0001	I5：1111 0111
取指令	IR ← M[0000]	IR ← M[0001]	IR ← M[0010]	IR ← M[0011]	IR ← M[0100]
指令译码	op=1110，取数	op=0000，传送	op=1110，取数	op=0001，加	op=1111，存数
PC 增量	PC ← 0000+1	PC ← 0001+1	PC ← 0010+1	PC ← 0011+1	PC ← 0100+1
取数并执行	MDR ← M[0110]	A ← R[0]、mov	MDR ← M[0101]	A ← R[0]、B ← R[1]、add	MDR ← R[0]
送结果	R[0] ← MDR	R[1] ← F	R[0] ← MDR	R[0] ← F	M[0111] ← MDR
执行结果	R[0]=33	R[1]=33	R[0]=16	R[0]=16+33=49	M[7]=49

图 1.5　实现 z=x+y 功能的每条指令的执行过程及结果

如图 1.5 所示，在图 1.1 的模型机中执行指令 I1 的过程如下：指令 I1 存放在第 0 单元，故取指令操作为 IR ← M[0000]，表示将主存 0 单元中的内容取到指令寄存器 IR 中，故取指令阶段结束时，IR 中的内容为 1110 0110；然后，将高 4 位 1110（op 字段）送到控制部件进行指令译码；同时控制 PC 进行“+1”操作，PC 中的内容变为 0001；因为是取数指令，所以控制器产生“主存读”控制信号 Read，控制在取数并执行阶段将 Read 信号送到控制线上、指令后 4 位的 0110（addr 字段）作为主存地址送至 MAR 并自动送到地址线上，经过一段时间以后，主存将 0110（6#）单元中的 33（变量 *y*）送到数据线上，并自动存储在 MDR 中；最后由控制器控制将 MDR 内容送 0 号通用寄存器。因此，指令 I1 的执行结果为 R[0]=33。其他指令的执行过程类似。程序最后执行的结果为主存 0111（7#）单元的内容（变量 *z*）变为 49，即 M[7]=49。

指令执行的各阶段都包含若干**微操作**，微操作需要相应的**控制信号**（control signal）进行控制。例如，取指令阶段的功能可以表示为 IR ← M[PC]，对应以下三个微操作，其执行顺序如下：

1）MAR ← PC。将 PC 的内容送到 MAR，而 MAR 中的内容会自动送到地址线上。

2）控制线← Read。将“主存读”（Read）命令送到控制线上，主存从控制线上接收“主存读”命令后，会自动对地址线上给定的主存单元进行读操作，读出的数据通过数据线自动传送到 MDR 寄存器。

3）IR ← MDR。将 MDR 中的内容送到指令寄存器 IR 中。

类似地，取数阶段的功能可以表示为 R[0] ← M[addr]，对应的微操作及其执行顺序如下：MAR ← addr；控制线← Read；R[0] ← MDR。存数阶段的功能可以表示为 M[addr] ← R[0]，对应的微操作及其执行顺序如下：MAR ← addr；MDR ← R[0]；控制线← Write。在 ALU 中进行加法运算的功能可以表示为 R[0] ← R[0]+R[1]，对应的微操作及其执行顺序如下：A ← R[0] 和 B ← R[1] 同时执行；ALUop ← add；R[0] ← F。这里，ALUop ← add 表示将 ALU 操作控制信号设置为加（add）运算。

ALU 操作有加（add）、减（sub）、与（and）、或（or）、传送（mov）等类型，如

图 1.1 所示，ALU 操作控制信号 ALUop 可以控制 ALU 进行不同的运算，例如，当 ALUop ← mov 时，ALU 的输出 F=A；当 ALUop ← add 时，ALU 的输出 F=A+B。

这里的 Read、Write、mov、add 等是一种微操作控制信号，都是控制部件对指令中的 op 字段进行译码后送出的，例如，若 op=0000，则 ALUop=mov；若 op=0001，则 ALUop=add。图 1.1 中的虚线所示的就是控制信号线。

每条指令在执行过程中，所包含的微操作具有先后顺序关系，需要定时信号进行定时。通常，CPU 中所有微操作都由时钟信号进行定时，**时钟信号**（clock signal）的宽度称为一个**时钟周期**（clock cycle）。一条指令的执行时间包含一个或多个时钟周期。

1.2 程序的开发与运行

现代通用计算机都采用“存储程序”工作方式，需要计算机完成的任何任务都应先表示为一个程序。首先，应将应用问题（任务）转化为**算法**（algorithm）描述，使得应用问题的求解变成流程化的清晰步骤，并能确保步骤是有限的。任何一个问题可能有多个求解算法，需要进行算法分析以确定哪种算法在时间和空间上能够得到优化。其次，将算法转换为用编程语言描述的程序，这个转换通常是手工进行的，也就是说，需要程序员进行程序设计。**程序设计语言**（programming language）与自然语言不同，它有严格的执行顺序，不存在二义性，能够唯一地确定计算机执行指令的顺序。

1.2.1 程序设计语言和翻译程序

程序设计语言可以分成各类不同抽象层的、适用于不同领域的、采用不同描述结构的，等等。目前大约有上千种。从抽象层次上来分，可以分成高级语言和低级语言两类。

使用特定计算机规定的指令格式而形成的 0/1 序列称为**机器语言**，计算机能理解和执行的程序称为**机器代码**或**机器语言程序**，其中的每条指令都由 0 和 1 组成，称为**机器指令**。如图 1.3 中所示，主存单元 0 ～ 4 中存放的 0/1 序列就是机器指令。

最早人们采用机器语言编写程序。但机器语言程序的可读性很差，也不易记忆，给程序员的编写和阅读带来极大的困难。因此，人们引入了一种机器语言的符号表示语言，通过用简短的英文符号和机器指令建立对应关系，以方便程序员编写和阅读程序。这种语言称为**汇编语言**（assembly language），机器指令对应的符号表示称为**汇编指令**。如图 1.3 中所示，机器指令“1110 0110”对应的汇编指令为“load r0, 6#”。显然，使用汇编指令编写程序比使用机器指令编写程序要方便得多。但是，因为计算机只能执行用 0 和 1 表示的机器指令，而无法理解和执行汇编指令，因而用汇编语言编写的**汇编语言源程序**必须先转换为机器语言程序，才能被计算机执行。

每条汇编指令表示的功能与其对应的机器指令的功能是一样的，汇编指令和机器指令都与特定的机器结构相关，因此，汇编语言和机器语言都属于低级语言，它们统称为**机器级语言**。

因为指令描述的是最基本的原子操作，其功能非常简单，所以使用机器级语言描述程序功能时，需描述的细节很多，不仅程序设计工作效率很低，而且同一个程序不能在不同结构的机器上运行。为此，程序员多采用高级程序设计语言编写程序。

高级程序设计语言（High Level Programming Language）简称**高级编程语言**，是指面向算法设计的、较接近于日常英语书面语言的程序设计语言，如 BASIC、C/C++、Fortran、Java、Python 等。这些高级编程语言与具体的机器结构无关，可读性比机器级语言好，描述能力更强，一条语句可对应几条或几十条指令。例如，对于图 1.3 中所示的程序，机器级语言表示需 5 条指令，而用高级编程语言表示只需一条赋值语句“z=x+y;”即可。

不过，因为计算机无法直接理解和执行高级编程语言程序，因而需要将高级语言程序转换成机器语言程序。这个转换过程是由计算机执行相应的转换程序而自动完成的，进行这种转换的软件统称为**翻译程序**（translator）。通常，程序员借助软件开发工具软件来开发软件，各种软件开发工具软件统称为程序设计语言处理系统。

在任何一个语言处理系统中，都包含翻译程序，它能把一种编程语言表示的程序转换为等价的另一种编程语言程序。被翻译的语言和程序分别称为**源语言**和**源程序**，翻译生成的语言和程序分别称为**目标语言**和**目标程序**。通常，翻译程序有以下三类。

1）**汇编程序**（assembler）：也称**汇编器**，实现将汇编语言源程序翻译成机器语言目标程序。

2）**解释程序**（interpreter）：也称**解释器**，实现将源程序中的语句按其执行顺序逐条翻译成机器指令并立即执行。

3）**编译程序**（compiler）：也称**编译器**，实现将高级语言源程序翻译成汇编语言或机器语言目标程序。

图 1.6 给出了实现两个相邻数组元素交换功能的不同层次语言之间的等价转换过程。

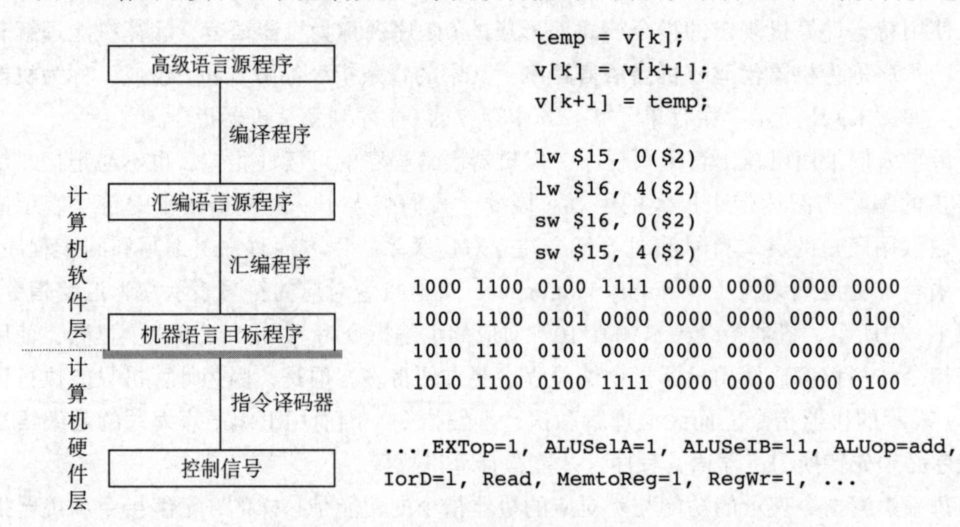

图 1.6 不同层次语言之间的等价转换过程

如图 1.6 所示，交换数组元素 v[k] 和 v[k+1] 的功能可以在高级语言源程序（如 C 语言程序）中直观地用三条赋值语句实现。编译程序将对应的高级语言源程序翻译为汇编语言程序后，三条赋值语句被转换为汇编语言程序中的 4 条汇编指令，其中两条是取数指令 lw（load word），另外两条是存数指令 sw（store word）。因为计算机无法直接执行汇编语言程序，因此，还需要通过汇编程序将汇编语言源程序中的 4 条汇编指令翻译成机器语言目标程序中的机器指令。

在机器语言程序中，对应的机器指令是特定格式的二进制代码，例如，第一条 lw 指令对应的机器代码为“1000 1100 0100 1111 0000 0000 0000 0000”，这是一条 MIPS 指令集系统结构中的指令，其中，高 6 位“100011”为操作码，随后 5 位“00010”为通用寄存器编号 2，再后面 5 位“01111”为另一个通用寄存器编号 15，最后 16 位为立即数 0。如前所述，计算机能够通过 CPU 中的控制部件直接控制执行这种二进制表示的机器指令。指令执行时通过控制部件将指令操作码进行译码，以解释成控制信号来控制数据的流动和运算，例如，控制信号 ALUop=add 可以控制 ALU 进行加法操作，RegWr=1 可以控制将结果数据写入某个通用寄存器中。

小贴士

本书中多处提到 MIPS 架构或 MIPS 指令集系统结构，这里的 MIPS 是指在 20 世纪 80 年代初期由斯坦福大学 Hennessy 教授领导的研究小组研制出来的一种 RISC 处理器。MIPS 来源于“Microcomputer without Interlocked Pipeline Stages”的缩写。在通用计算方面，MIPS R 系列微处理器曾经用于构建高性能工作站、服务器和超级计算机系统。在嵌入式方面，MIPS K 系列微处理器也曾经是占有量仅次于 ARM 的处理器之一（1999 年以前 MIPS 是世界上用得最多的处理器），其应用领域覆盖游戏机、路由器、激光打印机、掌上电脑等各个方面。我国自主研制的龙芯 CPU 芯片的指令集系统结构最早是与 MIPS 架构兼容的，而与 ARM 和 Intel x86 指令系统结构互不兼容。

历史上还曾用 MIPS（Million Instructions Per Second）作为指令执行速度所用的计量单位，其含义是平均每秒钟执行多少百万条指令。

因此，请注意 MIPS 这个缩写具有两个不同的内涵，应根据上下文进行区别。

1.2.2 从源程序到可执行文件

程序的开发和运行涉及计算机系统的各个不同层面，因而计算机系统层次结构的思想体现在程序开发和运行的各个环节。下面以简单的 hello 程序为例，简要介绍程序的开发与执行过程，以便加深大家对计算机系统层次结构概念的认识。

以下是“hello.c”的 C 语言源程序代码。

```
1  #include <stdio.h>
2
3  int main()
4  {
5      printf("hello, world\n");
6  }
```

为了让计算机能执行上述应用程序，程序员应按照以下步骤进行处理。

1）通过程序编辑软件得到 hello.c 文件。hello.c 在计算机中以 ASCII 字符方式存放，如图 1.7 所示，图中给出了每个字符对应的 ASCII 码的十进制值，例如，第一个字节的值是 35，代表字符“#”；第二个字节的值是 105，代表字符“i”，最后一个字节的值为 125，代表字符“}”。通常把用 ASCII 码字符或汉字字符表示的文件称为**文本文件**（text file），源程序文件都是文本文件，是可显示和可读的。

#	i	n	c	l	u	d	e	<sp>	<	s	t	d	i	o	.
35	103	110	99	108	117	100	101	32	60	115	116	100	105	111	46
h	>	\n	\n	i	n	t	<sp>	m	a	i	n	(	)	\n	{
104	62	10	10	105	110	116	32	109	97	105	110	40	41	10	123
\n	<sp>	<sp>	<sp>	<sp>	p	r	i	n	t	f	(	"	h	e	l
10	32	32	32	32	112	114	105	110	116	102	40	34	104	101	108
l	o	,	<sp>	w	o	r	l	d	\	n	“	)	;	\n	}
108	111	44	32	119	111	114	108	100	92	110	34	41	59	10	125

图 1.7 hello.c 源程序文件的表示

2）将 hello.c 进行预处理、编译、汇编和链接，最终生成可执行目标文件。例如，在 UNIX 系统中，可用 GCC 编译驱动程序进行处理，命令如下：

```
unix> gcc –o hello hello.c
```

上述命令中，最前面的 unix> 为 **shell 命令行解释器**的命令行提示符，gcc 为 GCC 编译驱动程序名，-o 表示后面为输出文件名，hello.c 为要处理的源程序。从 hello.c 到可执行目标文件 hello 的转换过程如图 1.8 所示。

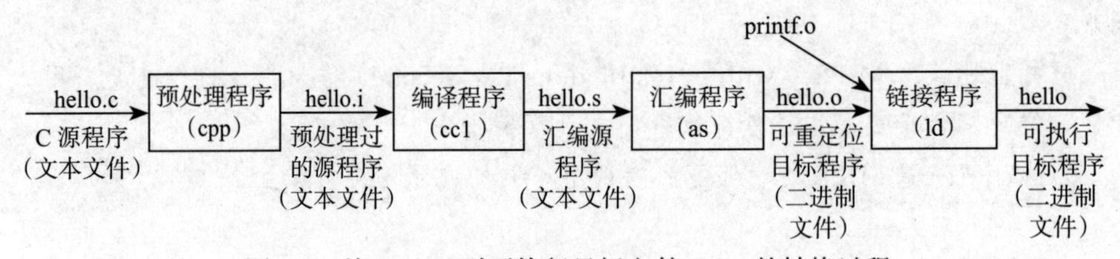

图 1.8 从 hello.c 到可执行目标文件 hello 的转换过程

- **预处理程序**：预处理程序（cpp）对源程序中以字符 # 开头的命令进行处理，例如，将 #include 命令后面的 .h 文件内容嵌入到源程序文件中。预处理程序的输出结果还是一个源程序文件，以 .i 为扩展名。
- **编译程序**：编译程序（cc1）对预处理后的源程序进行编译，生成一个汇编语言源程序文件，以 .s 为扩展名，例如，hello.s 是一个汇编语言程序文件。因为汇编语言与具体的机器结构有关，所以，对同一台机器来说，不管什么高级语言，编译转换后的输出结果都是同一种机器语言对应的汇编语言源程序。
- **汇编程序**：汇编程序（as）对汇编语言源程序进行汇编，生成一个**可重定位目标文件**（relocatable object file），以 .o 为扩展名，例如，hello.o 是一个可重定位目标文件。它是一种**二进制文件**（binary file），因为其中的代码已经是机器指令，数据以及其他信息也都是用二进制表示的，所以它是不可读的，也即打开显示出来的是乱码。

- **链接程序**：链接程序（ld）将多个可重定位目标文件和标准函数库中的可重定位目标文件合并成为一个**可执行目标文件**（executable object file），可执行目标文件简称为**可执行文件**。本例中，链接器将 hello.o 和标准库函数 printf 对应的可重定位目标模块 printf.o 进行合并，生成可执行文件 hello。

最终生成的可执行文件被保存在硬盘上，可通过某种方式启动运行。

1.2.3 可执行文件的启动和执行

对于一个存放在硬盘上的可执行文件，可以在操作系统提供的用户操作环境中采用双击对应图标或在命令行中输入可执行文件名等多种方式来启动执行。在 UNIX 系统中，可以通过 shell 命令行解释器来执行一个可执行文件。例如，对于上述可执行文件 hello，通过 shell 命令行解释器启动执行的结果如下：

```
unix> ./hello
hello, world
unix>
```

shell 命令行解释器会显示提示符 unix>，告知用户它准备接收用户的输入，此时，用户可以在提示符后面输入需要执行的命令名，它可以是一个可执行文件在硬盘上的路径名，例如，上述“./hello”就是可执行文件 hello 的路径名，其中“./”表示当前目录。在命令后用户需按下 [Enter] 键表示结束。图 1.9 显示了在计算机中执行 hello 程序的整个过程。

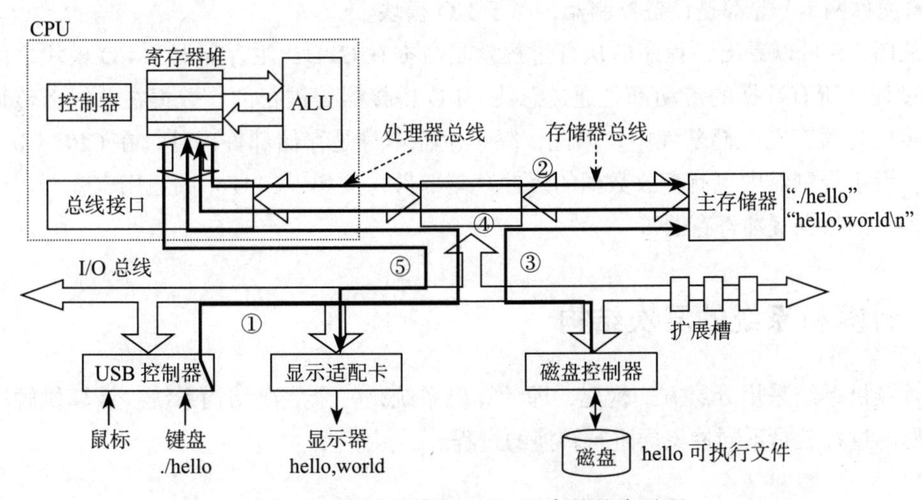

图 1.9 启动和执行 hello 程序的整个过程

如图 1.9 所示，shell 程序会将用户从键盘输入的每个字符逐一读入 CPU 寄存器中（对应线①），然后再保存到主存储器中，在主存的缓冲区形成字符串“./hello”（对应线②)。等接收到 [Enter] 按键时，shell 将调出操作系统内核中相应的服务例程，由内核来加载硬盘上的可执行文件 hello 到存储器（对应线③)。内核加载完可执行文件中的代码及其所要处理的数据（这里是字符串“ hello, world\n”）后，将 hello 第一条指令的地址送到程序计数器（PC）中，CPU 永远都是将 PC 的内容作为将要执行的指令的地址，因此，处理器随后开始执行 hello 程序，它将加载到主存的字符串“ hello, world\n”中的每一个字符从主存取到 CPU 的寄存器中（对应线④)，然后将 CPU 寄存器中的字符送到显示器上显示出来（对应线⑤)。

从上述过程可以看出，一个用户程序被启动执行，必须依靠操作系统的支持，包括提供人机接口环境（如外壳程序）和内核服务例程。例如，shell 命令行解释器是操作系统**外壳程序**，它为用户提供了一个启动程序执行的环境，用来对用户从键盘输入的命令进行解释，并调出操作系统内核来加载用户程序（用户从键盘输入的命令所对应的程序)。显然，用来加载用户程序并使其从第一条指令开始执行的操作系统内核服务例程也是必不可少的。

此外，在上述过程中，还涉及键盘、磁盘和显示器等外部设备的操作，这些底层硬件是不能由用户程序直接访问的，此时，也需要依靠操作系统内核服务例程的支持，例如，用户程序需要调用内核的 read 系统调用服务例程来读取磁盘文件，或调用内核的 write 系统调用服务例程把字符串“写”到显示器上等。

键盘和显示器等外部设备简称为**外设**，也称为 **I/O 设备**，其中，I/O 是输入 / 输出（Input/Output）的缩写。外设通常由机械部分和电子部分组成，并且两部分通常是可以分开的。机械部分是外部设备本身，而电子部分则是控制外部设备工作的 **I/O 控制器**或 **I/O 适配器**。外设通过 I/O 控制器或 I/O 适配器连接到主机上，I/O 控制器或 I/O 适配器统称为**设备控制器**。例如，键盘接口、打印机适配器、显示控制卡（简称显卡)、网络控制卡（简称网卡）等都是设备控制器，属于 **I/O 模块**。

从图 1.9 可以看出，程序的执行过程就是数据在 CPU、主存储器和 I/O 模块之间流动的过程，所有数据的流动都是通过总线、I/O 桥接器等进行的。数据在总线上传输之前，需要先缓存在存储部件中，因此，除了主存本身是存储部件以外，在 CPU、I/O 桥接器、设备控制器中也有存放数据的缓冲存储部件，例如，CPU 中的通用寄存器、设备控制器中的数据缓冲寄存器等。

1.3 计算机系统的层次结构

计算机系统采用分层方式构建，即计算机系统是一个层次结构系统。计算机解决应用问题的过程就是不同抽象层进行转换的过程。

1.3.1 计算机系统抽象层的转换

希望计算机完成或解决的任何一个应用（问题）最开始形成时是用自然语言描述的，但是，计算机硬件只能理解机器语言。要将用自然语言描述的一个应用问题转换为机器语言程序，需要经过应用问题描述、算法抽象、高级语言程序设计、将高级语言源程序转换为特定机器语言目标程序等多个抽象层的转换。图 1.10 是计算机系统层次转换示意图，描述了从最终用户希望计算机完成的应用（问题）到电子工程师使用器件完成基本电路设计的整个转换过程。

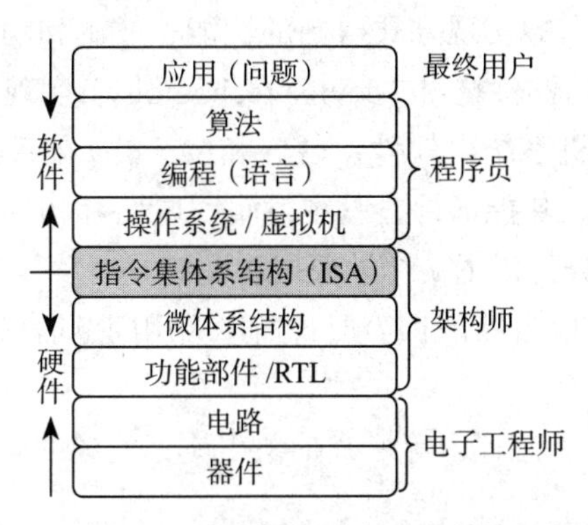

图 1.10 计算机系统层次转换

在进行高级语言程序设计时，需要有相应的应用程序开发环境。例如，要有一个程序编辑器，以方便源程序的编写；需要一套翻译转换软件处理各类源程序，包括预处理程序、编译器、汇编器、链接器等；还需要一个可以执行各类程序的用户界面，如图形用户界面（Graphics User Interface，GUI）和命令行界面（Command Line Interface，CLI）。提供程序编辑器和各类翻译转换软件的工具包统称为**语言处理系统**，而具有人机交互功能的用户界面和底层系统调用服务例程则是由**操作系统**提供。

当然，所有的语言处理系统都必须在操作系统提供的计算机环境中运行，操作系统是对计算机底层结构和计算机硬件的一种抽象，这种抽象构成了一台可以让程序员使用的**虚拟机**（virtual machine）。

从应用问题到机器语言程序的每次转换所涉及的概念都属于软件的范畴，而机器语言程序所运行的计算机硬件和软件之间需要有一个“桥梁”，这个在软件和硬件之间的界面就是**指令集体系结构**（Instruction Set Architecture，ISA），有些场合简称为**体系结构**或**系统结构**（architecture），或**指令系统**（instruction set），它是软件和硬件之间接口的一个完整定义。在前文小贴士中提到的 MIPS、ARM、Intel x86 等都是指令集体系结构。

ISA 定义了一台计算机可以执行的所有指令的集合，每条指令规定了计算机执行什么操作，以及所处理的操作数存放的地址空间以及操作数类型。因此，ISA 实际上就是对指令系统的一种规定或体系结构规范，从物理形态来看就是一本对这些规定和规范进行描述的手册。机器语言程序就是 ISA 规定的若干条指令的序列。

实现 ISA 的具体逻辑结构称为**计算机组织**（computer organization）或**微体系结构**（microarchitecture），简称**微架构**。ISA 和微体系结构是两个不同层面上的概念。例如，有没有乘法指令是 ISA 规定的内容，而乘法指令采用加法器和移位器实现，还是采用专门的乘法器实现，则属于微体系结构层面的问题。一个特定的 ISA 可以采用不同的微架构实现。例如，Intel Core i7、Intel 80486、AMD Athlon 是 x86 体系结构的三种不同的处理器微架构实现。

一个特定的微架构由运算器、通用寄存器组和存储器等功能部件构成，功能部件层也称为**寄存器传送级**（Register Transfer Level，RTL）层。

功能部件由数字逻辑电路（digital logic circuit）实现。当然，一个功能部件可以用不同的逻辑电路实现。不同的实现方式得到的性能、成本和功耗等都有差异。最终每个基本的逻辑门电路由特定的器件技术（device technology）实现。

总体来说，整个计算机系统由软件、硬件和位于软 / 硬件交界面的指令集体系结构组成。如果将微体系结构、功能部件、基本逻辑门电路和物理器件作为一个整体的硬件层次，则计算机系统可以分为以下 7 个抽象层次：

- 第 7 层（应用层）：以自然语言等形式描述应用问题需求，以应用程序的形式提供给最终用户使用。
- 第 6 层（算法层）：以流程图等形式抽象出应用问题的解决思路，便于程序员设计和编写程序。
- 第 5 层（高级语言层）：用符合特定标准规范的高级编程语言编写高级语言程序。
- 第 4 层（汇编语言层）：用符合特定标准规范的汇编语言编写汇编语言程序。
- 第 3 层（操作系统层）：以命令或函数等形式向上层用户（如最终用户、程序员）提供方便的人机交互和操作系统调用功能。
- 第 2 层（ISA 层）：给出构成机器语言程序（机器代码）的一整套指令系统规范。
- 第 1 层（硬件层）：基于布尔代数和物理器件实现，可执行 ISA 中定义的所有指令。

从上到下的转换过程为：将应用问题抽象为流程图等算法描述，再将算法用编程语言设计转换为高级（或汇编）语言程序，在操作系统提供的人机交互命令和系统调用功能的支撑下，通过相应的语言处理系统，将高级（或汇编）语言程序转换为符合 ISA 规范的机器代码，最终在硬件上执行。

本书内容主要涉及图 1.10 所示的计算机系统抽象层中 ISA 层到编程语言层之间的一些基础内容。

1.3.2　计算机系统核心层之间的关联

如图 1.11 所示，编译程序将高级语言源程序转换为机器级目标代码需要完成多个步骤，包括词法分析、语法分析、语义分析、中间代码生成和优化、目标代码生成和优化等。整个过程可划分为前端和后端两个阶段，通常把中间代码生成及之前各步骤称为**前端**。因此，前端主要完成对源程序的分析，把源程序切分成一些基本块，并生成中间语言表示（即中间代码）。**后端**在分析结果正确无误的基础上，把中间代码转化为由特定 ISA 和特定操作系统所确定的运行平台支持的机器级语言程序（即目标代码）。

每一种程序设计语言都有相应的标准规范，进行语言转换的编译程序前端必须按照编程语言标准规范进行设计。程序员编写程序时，也只有按照编程语言的标准规范进行程序开发，程序才能被编译程序正确翻译。如果编写了不符合语言规范的高级语言源程序，转换过程就会发生错误，或者转换结果为不符合程序员预期的目标代码。

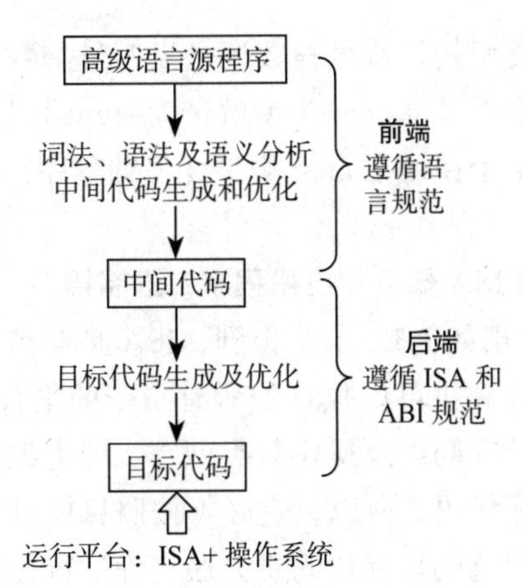

图 1.11　编译器的前端和后端

程序执行结果不符合程序开发者预期的原因通常有两种。一种是程序开发者不了解语言规范，另一种是程序开发者编写了含有**未定义行为**（undefined behavior）或**未确定行为**（unspecified behavior）的源程序。

1. 不了解语言规范的情况

如果程序员不了解语言规范，则会造成与直觉不符的情况。例如，对于 C 语言程序中的关系表达式“ –2147483648 < 2147483647”，在 32 位、C90 标准下，结果为 false。虽然这个结果与直觉不相符，但是，用 ISO C90 标准规范是可以解释的，编译器前端完全按照语言标准规范进行处理，结果就应该是 false。如果程序员觉得结果不符合预期，那是因为不了解 C90 标准规范。有关关系表达式“ –2147483648 < 2147483647”在 C90 和 C99 标准中执行结果的解释参见 3.2.3 节。

2. 编写了含有未定义行为源程序

如果程序员编写了未定义行为的源程序，则会发生每次执行结果可能不一样或在不同的 ISA+OS 运行平台下执行结果各不相同的情况。未定义行为是指语言规范中没有明确指定其行为的情况。

例如，以下 C 程序段：

```
int x = 1234;
printf("%lf", x);
```

就是未定义行为的情况。C 语言标准手册中指出，当格式说明符和参数类型不匹配时，输出结果是未定义的。上述程序段中，格式说明符要求按浮点数打印，但参数 x 的类型为整型，因此是未定义行为。更多未定义行为的例子可参考网站 https://en.wikipedia.org/wiki/Undefined_behavior。

3. 编写了含有未确定行为源程序

还有一种类似情况是编写了未确定行为的源程序，以下例子属于未确定行为的情况。C 语言标准中，char 类型是带符号整数还是无符号整数类型，在语言规范中没有强制规定。也就是说，编译器可以将 char 类型解释为 signed char 类型，也可以将其解释为 unsigned char 类型。如果某个使用了 char 类型变量的程序在不同的系统中执行，很可能结果会不一样。

编译程序的后端应根据 ISA 规范和**应用程序二进制接口**（Application Binary Interface，ABI）规范进行设计实现。正如 1.3.1 节中提到，ISA 是对指令系统的一种规定或体系结构规范，ISA 定义了一台计算机可以执行的所有指令的集合、每条指令执行什么操作、所处理的操作数存放的地址空间以及操作数类型等。因为编译程序的后端将生成在目标机器中能够运行的机器目标代码，所以，它必须按照目标机器的 ISA 规范生成相应的机器目标代码。不符合 ISA 规范的目标代码将无法正确运行在根据该 ISA 规范而设计的计算机上。

ABI 是为运行在特定 ISA 和特定操作系统之平台上的应用程序规定的一种机器级目标代码层接口，包含了运行在特定平台上的应用程序所对应的目标代码在生成时必须遵循的约定。ABI 描述了应用程序和操作系统之间、应用程序和所调用的库之间、不同组成部分（如过程或函数）之间在较低层次上的机器级代码接口。例如，过程之间的调用约定（如参数和返回值如何传递等）、系统调用约定（系统调用的参数和调用号如何传递以及如何从用户态陷入操作系统内核等）、目标文件的二进制格式和函数库使用约定、机器中寄存器的使用规定、程序的虚拟地址空间划分等。不符合 ABI 规范的目标程序无法正确运行在根据该 ABI 规范提供的操作系统运行环境中。关于 ABI 规范的相关内容将在本书后续章节中以 IA-32/x86-64+Linux 运行平台为案例进行详细介绍。

ABI 不同于**应用程序编程接口**（Application Programming Interface，API）。**API** 定义了较高层次的源程序代码和库之间的接口，通常是与硬件无关的接口。因此，同样的源程序代码可以在支持相同 API 的任何系统中进行编译以生成目标代码。在 ABI 相同或兼容的系统上，一个已经编译好的目标代码可以无须改动而直接运行。

在 ISA 层之上，操作系统向应用程序提供的运行时环境需要符合 ABI 规范，同时，操作系统也需要根据 ISA 规范来使用硬件提供的接口，包括硬件提供的各种控制寄存器和状态寄存器、原子操作、中断机制、分段和分页存储管理部件等。如果操作系统没有按照 ISA 规范使用硬件接口，则无法提供操作系统的重要功能。

在 ISA 层之下，处理器设计时需要根据 ISA 规范来设计相应的硬件接口给操作系统和应用程序使用，不符合 ISA 规范的处理器设计将无法支撑操作系统和应用程序的正确运行。

总之，计算机系统能够按照程序员的预期正确地工作，是不同层次的多个规范共同相互支撑的结果，计算机系统的各抽象层之间如何进行转换，其实最终都是由这些规范来定义的。不管是系统软件开发者、应用程序开发者，还是处理器设计者，都必须以规范为准绳，也就是要以手册为准。计算机系统中的所有行为都是由各种手册确定的，计算机系统也是按照手册制造出来的。因此，如果想要了解程序的确切行为，最好的方法就是查手册。

小贴士

本书所用的平台为IA-32/x86-64+Linux+GCC+C语言，Linux操作系统下一般使用system V ABI，这里推荐以下三本电子手册作为参考。

C语言标准手册：http://www.open-std.org/jtc1/sc22/wg14/www/docs/n1124.pdf

system V ABI手册：http://www.sco.com/developers/devspecs/abi386-4.pdf

Intel架构i386手册：https://css.csail.mit.edu/6.858/2015/readings/i386.pdf

1.3.3 计算机系统的不同用户

计算机系统完成的所有任务都是通过执行程序所包含的指令来实现的。计算机系统由硬件和软件两部分组成，**硬件**（hardware）是物理装置的总称，人们看到的各种芯片、板卡、外设、电缆等都是计算机硬件。**软件**（software）包括运行在硬件上的程序和数据以及相关的文档。**程序**（program）是指挥计算机操作的一个指令序列，**数据**（data）是指令操作的对象。根据软件的用途，一般将软件分成系统软件和应用软件两大类。

系统软件（system software）包括为有效、安全地使用和管理计算机以及为开发和运行应用软件而提供的各种软件，介于计算机硬件与应用程序之间，它与具体应用关系不大。系统软件包括操作系统（如Windows、UNIX、Linux）、语言处理系统（如Visual Studio、GCC）、数据库管理系统（如Oracle）和各类实用程序（如磁盘碎片整理程序、备份程序）等。操作系统（Operating System，OS）主要用来管理整个计算机系统的资源，包括对它们进行调度、管理、监视和服务等，操作系统还提供计算机用户和硬件之间的人机交互界面，并提供对应用软件的底层支持。语言处理系统主要用于提供一个用高级语言编程的环境，包括源程序编辑、翻译、调试、链接、装入运行等功能。

应用软件（application software）指专门为数据处理、科学计算、事务管理、多媒体处理、工程设计以及过程控制等应用所编写的各类程序。例如，人们平时经常使用的电子邮件收发软件、多媒体播放软件、游戏软件、炒股软件、文字处理软件、电子表格软件、演示文稿制作软件等都是应用软件。

一个计算机系统可以认为是由各种硬件和各类软件采用层次化方式构建的分层系统，不同计算机用户工作所在的系统结构层如图1.12所示。

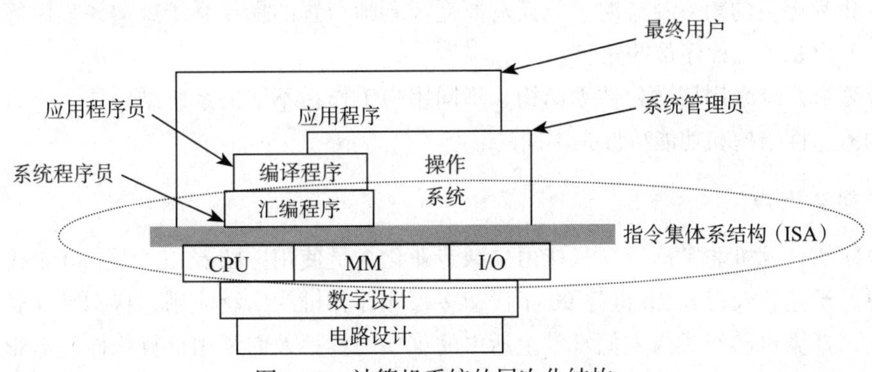

图1.12 计算机系统的层次化结构

从图 1.12 中可看出，ISA 处于硬件和软件的交界面上，硬件所有的功能都由 ISA 集中体现，软件通过 ISA 在计算机上执行。因此，ISA 是整个计算机系统中的核心部分。

ISA 层下面是硬件部分，上面是软件部分。硬件部分包括 CPU、主存（MM）和输入 / 输出（I/O）等主要功能部件，这些功能部件通过数字逻辑电路设计实现。软件部分包括低层的系统软件和高层的应用程序，汇编程序、编译程序和操作系统等这些系统软件直接在 ISA 上实现，系统程序员所看到的机器的属性是属于 ISA 层面的内容，所看到的机器是配置了指令系统的机器，称为**机器语言机器**，工作在该层次的程序员称为机器语言程序员；系统管理员工作在操作系统层，所看到的是配置了操作系统的虚拟机器，称为**操作系统虚拟机**；汇编语言程序员工作在提供汇编程序的虚拟机器级，所看到的机器称为**汇编语言虚拟机**；应用程序员大多工作在提供编译器或解释器等翻译程序的语言处理系统层，因此，应用程序员大多用高级语言编写程序，因而也称为高级语言程序员，所看到的虚拟机器称为**高级语言虚拟机**；最终用户则工作在最上面的**应用程序层**。

按照在计算机上完成任务的不同，可以把使用计算机的用户分成以下 4 类：最终用户、系统管理员、应用程序员和系统程序员。

使用应用软件完成特定任务的计算机用户称为**最终用户**（end user）。大多数计算机使用者都属于最终用户。例如，使用炒股软件的股民、玩计算机游戏的人、进行会计电算化处理的财会人员等。

系统管理员（system administrator）是指利用操作系统、数据库管理系统等软件提供的功能对系统进行配置、管理和维护，以建立高效合理的系统环境供计算机用户使用的操作人员。其职责主要有安装、配置和维护系统的硬件和软件，建立和管理用户账户，升级软件，备份和恢复业务系统及数据等。

应用程序员（application programmer）是指使用高级编程语言编制应用软件的程序员。**系统程序员**（system programmer）则是指设计和开发系统软件的程序员，如开发操作系统、编译器、数据库管理系统等系统软件的程序员。

很多情况下，同一个人可能既是最终用户，又是系统管理员，同时还是应用程序员或系统程序员。例如，对于一个计算机专业的学生来说，有时需要使用计算机玩游戏或网购物品，此时为最终用户的角色；有时需要整理计算机磁盘中的碎片、升级系统或备份数据，此时是系统管理员的角色；有时需要完成老师布置的一个应用程序的开发，此时是应用程序员的角色；有时可能还需要完成老师布置的操作系统或编译程序等软件的开发，此时是系统程序员的角色。

计算机系统采用层次化体系结构，不同用户工作在不同的系统结构层，所看到的计算机的概念性结构和功能特性是不同的。

1. 最终用户

早期的计算机非常昂贵，只能由少数专业化人员使用。随着 20 世纪 80 年代初个人计算机的迅速普及以及 20 世纪 90 年代初多媒体计算机的广泛应用，特别是互联网技术的发展，计算机已经成为人们日常生活中的重要工具。人们利用计算机播放电影、玩游戏、炒股票、发邮件、查信息、聊天打电话等，计算机的应用无处不在。因而，许多普通人都成了计算机的最终用户。

计算机最终用户使用触摸屏、键盘和鼠标等外设与计算机交互，通过操作系统提供的用户界面启动执行应用程序或系统命令，从而完成用户任务。因此，最终用户能够感知到的只是系统提供的简单人机交互界面和安装在计算机中的相关应用程序。

2. 系统管理员

相对于普通的计算机最终用户，系统管理员作为管理和维护计算机系统的专业人员，对计算机系统的了解要深入得多。系统管理员必须能够安装、配置与维护系统的硬件和软件，能建立和管理用户账户，需要时能升级硬件和软件，备份与恢复业务系统和数据等。也就是说，系统管理员应该非常熟悉操作系统或其他系统软件提供的有关系统配置和管理方面的功能，很多普通用户解决不了的问题，系统管理员必须能够解决。

因此，系统管理员能感知到的是系统中部分硬件层面、系统管理层面以及相关的实用程序和人机交互界面。

3. 应用程序员

应用程序员大多使用高级程序设计语言编写程序。应用程序员所看到的计算机系统除了计算机硬件、操作系统提供的应用程序编程接口（API）、人机交互界面和实用程序外，还包括相应的编程语言处理系统。

在编程语言处理系统中，除了翻译程序外，通常还包括编辑程序、链接程序、装入程序以及将这些程序和工具集成在一起所构成的**集成开发环境**（Integrated Development Environment，IDE）等。此外，语言处理系统中还包括可供应用程序调用的各类函数库。

4. 系统程序员

系统程序员开发操作系统、编译器和实用程序等系统软件时，需要熟悉计算机底层的相关硬件和系统结构，甚至可能需要直接与计算机硬件和指令系统打交道。比如，直接对各种控制寄存器、用户可见寄存器、I/O控制器等硬件进行控制和编程。因此，系统程序员不仅要熟悉应用程序员所用的所有语言和工具，还必须熟悉指令系统、机器结构和相关的机器功能特性，有时还要直接用汇编语言等低级语言编写程序代码。

在计算机技术中，一个存在的事物或概念从某个角度看似乎不存在，也即，对实际存在的事物或概念感觉不到，则称其为**透明**。通常，在一个计算机系统中，系统程序员所看到的底层机器级的概念性结构和功能特性对高级语言程序员（通常就是应用程序员）来说是透明的，也即看不见或感觉不到的。因为对应用程序员来说，他们直接用高级语言编程，不需要了解诸如汇编语言的编程问题，也不用了解机器语言中规定的指令格式、寻址方式、数据类型和格式等指令系统方面的问题。

1.4 本书的主要内容和组织结构

本书将围绕高级语言程序开发和执行所涉及的与底层机器级代码的生成和运行等相

关的内容展开，具体包括高级语言程序的转换、程序中处理的数据在机器中的表示和运算、程序中各类控制语句对应的机器级代码的结构、可执行目标代码的链接生成、可执行目标代码的加载和执行等。

本书以高级语言程序为出发点来组织内容，按照"自顶向下"的方式，从高级语言程序→汇编语言程序→机器指令序列的顺序，展现程序从编程设计、翻译转换、链接，到最终运行的整个过程。

本书各章的主要内容说明如下。

第1章 计算机系统概述

主要介绍计算机的基本工作原理、冯·诺依曼结构基本思想及冯·诺依曼结构计算机的基本构成、程序和指令执行过程、计算机系统的基本功能和基本组成、程序的开发与运行、计算机系统层次结构等概述性内容。

第2章 高级语言程序

本书基于"IA-32/x86-64+Linux+GCC+C语言"平台介绍计算机系统的基础内容，因此第2章先从C语言程序出发，以C语言为基础介绍高级语言程序的基本内容，如变量和常量、表达式、函数和函数调用、变量的作用域及其存储分配、语句和流程控制结构等，将C语言程序与教材后续各章节内容建立关联，主要起教材导引和关联的作用。

第3章 数据的机器级表示

高级语言程序中包括各种整数类型和浮点数类型数据，第3章重点讨论这些高级语言程序中的数据在计算机内部是如何表示的和存储的，主要包括进位计数制、二进制定点数的编码表示、无符号整数和带符号整数的表示、IEEE 754浮点数表示标准、西文字符和汉字的编码表示、C语言中各种类型数据的表示和转换、数据的宽度和在存储器中的存放顺序。

第4章 数据的基本运算

计算机中运算部件只有有限位数，因而计算机中的算术运算与现实中的算术运算有所区别，例如，一个整数的平方可能为负数，一个负整数可能比一个正整数大，两个正整数的乘积可能比乘数小，浮点数运算时可能不满足结合律。计算机算术运算的这些特性使得有些程序会产生意想不到的结果，甚至造成安全漏洞，许多程序员为此感到困惑和苦恼。第4章将从数据的基本运算电路层面来解释计算机算术运算的本质特性，从而使程序员能够清楚地理解由于计算机算术的局限性而造成的异常程序行为。主要包括布尔代数和逻辑运算、基本运算电路、整数加减运算原理及其运算电路、整数乘除运算基本原理及其运算电路、浮点数运算。

第5章 指令集体系结构

计算机硬件只能识别和理解机器语言程序，用高级语言编写的源程序要通过编译、汇编、链接等处理，生成以机器指令形式表示的机器语言，才能在计算机上直接执行。机器语言程序有相应的标准规范，这就是位于软件和硬件交界面的指令集体系结构，所有程序最终都必须转换为基于ISA规范的机器指令代码。第5章介绍程序的转换以及指令集体系结构相关的基本内容，主要包括程序转换概述、操作数类型及寻址方式、操作类型、Intel架构指令系统IA-32和x86-64中的各类基本指令。

第 6 章 程序的机器级表示

高级语言程序员使用高度抽象的过程调用、控制语句和数据结构等来实现算法，因而无法了解程序在计算机系统中执行的细节，无法真正理解程序设计中的许多抽象概念，也就很难解释清楚某些程序的行为和执行结果。第 6 章在机器级汇编指令层面来解释程序的行为，因而能较为清楚地说明程序执行结果。本章主要介绍高级语言中的过程调用和控制语句（如选择、循环等结构语句）所对应的汇编指令序列，以及各类数据结构（如数组、指针、结构、联合等）元素的访问所对应的汇编指令序列。学习本章将会明白以下一些问题：过程调用时按值传递参数和按地址传递参数的差别在哪里？缓冲区溢出的漏洞是如何造成的？为什么递归调用会耗内存？为什么同样的程序在 32 位架构上和 64 位架构上执行的结果会不同？指针操作的本质是什么？

第 7 章 程序的链接

主要介绍如何将多个程序模块链接起来生成一个可执行目标文件。通过介绍与链接相关的可重定位目标文件格式、符号解析、重定位、静态库、共享目标库等内容，使程序员清楚地了解哪些问题是与链接相关的，例如，程序一些意想不到的结果是由于变量在多个模块中的多重定义造成的；链接时可能存在一些无法解析的符号是与指定的输入文件顺序有关的。此外，链接生成的可执行目标文件与程序加载、虚拟地址空间和存储空间映射等重要内容相关，对于理解操作系统中的存储管理方面的内容非常有用，本章内容将为后续相关课程的学习打下坚实的基础。

第 8 章 程序的加载和执行

前面第 2 章到第 7 章介绍了将高级语言源程序进行预处理、编译、汇编和链接形成可执行目标文件的过程，因而第 8 章将顺其自然地简要介绍可执行目标文件的加载以及机器代码在计算机中的执行。本章仅简要介绍程序和进程的概念、进程的存储器映射、程序的加载过程、进程的逻辑控制流和上下文切换、指令的执行过程、CPU 的基本功能和基本组成以及打断程序正常执行的事件等基础内容。

不管构建计算机系统的各类硬件和软件如何千差万别，计算机系统的构建原理以及在计算机系统上程序的转换、生成、加载和执行的机理是相通的，因而，本书仅介绍特定计算机系统平台“IA-32/x86-64+Linux+GCC+C 语言”下的相关内容。

1.5 小结

本章主要对计算机系统作了概述性的介绍，指出了本书内容在整个计算机系统中的位置，介绍了计算机系统的基本功能和基本组成、计算机系统各个抽象层之间的转换以及程序开发和执行的概要过程。

计算机在控制器的控制下能完成数据处理、数据存储和数据传输三个基本功能，因而它由完成相应功能的控制器、运算器、存储器、输入和输出设备组成。在计算机内部，指令和数据都用二进制表示，两者在形式上没有任何差别，都是 0/1 序列，都存放在存储器中，按地址访问。计算机采用“存储程序”方式进行工作。指令格式中包含操作码字段和地址码字段等，地址码可以是主存单元号，也可以是通用寄存器编号，用于指出操作数所在的主存单元或通用寄存器。

计算机系统采用逐层向上抽象的方式构成，通过向上层用户提供一个抽象的简洁接口而将较低层次的实现细节隐藏起来。在底层系统软件和硬件之间的抽象层就是指令集体系结构，简称体系结构。硬件和软件相辅相成，缺一不可，两者都可用来实现逻辑功能。

计算机完成一个任务的大致过程如下：用某种程序设计语言编制源程序；用语言处理程序将源程序翻译成机器语言目标程序；将目标程序中的指令和数据装入内存，然后从第一条指令开始执行，直到程序所含指令全部执行完。每条指令的执行包括取指令、指令译码、PC增量、取操作数、运算、送结果等操作。

习题

1. 给出以下概念的解释说明。

中央处理器（CPU）	算术逻辑部件（ALU）	通用寄存器	程序计数器（PC）
指令寄存器（IR）	控制部件（控制器）	主存储器	总线
主存地址寄存器（MAR）	主存数据寄存器（MDR）	指令操作码	微操作
机器指令	高级编程语言	汇编语言	机器语言
机器级语言	源程序	目标程序	编译程序
解释程序	汇编程序	语言处理系统	设备控制器
指令集体系结构（ISA）	微体系结构	未定义行为	未确定行为
应用程序二进制接口（ABI）	应用程序编程接口（API）	最终用户	系统管理员
应用程序员	系统程序员	集成开发环境（IDE）	透明

2. 简单回答下列问题。
   （1）冯·诺依曼计算机由哪几部分组成？各部分的功能是什么？
   （2）什么是“存储程序”工作方式？
   （3）一条指令的执行过程包含哪几个阶段？
   （4）计算机系统的层次结构如何划分？
   （5）计算机系统的用户可分为哪几类？每类用户工作在哪个层次？
3. 假定你的朋友不太懂计算机，请用简单通俗的语言给你的朋友介绍计算机系统是如何工作的。
4. 你对计算机系统的哪些部分最熟悉，哪些部分最不熟悉？你最想进一步了解细节的是哪些部分的内容？
5. 假定图1.1所示模型机（采用图1.2所示指令格式）的指令系统中，除了有mov（op=0000）、add（op=0001）、load（op=1110）和store（op=1111）指令外，R型指令还有减（sub，op=0010）和乘（mul，op=0011）等指令，请仿照图1.3给出求解表达式“z=(x-y)*y;”所对应的指令序列（包括机器代码和对应的汇编指令）以及在主存中的存放内容，仿照图1.5给出每条指令的执行过程，并写出指令执行过程中每个阶段所包含的微操作。

第 2 章 高级语言程序

前一章提到，冯·诺依曼结构计算机采用“存储程序”工作方式，计算机实现的任何功能都是通过执行程序完成的。每一台冯·诺依曼结构计算机都会定义相应的指令集体系结构（ISA），根据 ISA 来实现硬件部分，而运行在计算机硬件上的所有软件，包括各类应用程序和所有系统软件则必须转换为由 ISA 规定的指令序列（即机器代码）才能在计算机上运行。用来进行程序设计的语言从抽象层次上划分，可以分成高级程序设计语言（简称高级编程语言）和低级程序设计语言（简称低级编程语言）两大类。

本书基于“IA-32/x86-64+Linux+GCC+C 语言”平台介绍计算机系统的基础内容，因此本章以 C 语言为基础介绍高级语言程序的基本内容，如变量和常量、表达式、函数和函数调用、变量的作用域及其分配、语句和流程控制结构，以及输入 / 输出等，将 C 语言程序与教材后续各章节内容建立关联，主要起教材导引的作用。

2.1 C 语言概述

自然语言是人们日常进行交流通信的语言，程序设计语言是程序员进行程序设计的语言，通过编程语言标准规范，精确表达需要计算机按什么步骤、完成哪些操作。对于计算机所要完成操作的描述可以有不同的抽象程度，抽象程度越高越接近自然语言，抽象程度越低越接近机器语言。

高级程序设计语言（High Level Programming Language）简称**高级编程语言**，是指面向算法设计的、较接近于日常英语书面语言的程序设计语言。C 语言就是一种高级编程语言。

1970 年，美国贝尔实验室的肯·汤普森（Ken Thompson）基于 BCPL 语言设计了一种简单且接近硬件的 B 语言（取 BCPL 的首字母），并且用 B 语言写了第一个 UNIX 操作系统。1972 年，贝尔实验室的丹尼斯·里奇（Dennis Ritchie）在 B 语言基础上设计了 C 语言（取 BCPL 的第二个字母）。1983 年，贝尔实验室另一位研究员比加尼·斯楚士舒普（B. Stroustrup）把 C 语言又扩展成了一种面向对象的程序设计语言 C++。

小贴士

C 语言是由贝尔实验室的 Dennis M.Ritchie 最早设计并实现的。为了使 UNIX 操作系统得以推广，1977 年 Dennis M.Ritchie 发表了不依赖于具体机器的 C 语言编译文本《可移植的 C 语言编译程序》。1978 年布莱恩·克尼汉（Brian W.Kernighan）和 Dennis M.Ritchie 合著出版了 *The C Programming Language*，从而使 C 语言成为目前世界上流行最广泛的高级程序设计语言之一。

1988年，随着微型计算机的日益普及，出现了许多C语言版本。由于没有统一的标准，这些C语言之间出现了一些不一致的地方。为了改变这种情况，美国国家标准学会(ANSI)为C语言制定了一套ANSI标准，对最初贝尔实验室的C语言进行了重大修改。*The C Programming Language* 第2版对ANSI C做了全面的描述，该书被公认为关于C语言的最好的参考手册之一。

国际标准化组织（ISO）接管了对C语言标准化的工作，在1990年推出了几乎和ANSI C一样的版本，称为"ISO C90"。该组织1999年又对C语言做了一些更新，称为"ISO C99"，该版本引进了一些新的数据类型，对英语以外的字符串文本提供了支持。

C语言是一种比较简单的语言，抽象程度较低，容易入门，同时，它提供了一组接近硬件的低级操作机制，容易编写需要直接与硬件相关的控制代码，特别是提供了可嵌入汇编代码的机制，这使得C语言可用作汇编语言这种低级编程语言的"替代语言"，大大提升了底层硬件控制代码的开发效率。

由于C语言设计的动机是使用比汇编语言更高级的编程语言来编写操作系统软件，提高操作系统开发效率，因此，C语言设计中更强调灵活性和方便性，而在安全性和语言规范性方面没有进行严格的规定，因而用C语言开发的复杂程序中可能会隐藏一些错误和漏洞，难以发现和纠正。

2.2 变量和常量及其类型

在高级语言程序设计中，可以利用图、树、表和队列等数据结构进行算法描述，并以数组、结构、指针、字符串、整型数、浮点数等数据类型来说明处理对象，数组和结构等构造类型由基本数据类型构成。基本数据类型可以是整型、浮点型等数值型数据，也可以是字符型数据。C语言支持整型、浮点型和字符型三种基本数据类型。

2.2.1 C程序中的变量及其类型

在高级语言程序中，通常用**变量**表示可变化的"值"。程序中的每个变量都有一个唯一的定义，为了保证变量的定义和引用一致，通常应"先定义后引用"。定义变量时需要给出变量的类型和名字，可以在一个变量定义中同时定义多个同类型的变量，变量之间用逗号隔开，以分号结尾。

C语言支持多种整数类型。无符号整数在C语言中对应unsigned char、unsigned short、unsigned int（unsigned)、unsigned long等类型，带符号整数在C语言中对应signed char、short、int、long等类型。

C语言标准规定了每种数据类型的最小取值范围，例如，int类型至少应为16位。通常，short型总是16位；int型在16位机器中为16位，在32位和64位机器中都为32

位；long 型在 32 位机器中为 32 位，在 64 位机器中为 64 位；long long 型是在 ISO C99 中引入的，规定它必须是 64 位。

C 语言中有 float 和 double 两种不同浮点数类型，分别对应 IEEE 754 单精度浮点数格式和双精度浮点数格式，相应的十进制有效数字分别为 7 位和 17 位左右。C 语言中对于扩展双精度的相应类型是 long double，但是 long double 的长度和格式随编译器和处理器类型的不同而有所不同。例如，Microsoft Visual C++ 6.0 版本以下的编译器都不支持该类型，因此，用其编译出来的目标代码中 long double 和 double 一样，都是 64 位双精度。

编译器在对高级语言程序进行处理时，会针对不同的作用域将变量分配在不同的存储空间中，并根据变量的数据类型选择不同的运算指令。关于变量的作用域及所分配存储空间的内容参见 6.1.2 节。

2.2.2 C 程序中的常量及其类型

C 语言程序中有三种类型的**常量**：字面量、#define 定义的常量符号和 const 定义的常量名。在以下给出的 C 程序段中，出现了三种形式的常量。

```
1  #include <stdio.h>
2  #define RADIUS 20.0
3  int main() {
4      const double pi = 3.14159;
5      double circum = 2*pi*RADIUS;
6      ......
7  }
```

如果一个数值在程序的一次执行过程中不会改变，但是可能会随着场景的变化而变化，则通常用 #define 定义。例如，上述程序段中的常量符号 RADIUS。这种常量在每次变化后都需要重新编译、执行。如果一个数值在任何场景下都不会发生改变，如上述程序段中的圆周率 pi，则通常用前缀 const 进行说明。通常，用 #define 和 const 命名常量比直接用字面量要好，因为这样可以通过常量的名字更好地理解程序的功能。

在上述程序段中，20.0、3.14159 和 2 都是具体的字面上的量，称为**字面量**或**字面值**。编译器在进行程序转换时需要为每个字面量确定数据类型，编译器根据字面量的形式和转换后数值的范围确定其类型，例如，20.0 和 2.85E10 都属于浮点类型；0x12BF 是十六进制表示的整数类型；2 和 2147483648 是十进制表示的整数类型，“good!” 则是 ASCII 码表示的字符串。

对于**浮点型字面量**，编译器还需确定是 float、double 还是 long double 类型；对于**整型字面量**，还需确定是 int、unsigned int 还是 long long 等类型。无符号整型字面量常在数的后面加一个 u 或 U 来表示，例如，字面量 12345U 和 0x2B3Cu 明显表示无符号整型。

不同的字面量应解释成何种数据类型，这在 C 语言标准 ISO C90 和 C99 中有相应的规定。例如，字面量 2147483648（2^{31}）在 32 位机器 ISO C90 标准下是 unsigned int 型，而在 64 位机器中或者 ISO C99 标准下则是 long long 型。

这些不同形式的字面量在机器中都以二进制形式表示、存储、传送和处理，因而，编译器在进行程序转换时必须将其转换成相应的二进制表示形式。编译器如何对 C 语言中的常量（如 12345U）进行处理，最终转换成机器中的二进制表示，请参看与编译技术相关的教材和资料。

第 3 章将重点介绍高级语言程序中各种不同类型数据在机器中的二进制表示。

2.3 表达式及运算符

高级编程语言是一种面向算法描述的语言，因此，在高级编程语言中通过直接在变量和常量之间加运算符的方式来描述一个表达式。

2.3.1 C 语言表达式中的运算符

在 C 语言程序中，通过给出一个表达式来描述对若干变量和常量进行的各种运算，并可通过赋值语句将表达式运算得到的结果对变量赋值。例如，以下 C 语言语句：

```
x = 32*a*a+a*15+12;
```

这里，等号“=”是 C 语言中的赋值运算符，其左边是被赋值的变量，右边是一个表达式。

编译器在处理赋值语句时，必须将右边表达式的计算过程以及赋值结果转换为一个指令序列，程序通过执行对应的指令序列，实现将表达式的运算结果送到左边变量 *x* 所在存储单元的功能。

C 语言表达式中出现的运算符可以是算术运算符、按位运算符、逻辑运算符、关系运算符、自增 / 自减运算符、取地址 / 取内容运算符以及各种括号等。C 语言中运算符的优先级及结合顺序如表 2.1 所示。

表 2.1　C 语言中运算符的优先级及结合顺序

优先级	运算符	名称或含义	使用形式	结合方向	说明
1	[]	数组下标	数组名 [常量表达式]	左到右	
	()	圆括号	(表达式) 函数名 (形参表)		
	.	成员选择（对象）	对象 . 成员名		
	->	成员选择（指针）	对象指针 -> 成员名		
2	-	负号运算符	- 表达式	右到左	单目运算符
	(类型)	强制类型转换	(数据类型) 表达式		
	++	自增运算符	++ 变量名 变量名 ++		单目运算符
	--	自减运算符	-- 变量名 变量名 --		单目运算符
	*	取值运算符	* 指针变量		单目运算符
	&	取地址运算符	& 变量名		单目运算符
	!	逻辑非运算符	！表达式		单目运算符
	~	按位取反运算符	~ 表达式		单目运算符
	sizeof	长度运算符	sizeof(表达式)		

（续）

<table>
<tr><th>优先级</th><th>运算符</th><th>名称或含义</th><th>使用形式</th><th>结合方向</th><th>说明</th></tr>
<tr><td rowspan="3">3</td><td>/</td><td>除</td><td>表达式 / 表达式</td><td rowspan="3">左到右</td><td>双目运算符</td></tr>
<tr><td>*</td><td>乘</td><td>表达式 * 表达式</td><td>双目运算符</td></tr>
<tr><td>%</td><td>余数（取模）</td><td>整型表达式 % 整型表达式</td><td>双目运算符</td></tr>
<tr><td rowspan="2">4</td><td>+</td><td>加</td><td>表达式 + 表达式</td><td rowspan="2">左到右</td><td>双目运算符</td></tr>
<tr><td>-</td><td>减</td><td>表达式 - 表达式</td><td>双目运算符</td></tr>
<tr><td rowspan="2">5</td><td><<</td><td>左移</td><td>变量 << 表达式</td><td rowspan="2">左到右</td><td>双目运算符</td></tr>
<tr><td>>></td><td>右移</td><td>变量 >> 表达式</td><td>双目运算符</td></tr>
<tr><td rowspan="4">6</td><td>></td><td>大于</td><td>表达式 > 表达式</td><td rowspan="4">左到右</td><td>双目运算符</td></tr>
<tr><td>>=</td><td>大于等于</td><td>表达式 >= 表达式</td><td>双目运算符</td></tr>
<tr><td><</td><td>小于</td><td>表达式 < 表达式</td><td>双目运算符</td></tr>
<tr><td><=</td><td>小于等于</td><td>表达式 <= 表达式</td><td>双目运算符</td></tr>
<tr><td rowspan="2">7</td><td>==</td><td>等于</td><td>表达式 == 表达式</td><td rowspan="2">左到右</td><td>双目运算符</td></tr>
<tr><td>!=</td><td>不等于</td><td>表达式 != 表达式</td><td>双目运算符</td></tr>
<tr><td>8</td><td>&</td><td>按位与</td><td>表达式 & 表达式</td><td>左到右</td><td>双目运算符</td></tr>
<tr><td>9</td><td>^</td><td>按位异或</td><td>表达式 ^ 表达式</td><td>左到右</td><td>双目运算符</td></tr>
<tr><td>10</td><td>|</td><td>按位或</td><td>表达式 | 表达式</td><td>左到右</td><td>双目运算符</td></tr>
<tr><td>11</td><td>&&</td><td>逻辑与</td><td>表达式 && 表达式</td><td>左到右</td><td>双目运算符</td></tr>
<tr><td>12</td><td>||</td><td>逻辑或</td><td>表达式 || 表达式</td><td>左到右</td><td>双目运算符</td></tr>
<tr><td>13</td><td>?:</td><td>条件运算符</td><td>表达式 1? 表达式 2: 表达式 3</td><td>右到左</td><td>三目运算符</td></tr>
<tr><td rowspan="11">14</td><td>=</td><td>赋值运算符</td><td>变量 = 表达式</td><td rowspan="11">右到左</td><td></td></tr>
<tr><td>/=</td><td>除后赋值</td><td>变量 /= 表达式</td><td></td></tr>
<tr><td>*=</td><td>乘后赋值</td><td>变量 *= 表达式</td><td></td></tr>
<tr><td>%=</td><td>取模后赋值</td><td>变量 %= 表达式</td><td></td></tr>
<tr><td>+=</td><td>加后赋值</td><td>变量 += 表达式</td><td></td></tr>
<tr><td>-=</td><td>减后赋值</td><td>变量 -= 表达式</td><td></td></tr>
<tr><td><<=</td><td>左移后赋值</td><td>变量 <<= 表达式</td><td></td></tr>
<tr><td>>>=</td><td>右移后赋值</td><td>变量 >>= 表达式</td><td></td></tr>
<tr><td>&=</td><td>按位与后赋值</td><td>变量 &= 表达式</td><td></td></tr>
<tr><td>^=</td><td>按位异或后赋值</td><td>变量 ^= 表达式</td><td></td></tr>
<tr><td>|=</td><td>按位或后赋值</td><td>变量 |= 表达式</td><td></td></tr>
<tr><td>15</td><td>,</td><td>逗号运算符</td><td>表达式，表达式 ...</td><td>左到右</td><td></td></tr>
</table>

2.3.2 C 语言程序中的运算

加、减、乘、除等算术运算是高级语言中必须提供的基本运算，可以有无符号整数的算术运算、带符号整数的算术运算和浮点数的算术运算。C 语言中除了这些算术运算以外，还有以下几类基本运算：按位运算、逻辑运算、移位运算、位扩展和位截断运算等。

1. 按位运算

C 语言中的按位运算：符号“|”表示按位或（OR）运算；符号“&”表示按位与（AND）运算；符号“~”表示按位取反（NOT）运算；符号“^”表示按位异或（XOR）

运算。按位运算的一个重要运用就是实现掩码（masking）操作，通过与给定的一个位模式进行按位与，可以提取所需要的位，然后可以对这些位进行“置1”“清0”“1测试”或“0测试”等。这里的位模式称为掩码。例如，表达式“0x0F&0x8C”的运算结果为00001100，即0x0C。这里通过掩码0x0F提取了0x8C中的低4位。

2. 逻辑运算

C语言中的逻辑运算符：符号“‖”表示逻辑或（OR）运算；符号“&&”表示逻辑与（AND）运算；符号“!”表示非（NOT）运算。这些逻辑运算很容易和按位运算混淆，事实上它们的功能完全不同。逻辑运算是非数值计算，其操作数只有两个逻辑值：True和False，通常用非0数表示逻辑值True，而全0数表示逻辑值False。按位运算是一种数值运算，运算时将两个操作数中对应的各二进制位按照指定的逻辑运算规则逐位进行计算。

3. 移位运算

C语言中提供了一组移位运算。移位操作有逻辑移位和算术移位两种。逻辑移位不考虑符号位，总是把高（低）位移出，低（高）位补0。对于无符号整数的逻辑左移，如果最高位移出的是1，则发生溢出。对于带符号整数的移位操作，应采用算术移位方式。左移时，高位移出，低位补0。左移一位时，如果移出的位不同于移位后的符号位，即左移前、后符号位不同，则发生“溢出”；右移时，低位移出，高位补符号。

为何带符号整数采用算术移位，算术右移时为何需要高位补符号，为何算术左移前后符号位不同就发生溢出？这些问题将在第3章介绍带符号整数的表示时进行解释。

C表达式“x<<k”表示对数x左移k位。事实上，对于左移来说，逻辑移位和算术移位的结果一样，都是丢弃k个最高位，并在低位补k个0。

C语言中的移位运算符没有明确区分是逻辑移位还是算术移位，但编译器必须根据表达式中变量或常量的类型，选择采用算术移位还是逻辑移位指令。通常，无符号整数采用逻辑移位方式，带符号整数采用算术移位方式。因此，若x为无符号整型变量，则“x>>k”被编译为将x逻辑右移k位；若x为带符号整型变量，则“x>>k”被编译为将x算术右移k位。

每左移一位，相当于数值扩大一倍，因此左移可能会发生溢出，左移k位，相当于数值乘以2^k；每右移一位，相当于数值缩小一半，右移k位，相当于数值除以2^k。

4. 位扩展和位截断运算

C语言中没有明确的位扩展运算符，但是在进行数据类型转换时，如果遇到一个短数向长数转换，就要进行位扩展运算。进行位扩展时，扩展后的数值应保持不变。有两种位扩展方式：零扩展和符号扩展。零扩展用于无符号整数，只要在短的无符号整数前添加足够的0即可。符号扩展用于带符号整数，通过在短的带符号整数前添加足够多的符号位来进行扩展。

出现在程序各表达式中的运算都必须转换为相应的运算指令才能在计算机中进行相应的运算，从而进行表达式的求值。第4章将重点介绍高级语言程序中各种不同类型数据的运算在机器中的具体实现。

2.4 控制结构和函数调用

高级语言程序实现的功能需要通过执行若干个操作完成，这些操作之间一定存在特定的执行顺序。为了描述操作的执行过程，编程语言需要提供一套描述机制，这种机制称为**控制结构**。

在模块化程序设计中，程序员可使用参数将一个子程序与其他子程序及数据进行分离。例如，在C语言程序中，通过函数调用语句，将参数传递给被调用函数，最后再由被调用函数返回结果给调用函数。引入子程序机制后，程序员只需要关注本模块中函数或过程的编写任务即可。

2.4.1 C语言中的控制结构

不同的控制结构描述了程序中相关操作之间不同的执行顺序。在C语言程序中，每个操作用一条语句表示，每条语句以分号结尾，如赋值语句、return语句、复合语句、表示函数之间调用关系的函数调用语句，以及表示程序流程控制的条件选择语句、循环执行语句。有些语句对应的操作比较简单，如赋值语句、return语句和函数调用语句，有些语句对应的操作比较复杂，可能由多个简单语句操作组合而成，如复合语句、条件选择语句和循环执行语句等都可能包含多个简单语句操作。

如图2.1所示，控制结构通常主要有顺序执行、选择执行和循环执行三种基本模式。

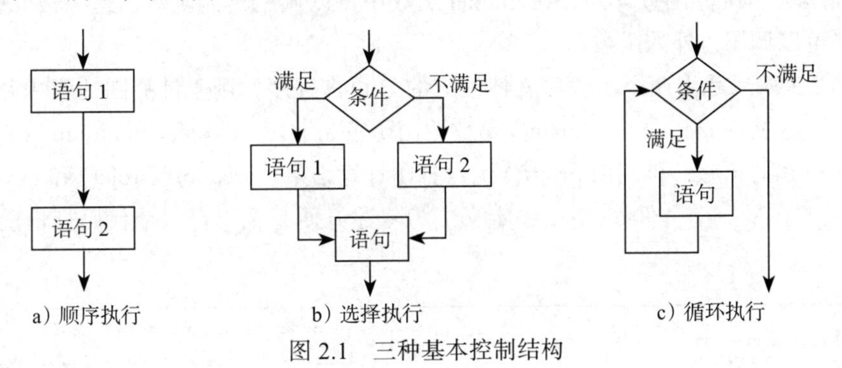

图2.1 三种基本控制结构

如图2.1a所示，在**顺序执行**结构中，一条语句完成后总是按顺序执行下一条语句，例如，C语言程序中通过一对大括号{}将若干语句组合而成的复合语句就是一种顺序执行结构。

如图2.1b所示，在**选择执行**结构中，执行哪条语句由条件决定。可以从一个条件是否满足的两种可能性中选择一条语句执行，也可以用多个条件判断从多个可能性中选择一条语句执行。例如，在C语言程序中，if-else语句和switch-case语句都可实现在多个可能性中选择一条语句执行。

如图2.1c所示，在**循环执行**结构中，只要满足条件就不断执行循环体中的语句，每次循环体中语句的执行都可能改变条件，当条件不满足时跳出循环。

C语言主要通过选择结构（条件分支）语句和循环结构语句来控制程序中语句的执行顺序，有9种流程控制语句，分成选择语句、循环语句和辅助控制语句三类，如图2.2所示。

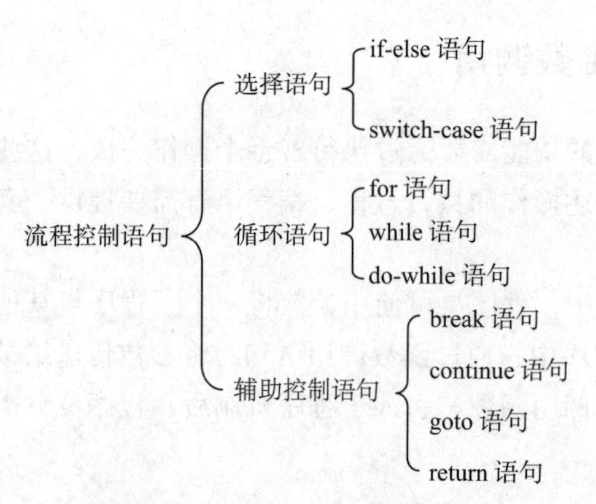

图 2.2 C 语言中的流程控制语句

2.4.2 C 语言中的函数调用

子程序是高级编程语言中的一种抽象机制，程序员可以通过子程序机制编写一个基本程序块，将程序块实现的细节封装在子程序内部，以子程序名以及入口参数和返回值的形式，提供调用接口，程序员以模块化方式编写程序。不同的高级编程语言可以通过不同的方式实现子程序，如 C 语言程序中以函数的形式实现子程序。

C 语言程序本质上由若干函数组成，其中每条语句属于且仅属于一个函数。所有的 C 语言程序从 main() 函数开始，在 main() 函数中可以调用其他函数，这些被 main 调用的函数又可以调用另外的函数。

如图 2.3 所示是由两个源程序文件组成的 C 语言程序，用于计算圆的面积和周长并打印显示。在文件 main.c 中，main() 函数调用函数 area_of_circle() 和 circum_of_circle() 计算出面积和周长后，再调用 printf() 函数打印计算结果。area_of_circle() 和 circum_of_circle() 函数在另一个文件 circle.c 中定义。为叙述方便起见，在每个代码行最前面加了行号。

```
1  #include <stdio.h>
2  double area_of_circle(double);
3  double circum_of_circle(double);
4  int main()
5  {
6     double r, area, circum;
7     scanf("Radius:%f\n",r);
8     area=area_of_circle(r);
9     circum=circum_of_circle(r);
10    printf("Circle Area is %f\n",area);
11    printf("Circle Circum is %f\n", circum);
12 }
```

a）main.c 文件

```
1  const double pi=3.14159265;
2  double area_of_circle(double x)
3  {
4     double result;
5     result=pi*x*x;
6     return result;
7  }
8  double circum_of_circle(double x)
9  {
10    double result;
11    result=2*pi*x;
12    return result;
13 }
```

b）circle.c 文件

图 2.3 计算圆面积和周长的 C 语言程序

1. 函数原型声明

程序里每个有名字的对象（如变量、函数）都需要有一个唯一的定义和若干处的引用。为了保证定义和引用一致，通常应该“先定义后引用”。例如，复合语句中要求所有变量的定义必须在所有语句之前。

在C语言中，定义和声明是两个不同的术语，定义用于构建一个对象，意味着在编译器转换得到的机器级代码中需要为这个对象分配存储空间，而声明则是说明存在相应的对象，也即被声明的对象一定存在一个唯一的定义。如果一个声明的对象没有定义，意味着该声明无效，在生成可执行文件的过程中会出现链接错误。

一个C程序可以由多个C源程序文件组成，一个函数通过函数调用语句引用其他函数，每个函数定义中可能有多个函数调用语句，如果被调用函数在引用之前没有定义，则必须在之前给出**函数原型声明**。

对于函数，在有些情况下确实很难做到先定义后引用，例如，在图2.3所示的文件main.c中，main()函数通过函数调用语句引用了函数area_of_circle()和circum_of_circle()，这两个被调用函数在另一个文件circle.c中定义，因而编译器在处理main.c文件时，无法确认main()函数中调用的这两个函数的参数等规定是否与其定义一致，为此，需要在调用前先给出被调用函数的原型声明，main.c文件中第2、3行是这两个函数的原型声明。

函数原型声明用于给出函数名称、每个参数的类型和函数返回值类型等函数特征，函数声明以分号结束。函数声明的作用是让编译器在对函数调用语句进行处理时能够对参数类型进行一致性检查和数据类型转换等处理。

2. 函数定义

每个函数定义由函数头部和函数体两部分组成。头部信息包括返回值类型、函数名，以及由圆括号中给出的形式参数（简称形参）列表组成，**形式参数列表**中每个参数之间用逗号分隔。例如，在图2.3给出的main.c文件中定义了main()函数，在circle.c文件中定义了函数area_of_circle()和circum_of_circle()，这两个函数都只有一个参数，其类型为double，返回值类型也都是double。

函数体是由{和}括起来的**复合语句**，包含实现函数功能所需要的多个变量的定义和一些语句。函数体中定义的变量都是**局部变量**，只能在函数体的内部引用。函数的返回值通过返回语句return说明，return语句中的表达式给出了返回值的计算方法，C语言要求return语句中表达式的类型必须能够转换为函数头部说明的返回值类型，并且返回的值为转换类型后计算出来的值。例如，对于以下funct()函数：

```
int funct(int r) {
    return 2*3.14*r;
}
```

因为函数头部说明的返回值类型为int，而return语句给出的表达式中有浮点数字面量和浮点数类型变量，所以按表达式计算出来的浮点数值应转换为int型数值后返回。

3. 函数调用机制

在一个函数中如果出现函数调用语句，则意味着程序的执行流程将从当前的函数调用语句跳转到被调用函数处执行，调用其他函数的代码部分称为**主程序**、**主调函数**或**调用函数**。在被调用函数执行结束时，程序回到调用函数处继续执行。在从调用函数跳转到被调用函数执行时，必须将相应的**入口参数**（也称为**实际参数**，简称**实参**）传递给被调用函数的**形式参数**，而在被调用函数返回时，必须将返回值传递给调用过程。C语言要求传递的实际参数类型必须符合函数定义中对应的形式参数类型或能转换为形参类型。

例如，对于上面的funct()函数定义，赋值语句"float x=funct(5.6);"在函数调用传递实参5.6时必须将浮点数5.6转换为int型数值5传递给形参r，在执行funct()函数中的return语句时，参数5又必须转换为浮点数类型进行表达式计算，计算出的浮点数结果31.4必须再转换为返回值类型（int型）数31，最后还必须将int型数31转换为float型再赋给变量*x*。由此可见，在这条赋值语句的执行过程中，进行了4次类型转换。上述函数调用中的类型转换过程将在5.3.5节例5.9中用具体的机器级代码进行说明。

4. 程序的执行和主函数

在一个完整的C程序中一定有且仅有一个main()函数，它是整个程序执行的起点，也定义了程序的完整执行过程。当C程序对应的可执行目标文件被启动后，总是从main函数体的开始执行，计算机硬件按照main函数体中的语句所确定的执行顺序，执行每条语句对应的机器指令序列，直到main函数体中的语句都执行完或者遇到return语句。因此，通常把函数main称为**主函数**。C语言规定函数main()的返回值类型为int，通常用返回0表示程序正常结束，因此，有些程序中在main()函数体最后有一条语句"return 0;"，若没有return语句，系统也会自动产生一个表示正常结束的返回值0。

主函数main()以外的函数称为普通函数。在程序中定义的普通函数，可以在该函数定义所在的文件中被调用（称为**函数的引用**），也可以在其他文件中被调用，只要在引用前给出被调用函数的原型声明或出现过函数定义即可。如果某个普通函数没有被任何函数调用，虽然编译器会生成该普通函数对应的机器级代码，但该函数代码不会被执行。

编译器对C语言源程序处理的最终结果是将其转换为目标平台对应的机器级代码表示。编译器如何对C语言源程序进行分析处理和代码转换，可参看编译技术相关教材和资料。

第6章将重点介绍C语言源程序中各种语句（包括函数调用）对应的机器级表示。本书中机器级代码主要用IA-32/x86-64架构的汇编语言形式表示，因此，第5章先介绍IA-32/x86-64指令系统。

2.4.3 变量的作用域及其存储分配

程序中的变量用于描述数据的存储特性，任何程序转换为机器级代码后，其中处理的数据必须在指令中指定其存储位置，因此编译器在对高级语言源程序进行处理时，必须根据变量的定义和变量声明来确定每个变量适合分配在哪类存储器中，并根据变量的作用域和生存期确定其应分配在动态存储区还是静态存储区。程序中的变量实际上是一个存储位置，在对应存储位置上存放的数据发生了变化，就意味着变量值的改变。由此可见，程序中的变量与数学中的变量是完全不同的概念。

C 程序中的变量一定先定义后引用，每个变量都有其对应的作用域和生存期，例如，在一个复合结构语句中定义的变量只能在该复合语句内部引用，并且变量的定义必须出现在复合结构中任何语句之前。

程序中变量的引用有读和写两种方式。若变量出现在表达式中，则在计算表达式时需要读取变量的值，即进行读操作；若变量出现在赋值语句等号左边，则需要将新值写入变量所在存储区，即进行写操作。

C 语言中有全局变量（外部变量）、静态全局变量、自动（局部）变量和静态局部变量。

1. 全局变量

一个 C 程序可以由多个 C 源程序文件组成。每个源程序文件主要由若干个函数定义组成，因为 C 语言不允许在函数中定义函数，所以所有函数定义都属于外部定义，所有外部定义的对象都可以在整个程序中被引用，只要在引用前存在其定义或声明，也即函数的**作用域**是整个程序（可以被程序中的任何函数调用），函数的**生存期**是整个程序执行过程（可以在程序结束前任何时候被调用）。

如果一个变量定义在任何函数定义的外部，则称其为**全局变量**或**外部变量**，因为变量在其定义出现后即可被引用，所以全局变量定义通常出现在源程序文件中所有函数定义之前，其作用域和生存期与函数的作用域和生存期一样，可在整个程序执行过程中的任何地方被引用。因此，全局变量的存储区位置在整个程序执行过程中不会发生变化，应分配在**静态存储区**，而且程序中所有函数都可以对其进行读写。

如果在一个函数中需要引用在其他源程序文件中定义的一个全局变量，则必须在该函数所在源程序文件中给出带 extern 的外部变量声明。以下为某源程序文件开始的两行代码：

```
int count;
extern double radius,area,circum;
```

上述第 1 行给出的是一个全局变量 count 的定义，第 2 行给出的是一个外部变量声明，说明有 3 个 double 型全局变量 radius、area 和 circum 的定义存在于其他源程序文件中。

与函数原型声明一样，外部变量声明和全局变量定义通常都放在源程序文件的开始处。也可以将外部变量声明和函数原型等信息专门放在一个以 .h 为扩展名的头文件中，通过在源程序文件的开始处使用 #include 命令来嵌入头文件中的信息。

2. 静态全局变量

全局变量的作用域为整个程序，如果一个程序很大并由多人开发，很可能会发生不同的开发者使用相同的变量名称表示不同的全局变量的情况，从而发生链接错误。为此，C 语言中提供了一种作用域仅局限在一个源程序文件中的**静态全局变量**。定义这种变量时，只要在全局变量定义前加关键字 static 即可。C 语言中也可以定义静态函数，只要在函数头部的返回值类型前加 static 即可。

静态全局变量和静态函数都只能在其定义所在的源程序文件中被引用，即作用域局限于所在文件中定义的函数，但其生存期为整个程序执行过程。因而静态全局变量所分配的空间位置在整个程序执行过程中不会发生变化，应分配在静态存储区，而且只有所在文件中的函数可以对其进行读写，其他文件中的函数不能对其进行读写。

不同源程序文件中可以定义具有相同名字的静态全局变量和静态函数，因为这些名字相同的变量或函数的作用域不同，所以编译器会将它们作为不同的变量或函数来处理。

3. 自动（局部）变量

上面提到的静态全局变量是在函数定义外部定义的变量，而局部变量是指在函数体内部定义的变量。函数体是由 { 和 } 括起来的复合语句，局部变量的作用域仅是其定义所在的最小复合语句，在此复合语句之外变量不能被引用。函数的形参也可以看成局部变量，其作用域为函数体。

一个复合语句中定义的局部变量仅在该复合语句执行过程中有效，也即进入复合语句执行后，开始创建所定义的局部变量（即为变量分配空间），复合语句执行结束时，变量被撤销（即取消所占空间）。如果再次进入复合语句执行，则重新创建变量，使用结束后变量再次被撤销。由此可见，在每次进入函数执行后，函数体内定义的局部变量都会重新进行空间的“分配 – 使用 – 取消”过程，因而，局部变量的空间分配和全局变量不同，在函数的每次执行过程中，局部变量都需要自动地重新创建和撤销。C 语言中称局部变量为**自动（auto）变量**，所分配的存储区为**动态存储区**。

4. 静态局部变量

C 语言中提供了一种静态局部变量，其定义位置与自动变量一样，也是定义在函数体内部，只不过需要在变量定义的开始加关键字 static。**静态局部变量**的作用域与自动变量一样，也是局限在定义所在的函数体内部，其他函数无法引用。与自动变量不同的是，静态局部变量的生存期是整个程序执行过程，也即在对应函数执行结束后，静态局部变量的存储空间不会取消，所存储的变量的值不会改变，再次进入对应函数执行时，可以像读写全局变量存储空间一样对其进行操作。因此静态局部变量与静态全局变量一样，具有局部作用域、全程生存期、一次初始化的特点，也应分配在静态存储区。静态局部变量和静态全局变量统称为**静态变量**。

不同函数中可以定义具有相同名字的静态局部变量，因为这些名字相同的变量的作用域不同，所以编译器会将它们作为不同的变量来处理。

编译器在将 C 程序转换为机器级目标代码时，对具有不同作用域和不同生存期的各种变量与函数所分配的空间及其处理机制是不同的，体现在所生成的机器级代码不同，在符号表中对相应符号的属性描述不同，这部分内容将在第 6 章和第 7 章详细介绍。

此外，多个不同源程序文件对应的目标代码还需要合并链接，以生成可执行目标代码。在合并链接过程中，需要对符号（即程序中定义的全局变量、静态变量和函数等）的定义和引用进行关联解析，并对符号的存储空间进行重定位。第 7 章将重点介绍如何将多个源程序文件对应的程序模块合并链接生成一个可执行目标文件。

2.4.4 C 标准 I/O 库函数

通常程序都需要与外界环境进行交互，即程序需要有输入输出（I/O）功能。C 语言程序可以通过调用特定的 I/O 函数的方式实现 I/O 功能。用户程序使用的 I/O 函数可以是 C 标准 I/O 库函数或者系统提供的系统级 I/O 函数。前者如文件 I/O 函数 fopen()、fread()、fwrite() 和 fclose() 或控制台 I/O 函数 fprintf()、sscanf() 等。后者如 UNIX/Linux 系统中的系统调用封装函数 open()、read()、write() 和 close() 等，或者 Windows 系统中的 API 函数 CreateFile()、ReadFile()、WriteFile()、CloseHandle()、ReadConsole()、WriteConsole() 等。

C 标准 I/O 库函数比特定系统提供的系统级 I/O 函数层次更高，前者是基于后者实现的。图 2.4 给出了在类 UNIX 系统中两者之间的关系。

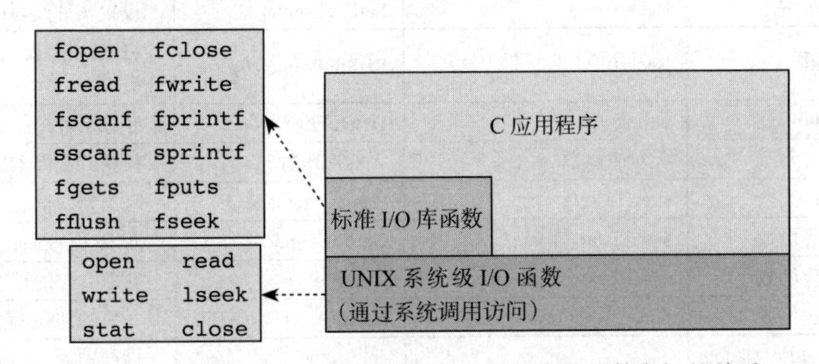

图 2.4 C 标准 I/O 库函数与 UNIX 系统级 I/O 函数之间的关系

通常情况下，C 程序员大多使用较高层次的标准 I/O 库函数，而很少使用底层的系统级 I/O 函数。使用标准 I/O 库函数得到的程序移植性较好，可以在不同体系结构和操作系统平台下运行，而且，因为标准 I/O 库函数中的文件操作使用了内存中的文件缓存区，使得系统调用和具体的 I/O 操作次数显著减少，所以使用标准 I/O 库函数能提高程序执行效率。不过，使用 C 标准 I/O 库函数也有一些不足，例如：

1）所有 I/O 操作都是同步的，即程序必须等待 I/O 操作真正完成后才能继续执行。

2）在一些情况下不适合甚至无法使用标准 I/O 库函数实现 I/O 功能。例如，C 标准 I/O 库中不提供读取文件元数据的函数。

3）标准 I/O 库函数还存在一些问题，使得用它进行网络编程会造成易于出现缓冲区溢出等风险，同时它也不提供对文件进行加锁和解锁等功能。

虽然在很多情况下使用标准 I/O 库函数就能解决问题，特别是对于磁盘和终端设备（键盘、显示器等）的I/O操作。但是，在UNIX/Linux系统中，用标准I/O库函数或系统级I/O函数对网络设备进行I/O操作时会出现一些问题，因此，也可以基于底层的系统级I/O函数自行构造高层次I/O函数，以提供适合网络I/O的读操作和写操作函数。

在Windows系统中，用户程序除了可以调用C标准I/O库函数，还可以调用Windows提供的API函数，如文件I/O函数CreateFile()、ReadFile()、WriteFile()、CloseHandle()和控制台I/O函数ReadConsole()、WriteConsole()等。

表2.2给出了关于文件I/O和控制台I/O操作的部分函数对照表，其中包含了C标准I/O库函数、UNIX/Linux系统级I/O函数和用于I/O的Windows API函数。

表2.2　关于文件I/O和控制台I/O操作的部分函数对照表

序号	C标准库	UNIX/Linux	Windows	功能描述
1	getc、scanf、gets	read	ReadConsole	从标准输入读取信息
2	fread	read	ReadFile	从文件读入信息
3	putc、printf、puts	write	WriteConsole	在标准输出上写信息
4	fwrite	write	WriteFile	在文件上写入信息
5	fopen	open、creat	CreateFile	打开/创建一个文件
6	fclose	close	CloseHandle	关闭一个文件（CloseHandle不限于文件）
7	fseek	lseek	SetFilePointer	设置文件读写位置
8	rewind	lseek(0)	SetFilePointer(0)	将文件指针设置成指向文件开头
9	remove	unlink	DeleteFile	删除文件
10	feof	无对应函数	无对应函数	停留到文件末尾
11	perror	strerror	FormatMessage	输出错误信息
12	无对应函数	stat、fstat、lstat	GetFileTime	获取文件的时间属性
13	无对应函数	stat、fstat、lstat	GetFileSize	获取文件的长度属性
14	无对应函数	fcnt	LockFile / UnlockFile	文件的加锁/解锁
15	使用stdin、stdout和stderr	使用文件描述符0、1和2	GetStdHandle	标准输入、标准输出和标准错误设备

从表2.2可以看出，C标准I/O库中提供的函数并没有涵盖所有底层操作系统提供的函数，如表中第12～14项。不同的C标准I/O库函数可能调用相同的系统调用，例如，表中第1、2项中不同的C库函数在UNIX/Linux系统中是由同一个系统调用read实现的，同样，表中第3、4项中不同的C库函数都是由write系统调用实现的。此外，C标准I/O库函数、UNIX/Linux和Windows中的API函数所提供的I/O操作功能并不是一一对应的。虽然对于基本的I/O操作它们有大致一样的功能，不过，在使用时还是要注意它们之间的不同。其中一个重要的不同点是，它们的参数中对文件的标识方式不同，例如，函数read()和write()的参数中指定的文件用一个整数类型的文件描述符来标识，而C标准库函数fread()和fwrite()的参数中指定的文件用一个指向特定结构的指针类型来标识。

2.5 小结

C 语言是一门比较简单且容易入门的高级编程语言，提供了各种控制机制和数据定义机制，同时还提供了一组比较接近硬件的低级操作。本书通过从高级语言程序到具体指令系统架构上机器级代码的转换，以及可执行目标文件的生成、加载和执行，来介绍计算机系统各个抽象层之间的关联关系。由于 C 语言具有的上述几个特点，因此比较适合作为计算机系统导论这种入门课程的高级语言代表。

本书后续章节将从程序员的视角，围绕高级语言程序中数据的机器级表示和运算、函数（过程）调用和各类控制语句的机器级表示、程序的链接、加载和执行等内容展开介绍，因此，本章内容是后续各个章节的导引，起着承上启下的作用。

习题

1. 给出以下概念的解释说明。

高级编程语言	变量	常量	整型字面量	浮点型字面量
按位运算	逻辑运算	移位运算	位扩展	位截断
控制结构	顺序结构	选择结构	循环结构	函数原型声明
形式参数列表	入口参数	复合语句	自动变量	外部变量
静态全局变量	静态局部变量	主函数	调用函数	被调用函数
变量作用域	变量生存期	静态存储区	动态存储区	

2. 简单回答下列问题。
（1）C 语言中按位运算和逻辑运算有什么差别？
（2）如何进行逻辑移位和算术移位？它们各用于哪种类型的数据？
（3）函数调用时按值传参和按地址传参有什么不同？
（4）函数的原型声明和函数的定义有什么区别？
（5）全局变量（外部变量）、自动变量、静态全局变量、静态局部变量 4 种不同变量的作用域和生存期分别是什么？
3. 编写一个 C 语言程序，通过循环结构求自然数 1 到 50 的平方和。
4. 编写一个函数“ float f_min(float，float，float)”，要求能够求出给定 3 个浮点数中的最小值，并编写一个主函数来测试各种输入情况下结果的正确性。
5. 在你的机器上运行以下程序，并对程序执行结果的原因进行分析。

```
1   #include "stdio.h"
2
3   int main()
4   {    double x = 2.1,y = 0.1,z = 2.1-2;
5        if (y==z)
6            printf("true\n");
7        else
8            printf("flase\n") ;
9        printf("y = %.40f\n",y);
```

```
10      printf("z=%.40f\n",z);
11      return 0;
12  }
```

6. 在你的机器上运行以下程序，考虑在 32 位 /64 位机器上在 ISO C90/C99 标准的各种组合情况下程序执行结果的不同，参考 C 语言标准规范对程序执行结果的原因进行分析。

```
1   #include <stdio.h>
2   int main()
3   {
4       if (2147483647 < 2147483648)
5           printf("true\n");
6       else
7           printf("flase\n");
8       return 0;
9   }
```

7. 在你的机器上运行以下 3 个程序，考虑在 32 位 /64 位机器上在 ISO C90/C99 标准的各种组合情况下程序执行结果的不同，参考 C 语言标准规范对程序执行结果的原因进行分析。

程序一：

```
1   #include <stdio.h>
2   int main()
3   {
4       unsigned a = 10;
5       int b = -20;
6       (a+b>10) ? printf(">10") : printf("<10");
7       return 0;
8   }
```

程序二：

```
1    #include <stdio.h>
2    int main()
3    {
4        (10-20>10) ? printf(">10") : printf("<10");
5        return 0;
6    }
```

程序三：

```
1   #include <stdio.h>
2   int main()
3   {
4       (10-2147483648>10) ? printf(">10") : printf("<10");
5       return 0;
6   }
```

第3章　数据的机器级表示

在高级语言程序中需要定义所处理数据的类型以及存储的数据结构。例如，C 语言程序中有无符号整数类型（unsigned int）、带符号整数类型（int）、单精度浮点数类型（float）等。那么，在高级语言程序中定义的这些数据在计算机内部是如何表示的？它们在计算机中又是如何存储的呢？

本章重点讨论数据在计算机内部的机器级表示，主要内容包括进位计数制、二进制定点数的编码表示、无符号整数和带符号整数的表示、IEEE 754 浮点数表示标准、西文字符和汉字的编码表示、C 语言中各种类型数据的表示和转换、数据的宽度和存放顺序。

3.1　二进制编码和进位计数制

3.1.1　信息的二进制编码

在计算机系统内部，所有信息都是用二进制的 0 和 1 编码的，也即计算机内部采用二进制表示方式。这样做的原因有以下几点。

1）二进制只有两种基本状态，使用有两个稳定状态的物理器件就可以表示二进制数的每一位，而制造有两个稳定状态的物理器件要比制造有多个稳定状态的物理器件容易得多。

2）二进制的编码、计数和运算规则都很简单，可用开关电路实现，简便易行。

3）两个符号 1 和 0 正好与逻辑命题的“真”和“假”相对应，为计算机中实现逻辑运算和程序中的逻辑判断提供了便利的条件，特别是能通过逻辑门电路方便地实现算术运算。

采用二进制编码将各种媒体信息转变成数字化信息后，可以在计算机内部进行存储、运算和传送。在高级语言程序中可以利用图、树、表和队列等数据结构进行算法描述，并以数组、结构、指针和字符串等数据类型说明处理对象，但将高级语言程序转换为机器语言程序后，每条机器指令的操作数就只能是 4 种简单的基本数据类型：无符号整数、带符号整数、浮点数和非数值型数据（位串）。

指令所处理的数据分为数值数据和非数值数据两种。**数值数据**可用来表示数量的多少，可比较其大小，分为整数和实数，整数又分为无符号整数和带符号整数。在计算机内部，整数用定点数表示，实数用浮点数表示。**非数值数据**就是一个没有大小之分的位串，不表示数量的多少，主要用来表示字符数据和逻辑数据。

日常生活中，常使用带正负号的十进制数表示数值数据，如 −6.18、129。在计算机内部，数值数据通常用二进制数表示，若采用十进制数表示，则必须将十进制数编码成二进制数，即采用**二进制编码的十进制数**（Binary Coded Decimal Number，BCD）表示。

表示一个数值数据要确定三个要素：进位计数制、定 / 浮点表示和编码规则。任何一个给定的二进制序列，在未确定它采用什么进位计数制、定点还是浮点表示以及编码表示方法之前，它所代表的数值数据的值是无法确定的。

3.1.2 进位计数制

日常生活中一般使用十进制数，其每个数位可用十个不同符号 0, 1, 2, …, 9 来表示，每个符号处在十进制数中的不同位置时，所代表的数值不一样。例如，2 585.62 代表的值是：

$$(2\,585.62)_{10} = 2\times10^3+5\times10^2+8\times10^1+5\times10^0+6\times10^{-1}+2\times10^{-2}$$

一般地，任意一个十进制数

$$D = d_nd_{n-1}\cdots d_1d_0 . d_{-1}d_{-2}\cdots d_{-m}\ (m,\ n\ 为正整数)$$

其值可表示为如下形式：

$$V(D) = d_n\times10^n + d_{n-1}\times10^{n-1} + \cdots + d_1\times10^1 + d_0\times10^0 + d_{-1}\times10^{-1} + d_{-2}\times10^{-2} + \cdots + d_{-m}\times10^{-m}$$

其中 d_i（$i=n$，$n-1$，…，1，0，−1，−2，…，$-m$）可以是 0，1，2，3，4，5，6，7，8，9 这 10 个数字符号中的任何一个，10 称为基（base），它代表每个数位上可以使用的不同数字符号的个数。10^i 称为第 i 位上的权。在十进制数进行运算时，每位计满 10 之后就要向高位进一，即“逢十进一”。

类似地，二进制数的基是 2，只使用两个不同的数字符号 0 和 1，运算时采用“逢二进一”的规则，第 i 位上的权是 2^i。例如，二进制数 $(100101.01)_2$ 代表的值是：

$$(100101.01)_2 = 1\times2^5 + 0\times2^4 + 0\times2^3 + 1\times2^2 + 0\times2^1 + 1\times2^0 + 0\times2^{-1} + 1\times2^{-2} = (37.25)_{10}$$

一般地，任意一个二进制数

$$B=b_nb_{n-1}\cdots b_1b_0 . b_{-1}b_{-2}\cdots b_{-m}\ (m,n\ 为正整数)$$

其值如下：

$$V(B) = b_n\times2^n + b_{n-1}\times2^{n-1} + \cdots + b_1\times2^1 + b_0\times2^0 + b_{-1}\times2^{-1} + b_{-2}\times2^{-2} + \cdots + b_{-m}\times2^{-m}$$

其中 b_i（$i=n$，$n-1$，…，1，0，−1，−2，…，$-m$）只可以是 0 和 1 两种不同的数字符号。

扩展到一般情况，在 R 进制数字系统中，应采用 R 个基本符号（0，1，2，…，$R-1$）表示各位上的数字，采用“逢 R 进一”的运算规则，对于每一个数位 i，该位上的权为 R^i。R 称为该数字系统的基。

常用的进位计数制有：

二进制 R=2，基本符号为 0 和 1。

八进制 R=8，基本符号为 0，1，2，3，4，5，6，7。

十六进制 R=16，基本符号为 0，1，2，3，4，5，6，7，8，9，A，B，C，D，E，F。

十进制 R=10，基本符号为 0，1，2，3，4，5，6，7，8，9。

表 3.1 列出了二、八、十、十六进制 4 种进位计数制中各基本数之间的对应关系。

表 3.1 4 种进位计数制中各基本数之间的对应关系

二进制数	八进制数	十进制数	十六进制数	二进制数	八进制数	十进制数	十六进制数
0000	0	0	0	1000	10	8	8
0001	1	1	1	1001	11	9	9
0010	2	2	2	1010	12	10	A
0011	3	3	3	1011	13	11	B
0100	4	4	4	1100	14	12	C
0101	5	5	5	1101	15	13	D
0110	6	6	6	1110	16	14	E
0111	7	7	7	1111	17	15	F

从表 3.1 中可看出，十六进制的前 10 个数字与十进制的前 10 个数字相同，后 6 个基本符号 A，B，C，D，E，F 的值分别为十进制的 10，11，12，13，14，15。在书写时可使用后缀字母标识该数的进位计数制，一般用 B（Binary）表示二进制，用 O（Octal）表示八进制，用 D（Decimal）表示十进制（可省略），而 H（Hexadecimal）则是十六进制数的后缀，有时也在一个十六进制数之前用 0x 作为前缀，例如二进制数 10011B，十进制数 56D 或 56，十六进制数 308FH 或 0x308F 等。

3.1.3 进位计数制之间数据的转换

计算机内部所有的信息都采用二进制编码表示，但在计算机外部，为了书写和阅读方便，大都采用十进制或十六进制表示形式。以下介绍各进位计数制之间数据的转换方法。

1. *R* 进制数转换成十进制数

任何一个 *R* 进制数转换成十进制数时，只要按权展开即可。

例 3.1 将二进制数 10101.01B 转换成十进制数。

解 10101.01B = $1\times2^4+0\times2^3+1\times2^2+0\times2^1+1\times2^0+0\times2^{-1}+1\times2^{-2}$ = 21.25。■

例 3.2 将八进制数 307.6O 转换成十进制数。

解 307.6O=$3\times8^2+7\times8^0+6\times8^{-1}$ = 199.75。■

例 3.3 将十六进制数 3A.CH 转换成十进制数。

解 3A.CH = $3\times16^1+10\times16^0+12\times16^{-1}$ = 58.75。■

2. 十进制数转换成 *R* 进制数

任何一个十进制数转换成 *R* 进制数时，均要将整数和小数部分分别进行转换。

（1）整数部分的转换

整数部分的转换方法是"除基取余，上右下左"，即用要转换的十进制整数除以基数 *R*，将得到的余数作为结果数据中各位的数字，直到商为 0 为止。上面的余数（先得到的余数）作为右边低位上的数位，下面的余数作为左边高位上的数位。

例 3.4 将十进制整数 135 分别转换成八进制数和二进制数。

解 将 135 分别除以 8 和 2，将每次的余数按从低位到高位的顺序排列如下：

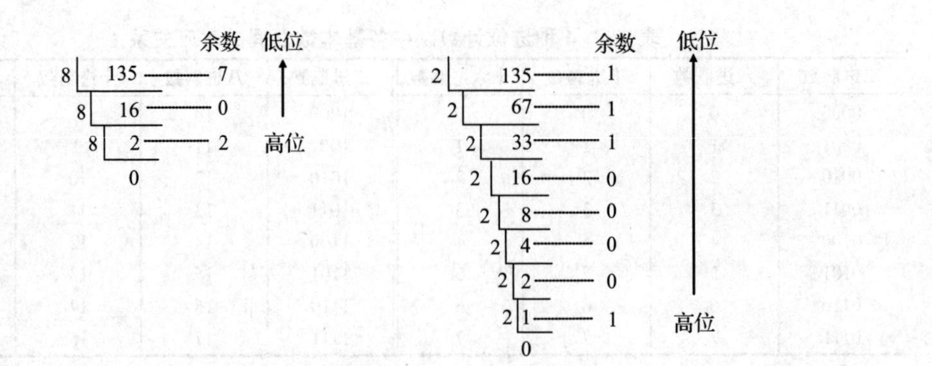

所以，135 = 207O = 1000 0111B。■

（2）小数部分的转换

小数部分的转换方法是“乘基取整，上左下右”，即用要转换的十进制小数去乘以基数 R，将得到的乘积的整数部分作为结果数据中各位的数字，小数部分继续与基数 R 相乘。以此类推，直到某一步乘积的小数部分为 0 或已得到希望的位数为止。最后，将上面的整数部分作为左边高位上的数位，下面的整数部分作为右边低位上的数位。

例 3.5 将十进制小数 0.687 5 分别转换成二进制数和八进制数。

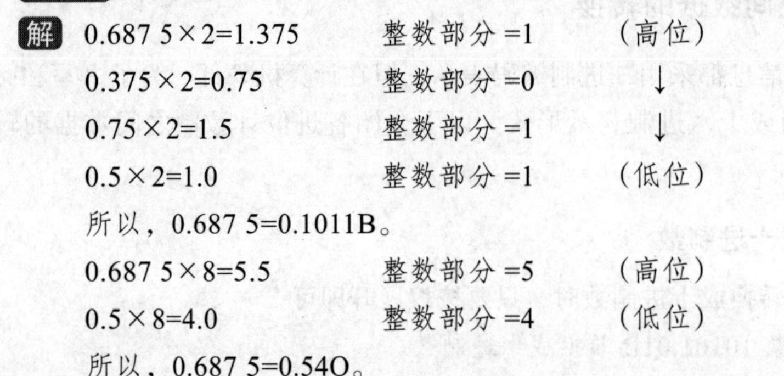

解 0.687 5×2=1.375　　整数部分 =1　　（高位）

0.375×2=0.75　　整数部分 =0　　↓

0.75×2=1.5　　整数部分 =1　　↓

0.5×2=1.0　　整数部分 =1　　（低位）

所以，0.687 5=0.1011B。

0.687 5×8=5.5　　整数部分 =5　　（高位）

0.5×8=4.0　　整数部分 =4　　（低位）

所以，0.687 5=0.54O。■

在转换过程中，有可能乘积的小数部分总得不到 0，即转换得到希望的位数后还有余数，这种情况下得到的是近似值。

例 3.6 将十进制小数 0.63 转换成二进制数。

解 0.63×2=1.26　　整数部分 =1　　（高位）

0.26×2=0.52　　整数部分 =0　　↓

0.52×2=1.04　　整数部分 =1　　↓

0.04×2=0.08　　整数部分 =0　　（低位）

所以，0.63=0.1010…B。■

（3）含整数、小数部分的数的转换

只要将整数部分和小数部分分别进行转换，得到转换后相应的整数和小数部分，然后再将这两部分组合起来得到一个完整的数即可。

例 3.7 将十进制数 135.687 5 分别转换成二进制数和八进制数。

解 只要将例 3.4 和例 3.5 的结果合起来就可，即 135.687 5 = 1000111.1011B=207.54O。■

3. 二、十六进制数之间的相互转换

将十六进制数转换成二进制数时，只要根据表 3.1 中十六进制数与二进制数之间的对应关系，把每一个十六进制数字改写成等值的 4 位二进制数并保持高低位的次序不变即可。

例 3.8 将十六进制数 2B.5EH 转换成二进制数。

解 2B.5EH = 0010 1011.0101 1110 B = 101011.0101111B。■

将二进制数转换成十六进制数时，整数部分从低位向高位方向每 4 位用一个等值的十六进制数字来替换，最后不足 4 位时在高位补 0 凑满 4 位；小数部分从高位向低位方向每 4 位用一个等值的十六进制数字来替换，最后不足 4 位时在低位补 0 凑满 4 位。例如，11001.11B = 0001 1001.1100B=19.CH。

4. 十进制整数转换为二进制整数的简便方法

二进制数的权从小到大分别是 1（2^0）、2（2^1）、4（2^2）、8（2^3）、16（2^4）、32（2^5）、64（2^6）、128（2^7）、256（2^8）、512（2^9）、1 024（2^{10}）、2 048（2^{11}）、4 096（2^{12}）、8 192（2^{13}）、16 384（2^{14}）、32 768（2^{15}）、65 536（2^{16}）等。利用这些二进制数中第 n 位上的权，可以快速将一个十进制数转换为二进制数。

假设被转换十进制数为 x，先确定最接近 x 的权 2^n。

1）若 x 大于或等于 2^n，则按以下方式转换：求 x 和最接近权的差，再确定小于该差值并最接近该差值的权；再求差，再找小于该差值并最接近差值的权；如此多次操作，一直到差为 0 为止。将这些权对应的数位置 1，其他位为 0，得到的便是转换后的二进制数。

2）若 x 小于 2^n，则按以下方式转换：求 2^n-1 和 x 的差 d；然后按 1 中的方式确定 d 的二进制表示；最后将 2^n-1 减去 d，即可得到最终的二进制表示。

例 3.9 将十进制数 8 261 转换成二进制数。

解 最靠近 8 261 的权是 8 192，8 261−8 192=69；69−64=5；5−4=1；1−1=0。因为 8 192=2^{13}，64=2^6，4=2^2，1=2^0，故第 0、2、6、13 位为 1，其余位为 0，即结果为 10 0000 0100 0101B。■

例 3.10 将十进制数 8 161 转换成二进制数。

解 最靠近 8 161 的权是 8 192，设 d=8 192−1−8 161=30；30−16=14；14−8=6；6−4=2；2−2=0。故 d 对应的二进制数为 1 1110，因此结果为 1 1111 1111 1111−1 1110=1 1111 1110 0001B。■

二进制数与十六进制数之间有很简单直观的对应关系。二进制数太长，书写、阅读均不方便，十六进制数却像十进制数一样简练、易写易记。虽然计算机中只使用二进制一种计数制，但为了在开发和调试程序、查看机器代码时便于书写和阅读，人们经常使用十六进制来等价地表示二进制，因此必须熟练掌握十六进制数的表示及其与二进制数之间的转换。

3.2　整数的表示

日常生活中所使用的数有整数和实数之分，整数的小数点固定在数的最右边，可以省略不写，而实数的小数点则不固定。计算机内部数据中的每一位只能是0或1，不可能出现小数点，因此，要使计算机能够处理日常使用的数值数据，必须解决小数点的表示问题。通常计算机中通过约定小数点的位置来实现。小数点位置约定在固定位置的数称为**定点数**，小数点位置约定为可浮动的数称为**浮点数**。

任意一个浮点数都可以用一个定点小数和一个定点整数表示，因此只需要考虑定点数的编码表示即可方便地表示一个浮点数。主要有4种定点数编码方式：原码、补码、反码和移码。

3.2.1　定点数的编码表示

计算机中只能表示0和1，因此，正负号也用0和1来表示。这种将数的符号用0和1表示的处理方式称为**符号数字化**。一般规定0表示正号，1表示负号。数字化了的符号能否和数值部分一起参加运算呢？为了解决这个问题，就产生了把符号位和数值部分一起进行编码的各种方法。

通常将数值数据在计算机内部编码表示后的数称为**机器数**，而机器数真正的值（即现实世界中带有正负号的数）称为机器数的**真值**。例如，−10（−1010B）用8位补码表示为1111 0110，说明机器数1111 0110B（F6H或0xF6）的真值是−10，或者说，−10的机器数是1111 0110B（F6H或0xF6）。根据定义可知，机器数一定是一个0/1序列，通常缩写成十六进制形式。

假设机器数X的真值X_T的二进制形式（即式中X_i'=0或1，$0 \leqslant i \leqslant n-2$）如下：

$$X_T = \pm X_{n-2}' \cdots X_1' X_0' \text{（当 } X \text{ 为定点整数时）}$$

$$X_T = \pm 0.X_{n-2}' \cdots X_1' X_0' \text{（当 } X \text{ 为定点小数时）}$$

对X_T用n位二进制数编码后，机器数X表示为：

$$X = X_{n-1} X_{n-2} \cdots X_1 X_0$$

机器数X有n位，式中X_i=0或1，其中，第一位X_{n-1}是数的符号，后$n-1$位$X_{n-2} \cdots X_1 X_0$是数值部分。定点数在计算机内部的编码问题，实际上就是机器数X的各位X_i的取值与真值X_T的关系问题。

在上述对机器数X及其真值X_T的假设条件下，下面介绍各种带符号定点数的编码表示。

1. 原码表示法

一个数的原码表示由符号位直接跟数值位构成，因此，也称符号–数值（sign-magnitude）表示法。原码表示法中，正数和负数的编码表示仅符号位不同，数值部分完全相同。

原码编码规则如下：

1）当 X_T 为正数时，X_{n-1}=0，$X_i = X_i'$（$0 \leqslant i \leqslant n-2$）。

2）当 X_T 为负数时，X_{n-1}=1，$X_i = X_i'$（$0 \leqslant i \leqslant n-2$）。

原码 0 有两种表示形式：$[+0]_{原}$=0 00…0

$[-0]_{原}$=1 00…0

根据原码定义可知，对于真值为 −10（−1010B）的定点整数，若用 8 位原码表示，则其机器数为 1000 1010B（8AH 或 0x8A）；对于真值为 −0.625（−0.101B）的定点小数，若用 8 位原码表示，则其机器数为 1101 0000B（D0H 或 0xD0）；对于定点原码小数，书写时通常在符号和数值之间加一个小数点，例如，−0.625 对应的 8 位原码通常写成 1.1010000。

原码表示的优点是：与真值的对应关系直观、方便，因此与真值之间的转换简单。其缺点是：0 的表示不唯一，给使用带来不便。更重要的是，原码加减运算规则复杂。在进行原码加减运算的过程中，需要判定是不是两个异号数相加或两个同号数相减，若是，则必须判定两个数的绝对值大小，根据判断结果决定结果的符号，并用绝对值大的数减去绝对值小的数。现代计算机中不用原码来表示整数，只用定点原码小数表示浮点数的尾数部分。

2. 补码表示法

补码表示可以实现加减运算的统一，即用加法来实现减法运算。在计算机中，补码用来表示带符号整数。补码表示法也称 2– 补码（two’s complement）表示法，由符号位后跟上真值的模 2^n 补码构成，因此，在介绍补码概念之前，先讲一下有关模运算的概念。

（1）模运算

在模运算系统中，若 A、B、M 满足下列关系：$A=B+K \times M$（K 为整数），则记为 $A \equiv B \pmod M$。即 A、B 各除以 M 后的余数相同，故称 B 和 A 为模 M 同余。也就是说在一个模运算系统中，一个数与它除以“模”后得到的余数是等价的。

钟表是一个典型的模运算系统，其模为 12。假定现在钟表时针指向 10 点，要将它拨向 6 点，则有以下两种拨法。

1）逆时针拨 4 格：10−4 = 6。

2）顺时针拨 8 格：10+8 = 18 ≡ 6（mod 12）。

所以在模 12 系统中，10−4 ≡ 10+（12−4）≡ 10+8（mod 12）。即 – 4 ≡ 8（mod 12）。

通常称 – 4 对模 12 的补码是 8。同样有 – 3 ≡ 9（mod 12），– 5 ≡ 7（mod 12）等。

由上述例子与同余的概念，可得出如下的结论：对于某一确定的模，某数 A 减去小于模的另一数 B，可以用 A 加上 – B 的补码来代替。这就是为什么补码可以借助加法运算来实现减法运算的道理。

例 3.11 假定在钟表上只能顺时针方向拨动时针，如何用顺拨的方式实现将 10 点倒拨 4 格？拨动后钟表上是几点？

解 钟表是一个模运算系统，其模为 12。根据上述结论，可得

$$10-4 \equiv 10+(12-4) \equiv 10+8 \equiv 6 \pmod{12}$$

因此，可从10点顺时针拨8（-4的补码）格来实现倒拨4格，最后是6点。■

例3.12 假定算盘只有4档，且只能做加法，则如何用该算盘计算9 828–1 928的结果？

解 这个算盘是一个"4位十进制数"模运算系统，其模为10^4。根据上述结论，可得

$$9\,828-1\,928 \equiv 9\,828 + (10^4-1\,928) \equiv 9\,828 + 8\,072 \equiv 7\,900 \pmod{10^4}$$

因此，可用9 828加8 072（–1 928的补码）来实现9 828减1 928的功能。■

显然，在只有4档的算盘上运算时，如果运算结果超过4位，则高位无法在算盘上表示，只能用低4位表示结果，留在算盘上的值相当于是除以10^4后的余数。

推广到计算机内部，n位运算部件就相当于只有n档的二进制算盘，其模就是2^n。

计算机中的存储、运算和传送部件都只有有限位，相当于有限档数的算盘，因此计算机中所表示的机器数的位数也只有有限位。两个n位二进制数在进行运算的过程中，可能会产生一个多于n位的结果。此时，计算机和算盘一样，也只能舍弃高位而只保留低n位，这样做可能会产生以下两种结果：

1）剩下的低n位数不能正确表示运算结果，也即丢掉的高位是运算结果的一部分。例如，两个同号数相加，当相加得到的和超出了n位数可表示的范围时会出现这种情况，此时称发生了**溢出**（overflow）现象。

2）剩下的低n位数能正确表示运算结果，也即高位的舍去并不影响其运算结果。在两个同号数相减或两个异号数相加时，运算结果就是这种情况。舍去高位的操作相当于"将一个多于n位的数去除以2^n，保留其余数作为结果"的操作，也就是"模运算"操作。如例3.12中最后相加的结果为17 900，但因为算盘只有4档，最高位的1自然丢弃，得到正确的结果7 900。

（2）补码的定义

根据上述同余概念和数的互补关系，可引出补码的表示如下：正数的补码，其符号为0，数值部分是它本身；负数的补码等于模与该负数绝对值之差。因此，数X_T的补码可用如下公式表示：

1）当X_T为正数时，$[X_T]_补 = X_T = M + X_T \pmod M$。

2）当X_T为负数时，$[X_T]_补 = M - |X_T| = M + X_T \pmod M$。

综合1）和2），得到以下结论：对于任意一个数X_T，$[X_T]_补 = M + X_T \pmod M$。

对于具有一位符号位和n–1位数值位的n位二进制整数的补码来说，其补码定义如下：

$$[X_T]_补 = 2^n + X_T \ (-2^{n-1} \leqslant X_T < 2^{n-1}, \bmod 2^n)$$

（3）特殊数据的补码表示

通过以下例子来说明几个特殊数据的补码表示。

例3.13 分别求出补码位数为n和n+1时"-2^{n-1}"的补码表示。

解 当补码的位数为n位时，其模为2^n，因此：

$$[-2^{n-1}]_补 = 2^n - 2^{n-1} = 2^{n-1} \pmod{2^n} = 1\,0\cdots0\ (n-1个0)$$

当补码的位数为n+1位时，其模为2^{n+1}，因此：

$$[-2^{n-1}]_补 = 2^{n+1} - 2^{n-1} = 2^n + 2^{n-1} \pmod{2^{n+1}} = 1\,10\cdots0\ (n-1个0)$$ ■

从该例可以看出，同一个真值在不同位数的补码表示中，其对应的机器数不同。因此，在给定编码表示时，一定要明确编码的位数。在机器内部，编码的位数就是机器中运算部件的位数。

例 3.14 设补码的位数为 n，求“–1”的补码表示。

解 对于整数补码有：$[-1]_{补}=2^n-1=11\cdots1$（n 个 1） ■

对于 n 位补码表示来说，2^{n-1} 的补码为多少呢？根据补码定义，有：

$$[2^{n-1}]_{补}=2^n+2^{n-1} \pmod{2^n}=2^{n-1}=1\,0\cdots0\ (n-1\text{ 个 }0)$$

最高位为 1，说明对应的真值是负数，而这与实际情况不符，显然 n 位补码无法表示 2^{n-1}。由此可知，为什么在 n 位补码定义中，真值的取值范围包含了 -2^{n-1}，但不包含 2^{n-1}。

例 3.15 求 0 的补码表示。

解 根据补码的定义，有：

$$[+0]_{补}=[-0]_{补}=2^n\pm0=1\,00\cdots0 \pmod{2^n}=0\,0\cdots0\ (n\text{ 个 }0)$$ ■

从上述结果可知，补码 0 的表示是唯一的。这带来了以下两个方面的好处：

1）减少了 +0 和 –0 之间的转换。

2）少占用一个编码，使补码比原码能多表示一个最小负数。在 n 位原码表示的定点数中，100…0 用来表示 −0，但在 n 位补码表示中，−0 和 +0 都用 00…0 表示，因此，正如例 3.13 所示，100…0 可用来表示最小负整数 -2^{n-1}。

（4）补码与真值之间的转换方法

原码与真值之间的对应关系简单，只要对符号进行转换，数值部分不需改变。但对于补码来说，正数和负数的转换不同。根据定义，求一个正数的补码时，只要将正号“+”转换为 0，数值部分不用改变；求一个负数的补码时，需要做减法运算，因而不太方便和直观。

例 3.16 设补码的位数为 8，求 110 1100 和 –110 1100 的补码表示。

解 补码的位数为 8，说明补码数值部分有 7 位，故：

$$[110\ 1100]_{补}=2^8+110\ 1100=1\ 0000\ 0000+110\ 1100 \pmod{2^8}=0110\ 1100$$

$$\begin{aligned}[-110\ 1100]_{补}&=2^8-110\ 1100=1\ 0000\ 0000-110\ 1100\\&=1000\ 0000+1000\ 0000-110\ 1100\\&=1000\ 0000+(111\ 1111-110\ 1100)+1\\&=1000\ 0000+001\ 0011+1 \pmod{2^8}=1001\ 0100\end{aligned}$$ ■

本例中是两个绝对值相同、符号相反的数。其中，负数的补码计算过程中第一个 1000 0000 用于产生最后的符号 1，而第二个 1000 0000 拆为 111 1111 + 1，（111 1111–110 1100）实际是将数值部分 110 1100 各位取反。模仿这个计算过程，不难从补码的定义推导出负数补码的计算步骤为：符号位为 1，数值部分“各位取反，末位加 1”。

因此，可以用以下简单方法求一个数的补码：对于正数，符号位取 0，其余同真值中的相应各位；对于负数，符号位取 1，其余各位由数值部分“各位取反，末位加 1”得到。

为了区分补码表示中的符号位和数值部分，例 3.17 ～例 3.20 中在补码的符号位和数值之间加了一个空格。

例 3.17 假定补码位数为 8，用简便方法求 X=−110 0011 的补码表示。

解 $[X]_{补}$=1 001 1100 + 0 000 0001 = 1 001 1101 ■

对于由负数补码求真值的简便方法，可以通过以上由真值求负数补码的计算方法得到。可以直接想到的方法是，对补码数值部分先减 1 然后再取反。也就是说，通过计算 111 1111−(001 1101−1) 得到，该计算可以变为 (111 1111−001 1101)+1，亦即进行 “取反加 1” 操作。因此，由补码求真值的简便方法为：若符号位为 0，则真值的符号为正，其数值部分不变；若符号位为 1，则真值的符号为负，其数值部分的各位由补码 “各位取反，末位加 1” 得到。

例 3.18 已知 $[X_T]_{补}$ = 1 011 0100，求真值 X_T。

解 X_T=− (100 1011 + 1) =−100 1100 ■

根据上述有关补码和真值转换规则，不难发现，根据补码 $[X_T]_{补}$ 求 $[-X_T]_{补}$的方法是：对 $[X_T]_{补}$ “各位取反，末位加 1”。这里要注意最小负数取负后会发生溢出。

例 3.19 已知 $[X_T]_{补}$ = 1 011 0100，求 $[-X_T]_{补}$。

解 $[-X_T]_{补}$ = 0 100 1011 + 0 000 0001=0 100 1100 ■

例 3.20 已知 $[X_T]_{补}$ = 1 000 0000，求 $[-X_T]_{补}$。

解 $[-X_T]_{补}$ = 0 111 1111 + 0 000 0001 = 1 000 0000（结果溢出） ■

例 3.20 中出现了 “两个正数（符号为 0）相加，结果为负数（符号为 1）” 的情况，这是一个错误的结果，此时称结果 “溢出”。该例中，补码 1 000 0000 对应的是 8 位整数中的最小负数 -2^7，对其取负后，值应该为 2^7（即 128），但求出的补码对应的值却是 -2^7。显然是一个错误的结果。因为 8 位整数补码能表示的最大正数为 $2^7-1=127$，128 无法用 8 位补码表示，结果发生溢出。

需要注意的是，在程序中，如果表达式的运算结果发生溢出，有的编译器不会做任何提示，因而程序可能会得到意想不到的结果。

（5）变形补码

为了便于判断运算结果是否溢出，某些计算机中还采用了一种双符号位的补码表示方式，称为变形补码，也称为模 4 补码。在双符号位中，左符是真正的符号位，右符用来判别是否溢出。

假定变形补码的位数为 n+1（其中符号占 2 位，数值部分占 n−1 位），则变形补码可如下表示：

$$[X_T]_{变补} = 2^{n+1} + X_T \quad (-2^{n-1} \leqslant X_T < 2^{n-1},\ \mathrm{mod}\ 2^{n+1})$$

例 3.21 已知 X_T=−1011，分别求出变形补码取 6 位和 8 位时 $[X_T]_{变补}$的值。

解 $[X_T]_{变补}=2^6-1011$=100 0000−00 1011=11 0101。

$[X_T]_{变补}=2^8-1011$=1 0000 0000−0000 1011=1111 0101。 ■

3. 反码表示法

负数的补码可采用 “各位取反，末位加 1” 的方法得到，如果仅各位取反，而末位不加 1，那么就可得到负数的反码表示，因此负数反码的定义就是在相应的补码表示中在末位减 1。

反码表示存在以下几个方面的不足：0 的表示不唯一；表数范围比补码少一个最小负数；运算时必须考虑循环进位。因此，反码在计算机中很少使用，只是有时用作数码变换的中间表示形式或用于数据校验。

4. 移码表示法

浮点数实际上是用两个定点数来表示的。用一个定点小数表示浮点数的尾数，用一个定点整数表示浮点数的阶（即指数）。一般情况下，浮点数的阶都用一种称为“移码”的编码方式表示。通常将阶的编码表示称为**阶码**。

为什么要用移码表示阶呢？因为阶可以是正数，也可以是负数，当进行浮点数的加减运算时，必须先“对阶”（即比较两个数的阶的大小并使之相等）。为简化比较操作，使操作过程不涉及阶的符号，可以对每个阶都加上一个正的常数，称为**偏置常数**（bias），使所有阶都转换为正整数，这样，在对浮点数的阶进行比较时，就是对两个正整数进行比较，因而可以直观地将两个数按位从左到右进行比对，简化了对阶操作。

假设用来表示阶 E 的移码的位数为 n，则 $[E]_{移}$= 偏置常数 +E，通常，偏置常数取 2^{n-1} 或 $2^{n-1}-1$。

3.2.2　无符号整数和带符号整数的表示

整数的小数点隐含在数的最右边，故无须表示小数点，因而也被称为定点数。计算机中的整数分为**无符号整数**（unsigned integer）和**带符号整数**（signed integer）两种。当一个编码的所有二进位都用来表示数值而没有符号位时，该编码表示的就是无符号整数。此时，默认数的符号为正，所以无符号整数就是正整数或非负整数。

通常，在全部是正整数且不出现负值的场合下，程序会使用无符号整数类型。例如，可用无符号整数进行地址运算，或用来表示指针和下标变量等。

由于无符号整数省略了一位符号位，所以在字长相同的情况下，它能表示的最大数比带符号整数所能表示的大，例如，8 位无符号整数的形式为 0000 0000 ～ 1111 1111，对应的数的取值范围为 0 ～（2^8-1），即最大数为 255，而 8 位带符号整数的最大数是 127。

带符号整数也称为**有符号整数**，它必须用一个二进制位表示符号。虽然前面介绍的原码、补码、反码和移码都可以用来表示带符号整数，但是，补码表示有其突出的优点，因而，在现代计算机中，带符号整数都用补码表示。n 位带符号整数的表示范围为 -2^{n-1} ～（$2^{n-1}-1$）。例如，8 位带符号整数的表示范围为 –128 ～ +127。

3.2.3　C 语言中的整数及其相互转换

C 语言中支持多种整数类型。无符号整数在 C 语言中对应 unsigned short、unsigned int（unsigned）、unsigned long 等类型，常在数的后面加一个“u”或“U”来表示，例如，12345U、0x2B3Cu 等；带符号整数在 C 语言中对应 short、int、long 等类型。

C 语言标准规定了每种数据类型的最小取值范围，例如，int 类型至少应为 16 位，取值范围为 −32 768 ～ 32 767，int 型数据具体的取值范围则由 ABI 规范规定。通常，short 型总是 16 位；int 型在 16 位机器中为 16 位，在 32 位和 64 位机器中都为 32 位；long 型在 32 位机器中为 32 位，在 64 位机器中为 64 位；long long 型是在 ISO C99 中引入的，规定它必须是 64 位。

C 语言中允许无符号整数和带符号整数之间的转换，转换前后的机器数不变，只是转换前后对数字的解释发生了变化。转换后数的真值是将原二进制机器数按转换后的数据类型重新解释得到的。例如，对于以 1 开头的一个机器数，如果转换前是带符号整数类型，则其值为负整数；若将其转换为无符号整数，则其值会变成一个大于或等于 2^{n-1} 的正整数。也就是说，转换前的一个负整数，很可能转换后变成一个值很大的正整数。正因如此，程序在某些情况下会发生意想不到的结果。例如，考虑以下 C 代码段：

```
1  int x = −1;
2  unsigned u = 2147483648;
3
4  printf ( "x = %u = %d\n", x, x);
5  printf ( "u = %u = %d\n", u, u);
```

上述代码中，x 为带符号整数，u 为无符号整数，初值为 2 147 483 648（即 2^{31}）。函数 printf() 用来输出数值，指示符 %u、%d 分别以无符号整数和带符号整数的形式输出十进制数值。当在一个 32 位机器上运行上述代码时，它的输出结果如下。

```
x = 4294967295 = −1
u = 2147483648 = −2147483648
```

x 的输出结果说明如下：因为整数 -1 的补码表示为“11…1”，所以当作为 32 位无符号整数解释（格式符为 %u）时，其值为 $2^{32}-1$= 4 294 967 296−1 = 4 294 967 295。

u 的输出结果说明如下：2^{31} 的无符号整数表示为“100…0”，当这个数被解释为 32 位带符号整数（格式符为 %d）时，其值为最小负数：$-2^{32-1} = -2^{31}$ = −2 147 483 648（参见例 3.13 中当位数 n=32 时的情况）。

在 C 语言中，在执行一个运算时，如果同时有无符号整数和带符号整数参加，那么，C 语言标准规定按无符号整数进行运算，因而会造成一些意想不到的结果。

例 3.22 在有些 32 位系统上，C 表达式“−2147483648 < 2147483647”的执行结果为 false，与事实不符；但如果先给出变量的定义和初始化“int i=−2147483648;”，再求表达式“i < 2147483647”的值，则结果为 true。试分析产生上述结果的原因。如果将表达式写成“−2147483647-1 < 2147483647”，结果又会怎样呢？

解 题目中表达式的执行结果在 32 位机器中的 ISO C90 标准下会出现。在该标准下，编译器在处理常量时，如图 3.1a 所示，会按 int32_t（int）、uint32_t（unsigned int）、int64_t（long long）、uint64_t（unsigned long long）的顺序确定数据类型，0 ～ $2^{31}-1$ 为 32 位带符号整型，2^{31} ～ $2^{32}-1$ 为 32 位无符号整型，2^{32} ～ $2^{63}-1$ 为 64 位带符号整型，2^{63} ～ $2^{64}-1$ 为 64 位无符号整型。

编译器对 C 表达式“−2147483648 < 2147483647”进行处理时，对于 ISO C90 标

准，首先将2 147 483 648=2^{31}看成无符号整型，其机器数为0x8000 0000，其次，对其取负（按位取反，末位加1），结果仍为0x8000 0000，还是将其看成一个无符号整型，其值仍为2 147 483 648。因而在处理条件表达式“-2147483648 < 2147483647”时，实际上是将2 147 483 648与2 147 483 647按照无符号整数进行比较，显然结果为false。在计算机内部处理时，真正进行的是对机器数0x8000 0000和0x7FFF FFFF做减法，然后按照无符号整型来比较其大小。

编译器在处理“int i=-2147483648;”时进行了类型转换，将-2 147 483 648按带符号整数赋给变量i，虽然机器数还是0x8000 0000，但是按补码表示的值为-2 147 483 648，执行“i < 2147483647”时，按照带符号整型来比较，负数小于正数，结果是true。在计算机内部，实际上是对机器数0x8000 0000和0x7FFF FFFF按照带符号整型进行比较。

对于“-2147483647-1 < 2147483647”，编译器首先将2 147 483 647=$2^{31}-1$(机器数为0x7FFF FFFF）看成带符号整型（图3.1a中第1行的int型），然后对其取负，得到-2 147 483 647（机器数为0x8000 0001），然后将其减1，得到-2 147 483 648，与2 147 483 647比较，得到结果为true。在计算机内部，实际上是对机器数0x8000 0000和0x7FFF FFFF按照带符号整型进行比较。

在ISO C99标准下，C表达式“-2147483648 < 2147483647”的执行结果为true。因为该标准下，编译器在处理常量时，如图3.1b所示，会按int32_t（int）、int64_t（long long）、uint64_t(unsigned long long）的顺序确定数据类型，0～$2^{31}-1$为32位带符号整型，2^{31}～$2^{63}-1$为64位带符号整型，2^{63}～$2^{64}-1$为64位无符号整型。2 147 483 648（2^{31}）在2^{31}～$2^{63}-1$之间，应被看成64位long long型带符号整数，而2 147 483 647（$2^{31}-1$）在0～$2^{31}-1$之间，应被看成32位int型带符号整数，因此两个数按带符号整数类型进行比较，结果正确。■

范围	类型
0～$2^{31}-1$	int
2^{31}～$2^{32}-1$	unsigned int
2^{32}～$2^{63}-1$	long long
2^{63}～$2^{64}-1$	unsigned long long

a）C90标准下常整数类型

范围	类型
0～$2^{31}-1$	int
2^{31}～$2^{63}-1$	long long
2^{63}～$2^{64}-1$	unsigned long long

b）C99标准下常整数类型

图3.1　在32位机器中C语言整数常量的类型

例3.22是对32位机器上“-2147483648 < 2147483647”运算结果的解释。对于64位机器，在C90标准下运算结果则不同。按照C90标准规范，十进制无后缀常数的类型应该解释成下列第一个长度可以容纳该常数的类型：int, long int, unsigned long int。但long int类型的具体长度并不是C标准定义的，C标准只提到long int不比int更短。

定义long int类型具体长度的是ABI规范。具体地，若编译为32位代码，则long int是32位带符号整数，它的长度不能容纳（无法正确表示）2 147 483 648，按照C90标准，unsigned long int是32位无符号整数，可以容纳该常数，因此，按C90标准编译为32位代码时，2 147 483 648按32位无符号整数解释。若编译为64位代码，则long int是64位带符号整数，可以容纳2 147 483 648，因此，按C90编译为64位代码时，2 147 483 648按64位带符号整数解释。有关ISO C90标准规范可参考C90标准手册：https://www.yodaiken.com/wp-content/uploads/2021/05/ansi-iso-9899-1990-1.pdf。

3.3 浮点数的表示

计算机内部进行数据存储、运算和传送的部件位数有限，因而用定点数表示数值数据时，其表示范围很小。对于n位带符号整数，其表示范围为-2^{n-1}～（$2^{n-1}-1$），运算结果很容易溢出，此外，用定点数也无法表示大量带有小数点的实数。因此，计算机中专门用浮点数来表示实数。

3.3.1 浮点数的表示范围

任意一个浮点数可用两个定点数来表示，用一个定点小数表示浮点数的尾数，用一个定点整数表示浮点数的阶。通常，将阶的编码称为阶码，为便于对阶，阶码通常采用移码形式。

因为表示浮点数的两个定点数的位数是有限的，因而，浮点数的表示范围是有限的。以下例子说明了可表示的浮点数位于数轴上的位置。

例3.23 将十进制数65 798转换为下述32位浮点数格式。

符号（0）	阶码（1～8）	尾数（9～31）

其中，第0位为数符S；第1～8位为8位移码表示的阶码E（偏置常数为128）；第9～31位为24位二进制原码小数表示的尾数。基数为2，规格化尾数形式为$\pm 0.1bb\cdots b$，其中第一位“1”不明显表示，这样可用23个数位表示24位尾数。

解 因为$(65\ 798)_{10}=(1\ 0000\ 0001\ 0000\ 0110)_2=(0.1000\ 0000\ 1000\ 0011\ 0)_2\times 2^{17}$

所以数符$S=0$，阶码$E=(128+17)_{10}=(1001\ 0001)_2$

故65 798用该浮点数形式表示如下：

0	100 1000 1	000 0000 1000 0011 0000 0000

用十六进制表示为4880 8300H。 ■

上述格式的规格化浮点数的表示范围如下：

正数最大值：$0.11\cdots1\times 2^{11\cdots1}=(1-2^{-24})\times 2^{127}$。

正数最小值：$0.10\cdots0\times 2^{00\cdots0}=(1/2)\times 2^{-128}=2^{-129}$。

因为原码是对称的，故该浮点数的范围是关于原点对称的，如图3.2所示。

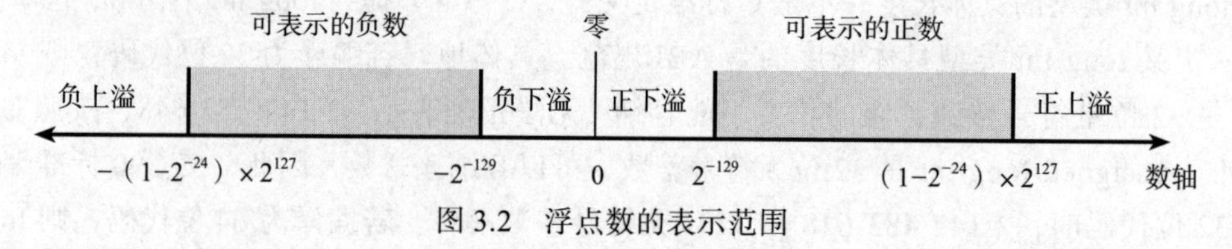

图3.2 浮点数的表示范围

在图 3.2 中，数轴上有 4 个区间的数不能用浮点数表示。这些区间称为溢出区，接近 0 的区间为**下溢区**，向无穷大方向延伸的区间为**上溢区**。

根据浮点数的表示格式，只要尾数为 0，阶码取任何值其值都为 0，这样的数称为**机器零**，因此机器零的表示不唯一。通常，用阶码和尾数同时为 0 来唯一表示机器零。即当结果出现尾数为 0 时，不管阶码为何值，都将阶码取为 0。机器零有 +0 和 –0 之分。

3.3.2 浮点数的规格化

浮点数尾数的位数决定浮点数的有效数位，有效数位越多，数据的精度越高。为了在浮点数运算过程中，尽可能多地保留有效数字的位数，使有效数字尽量占满尾数数位，必须在运算过程中对浮点数进行**规格化**操作。对浮点数的尾数进行规格化，除了能得到尽量多的有效数位以外，还可以使浮点数的表示具有唯一性。

从理论上来讲，规格化数的标志是真值的尾数部分中最高位具有非零数字。规格化操作有两种：**左规**和**右规**。当有效数位进到小数点前面时，需要进行右规，右规时，尾数每右移一位，阶码加 1，直到尾数变成规格化形式为止，右规时阶码会增加，因此有可能出现**阶码上溢**；当尾数出现形如 $\pm 0.0\cdots0bb\cdots b$ 的运算结果时，需要进行左规，左规时，尾数每左移一位，阶码减 1，直到尾数变成规格化形式为止。

3.3.3 IEEE 754 浮点数标准

20 世纪 70 年代，浮点数表示格式还没有统一标准，不同厂商的计算机内部，浮点数的表示格式不同，在不同结构的计算机之间进行数据传送或程序移植时，必须进行数据格式的转换，而且，数据格式转换还会带来运算结果的不一致。因而，20 世纪 70 年代后期，IEEE 成立委员会着手制定浮点数标准，1985 年完成了浮点数标准 IEEE 754 的制定。其主要起草者是加州大学伯克利分校数学系教授 William Kahan，他帮助 Intel 公司设计了 8087 浮点处理器（FPU），并以此为基础形成了 IEEE 754 标准。

目前几乎所有计算机都采用 IEEE 754 标准表示浮点数。在这个标准中，提供了两种基本浮点数格式：32 位单精度和 64 位双精度格式，如图 3.3 所示。

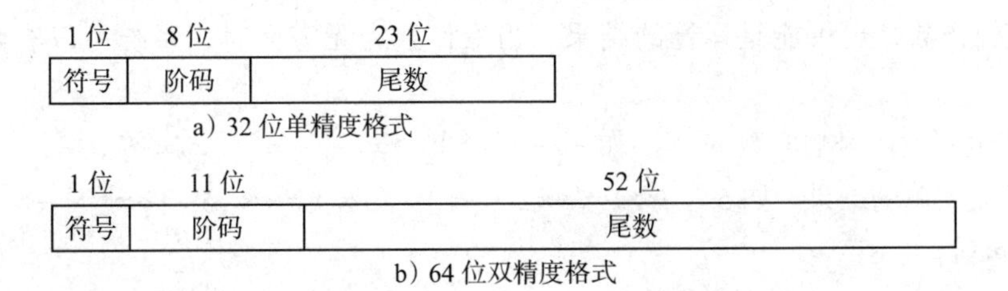

图 3.3 IEEE 754 浮点数格式

32 位单精度格式中包含 1 位符号 s、8 位阶码 e 和 23 位尾数 f；64 位双精度格式包含 1 位符号 s、11 位阶码 e 和 52 位尾数 f。基数隐含为 2；尾数用原码表示，第一位总为 1，因而可在尾数中省略第一位的 1，该位称为**隐藏位**，这使得单精度格式的 23 位尾数实际上表示了 24 位有效数字，双精度格式的 52 位尾数实际上表示了 53 位有效数字。特别要注意的是，IEEE 754 规定隐藏位 1 的位置在小数点之前，这与例 3.23 中浮点数格式规定的隐藏位位置不同，该例中隐藏位在小数点之后。

IEEE 754 标准中，阶码用移码形式，偏置常数不是通常 n 位移码所用的 2^{n-1}，而是（$2^{n-1}-1$），因此，单精度和双精度浮点数的偏置常数分别为 127 和 1023。IEEE 754 的这种“尾数带一个隐藏位，偏置常数用（$2^{n-1}-1$）”的做法，不仅没有改变传统做法的计算结果，而且带来了以下两个好处：

1）尾数可表示的位数多一位，因而使浮点数的精度更高。

2）阶码的可表示范围更大，因而使浮点数的范围更大。

对于 IEEE 754 标准格式的数，一些特殊的位序列（如阶码为全 0 或全 1）有特别的解释。表 3.2 给出了对各种形式的数的解释。

表 3.2 IEEE 754 浮点数的解释

值的类型	单精度 (32 位)			双精度 (64 位)		
	阶码	尾数	值	阶码	尾数	值
零	0	0	±0	0	0	±0
无穷大	255（全 1）	0	±∞	2047（全 1）	0	±∞
无定义数	255（全 1）	≠0	NaN	2047（全 1）	≠0	NaN
规格化非零数	$0<e<255$	f	$\pm(1.f)\times 2^{e-127}$	$0<e<2047$	f	$\pm(1.f)\times 2^{e-1023}$
非规格化数	0	$f\neq 0$	$\pm(0.f)\times 2^{-126}$	0	$f\neq 0$	$\pm(0.f)\times 2^{-1022}$

在表 3.2 中，对 IEEE 754 中规定的数进行了以下分类。

1. 全 0 阶码全 0 尾数：+0/−0

IEEE 754 的零有两种：+0 和 −0。零的符号取决于数符 s。一般情况下 +0 和 −0 是等效的。

2. 全 1 阶码全 0 尾数：+∞/−∞

引入**无穷大数**使得在计算过程出现异常的情况下程序能继续进行下去，并且可为程序提供错误检测功能。+∞ 在数值上大于所有有限数，−∞ 则小于所有有限数，无穷大数既可作为操作数，也可能是运算的结果。当操作数为无穷大时，系统可以有两种处理方式。

1）产生不发信号的非数 NaN。如 +∞+(−∞)，+∞ −(+∞)，∞/∞ 等。

2）产生明确的结果。如 5+(+∞)=+∞，(+∞)+(+∞)=+∞，5−(+∞)=−∞，(−∞)−(+∞)=−∞ 等。

3. 全 1 阶码非 0 尾数：NaN

NaN（Not a Number）表示一个没有定义的数，称为**非数**，分为不发信号（quiet）和发信号（signaling）两种非数。有的书中把它们分别称为“静止的 NaN”和“通知的 NaN”。表 3.3 给出了能产生不发信号（静止的）NaN 的计算操作。

表 3.3 产生不发信号 NaN 的计算操作

运算类型	产生不发信号 NaN 的计算操作
所有	对通知 NaN 的任何计算操作
加减	无穷大加减：如（$+\infty$）+（$-\infty$），（$+\infty$）–（$+\infty$），（$-\infty$）+（$+\infty$）等
乘	$0\times\infty$
除	0/0 或∞/∞
求余	x mod 0 或 ∞ mod y
平方根	$\sqrt{x}$ 且 $x<0$

可用尾数取值的不同来区分是“不发信号 NaN”还是“发信号 NaN”。例如，当最高有效位为 1 时，为不发信号 NaN，当结果产生这种非数时，不发“异常”通知，即不进行异常处理；当最高有效位为 0 时为发信号 NaN，当结果产生这种非数时，则发一个异常操作通知，表示要进行异常处理。NaN 的尾数是非 0 数，除第一位有定义外其余位都没有定义，因此可用其余位来指定具体的异常条件。如表 2.3 所示，一些没有数学解释的计算（如 0/0，$0\times\infty$ 等）会产生一个非数。

4. 阶码非全 0 且非全 1：规格化非 0 数

阶码范围在 1 ～ 254（单精度）和 1 ～ 2046（双精度）的数是正常的规格化非 0 数。根据 IEEE 754 的定义，规格化数指数（阶）的范围是 −126 ～ +127（单精度）和 −1022 ～ +1023（双精度），浮点数的值的计算公式分别为：

$$(-1)^s\times 1.f\times 2^{e-127} \text{ 和 } (-1)^s\times 1.f\times 2^{e-1023}$$

5. 全 0 阶码非 0 尾数：非规格化数

非规格化数的特点是阶码为全 0，尾数高位有一个或几个连续的 0，但不全为 0。因此，非规格化数的隐藏位为 0，并且单精度和双精度浮点数的阶分别为 −126 或 −1022，故浮点数的值分别为 $(-1)^s\times 0.f\times 2^{-126}$ 和 $(-1)^s\times 0.f\times 2^{-1022}$。

非规格化数可用于处理**阶码下溢**，使得出现比最小规格化数还小的数时程序也能继续进行下去。当运算结果的阶太小（比最小能表示的阶还小，即小于 −126 或小于 −1022）时，尾数右移 1 次，阶码加 1，如此循环直到尾数为 0 或阶达到可表示的最小值（−126 或 −1022）。这个过程称为**逐级下溢**。因此，逐级下溢的结果就是使尾数变为非规格化形式，阶变为最小负数。例如，当一个十进制运算系统的最小阶为 −99 时，以下情况需进行阶码逐级下溢。

$$2.0000\times 10^{-26}\times 5.2000\times 10^{-84}=1.04\times 10^{-109}\rightarrow 0.1040\times 10^{-108}\rightarrow 0.0104\times 10^{-107}\rightarrow\cdots\rightarrow 0.0$$

$$2.0002\times 10^{-98}-2.0000\times 10^{-98}=2.0000\times 10^{-102}\rightarrow 0.2000\times 10^{-101}\rightarrow 0.0200\times 10^{-100}\rightarrow 0.0020\times 10^{-99}$$

图 3.4 表示加入非规格化数后 IEEE 754 单精度的表数范围的变化。图中将可表示数以 $[2^n, 2^{n+1}]$ 的区间分组。区间 $[2^n, 2^{n+1}]$ 内所有数的阶相同，都为 n，而尾数部分的变化范围为 1.00…0 ～ 1.11…1，这里小数点前的 1 是隐藏位。对于 32 位单精度规格化数，因为尾数有 23 位，故每个区间内数的个数相同，都是 2^{23} 个。例如，在正数范围内最左边的区间为 $[2^{-126}, 2^{-125}]$，在该区间内，最小规格化数为 $1.00\cdots0\times 2^{-126}$，最大规格

化数为 $1.11\cdots1\times2^{-126}$。在该区间中的各个相邻数之间具有等距性，其距离为 $2^{-23}\times2^{-126}$，该区间右边相邻的区间为 $[2^{-125}, 2^{-124}]$，区间内各相邻数间的距离为 $2^{-23}\times2^{-125}$。由此可见，每个右边区间内相邻数间的距离总比左边一个区间的相邻数距离大一倍，因此，离原点越近的区间内的数间隙越小。

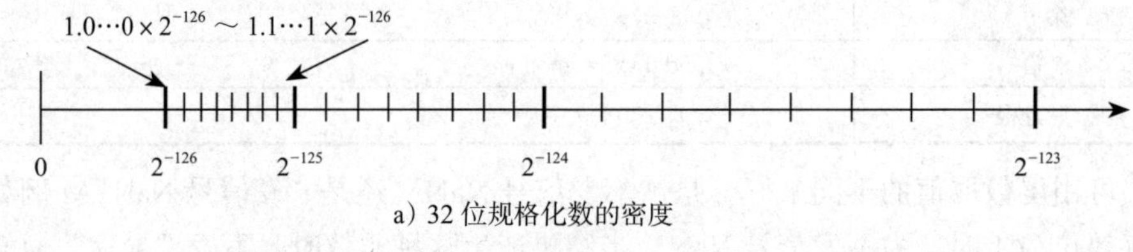

a）32 位规格化数的密度

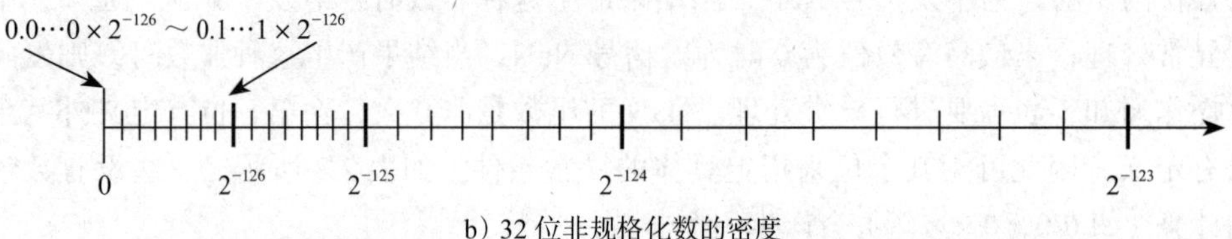

b）32 位非规格化数的密度

图 3.4　IEEE 754 中加入非规格化数后表数范围的变化

图 3.4a 所示为未定义非规格化数时的情况，在 0 和最小规格化数 2^{-126} 之间有一个间隙未被利用。图 3.4b 所示为定义了非规格化数的情况，非规格化数就是在 0 和 2^{-126} 之间增加的 2^{23} 个附加数，这些相邻附加数之间与区间 $[2^{-126}, 2^{-125}]$ 内的相邻数等距，所有非规格化数具有与区间 $[2^{-126}, 2^{-125}]$ 内的数相同的阶，即最小阶（–126）。尾数部分的变化范围为 0.00…0 ～ 0.11…1，这里隐含位为 0。

例 3.24　将十进制数 −3.75 转换为 IEEE 754 的单精度浮点数格式表示。

解　$(-3.75)_{10}=(-11.11)_2=(-1.111)_2\times2^1=(-1)^s\times1.f\times2^{e-127}$，所以 $s=1, f=0.1110\cdots0$，$e=(127+1)_{10}=(128)_{10}=(1000\ 0000)_2$，表示为单精度浮点数格式为 1 100 0000 0111 0000…0000 000，用十六进制表示为 C070 0000H。■

例 3.25　求 IEEE 754 单精度浮点数 C0A0 0000H 的值。

解　求一个机器数的真值，就是将该数转换为十进制数。首先将 C0A0 0000H 展开为一个 32 位单精度浮点数：1 100 0000 1 010 0000…0000。据 IEEE 754 单精度浮点数格式可知，符号 $s=1, f=(0.01)_2=(0.25)_{10}$，阶码 $e=(1000\ 0001)_2=(129)_{10}$，所以，其值为 $(-1)^s\times1.f\times2^{e-127}=(-1)^1\times1.25\times2^{129-127}=-1.25\times2^2=-5.0$。■

IEEE 754 标准的单精度浮点数和双精度浮点数格式的特征参数见表 3.4。

表 3.4　IEEE 754 浮点数格式参数

参数	单精度浮点数	双精度浮点数
字宽（位数）	32	64
阶码宽度（位数）	8	11
阶码偏置常数	127	1023
最大阶	127	1023
最小阶	−126	−1022

（续）

参数	单精度浮点数	双精度浮点数
尾数宽度	23	52
阶码个数	254	2046
尾数个数	2^{23}	2^{52}
值的个数	1.98×2^{31}	1.99×2^{63}
数的量级范围	$10^{-38} \sim 10^{+38}$	$10^{-308} \sim 10^{+308}$

IEEE 754 用全 0 阶码和全 1 阶码表示一些特殊值，如 0、∞ 和 NaN，因此，除去全 0 和全 1 阶码后，单精度和双精度格式的阶码个数分别为 254 和 2046，最大阶也相应地变为 127 和 1023。单精度规格化数的个数为 $2 \times 254 \times 2^{23} = 1.98 \times 2^{31}$，双精度规格化数的个数为 $2 \times 2046 \times 2^{52} = 1.99 \times 2^{63}$。根据单精度和双精度格式的最大阶分别为 127 和 1023，可以得出规格化浮点数的量级范围分别为 $10^{-38} \sim 10^{+38}$ 和 $10^{-308} \sim 10^{+308}$。在单精度和双精度格式规格化数中，最小阶分别为 −126 和 −1022，而非规格化数的阶总是 −126 和 −1022，因而单精度浮点格式的最小可表示正数为 $0.0\cdots01 \times 2^{-126} = 2^{-23} \times 2^{-126} = 2^{-149}$，而双精度格式的最小可表示正数为 $2^{-52} \times 2^{-1022} = 2^{-1074}$。

IEEE 754 除了对上述单精度和双精度浮点数格式进行了具体的规定以外，还对双精度扩展格式的最小长度和最小精度进行了规定。例如，IEEE 754 规定，双精度扩展格式必须至少具有 64 位有效数字，并总共占用至少 79 位，但没有规定其具体的格式，处理器厂商可以选择符合该规定的格式。

例如，SPARC 和 PowerPC 处理器中采用 128 位扩展双精度浮点数格式，包含 1 位符号位 s、15 位阶码 e（偏置常数为 16 383）和 112 位尾数 f，采用隐藏位，所以有效位数为 113 位。

又如，Intel 及其兼容的 FPU 采用 80 位双精度扩展格式，包含 4 个字段：1 位符号位 s、15 位阶码 e（偏置常数为 16 383）、1 位显式首位有效位（explicit leading significant bit）j 和 63 位尾数 f。Intel 采用的这种扩展浮点数格式与 IEEE 754 规定的单精度和双精度浮点数格式的一个重要的区别是，它没有隐藏位，有效位数共 64 位。

3.3.4 C 语言中的浮点数类型

C 语言中有 float 和 double 两种不同浮点数类型，分别对应 IEEE 754 单精度浮点数格式和双精度浮点数格式，相应的十进制有效数字分别为 7 位和 17 位。

C 对于扩展双精度的相应类型是 long double，但是 long double 的长度和格式随编译器和处理器类型的不同而有所不同。例如，Microsoft Visual C++ 6.0 版本以下的编译器都不支持该类型，因此，用其编译出来的目标代码中 long double 和 double 一样，都是 64 位双精度；在 IA-32 上使用 gcc 编译器时，long double 类型数据采用 3.3.3 节中所述的 Intel x86 FPU 的 80 位双精度扩展格式表示；在 SPARC 和 PowerPC 处理器上使用 gcc 编译器时，long double 类型数据采用 3.3.3 节中所述的 128 位双精度扩展格式表示。

当在 int、float 和 double 等类型数据之间进行强制类型转换时，程序将得到以下数值转换结果（假定 int 为 32 位）。

1）从 int 转换为 float 时，不会发生溢出，但可能有数据被舍入。

2）从 int 或 float 转换为 double 时，因为 double 的有效位数更多，故能保留精确值。

3）从 double 转换为 float 时，因为 float 表示范围更小，故可能发生有效位数丢失。

4）从 float 或 double 转换为 int 时，因为 int 没有小数部分，所以数据可能会向 0 方向被截断。例如，1.9999 被转换为 1，−1.9999 被转换为 −1。此外，因为 int 的表示范围更小，故可能发生溢出。将大的浮点数转换为整数可能会导致程序错误，这在历史上曾经有过惨痛的教训。

1996 年 6 月 4 日，Ariana 5 火箭初次航行，在发射仅仅 37 s 后，偏离了飞行路线，然后解体爆炸，火箭上载有价值 5 亿美元的通信卫星。根据调查发现，原因是控制惯性导航系统的计算机向控制引擎喷嘴的计算机发送了一个无效数据。它没有发送飞行控制信息，而是发送了一个异常诊断位模式数据，表明在将一个 64 位浮点数转换为 16 位带符号整数时，产生了溢出异常。溢出的值是火箭的水平速率，这比原来的 Ariana 4 火箭所能达到的速率高出了 5 倍。在设计 Ariana 4 火箭软件时，设计者确认水平速率绝不会超出一个 16 位的整数，但在设计 Ariana 5 时，他们没有重新检查这部分，而是直接使用了原来的设计。

在不同数据类型之间转换时，往往隐藏着一些不容易被察觉的错误，这种错误有时会带来重大损失，因此，编程时要非常小心。

例 3.26 假定变量 i、f 和 d 的类型分别是 int、float 和 double，它们可以取除 +∞、−∞ 和 NaN 以外的任意值。请判断下列每个 C 语言关系表达式在 32 位机器上运行时是否永真。

```
1  i = = (int) (float) i
2  f = = (float) (int) f
3  i = = (int) (double) i
4  f = = (float) (double) f
5  d = = (float) d
6  f = = −(−f)
7  (d+f) − d = = f
```

解 1）不是，int 有效位数比 float 多，i 从 int 型转换为 float 型时有效位数可能丢失。

2）不是，float 有小数部分，f 从 float 型转换为 int 型时小数部分可能会丢失。

3）是，double 比 int 有更大的精度和范围，i 从 int 型转换为 double 型时数值不变。

4）是，double 比 float 精度和范围都更大，f 从 float 型转换为 double 型时数值不变。

5）不是，double 比 float 精度和范围更大，当 d 从 double 型转换为 float 型时可能丢失有效数字或发生溢出。

6）是，浮点数取负就是简单将数符取反。

7）不是，例如，当 $d = 1.79 \times 10^{308}$、f= 1.0 时，左边为 0（因为 d+f 时 f 需向 d 对阶，对阶后 f 的尾数有效数位被舍去而变为 0，故 d+f 仍然等于 d，再减去 d 后结果为 0），而右边为 1。 ■

3.4 非数值数据的编码表示

逻辑值、字符等数据都是非数值数据，在机器内部它们用一个二进制位串表示。

3.4.1 位串或逻辑值

正常情况下，每个字或其他可寻址单位（字节、半字等）是作为一个整体数据单元看待的。但是，某些时候还需要将一个 n 位数据看成由 n 个一位数据组成，每位取值为 0 或 1。例如，有时需要存储一个布尔或二进制数据阵列，阵列中的每项只能取值为 1 或 0；有时可能需要提取一个数据项中的某位进行诸如“置 1”或“清 0”等操作。以这种方式看待数据时，数据就被认为是位串或逻辑数据。因此 n 位二进制数可表示 n 个由 0 和 1 组成的位串或 n 个逻辑值。逻辑数据只能参加逻辑运算，大多是按位进行的，如按位“与”、按位“或”、逻辑左移、逻辑右移等。

逻辑数据和数值数据都是一串 0/1 序列，在形式上无任何差异，需要通过指令的操作码类型来识别它们。例如，逻辑运算指令处理的是逻辑数据，算术运算指令处理的是数值数据。

3.4.2 西文字符

西文由拉丁字母、数字、标点符号及一些特殊符号组成，它们统称为“**字符**”（character）。所有字符的集合叫作“**字符集**”。字符不能直接在计算机内部进行处理，因而也必须对其进行数字化编码，字符集中每一个字符都有一个代码（即二进制编码的 0/1 序列），这些代码构成了该字符集的代码表，简称**码表**。码表中的代码具有唯一性。

字符主要用于在外部设备和计算机之间交换信息。一旦确定了所使用的字符集和编码方法，计算机内部所表示的二进制代码和外部设备输入、打印和显示的字符之间就有唯一的对应关系。

字符集有多种，每一个字符集的编码方法也多种多样。目前计算机中使用最广泛的西文字符集及其编码是 **ASCII 码**，即美国标准信息交换码（American Standard Code for Information Interchange），ASCII 字符编码见表 3.5。

表 3.5 ASCII 字符编码表

	$b_6b_5b_4$=000	$b_6b_5b_4$=001	$b_6b_5b_4$=010	$b_6b_5b_4$=011	$b_6b_5b_4$=100	$b_6b_5b_4$=101	$b_6b_5b_4$=110	$b_6b_5b_4$=111
$b_3b_2b_1b_0$=0000	NUL	DLE	SP	0	@	P	`	p
$b_3b_2b_1b_0$=0001	SOH	DC1	!	1	A	Q	a	q
$b_3b_2b_1b_0$=0010	STX	DC2	“	2	B	R	b	r
$b_3b_2b_1b_0$=0011	ETX	DC3	#	3	C	S	c	s
$b_3b_2b_1b_0$=0100	EOT	DC4	$	4	D	T	d	t
$b_3b_2b_1b_0$=0101	ENQ	NAK	%	5	E	U	e	u
$b_3b_2b_1b_0$=0110	ACK	SYN	&	6	F	V	f	v
$b_3b_2b_1b_0$=0111	BEL	ETB	‘	7	G	W	g	w
$b_3b_2b_1b_0$=1000	BS	CAN	(	8	H	X	h	x

（续）

	$b_6b_5b_4$=000	$b_6b_5b_4$=001	$b_6b_5b_4$=010	$b_6b_5b_4$=011	$b_6b_5b_4$=100	$b_6b_5b_4$=101	$b_6b_5b_4$=110	$b_6b_5b_4$=111
$b_3b_2b_1b_0$=1001	HT	EM	)	9	I	Y	i	y
$b_3b_2b_1b_0$=1010	LF	SUB	*	:	J	Z	j	z
$b_3b_2b_1b_0$=1011	VT	ESC	+	;	K	[	k	{
$b_3b_2b_1b_0$=1100	FF	FS	,	<	L	\	l	|
$b_3b_2b_1b_0$=1101	CR	GS	-	=	M	]	m	}
$b_3b_2b_1b_0$=1110	SO	RS	.	>	N	^	n	~
$b_3b_2b_1b_0$=1111	SI	US	/	?	O	_	o	DEL

从表 3.5 中可看出每个字符都由 7 个二进制位 $b_6b_5b_4b_3b_2b_1b_0$ 表示，其中 $b_6b_5b_4$ 是高位部分，$b_3b_2b_1b_0$ 是低位部分。一个字符在计算机中实际上是用 8 位表示的。一般情况下，最高位 b_7 为 0。在需要奇偶校验时，这一位可用于存放奇偶校验值，此时称这一位为奇偶校验位。从表 3.5 中可看出 ASCII 字符编码有两个规律。

1）字符 0 ～ 9 这 10 个数字字符的高三位编码为 011，低 4 位分别为 0000 ～ 1001。当去掉高三位时，低 4 位正好是 0 ～ 9 这 10 个数字的二进制编码。这样既满足了正常的排序关系，又有利于实现 ASCII 码与十进制数之间的转换。

2）英文字母字符的编码值也满足正常的字母排序关系，而且大、小写字母的编码之间有简单的对应关系，差别仅在 b_5 这一位上：若这一位为 0，则是大写字母；若为 1，则是小写字母。这使得大、小写字母之间的转换非常方便。

3.4.3 汉字字符

中文信息的基本组成单位是汉字，汉字也是字符。但汉字是表意文字，一个字就是一个方块图形。计算机要对汉字信息进行处理，就必须对汉字本身进行编码，但汉字的总数超过 6 万字，数量巨大，这给汉字在计算机内部的表示、汉字的传输与交换、汉字的输入和输出等带来了一系列问题。为了适应汉字系统各组成部分对汉字信息处理的不同需要，汉字系统必须处理以下几种汉字代码：输入码、内码、字形码。

1. 汉字的输入码

键盘是面向西文设计的，一个或两个西文字符对应一个按键，因此使用键盘输入西文字符非常方便。汉字是大字符集，专门的汉字输入键盘由于键多、查找不便、成本高等原因而几乎无法采用。由于汉字字数多，无法使每个汉字与西文键盘上的一个键相对应，因此必须使每个汉字用一个或几个键来表示，这种对每个汉字用相应的按键进行的编码表示就称为汉字的“**输入码**”，又称**外码**。因此汉字的输入码的码元（即组成编码的基本元素）是西文键盘中的某个按键。

2. 字符集与汉字内码

汉字被输入到计算机内部后，就按照一种称为“**内码**”的编码形式在系统中进行存储、查找、传送等处理。对于西文字符，它的内码就是 ASCII 码。

为了适应计算机处理汉字信息的需要，1981 年我国颁布了《信息交换用汉字编码字

符集 · 基本集》(GB/T 2312-1980)。该标准选出 6 763 个常用汉字，为每个汉字规定了标准代码，以供汉字信息在不同计算机系统之间交换使用。这个标准称为**国标码**，又称**国标交换码**。

该字符集由三部分组成：第一部分是字母、数字和各种符号，包括俄文字母、日文平假名与片假名、拉丁字母、汉语拼音字母等共 687 个；第二部分为一级常用汉字，共 3 755 个，按汉语拼音顺序排列；第三部分为二级常用字，共 3 008 个，因为不太常用，所以按偏旁部首排列。

该字符集中为任意一个字符（汉字或其他字符）规定了一个唯一的二进制代码。码表由 94 行（十进制编号 0 ～ 93 行）、94 列（十进制编号 0 ～ 93 列）组成，行号称为区号，列号称为位号。每一个汉字或符号在码表中都有各自的位置，因此各有一个唯一的位置编码，该编码用字符所在的区号及位号的二进制代码表示，7 位区号在左、7 位位号在右，共 14 位，称为汉字的“**区位码**”。区位码指出了汉字在码表中的位置。

汉字的区位码并不是国标码（即国标交换码）。要进行信息传输，每个汉字的区号和位号必须各自加上 32（即十六进制的 20H），这样得到的相应代码才是“国标码”。在计算机内部，为了便于处理与存储，汉字国标码前后各 7 位分别用 1 个字节表示，共需 2 个字节才能表示一个汉字。因为计算机中的中西文信息混合进行处理，所以汉字信息如不特别标识，它与单字节的 ASCII 码就会混淆不清，无法识别。为解决这个问题，采用的方法之一就是让汉字编码中每个字节的最高位（b_7）总是 1。这种双字节汉字编码就是其中的一种汉字“**机内码**”(即**汉字内码**)。

例如，汉字“大”的区号是 20，位号是 83，因此区位码为 1453H（0001 0100 0101 0011B），国标码为 3473H（0011 0100 0111 0011B），前面的 34H 和字符“4”的 ACSII 码相同，后面的 73H 和字符“s”的 ACSII 码相同，将每个字节的最高位设为 1，就得到其机内码 B4F3H（1011 0100 1111 0011B）。应当注意，汉字的区位码和国标码是唯一的、标准的，而汉字内码可能随系统的不同而有差别。

3. 汉字的字形描述

经过计算机处理后的汉字，如果需要在屏幕上显示或用打印机打印，则必须把汉字机内码转换成人们可以阅读的方块字形式。

每一个汉字的字形都必须预先存放在计算机内，一套汉字的所有字符的形状描述信息集合在一起称为**字形信息库**，简称**字库**（font library）。不同的字体（如宋体、仿宋、楷体、黑体等）对应着不同的字库。在输出每一个汉字时，计算机都要先到字库中去寻找它的字形描述信息，然后把字形信息送到相应的设备输出。

汉字的字形主要有两种描述方法：字模点阵描述和轮廓描述。字模点阵描述是将字库中的各个汉字或其他字符的字形（即字模），用一个其元素由“0”和“1”组成的方阵表示。汉字的轮廓描述方法则是把汉字笔画的轮廓用一组直线和曲线来勾画，记下每一条直线和曲线的数学描述公式。用轮廓线描述字形的方式精度高，字形大小可以任意变化，现代计算机系统中基本都采用轮廓字形描述方式。

3.5 数据的宽度和存储

3.5.1 数据的宽度和长度单位

计算机内部的任何信息都被表示成二进制编码形式。二进制数据的每一位（0或1）是组成二进制信息的最小单位，称为一个**比特**（bit），或称位元，简称位。在计算机内部，二进制信息的计量单位是**字节**（byte），也称位组。一字节等于8比特。通常，用b表示比特，用B表示字节。

计算机中运算和处理二进制信息时除了位和字节之外，还经常使用**字**（word）作为单位。必须注意，不同的计算机，字的长度和组成不完全相同，有的由2个字节组成，有的由4个、8个甚至16个字节组成。

在考察计算机性能时，一个很重要的指标就是机器的字长。平时所说的“某机器是16位机或是32位机”中的16、32就是指字长。所谓**字长**通常是指CPU内部用于整数运算的数据通路的宽度。数据通路指CPU内部的数据流经的路径以及路径上的部件，主要是CPU内部进行数据运算、存储和传送的部件，这些部件的宽度一致才能相互匹配。因此，字长等于CPU内部用于整数运算的运算器位数和通用寄存器的宽度。例如，在1.1.2节图1.1给出的模型机中，若组成数据通路的通用寄存器（GPR）和运算器（ALU）的位数都是8位，则该模型机的字长为8位。

字和字长的概念不同。字用来表示被处理信息的单位，用来度量各种数据类型的宽度。通常系统结构设计者必须考虑一台机器将提供哪些数据类型，每种数据类型提供哪几种宽度的数，这时就要给出一个基本的字的宽度。字长表示进行数据运算、存储和传送的部件的宽度，它反映了计算机处理信息的一种能力。字和字长的宽度可以一样，也可以不一样。例如，在Intel x86架构中，从80386开始就至少是32位机器，即字长至少为32位，但其字的宽度都定义为16位，32位称为双字，64位称为四字。

表示二进制信息所用的单位通常比字节或字大得多，通常通过在字母B（字节）或b（位）之前加上词头来表示单位，如KB、MB、GB等，这里的K、M和G等有两种度量方式，一种是日常使用的按10的幂度量的方式，另一种是计算机系统中使用的按2的幂度量的方式。

1. 主存容量使用的单位

在描述主存容量时，通常用以下按2的幂进行度量的单位。

K（Kilo）：1KB = 2^{10}字节 =1 024字节。

M（Mega）：1MB = 2^{20}字节 =1 048 576字节。

G（Giga）：1GB = 2^{30}字节 =1 073 741 824字节。

T（Tera）：1TB = 2^{40}字节 =1 099 511 627 776字节。

P（Peta）：1PB = 2^{50}字节 =1 125 899 906 842 624字节。

E（Exa）：1EB = 2^{60}字节 =1 152 921 504 606 846 976字节。

Z（Zetta）：1ZB = 2^{70}字节 =1 180 591 620 717 411 303 424字节。

Y（Yotta）：1YB = 2^{80} 字节 = 1 208 925 819 614 629 174 706 176 字节。

2. 主频和带宽使用的单位

在描述主频、总线或网络的带宽时，通常用 10 的幂表示。例如，网络带宽经常使用的单位如下。

千位每秒（kbps）[⊖]：1kbps = 10^3 bps = 1000 bps。

兆位每秒（Mbps）：1Mbps = 10^6 bps = 1000 kbps。

吉位每秒（Gbps）：1Gbps = 10^9 bps = 1000 Mbps。

太位每秒（Tbps）：1Tbps = 10^{12} bps = 1000 Gbps。

1M 可能是 2^{20}，也可能是 10^6，具体的值是多少，要看上下文描述的是主存容量，还是主频、总线或网络的带宽等。

3. 硬盘和文件使用的单位

在计算硬盘容量或文件大小时，不同的硬盘制造商和操作系统用不同的度量方式，因而比较混乱。例如，所有版本的 Microsoft Windows 操作系统都使用 2 的幂度量方式，在其文件属性对话框中，显示 2^{20} 字节的文件为 1 MB 或 1024 KB，显示 10^6 字节的文件为 976 KB。而苹果所有版本的操作系统，2009 年之前在 Mac OS X10.6 版本上都使用 10 的幂度量方式，因此报告 10^6 字节的文件大小为 1 MB。

显然，这种表示方式会导致混乱。在历史上，甚至引发了一些硬盘买家的诉讼，他们原本预计 1MB 会有 2^{20}B，1GB 会有 2^{30}B，但实际容量却远比自己预计的容量小。为了避免歧义，国际电工委员会（International Electrotechnical Commission，IEC）在 1998 年给出了表示 2 的幂的字母定义，如表 3.6 所示，即在原来的前缀字母后跟字母 i。

表 3.6　表示二进制信息大小的单位

10 的幂表示形式			IEC 定义的 2 的幂表示形式			值差（%）
单词	单位	值	单词	单位	值	
kilobyte	KB/kB	10^3	kibibyte	KiB	2^{10}	2%
megabyte	MB	10^6	mebibyte	MiB	2^{20}	5%
gigabyte	GB	10^9	gibibyte	GiB	2^{30}	7%
terabyte	TB	10^{12}	tebibyte	TiB	2^{40}	10%
petabyte	PB	10^{15}	pebibyte	PiB	2^{50}	13%
exabyte	EB	10^{18}	exbibyte	EiB	2^{60}	15%
zettabyte	ZB	10^{21}	zebibyte	ZiB	2^{70}	18%
yottabyte	YB	10^{24}	yobibyte	YiB	2^{80}	21%

由于程序需要对不同类型、不同长度的数据进行处理，所以，计算机中底层机器级数据表示必须能够提供对不同宽度数据的支持，相应地需要有处理单字节、双字节、4 字节，甚至是 8 字节整数的整数运算指令，以及能够处理 4 字节、8 字节浮点数的浮点数运算指令等。

⊖ 1 bps 一般也写作 1 bit/s。

C语言支持多种格式的整数和浮点数表示。数据类型char表示单个字节，能用来表示单个字符，也可用来表示8位整数。类型int之前可加上long和short，以提供不同长度的整数表示。表3.7给出了在典型的32位机器和64位机器上C语言中数值数据类型的宽度。从表3.7可以看出，短整数为2字节，普通int型整数为4字节，而长整数的宽度与机器字长的宽度相同。指针（如声明为类型char*的变量）和长整数的宽度一样，也等于机器字长的宽度。一般机器都支持float和double两种类型的浮点数，分别对应IEEE 754的单精度和双精度格式。

表3.7　C语言中数值数据类型的宽度（单位：字节）

C声明	32位机器	64位机器
char	1	1
short int	2	2
int	4	4
long int	4	8
char*	4	8
float	4	4
double	8	8

由此可见，对于同一类型数据，并不是所有机器都采用相同的数据宽度，具体数据宽度由相应的ABI规范定义。

3.5.2　数据的存储和排列顺序

任何信息在计算机中用二进制编码后，得到的都是一串0/1序列，每8位构成一个字节，不同的数据类型具有不同的字节宽度。在计算机中存储数据时，数据从低位到高位的排列可以从左到右，也可以从右到左。因此，用“最左位”（leftmost）和“最右位”（rightmost）表示数据中的数位时会发生歧义。一般用**最低有效位**（Least Significant Bit，LSB）和**最高有效位**（Most Significant Bit，MSB）来分别表示数的最低位和最高位。对于带符号整数，最高位是符号位，所以MSB就是符号位。这样，不管数是从左往右排，还是从右往左排，只要明确MSB和LSB的位置，就可以明确数的符号和数值。例如，5在32位机器上用int型表示时的0/1序列为“0000 0000 0000 0000 0000 0000 0000 0101”，其中最前面的一位0是符号位，即MSB=0，最后面的1是数的最低有效位，即LSB=1。

如果以字节为一个排列基本单位，那么LSB表示**最低有效字节**（Least Significant Byte），MSB表示**最高有效字节**（Most Significant Byte）。现代计算机基本上都采用字节编址方式，即对存储空间的存储单元进行编号时，每个地址编号中存放一个字节。计算机中许多类型的数据由多个字节组成，如int型和float型数据都占用4字节，double型数据占用8字节，而程序中每个变量或常量都有一个地址，这个地址是所占空间中最小的地址。例如，在一个按字节编址的计算机中，假定int型变量i的地址为0800H，i的机器数为0123 4567H，这4个字节01H、23H、45H、67H应该各有一个存储地址，那么，地址0800H对应4个字节中哪个字节的地址呢？这就是字节排列顺序问题。

在所有计算机中，多字节数据都被存放在连续地址中。根据数据各字节在连续地址中排列顺序的不同，可有两种排列方式：大端（big endian）和小端（little endian），如图 3.5 所示。

		0800H	0801H	0802H	0803H	
大端方式	……	01H	23H	45H	67H	……

		0800H	0801H	0802H	0803H	
小端方式	……	67H	45H	23H	01H	……

图 3.5　大端方式和小端方式

大端方式将数据的最高有效字节 MSB 存放在小地址单元中，将最低有效字节 LSB 存放在大地址单元中，即数据的地址就是 MSB 所在的地址。IBM 360/370、Motorola 68k、MIPS、Sparc、HP PA 等机器都采用大端方式。

小端方式将数据的最高有效字节 MSB 存放在大地址单元中，将最低有效字节 LSB 存放在小地址单元中，即数据的地址就是 LSB 所在的地址。Intel x86、DEC VAX 等都采用小端方式。

每个计算机系统内部的数据排列顺序是一致的，但在系统之间进行通信时可能会发生问题。在排列顺序不同的系统之间进行数据通信时，需要进行顺序转换。网络应用程序员必须遵守字节顺序的有关规则，以确保发送方机器将它的内部表示格式转换为网络标准格式，而接收方机器则将网络标准格式转换为自己的内部表示格式。

此外，像音频、视频和图像等文件格式或处理程序也都涉及字节顺序问题。如 GIF、PC Paintbrush、Microsoft RTF 等采用小端方式，Adobe Photoshop、JPEG、MacPaint 等采用大端方式。

了解字节顺序的好处还在于调试底层机器级程序时，能够清楚每个数据的字节顺序，以便将一个机器数正确转换为真值。例如，以下是一个由反汇编器（**反汇编**是汇编的逆过程，即将指令的机器代码转换为汇编表示）生成的一行针对 Intel x86 架构的机器级代码表示文本。

```
80483d2: 89 85 a0 fe ff ff   mov %eax, 0xfffffea0(%ebp)
```

在该文本行中，“80483d2”代表地址，是十六进制表示形式；“89 85 a0 fe ff ff”是指令的机器代码，按顺序存放在地址 0x80483d2 开始的 6 个连续存储单元中，“mov %eax, 0xfffffea0(%ebp)”是指令的汇编形式。对该指令所指出的第二操作数进行访问时，需要先计算出该操作数的有效地址，这个有效地址是通过将寄存器 %ebp 的内容与立即数“0xfffffea0”（字节序列为 FFH、FFH、FEH 和 A0H）相加得到的。该指令中的立即数字段是一个补码表示的带符号整数，补码为“0xfffffea0”的数的真值为 −1 0110 0000B = −352，即第二操作数的有效地址是将寄存器 %ebp 的内容减 352 后得到的值。指令执行时，可直接取出指令机器代码的后 4 个字节作为计算有效地址所用的立即数，从指令代码中可看出，立即数在存储单元中存放的字节序列为 A0H、FEH、FFH、FFH，正好与有效地址计算时实际所用的字节序列相反。由此看出，Intel x86 采用的是小端方式。

例 3.27 以下是一段C程序，其中函数show_int和show_float分别用于显示int型和float型数据的位序列，show_pointer用于显示指针型数据的位序列。显示的结果都用十六进制形式表示，并按照从低地址到高地址的方向显示。

```
1 int main()
2 {
3     int x = 65539;
4     float y = 65539.0;
5     int *z = &x;
6     show_int(x);
7     show_float(y);
8     show_pointer(z);
9 }
```

上述程序在不同系统上运行的结果见表3.8。

表3.8 程序在不同系统上运行的结果

系统	值	类型	字节（十六进制）
IA-32	65 539	int	03 00 01 00
Sun	65 539	int	00 01 00 03
x86-64	65 539	int	03 00 01 00
IA-32	65 539.0	float	80 01 80 47
Sun	65 539.0	float	47 80 01 80
x86-64	65 539.0	float	80 01 80 47
IA-32	&x	int*	3C FA FF BF
Sun	&x	int*	EF FF FC 00
x86-64	&x	int*	80 FC CB FF FF 7F 00 00

请回答下列问题。

1）十进制数65 539用32位补码整数和IEEE 754单精度浮点表示的结果各是什么？

2）十进制数65 539的int型表示和float型表示中存在一段相同的位序列，标记出这段位序列，并说明为什么会相同。对一个负数来说，其整数表示和浮点数表示中是否也一定会出现一段相同的位序列？为什么？给出十进制数−65 539的int型和float型机器数表示。

3）IA-32采用的是小端方式还是大端方式？

4）IA-32和Sun之间能否直接进行数据传送？为什么？

5）在x86-64系统中，数据字节01H存放的地址是什么？

解 1）十进制数65 539用32位整数补码表示为0000 0000 0000 0001 **0000 0000 0000 0011**，用32位浮点数表示为0 100 0111 1 **000 0000 0000 0001 1**000 0000。用十六进制表示分别为0001 0003H和4780 0180H。

2）十进制数65 539的int型表示和float型表示中相同的位序列为0000 0000 0000 0011（1中的加粗部分）。因为对正数来说，原码和补码的编码相同，所以其整数（补码表示）和浮点数尾数（原码表示）的有效数位一样。65 539的有效数位是1 0000 0000 0000 0011。有效数位在定点整数中位于低位数值部分，在浮点数的尾数中位于高位部分。因为浮点数尾数中有一个隐含的1，所以第一个有效数位1在浮点数中不表示出来，因此，相同的位序列就是后面的 16 位。

对某一个负数来说，其整数表示和浮点数表示中通常不会有相同的位序列。因为 IEEE 754 浮点数的尾数用原码表示，而整数用补码表示，负数的原码和补码表示不同。例如，十进制数 -65 539 的 int 型机器数表示为 1111 1101 1111 1111 1111 1110 1111 1111，float 型机器数表示为 1 100 0111 1 000 0000 0001 1000 0000。两者没有相同的位序列。

3）IA-32 下存放方式与书写习惯顺序相反，故采用的是小端方式。

4）IA-32 和 Sun 之间不能直接进行数据传送，因为 Sun 是大端方式，而 IA-32 是小端方式。

5）在 x86-64 上数据字节 01H 存放在地址 0000 7FFF FFCB FC82H 中。因为从 x86-64 输出的 int 型指针结果看，x86-64 的主存地址占 64 位，01H 是 int 型数据 65 539 的次高有效字节，小端方式下数据地址取 LSB 所在地址，因此 01H 存放的地址应该是数据地址加 2 的那个地址（或 MSB 所在地址减 1）。根据小端方式下存放结果和书写习惯顺序相反的规律可知，数据 65 539 的所在地址是 0000 7FFF FFCB FC80H，因此 01H 所存放的地址是 0000 7FFF FFCB FC82H。■

例 3.28 图 3.6 中两个程序用于判断执行程序的计算机采用小端方式还是大端方式。在同一台 Intel x86 计算机上执行这两个程序，结果程序 1 的结论是小端方式，而程序 2 的结论是大端方式，请问哪个程序的结论是错的？程序错在哪里？

```
1  #include <stdio. h>
2  int main( )
3  {
4      union NUM {
5          int a;
6          char b;
7      } num;
8      num. a=0x12345678;
9      if (num. b==0x78)
10         printf("Little Endian\n");
11     else
12         printf("Big Endian\n");
13 }
```

a）程序 1

```
1  #include <stdio. h>
2  int main( )
3  {
4      union {
5          int a;
6          char b;
7      } test;
8      test. a=0xff;
9      if (test. b==0xff)
10         printf("Little Endian\n");
11     else
12         printf("Big Endian\n");
13 }
```

b）程序 2

图 3.6 判断大端 / 小端方式的程序

解 程序 1 的结论对，程序 2 的结论错，但两个程序都属于未确定行为代码。结论不同的原因是，程序 1 的 num.b 中存放的 0x78 和程序 2 的 test.b 中存放的 0xff 两者的符号位不同。

解释本例的结论需要用到以下几个方面的知识：

1）C 语言联合体（union）中每个成员共享存储区，例如，程序 1 中 num.a 和 num.b 的地址一样；

2）小端（大端）方式下从LSB（MSB）开始存放，因此，若是小端方式，两个程序中的关系表达式都应该相等，本例中的Intel x86机器采用的确实是小端方式；

3）C语言规范中没有强制规定char是带符号还是无符号整数类型，因此编译器可以将num.b和test.b解释成无符号整数，也可以是带符号整数，本例是在Intel x86机器的gcc编译系统上开发运行的，编译器将char型数据按带符号整数解释；

4）C语言表达式中如果混合使用不同的类型数据，应按照数据类型提升规则（promotion rule）完成数据类型的自动转换后才能运算，这里，两个程序的关系表达式中，等号两边都应提升为int型后进行运算，也就是说，两个数据都应先转换为32位数据后，再按int型数值进行运算。

对于程序1，因为关系表达式“num.b==0x78”的等号左边num.b中存放的是0x78，对应二进制0111 1000，编译器按带符号整数进行处理时，按符号扩展将0x78扩展为0x0000 0078，与等式右边的0x0000 0078一致，结果输出“Little endian”（小端），结论正确。

对于程序2，因为关系表达式“test.b==0xff”的等号左边test.b中存放的是0xff，对应二进制1111 1111，编译器按带符号整数处理时，按符号扩展将0xff扩展为0xffff ffff，与等式右边的0x0000 00ff不一致，结果输出“Big endian”（大端），结论不正确。

将上述两个程序移植到RISC -V处理器架构上，同样用gcc编译系统开发运行，char型变量被当成无符号整数（unsigned char）处理。因为8位无符号整数转换为32位时，高位采用零扩展，使得程序2中的test.b扩展后的高24位为全0，和等号右边的0x0000 00ff一致，因而得到了预期结果。 ■

显然，按照语言规范，Intel x86中的gcc编译器和RISC-V中的gcc编译器都没有错，而是程序员编写程序时对char类型的不确定性不了解导致出错了。

因为C语言标准并没有明确规定char为无符号还是带符号整型，所以上述两个程序都存在未确定行为问题。当程序从一个系统移植到另一个系统时，其行为可能会发生变化，从而造成难以理解的结果。为避免这种情况，程序员应该尽量编写行为确定的程序，比如使用一字节宽度的数据类型进行计算时，将数据类型显式定义成signed char或unsigned char。例如，上述两个程序的联合体中的b成员显然应该按无符号整数处理，因此应把num.b和test.b的类型明确定义为unsigned char。若变量仅进行字符串处理，则可以使用char类型。

小贴士

在C语言表达式中，通常应该只使用一种类型的变量和常量，如果混合使用不同类型，则应使用一个数据类型提升规则集合来完成数据类型的自动转换。

以下是C语言程序数据类型转换的基本规则：

1）在表达式中，(unsigned) char和(unsigned) short类型都自动提升为int类型。

2）在包含两种数据类型的任何运算中，较低级别数据类型应提升为较高级别的数据类型。

3）数据类型级别从高到低的顺序是 long double、double、float、unsigned long long、long long、unsigned long、long、unsigned int、int，但当 long 和 int 具有相同的位数时，unsigned int 级别高于 long。

4）赋值语句中，计算结果被转换为要被赋值的那个变量的类型，这个过程可能导致级别提升（被赋值的类型级别高）或者降级（被赋值的类型级别低），提升是按等值转换到表数范围更大的类型，通常是扩展操作或整数转浮点数类型，一般情况下不会有溢出问题，而降级可能因为表数范围缩小而导致数据溢出问题。

5）扩展操作时，若被转换数据是无符号整型，则采用零扩展；若被转换数据是带符号整型，则采用符号扩展。例如，将一个 unsigned short 型或 unsigned char 型数据转换为 int 型时，采用的是零扩展。

3.5.3 数据扩展和数据截断操作

3.5.2 节例 3.28 中提到，当 C 语言表达式中出现不同类型的数据时，应根据 C 语言标准规范规定的数据类型转换规则进行自动类型转换，此时可能需要进行扩展操作。有两种位扩展方式：**零扩展**和**符号扩展**。零扩展用于无符号整数，只要在短的无符号整数前面添加足够的 0 即可。符号扩展用于补码表示的带符号整数，通过在短的带符号整数前添加足够多的符号位来扩展。

考虑以下 C 程序代码：

```
1  short si = -32768;
2  unsigned short usi = si;
3  int i = si;
4  unsigned ui = usi ;
```

执行上述程序段，并在 32 位机器上输出变量 si、usi、i、ui 的十进制和十六进制值，可得到各变量的输出结果为：

```
si = -32768    80 00
usi = 32768    80 00
i = -32768     FF FF 80 00
ui = 32768     00 00 80 00
```

由此可见，–32 768 的补码表示和 32 768 的无符号整数表示具有相同的 16 位 0/1 序列，分别将它们扩展为 32 位后，得到的 32 位序列的高位不同。因为前者是符号扩展，高 16 位补符号 1，后者是零扩展，高 16 位补 0。

在赋值语句中或进行强制类型转换时，如果赋值或转换后的数据类型级别更低，则需要进行降级处理。对于整型数之间的降级处理，通常通过位截断方式实现。位截断发生在将长数转换为短数时，例如，对于下列 C 程序代码：

```
1  int i = 32768;
2  short si = i;
3  int j = si;
4  unsigned ui = si;
```

在一台32位机器上执行上述代码段时，第2行要求强行将一个32位带符号整数i截断为16位带符号整数si，32 768的32位补码表示为0000 8000H，截断为16位后，si的机器数变成8000H，它是−32 768的16位补码表示，说明si的值为−32 768。第3行要求将该16位带符号整数扩展为32位时，就变成了FFFF 8000H，它是−32 768的32位补码表示，因此j的值为−32 768。第4行同样要求对si按符号扩展为32位，因此，ui的机器数也是FFFF 8000H，但它是32位无符号整数，说明ui的值为FFFF FFFFH − 7FFFH = $2^{32}-1-2^{15}+1$ = 4 294 967 296 − 32 768 = 4 294 934 527。也就是说，原来的i（值为32 768）经过截断再扩展后，若按带符号整数解释，其值就变成–32 768，若按无符号整数解释，其值就变成4 294 934 527，都不等于原来的值了。

从上述例子可以看出，截断一个数可能会因为溢出而改变它的值。因为长数的表示范围远远大于短数的表示范围，所以当一个长数足够大到短数无法表示的程度，截断时就会发生溢出。上述例子中的32 768大于16位补码能表示的最大数32 767，所以就发生了截断错误。

C语言标准规定，长数转换为短数的结果是未定义的，没有规定编译器必须报错。这里所说的截断溢出和截断错误只会导致程序出现意外的计算结果，并不导致任何异常或错误报告，因此，错误的隐蔽性很强，需要引起注意。

3.6 小结

对指令来说数据就是一串0/1序列。根据指令的类型，对应的0/1序列可能是无符号整数、带符号整数、浮点数或位串（即非数值数据，如逻辑值、ASCII码或汉字内码等）。无符号整数是正整数，用来表示地址等；带符号整数用补码表示；浮点数表示实数，大多用IEEE 754标准格式表示。

对于计算机硬件来说，所有数据就是一串0/1序列，称为机器数，机器数被送到特定的电路，按照指令规定的动作在计算机中进行运算、存储和传送。因此，机器数只能写成二进制形式，为了简化书写，在屏幕或纸上通常将二进制形式缩写成十六进制形式。

数据的宽度通常以字节为基本单位表示，通用计算机通常按字节编址。数据长度单位（如MB、GB、TB等）在表示容量和带宽等不同量时所代表的大小不同。数据的排列有大端和小端两种方式。大端方式以MSB所在地址为数据的地址，即给定地址处存放的是数据最高有效字节；小端方式以LSB所在地址为数据的地址，即给定地址处存放的是数据最低有效字节。程序中变量和常量的地址指其所占空间中的最小地址。

习题

1. 给出以下概念的解释说明。

   真值　　　机器数　　　数值数据　　　非数值数据　　　无符号整数

带符号整数	定点数	原码	补码	变形补码
溢出	浮点数	尾数	阶码	移码
阶码下溢	阶码上溢	规格化数	左规	右规
非规格化数	机器零	非数（NaN）	ASCII 码	汉字输入码
汉字内码	机器字长	大端方式	小端方式	最高有效位
最高有效字节	最低有效位	最低有效字节		

2. 简单回答下列问题。

（1）为什么计算机内部采用二进制表示信息？既然计算机内部所有信息都用二进制表示，为什么还要用到十六进制数？

（2）常用的定点数编码方式有哪几种？通常它们各自用来表示什么？

（3）为什么现代计算机中大多用补码表示带符号整数？

（4）在浮点数的基数和总位数一定的情况下，浮点数的表示范围和精度分别由什么决定？两者如何相互制约？

（5）为什么要对浮点数进行规格化？有哪两种规格化操作？

（6）为什么计算机处理汉字时会涉及不同的编码（如输入码、内码、字形码）？说明这些编码中哪些采用二进制编码，哪些不用二进制编码，为什么？

3. 实现下列各数的转换。

（1）$(126.8125)_{10}=(\quad)_2=(\quad)_8=(\quad)_{16}$

（2）$(1011101.011)_2=(\quad)_{10}=(\quad)_8=(\quad)_{16}$

（3）$(\text{AB.C})_{16}=(\quad)_{10}=(\quad)_2$

4. 假定机器数为 8 位（1 位符号，7 位数值），写出下列各二进制小数的原码表示。

+0.1001，−0.1001，+1.0，−1.0，+0.010100，−0.010100，+0，−0

5. 假定机器数为 8 位（1 位符号，7 位数值），写出下列各二进制整数的补码和移码表示。

+1001，−1001，+1，−1，+10100，−10100，+0，−0

6. 已知 $[x]_{补}$，求 x。

（1）$[x]_{补}$=1110 0111 （2）$[x]_{补}$=1000 0000 （3）$[x]_{补}$=0101 0010 （4）$[x]_{补}$=1101 0011

7. 某 32 位字长的机器中带符号整数用补码表示，浮点数用 IEEE 754 标准表示，寄存器 R1 和 R2 的内容分别为 R1：0000 108BH，R2：8080 108BH。不同指令对寄存器内容进行不同的操作，因而不同指令执行时寄存器内容对应的真值不同。假定执行下列运算指令时，操作数为寄存器 R1 和 R2 的内容，则 R1 和 R2 中操作数的真值分别为多少？

（1）无符号整数加法指令

（2）带符号整数乘法指令

（3）单精度浮点数减法指令

8. 假定机器 M 的字长为 32 位，用补码表示带符号整数。表 3.9 中第一列给出了在机器 M 上执行的 C 语言程序中的关系表达式，参照已有表栏内容分别按照 ISO C90 和 C99 标准完成表中后三栏内容的填写。

表 3.9　题 8 表

关系表达式	C90/C99	运算类型	结果	说明
0 == 0U	C90			
	C99			
−1 < 0	C90			
	C99			
−1 < 0U	C90	无符号整数	0	11…1B（2^{32}−1）> 00…0B（0）
	C99	无符号整数	0	11…1B（2^{32}−1）> 00…0B（0）
2147483647 > −2147483648	C90			
	C99			
2147483647U > −2147483647 − 1	C90			
	C99			
2147483647 > 2147483648U	C90			
	C99			
−1 > −2	C90			
	C99			
(unsigned) −1 > −2	C90			
	C99			

9. 在 32 位计算机中运行一个 C 语言程序，在该程序中出现了以下变量定义及初值，请写出它们对应的机器数（用十六进制表示）。

（1）`int x = -32768`　（2）`short y = 522`　（3）`unsigned z = 65530`
（4）`char c = '@'`　（5）`float a = -1.1`　（6）`double b = 10.5`

10. 在 32 位计算机中运行一个 C 语言程序，在该程序中出现了一些变量，已知这些变量在某一时刻的机器数（用十六进制表示）如下，请写出它们对应的真值。

（1）`int x: FFFF 0006H`　（2）`short y: DFFCH`
（3）`unsigned z: FFFF FFFAH`　（4）`char c: 2AH`
（5）`float a: C448 0000H`　（6）`double b: C024 8000 0000 0000H`

11. 以下给出的是一些字符串变量的机器码，请根据 ASCII 码定义写出对应的字符串。

（1）`char *mystring1: 68H 65H 6CH 6CH 6FH 2CH 77H 6FH 72H 6CH 64H 0AH 00H`
（2）`char *mystring2: 77H 65H 20H 61H 72H 65H 20H 68H 61H 70H 70H 79H 21H 00H`

12. 以下给出的是一些字符串变量的初值，请写出对应的机器码。

（1）`char *mystring1 = "./myfile"`
（2）`char *mystring2 = "OK, good!"`

13. 下列几种情况所能表示的数的范围是什么？

（1）16 位无符号整数
（2）16 位原码定点小数
（3）16 位移码定点整数
（4）16 位补码定点整数
（5）下述格式的浮点数（基数为 2，移码的偏置常数为 128）

数符	阶码	尾数
1 位	8 位移码	7 位原码数值部分

14. 以 IEEE 754 单精度浮点数格式表示下列十进制数。

+1.75，+19，−1/8，258

15. 设一个变量的值为 4 098，要求分别用 32 位带符号整数（补码）和 IEEE 754 单精度浮点格式表示该变量（结果用十六进制形式表示），并说明哪段二进制位序列在两种表示中完全相同，为什么会相同？

16. 设一个变量的值为 −2 147 483 647，要求分别用 32 位带符号整数（补码）和 IEEE 754 单精度浮点格式表示该变量（结果用十六进制形式表示），并说明哪种表示的值完全精确，哪种表示的是近似值（提示：$2\ 147\ 483\ 647=2^{31}-1$）。

17. 表 3.10 给出了有关 IEEE 754 浮点格式表示中一些重要的非负数的取值，表中已经有最大规格化数的相应内容，要求填入其他浮点数格式的相应内容。

表 3.10 题 17 表

项目	阶码	尾数	单精度		双精度	
			以 2 的幂次表示的值	以 10 的幂次表示的值	以 2 的幂次表示的值	以 10 的幂次表示的值
0						
1						
最大规格化数	1111 1110	1…11	$(2-2^{-23})\times 2^{127}$	3.4×10^{38}	$(2-2^{-52})\times 2^{1023}$	1.8×10^{308}
最小规格化数						
最大非规格化数						
最小非规格化数						
+∞						
NaN						

18. 已知下列字符编码：A 为 100 0001，a 为 110 0001，0 为 011 0000，求 E、e、f、7、G、Z、5 的 7 位 ACSII 码和在第一位前加入奇校验位后的 8 位编码（提示：加入奇校验位使 8 位编码中有奇数个 1）。

19. 假定在一个 C 程序中定义了变量 x、y 和 i，其中，x 和 y 是 float 型变量，i 是 16 位 short 型变量（用补码表示）。程序执行到某一时刻，这三个变量的值分别为 x=−11.125、y=123.5、i=1000，其存储地址分别是 100、108 和 112。请分别画出在按字节编址的大端机器和小端机器上变量 x、y 和 i 中每个字节的存放位置。

20. 以下是某生在 Intel x86 机器上设计的一个判断大端 / 小端方式的 C 程序段，解释为什么程序判断的结果是 Intel x86 采用大端方式。

```
union {
    int a;
    char b;
} test;
int main( ) {
    test.a = 0x1234abcd;
    if (test.b==0xcd)
        printf ("little endian");
    else
        printf ("big endian");
}
```

第4章 数据的基本运算

在计算机内部由于运算部件的位数有限，很多情况下会出现意料之外的运算结果，有时两个正数相加或相乘会得到一个负数，有时两个语义相同的关系表达式，如“$x < y$”和“$x-y < 0$”，会产生不同的结果。如果不了解计算机底层的运算机制，就很难明白为什么程序执行会出现这些问题。因此，作为一个程序员，即使不需要进行硬件层的设计工作，也应该明白有关数据运算的底层实现机制和基本原理。

本章重点讨论数据在计算机内部的基本运算电路和运算算法，主要包括布尔代数和逻辑运算、基本运算电路、整数加减运算原理及运算电路、整数乘除运算基本原理及运算电路、浮点数运算。

4.1 布尔代数和逻辑运算

计算机硬件的设计目标来源于软件需求，高级语言程序中用到的各种运算通过编译成底层的算术运算指令和逻辑运算指令实现，这些底层运算指令能在机器硬件上直接被执行。2.3.2 节中提到，C 语言程序中除算术运算外，还有按位运算、逻辑运算、移位运算、位扩展和位截断运算等，那么这些基本运算在计算机中是如何实现的呢？

4.1.1 布尔代数

冯·诺依曼结构计算机的一个重要特征是计算机中的信息采用二进制编码，也就是计算机中存储、运算和传送的信息都是二进制形式的。因此，关于数字 0 和 1 的一套数学运算体系是非常重要的，这个体系起源于 1850 年前后英国数学家乔治·布尔（George Boole，1815—1864）所发明的一种二值代数系统，称为**开关代数**或**布尔代数**。基于人类逻辑思考的本性，布尔给出了利用符号语言进行推理的基本规则，并指出这些符号只需要两个值：真、假。布尔注意到将真和假两个**逻辑值**分别编码成 1 和 0，可以通过设计一种代数运算系统来研究逻辑推理的基本原则。

1938 年美国科学家香农提出了利用布尔代数分析并描述继电器电路的特性，用 0 和 1 来表示继电器接触状况（打开或闭合），此举奠定了数字电路的理论基础。0 和 1 这两个逻辑值可对应各种广泛的物理状态，如电压的高或低、灯光的开或关、电容器放电或充电、熔丝的断开或接通等。

在布尔代数中，常用字母或字符串（如 X、Y、Z 等）表示逻辑信号的名称，称为**逻辑变量**。逻辑变量只有两个可能的值：0 和 1。用逻辑 0 表示某一种状态，则逻辑 1 就表示另一种状态。0 和 1 单独出现时称为逻辑常量，不表示数值的大小，只表示完全相反的两种状态。在数字电路中通常采用正逻辑表示，即逻辑 0 表示低电压，逻辑 1 表示高电压。

布尔代数中只有两个数字 1 和 0，分别表示真和假，因此，布尔代数是在二元集合 {0, 1} 基础上定义的。最基本的**逻辑运算**有三种：与（AND）、或（OR）、非（NOT），**逻辑运算符**分别为“·”“+”和“−”。图 4.1 给出了三种逻辑运算的定义。

A	B	$A\cdot B$	$A+B$	$\overline{A}$
0	0	0	0	1
0	1	0	1	1
1	0	0	1	0
1	1	1	1	0

图 4.1　三种逻辑运算的定义

从图 4.1 可以看出，**与运算**规则是，当且仅当输入值都为 1 时，结果为 1，与运算也称为**逻辑乘**。**或运算**规则是，只要输入值中有一个为 1，结果就为 1，或运算也称为**逻辑加**或**逻辑和**。**非运算**也称为**取反运算**，规则为，输入值为 1 时结果为 0，输入值为 0 时结果为 1，非运算也称为**逻辑反**。

常见的布尔代数定律如下：

1）恒等定律：$A+0=A$，$A\cdot 1=A$。

2）0/1 定律：$A+1=1$，$A\cdot 0=0$。

3）互补律：$A+\overline{A}=1$，$A\cdot\overline{A}=0$。

4）交换律：$A+B=B+A$，$A\cdot B=B\cdot A$

5）结合律：$A+(B+C)=(A+B)+C$，$A\cdot(B\cdot C)=(A\cdot B)\cdot C$

6）分配律：$A\cdot(B+C)=(A\cdot B)+(A\cdot C)$，$A+(B\cdot C)=(A+B)\cdot(A+C)$

逻辑表达式就是用逻辑运算符连接逻辑值而得到的表达式，逻辑表达式的值仍为逻辑值。除了上面列出的布尔代数定律外，还有其他重要的布尔代数定律，如德摩根（DeMorgan）定律等，利用这些布尔代数定律可以进行逻辑表达式的化简。

不难证明，任何一种逻辑表达式都可以写成与、或、非三种基本运算的逻辑组合。例如，**异或**（XOR）运算的逻辑表达式为 $A\oplus B=\overline{A}\cdot B+A\cdot\overline{B}$。在一个逻辑表达式中，与、或、非三种基本逻辑运算的优先顺序为非运算 > 与运算 > 或运算。例如，异或运算逻辑表达式中，应该先对 A 和 B 两个变量取反，再计算 $\overline{A}\cdot B$ 和 $A\cdot\overline{B}$，最后将它们进行或运算，因此，只要 A 和 B 两个逻辑变量取值不同，则结果为 1。这与 2.3.1 节表 2.1 中定义的 C 语言中的运算符优先级一致，其中，按位取反、按位与、按位或的优先级分别为 2、8、10，逻辑非、逻辑与、逻辑或的优先级分别为 2、11、12。

上述逻辑表达式中的变量都是一个逻辑值，即只有一位 0 或 1。很多时候可能处理的是一个由 n 个逻辑值组成的向量，即按位逻辑运算。高级编程语言中都提供按位逻辑运算，例如，C 语言中的按位逻辑运算有：运算符 | 表示按位或运算；运算符 & 表示按位与运算；运算符 ~ 表示按位取反运算；运算符 ^ 表示按位异或运算。

4.1.2　逻辑电路基础

可以采用**逻辑门电路**实现基本逻辑运算。例如，**与门**实现与操作，**或门**实现或操作，**非门**（也称**反向器**）实现取反操作。一个与门和一个或门可以有多个输入端，但只有一个输出端，而一个反向器只有一个输入端和一个输出端。图 4.2 给出了三种基本门电路的符号表示。

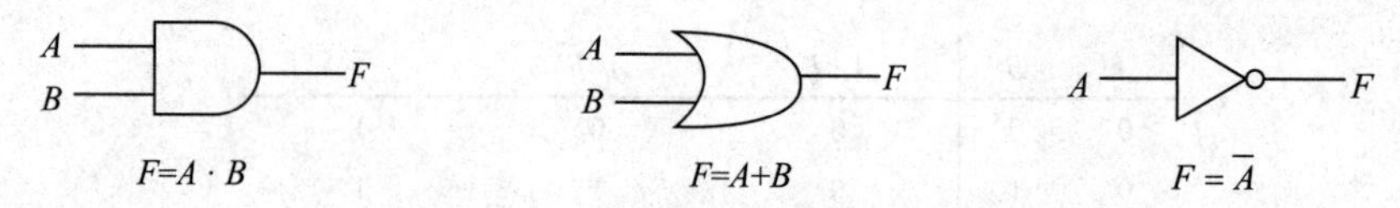

图 4.2　三种基本门电路符号表示

任何逻辑运算都可以通过与、或、非三种基本逻辑运算组合实现。例如，异或运算 $F = A \oplus B$ 可由与、或、非运算组合实现，图 4.3a 所示是异或门符号，图 4.3b 给出了对应的逻辑电路实现，其中组合了两个非门、两个与门和一个或门。

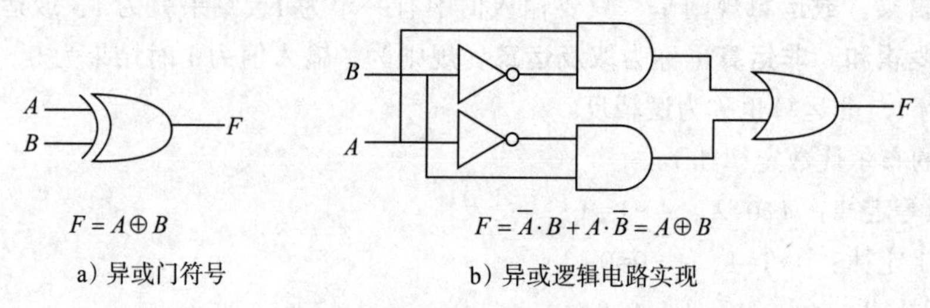

图 4.3　异或逻辑门电路的实现

在逻辑电路图中表示取反操作时，通常都是在输入端或输出端上加一个“○”。例如，在图 4.3 中的或门输出端加一个“○”，则得到 $F = \overline{A \oplus B} = A \odot B$，即可实现**同或**（也称**等价**）逻辑运算。

上述逻辑门电路实现的是一位运算，如果是 n 位逻辑值的运算，只要重复使用 n 个相同的门电路即可，在逻辑电路图中无须画出所有的门电路，只要在输入端和输出端标注位数即可。例如，对于 n 位逻辑值 $A=A_{n-1}\ A_{n-2}\cdots A_1\ A_0$ 和 $B=B_{n-1}\ B_{n-2}\cdots B_1\ B_0$ 的与运算 $F=A \cdot B$，实际上是按位相与，即 $F_i=A_i \cdot B_i$（$0 \leqslant i \leqslant n-1$）。假定逻辑值的位数为 n，则按位与、按位或、按位取反、按位异或的逻辑符号如图 4.4 所示。

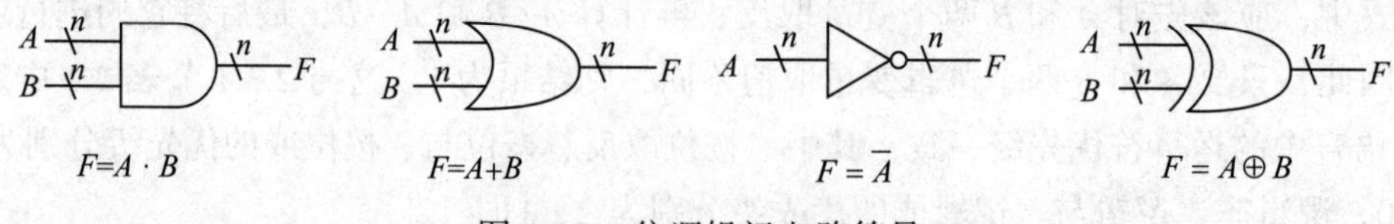

图 4.4　n 位逻辑门电路符号

C 语言程序中的按位运算由编译器转换为相应的按位逻辑运算指令后，就可以用图 4.4 所示的逻辑电路实现。

4.2 基本运算电路

C 语言程序表达式中的任何运算都必须先由编译器转换为具体的运算指令，然后通过在计算机中的运算电路上直接执行指令完成运算。计算机中最基本的运算电路就是算术逻辑部件，可以用来进行基本的加减运算和与、或、非等逻辑运算。

4.2.1 多路选择器

利用基本逻辑门电路，可以实现特定功能的逻辑电路，例如，用少量的基本门电路就能实现多路选择器。**多路选择器**（multiplexer）也称**复用器**或**数据选择器**，可简写为 MUX，它的功能是从多个可能的输入中选择一个直接输出。图 4.5 给出了**二路选择器**的实现，其中，图 4.5a 所示是符号表示，图 4.5b 给出了一位二路选择器的逻辑电路。

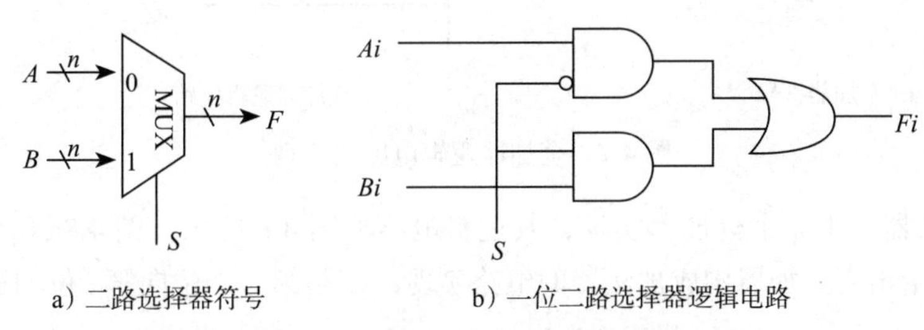

a）二路选择器符号　　b）一位二路选择器逻辑电路

图 4.5　二路选择器逻辑电路的实现

从图 4.5 可以看出，二路选择器有一个控制端 S、两个输入端 A 和 B、一个输出端 F，每个输入端和输出端都有 n 位。其功能是：当 S 为 0 时，$F=A$；当 S 为 1 时，$F=B$。

推广到 ***k* 路选择器**，应该有 k 路输入，因而控制端 S 的位数应该是 $\lceil \log_2 k \rceil$。例如，对于 3 路或 4 路选择器，S 有两位；对于 5 ～ 8 路选择器，S 有 3 位。

4.2.2 全加器和加法器

计算机中最基本的运算电路是加法器，n 位加法器由 n 个一位加法器构成。同时考虑两个加数和低位进位的一位加法器称为**全加器**（full adder，FA）。通常可以将一个功能部件的功能用一个**真值表**来描述，然后根据真值表确定逻辑表达式，最终根据逻辑表达式实现逻辑电路。真值表反映了功能部件的输入和输出之间的关系。

A	B	Cin	F	Cout
0	0	0	0	0
0	0	1	1	0
0	1	0	1	0
0	1	1	0	1
1	0	0	1	0
1	0	1	0	1
1	1	0	0	1
1	1	1	1	1

图 4.6　全加器真值表

全加器的真值表如图 4.6 所示，输入的两个加数分别为 A 和 B，输入的低位进位为 Cin，输出的和为 F，向高位的进位为 Cout。根据真值表得到的全加器的逻辑表达式如下：

$$F = \overline{A} \cdot \overline{B} \cdot \mathrm{Cin} + \overline{A} \cdot B \cdot \overline{\mathrm{Cin}} + A \cdot \overline{B} \cdot \overline{\mathrm{Cin}} + A \cdot B \cdot \mathrm{Cin}$$

$$\mathrm{Cout} = \overline{A} \cdot B \cdot \mathrm{Cin} + A \cdot \overline{B} \cdot \mathrm{Cin} + A \cdot B \cdot \overline{\mathrm{Cin}} + A \cdot B \cdot \mathrm{Cin}$$

对上述逻辑表达式化简后，可得到**全加和** F 和**全加进位** Cout 的逻辑表达式如下：

$$F=A \oplus B \oplus \mathrm{Cin}$$

$$\mathrm{Cout}=A \cdot B+A \cdot \mathrm{Cin}+B \cdot \mathrm{Cin}$$

根据全加器逻辑表达式，得到全加器逻辑电路如图 4.7 所示，其中图 4.7a 所示是符号表示，图 4.7b 所示是全加器的逻辑电路。

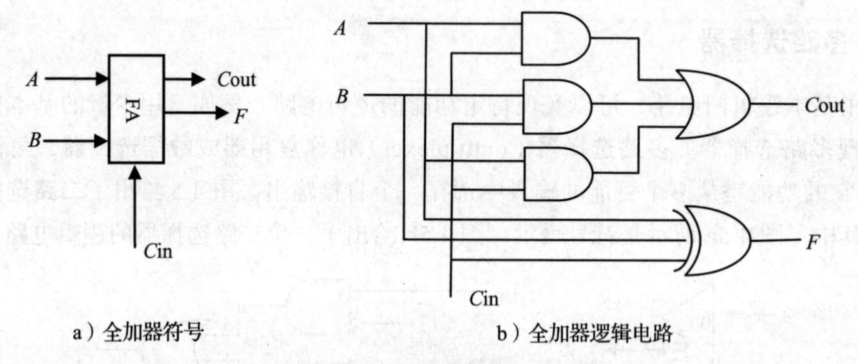

图 4.7　全加器逻辑电路的实现

n 位加法器可由 n 个全加器实现，其逻辑电路如图 4.8 所示，图 4.8a 所示是符号表示，图 4.8b 给出用全加器构成加法器的电路实现，C_i 是第 $i-1$ 位向第 i 位的进位。

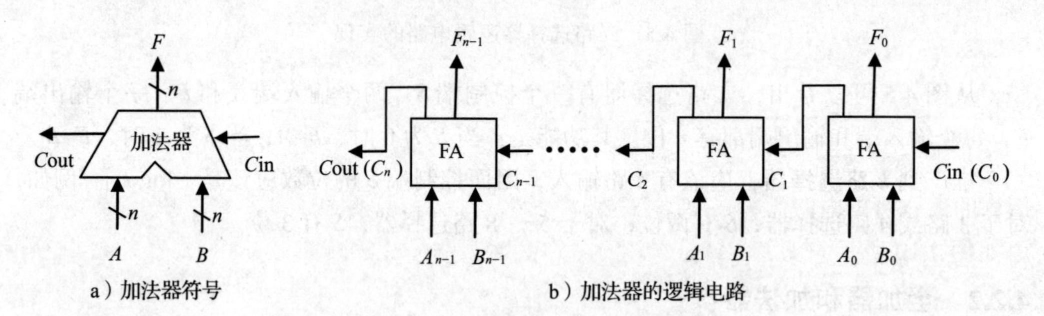

图 4.8　用全加器实现 n 位加法器

如图 4.8 所示，用全加器实现 n 位无符号整数加法器，采用的是串行进位方式，因而速度很慢。可以采用其他进位方式来实现快速加法器，如采用先行进位方式的各类先行进位加法器等。

4.2.3　带标志信息加法器

n 位加法器只能用于两个 n 位无符号整数的相加，不能进行无符号整数的减运算，也不能进行带符号整数的加 / 减运算。要能够进行无符号整数的加 / 减运算和带符号整数的加 / 减运算，还需要在无符号整数加法器的基础上增加相应的逻辑门电路，使得加法器不仅能计算和 / 差，还要能够生成相应的标志信息。图 4.9 是**带标志信息加法器**的电路示意图，其中图 4.9a 所示是符号表示，图 4.9b 中给出了用全加器构成的实现电路。带标志加法器除了输出相加得到的和 F 以外，还输出向高位的进位 Cout 以及多个标志信息，如溢出标志 OF、符号标志 SF、零标志 ZF、进位 / 借位标志 CF。

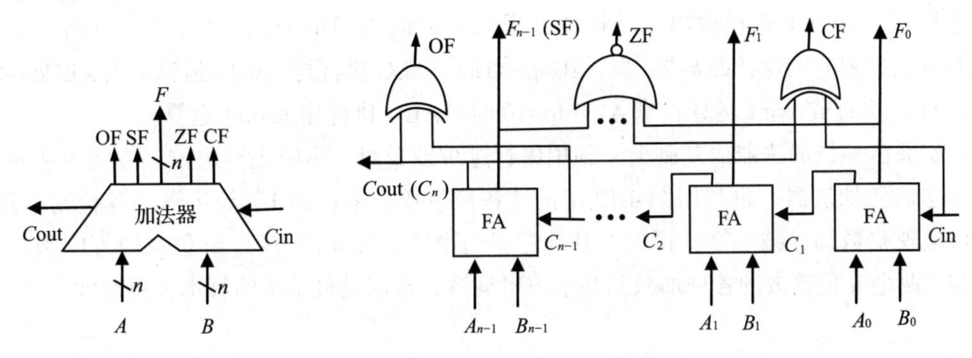

a）带标志加法器符号　　b）带标志加法器的逻辑电路

图 4.9　用全加器实现 n 位带标志信息加法器的电路

如图 4.9 所示，溢出标志的逻辑表达式为 OF=$C_n \oplus C_{n-1}$；符号标志就是和 F 的符号，即 SF=F_{n-1}；零标志 ZF=1 当且仅当 F=0；进位 / 借位标志 CF=$Cout \oplus Cin$，即当 Cin=0 时，CF 为进位 $Cout$，当 Cin=1 时，CF 为进位 $Cout$ 取反。图 4.12 所示的补码加减运算器中的加法器就是带标志信息加法器，加法器的输入端 X 和 Y' 分别对应图 4.9 中的两个加数 A 和 B，用于控制加、减运算的控制端 Sub 连到了加法器的 Cin 输入端，Sub=0 做加法，Sub=1 做减法。因此，当 Cin=0 时，CF 为加运算结果的进位，此时 CF=$Cout \oplus 0$=$Cout$；当 Cin=1 时，CF 为减运算结果的借位，此时 CF=$Cout \oplus 1$= $\overline{Cout}$。

4.2.4　算术逻辑部件

算术逻辑部件（Arithmetic Logic Unit，ALU）是一种能进行基本算术运算与逻辑运算的组合逻辑电路，其核心电路包括各种逻辑门电路、加法器以及多路选择器。通常用如图 4.10 所示符号表示 ALU，其中 A 和 B 是两个 n 位输入端，Cin 是进位输入端，ALUop 是操作控制端，用来决定 ALU 所执行的运算类型。ALUop 的位数 k 决定了运算操作种类，例如，当 k=3 时，ALU 最多只有 2^3=8 种操作。Result 是运算结果，此外，还有相应的标志信息，如零标志 ZF、溢出标志 OF、符号标志 SF 和进位 / 借位标志 CF 等。图 4.11 给出了能够完成与、或和加法三种运算的一位 ALU 结构示意图。

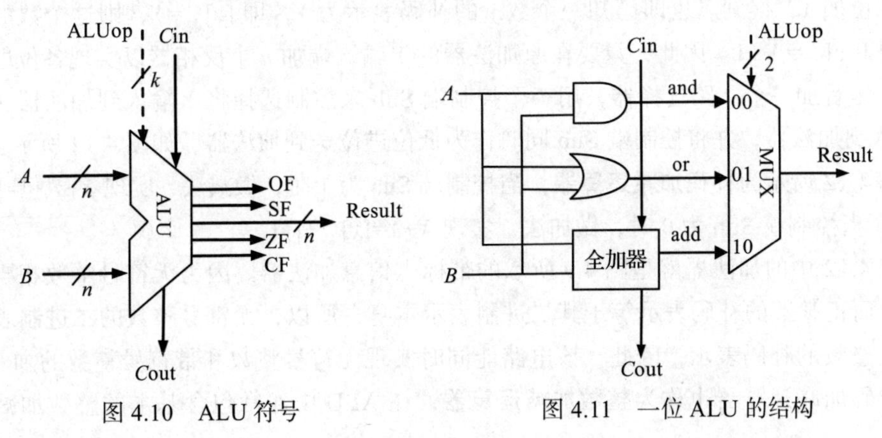

图 4.10　ALU 符号　　图 4.11　一位 ALU 的结构

在图 4.11 中，一位加法运算用一个全加器实现，在 ALUop 的控制下，由一个多路选择器（MUX）选择输出三种操作结果之一，因为图中 MUX 是三选一电路，所以 ALUop 至少要有两位，即 k=2。当 ALUop=00 时，ALU 执行与（and）运算；当 ALUop=01 时，ALU 执行或（or）运算；当 ALUop=10 时，ALU 执行加（add）运算。

如果在一位加法器的基础上，利用串行进位或单级、多级先行进位等方式构造 n 位带标志信息加法器，再利用图 4.12 中的“各位取反、末位加 1”等运算及其控制电路，就可实现整数加、减运算，再加上其他逻辑门电路，如 n 位与门、n 位或门等电路，即可实现两个 n 位整数的各种加减和基本逻辑运算，这就是最基本的算术逻辑部件。

4.3 整数加减运算

在程序设计时通常把指针、地址等说明为无符号整数，因而在进行指针或地址运算时需要进行无符号整数运算。而其他情况下，通常都是带符号整数运算。无符号整数加减运算和带符号整数加减运算都可通过补码加减运算器实现。

4.3.1 补码加减运算器

若有两个补码表示的 n 位定点整数 $[x]_补=X_{n-1}X_{n-2}\cdots X_0$，$[y]_补=Y_{n-1}Y_{n-2}\cdots Y_0$，则 $[x+y]_补$ 和 $[x-y]_补$ 的运算公式如下：

$$F=[x+y]_补=[x]_补+[y]_补 \ (\text{mod } 2^n)$$

$$F=[x-y]_补=[x]_补+[-y]_补 \ (\text{mod } 2^n)$$

上述运算公式的正确性可以从补码的编码规则得到证明。从这两个公式可看出，在补码表示方式下，无论 x、y 是正数还是负数，加、减运算可统一采用加法来处理，而 $[x]_补$ 和 $[y]_补$ 的符号位（最高有效位）可以和数值位一起参与运算，加、减运算结果的符号位也在求和运算中直接得到，这样，可以直接用 4.2.3 节介绍的带标志信息加法器实现“$[x]_补+[y]_补$（mod 2^n）”和“$[x]_补+[-y]_补$（mod 2^n）”。最终运算结果的高位丢弃，保留低 n 位，相当于对和取模 2^n。因此，实现减运算的主要工作在于求 $[-y]_补$。

根据 3.2.1 节介绍的补码表示可知，求一个数的负数的补码可以由其补码“各位取反、末位加 1”得到。也即已知一个数 y 的补码表示为 Y，即 $[y]_补=Y$，则这个数的负数的补码 $[-y]_补=\overline{Y}+1$。因此，只要在原加法器的 Y 输入端加 n 个反相器以实现各位取反的功能，然后加一个 2 路选择器，用一个控制端 Sub 来控制选择将 Y 输入到加法器还是将 $\overline{Y}$ 输入到加法器，并将控制端 Sub 同时作为低位进位送到加法器，如图 4.12 所示。

图 4.12 所示为**补码加减运算器**，当控制端 Sub 为 1 时，做减法，实现 $X+\overline{Y}+1=[x]_补+[-y]_补$；当控制端 Sub 为 0 时，做加法，实现 $X+Y=[x]_补+[y]_补$。

图 4.12 中的加法器就是图 4.9 所示的带标志信息加法器。因为无符号整数相当于正整数，而正整数的补码表示等于其二进制表示本身，所以，无符号整数的二进制表示相当于正整数的补码表示，因此，该电路能同时实现无符号整数和带符号整数的加 / 减运算。补码加减运算器也称为**整数加减运算器**，在 ALU 中通常包含基本的整数加减运算

器。对于带符号整数 x 和 y 来说，图 4.12 中的 X 和 Y 就是 x 和 y 的补码表示，对于无符号整数 x 和 y 来说，X 和 Y 就是 x 和 y 的二进制编码表示。

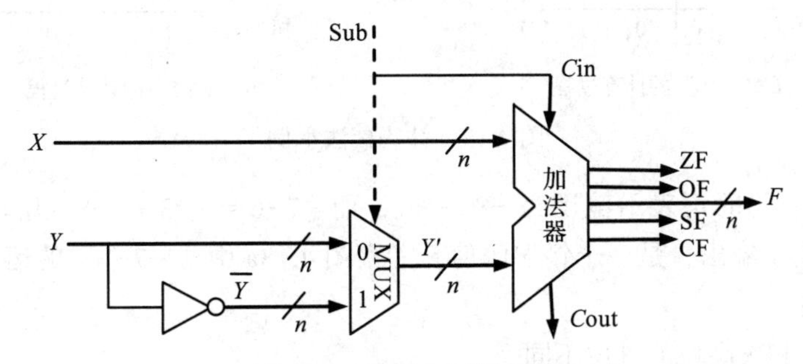

图 4.12　补码加减运算器

可通过标志信息来区分带符号整数的运算结果和无符号整数的运算结果。

- **零标志** ZF=1 表示结果 F 为 0。不管作为无符号整数还是带符号整数来运算，ZF 都有意义。
- **符号标志** SF（有些系统用 NF 表示）表示结果的符号，即 F 的最高位。对于无符号整数运算，SF 没有意义。
- **进 / 借位标志** CF 表示无符号整数加 / 减运算时的进位 / 借位。加法时，若 CF=1 表示无符号整数加法溢出；减法时若 CF=1 表示有借位，即不够减。因此，加法时 CF 等于进位输出 Cout；减法时，将进位输出 Cout 取反来作为借位标志。综合起来，可得 CF=Sub ⊕ Cout。对于带符号整数运算，CF 没有意义。
- **溢出标志** OF=1 表示带符号整数运算时结果发生了溢出。对于无符号整数运算，OF 没有意义。

对于 n 位补码表示的带符号整数，它可表示的数值范围为 $-2^{n-1} \sim 2^{n-1}-1$。当运算结果超出该范围时，结果溢出。补码溢出判断方法有多种，先看例 4.1 中的两个补码减法例子。

例 4.1　用 4 位补码计算“−7−6”和“−3−5”的值。

解　对于“−7−6”，若将操作数对应图 4.12 中的变量，则 $X=[-7]_{补}=1001$，$Y=[6]_{补}=0110$，Sub=1，因此，$Y'=1001$，$Y'+\text{Sub}=[-6]_{补}=1010$，其运算过程如图 4.13a 所示，结果为 F=0011，ZF=0，SF=0，CF=Sub ⊕ Cout=1 ⊕ 1=0（因为是按补码计算，属于带符号整数运算，所以 CF 无意义）。■

对于“−3−5”，若将操作数代入图 4.12 中的变量，则 $X=[-3]_{补}=1101$，$Y=[5]_{补}=0101$，Sub=1，$Y'=1010$，$Y'+\text{Sub}=[-5]_{补}=1011$，其运算过程如图 4.13b 所示，结果为 F=1000，ZF=0，SF=1，CF=Sub ⊕ $Cout$=1 ⊕ 1=0（因为是按补码计算，属于带符号整数运算，因此 CF 无意义）。

对例 4.1 中的运算结果分析如下。

$[-7-6]_{补} = [-7]_{补} + [-6]_{补} = 1001 + 1010 = 0011$（3）。

$[-3-5]_{补} = [-3]_{补} + [-5]_{补} = 1101 + 1011 = 1000$（−8）。

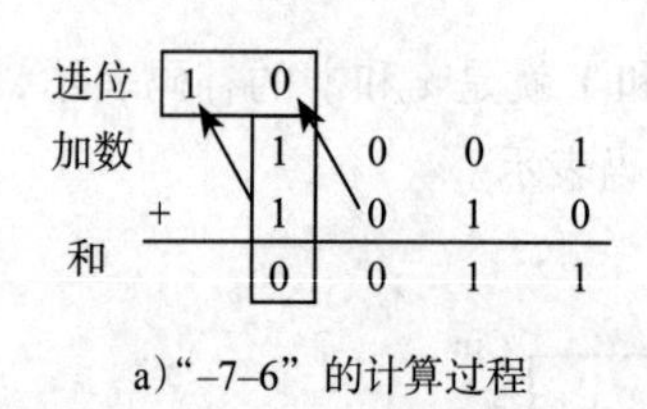

a)“-7-6”的计算过程

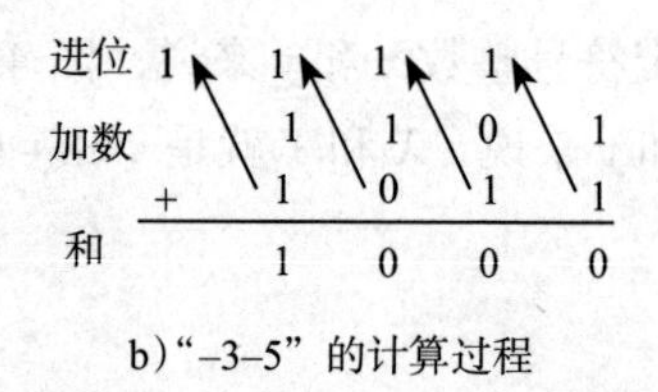

b)“-3-5”的计算过程

图 4.13 补码减法举例

因为4位补码的可表示范围为 -8 ～ +7，而 -7-6 = -13 < -8，所以，结果0011（+3）一定发生了溢出，是一个错误的值。考察图4.13a中“-7-6”的运算结果，发现以下两种现象：

1）最高位和次高位的进位不同。

2）和的符号位和加数的符号位不同。

对于图4.13b中的“-3-5”，因为 -3-5 = -8，没有超出4位补码表示范围，所以结果1000（-8）没有发生溢出，是一个正确的值。此时，最高位的进位和次高位的进位都是1，没有发生第1种现象，而且，和的符号和加数的符号都是1，也没有发生第2种现象。

通常根据上述两种现象是否发生来判断有无溢出。因此有以下两种溢出判断逻辑表达式。

1）若符号位产生的进位 C_n 与最高数值位向符号位的进位 C_{n-1} 不同，则产生溢出，即

$$\text{OF}=C_{n-1}\oplus C_n$$

2）若两个加数的符号位 X_{n-1} 和 Y_{n-1} 相同，且与和的符号位 F_{n-1} 不同，则产生溢出，即

$$\text{OF}=X_{n-1}Y_{n-1}\overline{F_{n-1}}+\overline{X_{n-1}}\ \overline{Y_{n-1}}\ F_{n-1}$$

根据上述溢出判断逻辑表达式，可以很容易实现溢出判断电路。图4.9b中OF的生成采用了上述第1种方法。

例 4.2 以下是一个C语言程序，用来计算一个数组a中每个元素的和。当参数len为0时，返回值应该是0，但是在机器上执行时，却发生了存储器访问异常。请问这是什么原因造成的，并说明程序应该如何修改。

```
1  float sum_array(int a[], unsigned len)
2  {
3      int i, sum = 0;
4
5      for (i = 0; i <= len-1; i++)
6          sum += a[i];
7
8      return sum;
9  }
```

解 当len为0时，在图4.12的电路中计算len-1，此时 X 为0000 0000H，Y 为0000 0001H，Sub=1，因此计算出来的结果是32个1（即FFFF FFFFH）。在对条件表达式“i<=len-1”进行判断时，通过对做减法得到的标志信息进行比较。开始时i=0，因此，在图4.12的电路中计算0-FFFF FFFFH，此时，X 为0000 0000H，Y 为FFFF

FFFFH，Sub=1，显然加法器的输出结果 F 为 0000 0001H，进位输出 Cout=0，因此借/进位标志 CF=Sub ⊕ Cout=1，零标志 ZF=0，符号标志 SF=0。此时加法器的两个输入 X 和 Y' 都为 0000 0000H，输出为 0000 0001H，即两个正数相加，结果还是正数，因而溢出标志 OF=0。

因为 len 是 unsigned 类型，按照 3.5.2 节最后小贴士中所述的 C 语言类型提升规则，当一个表达式中出现 int 型和 unsigned int 型数据时，所有数据都应提升为 unsigned int 类型，所以对条件表达式“i<=len−1”进行判断时，按照无符号整型数据进行比较（对应的是无符号整数比较指令），即根据 CF 的取值来判断大小。因为 CF=1 且 ZF=0，说明有借位且不相等，即满足“小于”关系，因而进入循环继续执行。显然，len−1=FFFF FFFFH 是最大的 32 位无符号整数，任何无符号整数都比它小，因此进入死循环，循环体被不断执行，当循环变量 i 足够大时，最终导致数组元素 a[i] 的地址越界而发生存储器访问异常。

正确的做法是将参数 len 声明为 int 型。这样，虽然加法器中的运算以及生成的所有标志信息与 len 为 unsigned 时完全一样，但是，因为条件表达式“i<=len−1”中的 i 和 len 以及常数 1 都是 int 型，即为带符号整数，所以会按照带符号整型数据进行比较（对应的是带符号整数比较指令），即根据 OF 和 SF 的值是否相同来判断大小，当 OF=SF 且 ZF=0 时满足“大于”关系。因此，当 i=0、len=0 时，对 i 和 len−1 做减法进行比较，得到的标志信息为 SF=OF=0、ZF=0，因而满足循环结束条件“i>len−1”，从而跳出循环执行，返回 sum=0，而不会发生存储器访问异常。 ■

4.3.2 无符号整数加减运算

无符号数加/减运算在图 4.12 所示的电路中执行，运算的结果取低 n 位，相当于取模为 2^n，也即：当两数相加的结果大于 2^n，结果发生溢出，大于 2^n 的部分将被减掉（取模）。因此**无符号整数加法**公式如下：

$$F=\begin{cases}x+y & (x+y<2^n)\ \text{正常}\\ x+y-2^n & (2^n\leqslant x+y<2^{n+1})\ \text{溢出}\end{cases} \tag{4.1}$$

在图 4.12 所示电路中做无符号整数减法运算 $x-y$ 时，用 x 加 $[-y]_{补}$ 来实现，根据补码公式知，$[-y]_{补}=2^n-y$，因此，结果 $F=x+(2^n-y)=x-y+2^n$。当 $x-y>0$ 时，结果正常，2^n 被减掉（取模）；当 $x-y<0$ 时，结果为负值，相当于负溢出。因此，**无符号整数减法**运算公式如下：

$$F=\begin{cases}x-y & (x-y>0)\ \text{正常}\\ x-y+2^n & (x-y<0)\ \text{负溢出}\end{cases} \tag{4.2}$$

例 4.3 假设 8 位无符号整数 x 和 y 的机器数分别是 X 和 Y，相应加减运算在图 4.12 所示电路中执行。若 X=A6H，Y=3FH，则 x、y、$x+y$ 和 $x-y$ 的值分别是多少？若 X=A6H，Y=FFH，则 x、y、$x+y$ 和 $x-y$ 的值又分别是多少？（说明：这里的 $x+y$ 和 $x-y$ 的值是指经过运算电路处理后得到的 F 对应的值。）

解 若X=A6H，Y=3FH，则$x+y$的机器数$X+Y$=1010 0110+0011 1111=1110 0101=E5H，$x-y$的机器数$X-Y$=1010 0110+1100 0001=0110 0111=67H。因此，x、y、$x+y$和$x-y$计算得到的F值分别是166、63、229和103，显然运算结果符合式（4.1）和式（4.2）。

验证如下：因为$x+y=166+63<256$（2^8），因而，$x+y$计算得到的F值应等于$x+y=166+63=229$；因为$x-y=166-63>0$，因而$x-y$计算得到的F值应等于$x-y=166-63=103$，验证正确。

若X=A6H，Y=FFH，则$X+Y$=1010 0110+1111 1111=1010 0101=A5H，$X-Y$=1010 0110+0000 0001=1010 0111=A7H。因此，x、y、$x+y$和$x-y$计算得到的F值分别是166、255、165和167，运算结果符合式（4.1）和式（4.2）。

验证如下：因为$x+y=166+255>256$（2^8），因而，$x+y$计算得到的F值应等于$x+y-2^8=166+255-256=165$；因为$x-y=166-255<0$，因而$x-y$计算得到的F值应等于$x-y+2^8=166-255+256=167$，验证正确。■

4.3.3 带符号整数加减运算

带符号整数加减运算也在图4.12所示电路中执行。如果两个n位加数x和y的符号相反，则一定不会溢出，只有两个加数的符号相同时才可能发生溢出。两个加数都是正数时发生的溢出称为**正溢出**；两个加数都是负数时发生的溢出称为**负溢出**。图4.12中实现的**带符号整数加法**计算公式如下：

$$F=\begin{cases}x+y-2^n & (2^{n-1}\leqslant x+y) \quad \text{正溢出}\\ x+y & (-2^{n-1}\leqslant x+y<2^{n-1}) \quad \text{正常}\\ x+y+2^n & (x+y<-2^{n-1}) \quad \text{负溢出}\end{cases} \tag{4.3}$$

与无符号整数减法运算类似，带符号整数减法也通过加法来实现，同样也是用被减数加上减数的负数的补码来实现。图4.12中实现的**带符号整数减法**计算公式如下：

$$F=\begin{cases}x-y-2^n & (2^{n-1}\leqslant x-y) \quad \text{正溢出}\\ x-y & (-2^{n-1}\leqslant x-y<2^{n-1}) \quad \text{正常}\\ x-y+2^n & (x-y<-2^{n-1}) \quad \text{负溢出}\end{cases} \tag{4.4}$$

例4.4 假设8位带符号整数x和y的机器数分别是X和Y，相应加减运算在图4.12所示电路中执行。若X=A6H，Y=3FH，则x、y、$x+y$和$x-y$的值分别是多少？若X=A6H，Y=FFH，则x、y、$x+y$和$x-y$的值又分别是多少？（说明：这里的$x+y$和$x-y$的值是指经过运算电路处理后得到的F对应的值。）

解 若X=A6H，Y=3FH，则$x+y$的机器数$X+Y$=1010 0110+0011 1111=1110 0101=E5H，$x-y$的机器数$X-Y$=1010 0110+1100 0001=0110 0111=67H。因为带符号整数用补码表示，所以，x、y、$x+y$和$x-y$计算得到的F值分别是−90、63、−27和103，经验证，运算结果符合式（4.3）和式（4.4）。

验证如下：因为$-2^7\leqslant x+y=-90+63<2^7$，因而，$x+y$计算得到的$F$值应等于$x+y=-90+63=-27$；因为$x-y=-90-63<-2^7$，即负溢出，因而$x-y$计算得到的$F$值应等于

$x-y+2^8=-90-63+256=103$，验证正确。

若 X=A6H，Y=FFH，则 $X+Y$=1010 0110+1111 1111=1010 0101=A5H，$X-Y$=1010 0110+0000 0001=1010 0111=A7H。x、y、$x+y$ 和 $x-y$ 计算得到的 F 值分别是 −90、−1、−91 和 −89，经验证，运算结果符合式（4.3）和式（4.4）。

验证如下：因为 $-2^7 \leqslant x+y=-90+(-1)<2^7$，因而，$x+y$ 计算得到的 F 值应等于 $x+y=-90+(-1)=-91$；因为 $-2^7 \leqslant x-y=-90-(-1)<2^7$，因而 $x-y$ 计算得到的 F 值应等于 $x-y=-90-(-1)=-89$，验证正确。■

4.3.4 对整数加减运算结果的解释

例 4.3 和例 4.4 中给出的机器数 X 和 Y 完全相同，在同样的电路中计算，因而得到的和（差）的机器数也完全相同。对于同一个机器数，作为无符号整数解释和作为带符号整数解释时的值不同，因而例 4.3 和例 4.4 中得到的和（差）的值完全不同。从这里可以看出，在电路中执行运算时所有的数都只是一个 0/1 序列，在硬件层次并不区分操作数是什么类型，只是编译器根据高级语言程序中的类型定义对机器数进行不同的解释而已。

由于无符号整数和带符号整数的加减运算在同一个运算电路中进行，得到的机器数完全相同，因而在一些指令集体系结构中，并不区分无符号整数加 / 减指令和带符号整数加 / 减指令，例如 Intel x86 就是如此。在 Intel x86 架构中，不管高级语言程序中定义的变量是带符号整数还是无符号整数类型，对应的加法指令都是 add，对应的减法指令都是 sub，都是在如图 4.12 所示的电路中执行。每条加 / 减指令执行时，总是把运算电路中结果的低 n 位（即电路输出 F）送到目的寄存器，同时产生相应的进 / 借位标志 CF、符号标志 SF、溢出标志 OF 和零标志 ZF 等，并将这些标志信息保存到标志寄存器（FLAGS/EFLAGS）中。

在 RISC-V 架构中，也不区分无符号整数加 / 减指令和带符号整数加 / 减指令，只有整数加法指令 add 和整数减法指令 sub，并且 add 指令和 sub 指令都不生成标志信息，而是通过专门的带符号整数小于置 1、无符号整数小于置 1 两种指令来比较大小。

但是，有些指令系统也会提供专门的带符号整数加 / 减指令和专门的无符号整数加 / 减指令。例如，MIPS 架构就是如此。在 MIPS 架构中，提供了专门的带符号整数加 / 减指令（如 add、sub 指令）和无符号整数加 / 减指令（如 addu、subu 指令），它们之间的不同仅在于是否判断和处理溢出，而得到的机器数是完全一样的。MIPS 架构中规定：进行带符号整数加 / 减时必须判断溢出并对溢出进行异常处理，而进行无符号整数加 / 减时不判断溢出，除了是否判断溢出外，其他方面两者处理完全一样。

由于在机器级代码中可能对无符号整数和带符号整数的加 / 减运算不加区分，因而，在高级语言程序执行过程中，当带符号整型数据隐式地转换作为无符号整数运算时，就会出现像例 4.2 那样意想不到的错误或存在漏洞。杜绝使用无符号整型变量可以避免这类问题，也有一些语言为避免这类问题，采用不支持无符号整数类型的方式。例如，Java 语言就不支持无符号整数类型。

例 4.5　对于以下C程序片段：

```
1  unsigned char x = 134;
2  unsigned char y = 246;
3  signed char m = x;
4  signed char n = y;
5  unsigned char z1 = x-y;
6  unsigned char z2 = x+y;
7  signed char k1 = m-n;
8  signed char k2 = m+n;
```

请说明程序执行过程中，变量m、n、z1、z2、k1、k2在计算机中的机器数和真值各是什么？计算z1、z2、k1、k2时得到的标志CF、SF、ZF和OF各是什么？要求用式（4.1）～式（4.4）进行验证。

解　x和y是无符号整数，x=134=1000 0110B，y=246=1111 0110B，m和x的机器数相同，都是1000 0110；n和y的机器数相同，都是1111 0110。因此m的真值为 −111 1010B=−(127−5)=−122；n的真值为 −000 1010B=−10。

因为无符号整数和带符号整数都是在同一个整数加减运算器中执行，因而*z*1和*k*1的机器数相同，生成的标志也相同；z2和k2的机器数相同，生成的标志也相同。

对于z1和k1的计算，可通过x的机器数加 −y的机器数（对y各位取反，末位加1）得到，即1000 0110+0000 1010=(0)1001 0000B。此时，CF=Sub ⊕ *C*out=1 ⊕ 0=1，SF=1，ZF=0，OF=0（加法器中进行的是两个异号数相加，故一定不会溢出）。

z1为无符号整型，故真值为+1001 0000B=128+16=144，因为CF=1，说明相减时有借位，结果应为负数，属于式（4.2）中的负溢出情况。验证如下：按照公式（4.2）有z1=134−246+256=144，结果正确。

k1为带符号整型，故真值为 −111 0000B=−(127−15)=−112，因为OF=0，说明结果没有溢出，属于式（4.4）中的正常情况。验证如下：按照式（4.4）有k1=−122−(−10)=−112，结果正确。

对于z2和k2的计算，可通过x的机器数加y的机器数得到，即1000 0110+1111 0110=(1) 0111 1100。此时，CF=Sub ⊕ *C*out=0 ⊕ 1=1，SF=0，ZF=0，OF=1（加法器中是两个同号数相加，结果的符号不同于加数，故溢出）。

z2为无符号整型，其真值为+111 1100B=127−3=124，因为CF=1，说明相加时有进位，属于式（4.1）中的溢出情况。验证如下：按照式（4.1）有z2=134+246−256=124，结果正确。

k2为带符号整型，故真值为+111 1100B=127−3=124，因为OF=1，说明结果溢出，属于式（4.3）中的负溢出情况。验证如下：按照式（4.3）有k2=−122+(−10)+256=124，结果正确。■

4.4　整数的乘运算

计算机中的乘法器分无符号整数和用补码表示的带符号整数两种不同的运算电路，

原码乘运算在无符号数乘法器的基础上实现，而带符号整数乘运算则在补码乘法器中实现。

4.4.1 无符号数乘法运算

下面是一个手算乘法的例子，以此可以推导出两个无符号数相乘的计算过程。

$$
\begin{array}{rl}
0.1\,0\,1\,1 & \text{被乘数 } X = 0.x_1x_2x_3x_4 = 0.1\,0\,1\,1 \\
\times 0.1\,1\,0\,1 & \text{乘数 } Y = 0.y_1y_2y_3y_4 = 0.1\,1\,0\,1 \\
\hline
1\,0\,1\,1 & \text{--------} X \times y_4 \times 2^{-4} \\
0\,0\,0\,0 & \text{----------} X \times y_3 \times 2^{-3} \\
1\,0\,1\,1 & \text{------------} X \times y_2 \times 2^{-2} \\
1\,0\,1\,1 & \text{--------------} X \times y_1 \times 2^{-1} \\
\hline
0.1\,0\,0\,0\,1\,1\,1\,1 &
\end{array}
$$

由此可知，$X \times Y = \sum_{i=1}^{4}(X \times y_i \times 2^{-i}) = 0.1000\ 1111$ 。

计算机中两个无符号数相乘，类似于手算乘法，主要思想包括以下几个方面。

1）每将乘数 Y 的一位乘以被乘数得 $X \times y_i$ 后，就将该结果与前面所得的结果累加，得到 P_i，称之为部分积。因为没有等到全部计算后一次求和，所以减少了保存每次相乘结果 $X \times y_i$ 的开销。

2）每次求得 $X \times y_i$ 后，不是将它左移与前次部分积 P_i 相加，而是将部分积 P_i 右移一位，然后与 $X \times y_i$ 相加。右移时按逻辑移位方式，即低位移出，高位补 0。

3）对乘数中为 1 的位执行加法和右移运算，对为 0 的位只执行右移运算，而不执行加法运算。

因为每次进行加法运算时，只需要将 $X \times y_i$ 与部分积中的高 n 位相加，低 n 位不会改变，所以只需用 n 位 ALU 就可实现两个 n 位数的相乘。

实现上述算法，需要对乘数 Y 的每一位进行迭代得到相应的部分积 P_i 。每一步迭代过程如下。

1）取乘数的最低位 y_{n-i} 判断。

2）若 y_{n-i} 为 1，则将上一步迭代得到的部分积 P_i 与 X 相加；若 y_{n-i} 为 0，则什么也不做。

3）逻辑右移一位，产生本次部分积 P_{i+1}。

部分积 P_i 和 X 在 ALU 中进行无符号整数相加时，可能会产生进位，因而需要有一个专门的进位位 C。整个迭代过程从乘数最低位 y_n 和 P_0=0 开始，经过 n 次“判断–加法–逻辑右移”循环，直到求出 P_n 为止。P_n 就是最终的乘积。图 4.14 是实现两个 32 位无符号数乘法的逻辑结构图。

图 4.14 中被乘数寄存器 X 用于存放被乘数；乘积寄存器 P 开始时置初始部分积 P_0=0，结束时存放的是 64 位乘积的高 32 位；乘数寄存器 Y 开始时置乘数，结束时存放的是 64 位乘积的低 32 位；进位触发器 C 保存加法器的进位信号；计数器 C_n 存放循环次数，初值是 32，每循环一次，C_n 减 1，当 C_n = 0 时，乘法运算结束；ALU 是乘法核心部件，

在控制逻辑控制下，对乘积寄存器 P 和被乘数寄存器 X 的内容进行“加”运算，在“写使能”控制下运算结果被送回乘积寄存器 P，进位位存放在 C 中。

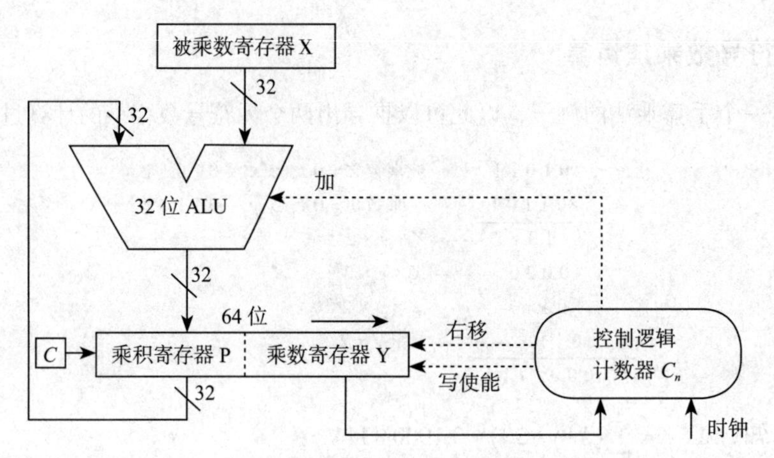

图 4.14　实现 32 位无符号数乘运算的逻辑结构图

例 4.6　已知两个无符号数 x 和 y，x=1101，y=1011，用无符号数乘法计算 $x \times y$。

解　用无符号数乘法计算 1101×1011 的乘积的过程如下。

C	部分积 P	乘数 Y	说明
0	0000	1011	$P_0=0$
	+1101		$y_4=1$，$+X$
0	1101		C、P 和 Y 同时右移一位
0	0110	1101	得 P_1
	+1101		$y_3=1$，$+X$
1	0011		C、P 和 Y 同时右移一位
0	1001	1110	得 P_2
	+0000		$y_2=0$，不做加法（即加0）
0	1001		C、P 和 Y 同时右移一位
0	0100	1111	得 P_3
	+1101		$y_1=1$，$+X$
1	0001		C，P 和 Y 同时右移一位
0	1000	1111	得 P_4

因此，$x \times y$ 的结果为 1000 1111。若转换为真值，则 x=13，y=11，$x \times y$=143。■

对于 n 位无符号数一位乘法来说，需要经过 n 次“判断－加法－右移”循环，运算速度较慢。如果对乘数的每两位取值情况进行判断，使每步求出对应于该两位的部分积，则可将乘法速度提高一倍。

4.4.2　原码乘法运算

原码作为浮点数尾数的表示形式，需要计算机能实现定点原码小数的乘运算。用原码实现乘法运算时，符号位与数值位分开计算，因此，原码乘法运算分为两步。

1）确定乘积的符号位。由两个乘数的符号异或得到。

2）计算乘积的数值位。乘积的数值部分为两个乘数的数值部分之积。

原码乘法算法描述如下：已知 $[x]_{原}=X=x_0.x_1\cdots x_n$，$[y]_{原}=Y=y_0.y_1\cdots y_n$，则 $[x\times y]_{原}=z_0.z_1\cdots z_{2n}$，其中，$z_0=x_0\oplus y_0$，$z_1\cdots z_{2n}=(0.x_1\cdots x_n)\times(0.y_1\cdots y_n)$。

可以不管小数点，事实上在机器内部也没有小数点，只是约定了一个小数点的位置，小数点约定在最左边就是定点小数乘法，约定在最右边就是定点整数乘法。因此，两个定点小数的数值部分之积可以看成两个无符号数的乘积。

例 4.7 已知 $[x]_{原}=0.1101$，$[y]_{原}=0.1011$，用原码一位乘法计算 $[x\times y]_{原}$。

解 先采用无符号数乘法计算 1101×1011 的乘积，运算过程如例 4.6 所示，结果为 1000 1111。符号位为 $0\oplus 0=0$，因此，$[x\times y]_{原}=0.1000\ 1111$。■

4.4.3 补码乘法运算

补码作为带符号整数的表示形式，需要计算机能实现定点补码整数的乘法运算。A. D. Booth 提出了一种补码相乘算法，可以将符号位与数值位合在一起运算，直接得出用补码表示的乘积，且正数和负数同等对待。这种算法称为**布斯（Booth）乘法**。

设 $[x]_{补}=X=x_{n-1}\cdots x_1x_0$，$[y]_{补}=Y=y_{n-1}\cdots y_1y_0$，则得到 $[x\times y]_{补}$的 Booth 乘法运算规则如下：

1）乘数最低位增加一位辅助位 $y_{-1}=0$。

2）若 $y_i\,y_{i-1}$=00 或 11，则转第 3 步；若 $y_i\,y_{i-1}$=01，则“$+[x]_{补}$”；若 $y_i\,y_{i-1}$=10，则“$+[-x]_{补}$”。

3）算术右移一位，得到部分积。

4）重复第 2 步和第 3 步 n 次，结果得 $[x\times y]_{补}$。

例 4.8 已知 $[x]_{补}=1\ 101$，$[y]_{补}=0\ 110$，要求用布斯乘法计算 $[x\times y]_{补}$。

解 $[-x]_{补}=0\ 011$，布斯乘法过程如下：

部分积 P	乘数 Y	y_{-1}	说明
0000	0110	0	设 $y_{-1}=0$，$[P_0]_{补}=0$
			$y_0y_{-1}=00$，P、Y 直接右移一位
0000	0011	0	得 $[P_1]_{补}$
+0011			$y_1y_0=10$，$+[-x]_{补}$
0011			P、Y 同时右移一位
0001	1001	1	得 $[P_2]_{补}$
			$y_2\,y_1=11$，P、Y 直接右移一位
0000	1100	1	得 $[P_3]_{补}$
+1101			$y_3y_2=01$，$+[x]_{补}$
1101			P、Y 同时右移一位
1110	1110	0	得 $[P_4]_{补}$

因此，$[x\times y]_{补}$=1110 1110。

验证：$x=-011B=-3$，$y=+110B=6$，$x\times y=-0001\ 0010B=-18$，结果正确。■

布斯乘法的算法过程为 n 次“判断 – 加减 – 右移”循环，在布斯乘法中，遇到连续的1或连续的0时，可跳过加法运算直接进行右移操作，因此，布斯乘法的运算效率较高。补码乘运算器实现的是带符号整数乘运算，右移采用算术移位方式，低位移出，高位补符号。

补码乘法也可以采用两位一乘的方法，把乘数分成两位一组，根据两位代码的组合决定加或减被乘数的倍数，形成的部分积每次右移两位，总循环次数为$n/2$。该算法可将部分积的数目压缩一半，从而提高运算速度。两位补码乘法称为**改进的布斯乘法**（Modified Booth Algorithm，MBA），也称为**基4布斯乘法**。

4.4.4 两种整数乘的关系

高级语言中两个n位整数相乘得到的结果通常也是一个n位整数，也即结果只取$2n$位乘积中的低n位。根据二进制运算规则，对于带符号整数和无符号整数的乘运算，存在以下结论：假定两个n位无符号整数x_u和y_u对应的机器数为X_u和Y_u，$p_u=x_u \times y_u$，p_u为n位无符号整数且对应的机器数为P_u；两个n位带符号整数x_s和y_s对应的机器数为X_s和Y_s，$p_s=x_s \times y_s$，p_s为n位带符号整数且对应的机器数为P_s。若$X_u=X_s$且$Y_u=Y_s$，则$P_u=P_s$。

表4.1中给出了4位无符号整数和4位带符号整数乘法的例子，从表中可看出，每一对乘运算乘积低4位都相等。因此这些例子都符合上述结论。

表4.1 4位无符号整数和4位带符号整数乘法示例

序号	运算	x	X	y	Y	$x \times y$	$X \times Y$	p	P	溢出否
1	无符号乘	6	0110	10	1010	60	0011 1100	12	**1100**	溢出
2	带符号乘	6	0110	−6	1010	−36	1101 1100	−4	**1100**	溢出
3	无符号乘	8	1000	2	0010	16	0001 0000	0	**0000**	溢出
4	带符号乘	−8	1000	2	0010	−16	1111 0000	0	**0000**	溢出
5	无符号乘	13	1101	14	1110	182	1011 0110	6	**0110**	溢出
6	带符号乘	−3	1101	−2	1110	6	0000 0110	6	**0110**	不溢出
7	无符号乘	2	0010	12	1100	24	0001 1000	8	**1000**	溢出
8	带符号乘	2	0010	−4	1100	−8	1111 1000	−8	**1000**	不溢出

根据上述结论，带符号整数乘法运算可以采用无符号整数乘法器实现，只要最终取$2n$位乘积中的低n位即可。

对于带符号整数x和y来说，送到无符号整数乘法器中的两个乘数X和Y就是x和y的补码表示。不过，因为按无符号数相乘，得到的乘积的高n位不一定是高n位乘积的补码表示。例如，对于表4.1中序号6的例子，当$x=-3$，$y=-2$时，可以把对应的机器数1101和1110送到无符号整数乘法器中运算，得到的8位乘积机器数为1011 0110，虽然低4位与带符号整数相乘一样，但是，高4位不是真正的高4位乘积0000。这样就无法根据高4位来判断结果是否溢出。因此，在CPU数据通路中，通常会有专门的无符号整数乘法器和带符号整数乘法器，即一般不会用无符号数乘法器来实现带符号整数乘运算，相反，也不会用带符号整数乘法器（即补码乘法器）来实现无符号整数乘运算。

1. 无符号整数乘的溢出判断

对于 n 位无符号整数 x 和 y 的乘法运算，若取 $2n$ 位乘积中的低 n 位为乘积，则相当于取模 2^n。若丢弃的高 n 位乘积为非 0，则发生溢出。例如，对于表 4.1 中序号为 5 的例子，1101 与 1110 相乘得到的 8 位乘积为 1011 0110，高 4 位为非 0，因而发生了溢出，说明低 4 位 0110 不是正确的乘积。

无符号整数乘运算可用公式表示如下，式中 p 是指取低 n 位乘积时对应的值。

$$p=\begin{cases}x\times y & (x\times y<2^n) \quad \text{正常} \\ x\times y \bmod 2^n & (x\times y\geqslant 2^n) \quad \text{溢出}\end{cases}$$

如果无符号整数乘法指令能够将高 n 位保存到一个寄存器中，则编译器可以根据该寄存器的内容采用相应的比较指令来进行溢出判断。例如，在 MIPS 32 架构中，无符号整数乘法指令 multu 会将两个 32 位无符号整数相乘得到的 64 位乘积置于两个 32 位内部寄存器 Hi 和 Lo 中，编译器可以根据 Hi 寄存器是否为全 0 来进行溢出判断。

2. 带符号整数乘的溢出判断

对于带符号整数乘法，可使用补码乘法器实现，得到的结果是 $2n$ 位乘积的补码表示。例如，对于表 4.1 中序号为 6 的例子，−3 和 −2 对应的补码 1101 和 1110 在补码乘法器中运算，得到乘积的 $2n$ 位补码表示为 0000 0110（对应真值为 6）。

对于带符号整数相乘，可以通过乘积的高 n 位和低 n 位之间的关系进行溢出判断。判断规则是：若高 n 位中每一位都与低 n 位的最高位相同，则不溢出；否则溢出。当 $x=-3$，$y=-2$ 时，得到 8 位乘积为 0000 0110，高 4 位全 0，且与低 4 位的最高位相同，因而没有发生溢出，说明低 4 位 0110 是正确的乘积。该例中，−3 和 −2 的乘积确实是 6，结果没有发生溢出。

如果带符号整数乘法指令能够将高 n 位乘积保存到一个寄存器中，则编译器可以根据该寄存器的内容与低 n 位乘积的关系进行溢出判断。例如，在 MIPS 32 架构中，带符号整数乘法指令 mult 会将两个 32 位带符号整数相乘，得到的 64 位乘积置于两个 32 位内部寄存器 Hi 和 Lo 中，因此，编译器可以根据 Hi 寄存器中的每一位是否等于 Lo 寄存器中的第一位来进行溢出判断。

有些指令系统中乘法指令并不保留高 n 位乘积，也不生成溢出标志 OF，此时，编译器就无法进行溢出判断，甚至有些编译器根本不考虑溢出判断处理。这种情况下，程序就可能在发生溢出的情况下得到错误的结果。例如，在 C 程序中，若变量 x 和 y 为 int 型，x=65 535，机器数为 0000 FFFFH，则 y=x × x=−131 071，y 的机器数为 FFFE 0001H，因而出现 $x^2<0$ 的奇怪结论。

如果要保证程序不会因编译器没有处理溢出而发生错误，那么，程序员就需要在程序中加入进行溢出判断的语句。无论是带符号整数还是无符号整数，都可以根据两个乘数变量 x、y 与结果 p=x × y 的关系来判断是否溢出。C 程序中的判断规则是，若满足

$x \neq 0$ 且 p/x==y，则没有发生溢出；否则溢出。

例如，对于表 4.1 中序号 7 的例子，x=2，y=12，p=8，显然 $8/2 \neq 12$，因此，发生了溢出。对于表 4.1 中序号 8 的例子，x=2，y=−4，p=−8，显然 −8/2==−4，因此，没有发生溢出。

例 4.9 以下程序段实现数组元素的复制，将一个具有 count 个元素的 int 型数组复制到堆中新申请的一块内存区域中，请说明该程序段存在什么漏洞，引起该漏洞的原因是什么。

```
1  /* 复制数组到堆中，count 为数组元素个数 */
2  int copy_array(int *array, int count) {
3      int i;
4  /* 在堆区申请一块内存 */
5      int *myarray = (int *) malloc(count*sizeof(int));
6      if (myarray == NULL)
7          return -1;
8      for (i = 0; i < count; i++)
9          myarray[i] = array[i];
10     return count;
11 }
```

解 该程序段存在整数溢出漏洞，当 count 值很大时，第 5 行 malloc 函数的参数 count*sizeof(int) 会发生溢出，例如，在 32 位机器上实现时，sizeof(int)=4，若参数 count=$2^{30}+1$，因为 $(2^{30}+1)\times 4=2^{32}+4 \pmod{2^{32}}=4$，所以 malloc 函数只会分配 4B 的空间，而在后面的 for 循环执行时，复制到堆中的数组元素实际上有 $(2^{32}+4)$=4 294 967 300B（实际上堆区空间大小有限，不可能复制这么大一块数据到堆区而不发生访存异常），远超过 4B 的空间，从而会破坏在堆中的其他数据，导致程序崩溃或行为异常。更可怕的是，如果攻击者利用这种漏洞，以引起整数溢出的参数来调用函数，通过数组复制过程把自己的程序置入内存中并启动执行，就会造成极大的安全问题。■

2002 年，Sun Microsystems 公司的 RPC XDR 库中所带的 xdr_array() 函数发生整数溢出漏洞，攻击者可以利用这个漏洞从远程或本地获取 root 权限。xdr_array() 函数中需要计算 nodesize 变量的值，它采用的方法可能会由于乘积太大而导致整数溢出，使得攻击者可以构造一个特殊的参数来触发整数溢出，以一段事先预设好的信息覆盖一个已经分配的堆缓冲区，造成远程服务器崩溃或者改变内存数据并执行任意代码。由于很多厂商的操作系统都使用了 Sun 公司的 XDR 库或者基于 XDR 库进行开发，因此很多程序也受到了此问题的影响。

4.5　整数的除运算

计算机中的除法器分无符号整数和用补码表示的带符号整数两种不同的运算电路，原码除运算在无符号整数除法器的基础上实现，而带符号整数除运算则在补码除法器中实现。

4.5.1 无符号数除法运算

除法运算与乘法运算很相似，都是一种移位和加减运算的迭代过程，但比乘法运算更加复杂。在进行除法运算前，首先要对被除数和除数的取值与大小进行相应的判断，以确定除数是否为 0、商是否为 0、是否溢出等。通常的判断操作如下：

1）若被除数为 0、除数不为 0，或者定点整数除法时 | 被除数 | ＜ | 除数 |，则说明商为 0，余数为被除数，不再继续执行。

2）若被除数不为 0、除数为 0，对于整数，则发生“除数为 0”异常；对于浮点数，则结果为无穷大。

3）若被除数和除数都为 0，对于整数，则发生除法错异常；对于浮点数，则有些机器产生一个不发信号的 NaN，即“quiet NaN”。

只有当被除数和除数都不为 0，并且商也不可能溢出时，才进一步进行除法运算。

以下以两个无符号整数为例，说明手算除法步骤。假定被除数 X = 1001 1101，除数 Y = 1011，以下是这两个数相除的手算过程：

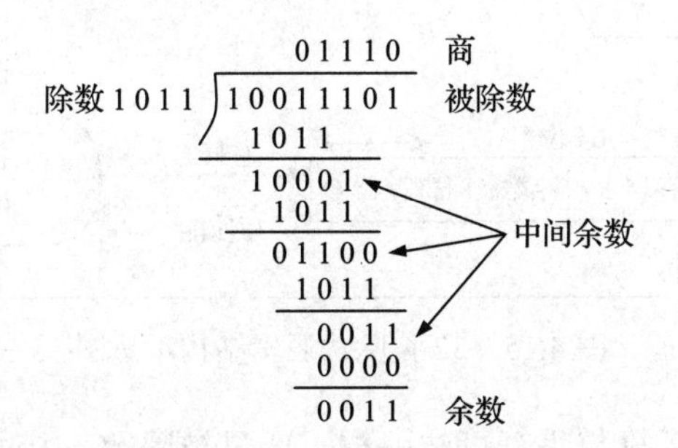

从上述过程和结果来看，手算除法的基本要点如下。

1）被除数与除数相减，若够减，则上商为 1；若不够减，则上商为 0。

2）每次得到的差为中间余数，将除数右移后与上次的中间余数比较。用中间余数减除数，若够减，则上商为 1；若不够减，则上商为 0。

3）重复执行第 2 步，直到求得的商的位数足够为止。

计算机内部的除法运算与手算算法一样，通过被除数（中间余数）减除数来得到每一位的商。以下考虑定点正整数和定点正小数的除法运算。

两个 32 位数相除，必须把被除数扩展成一个 64 位数。推而广之，n 位定点数的除法，实际上是用一个 $2n$ 位的数去除以一个 n 位的数，得到一个 n 位的商。因此需要进行被除数的扩展。

定点正整数和定点正小数的除法运算的除法逻辑一样，只是被除数扩展的方法不太一样，此外，导致溢出的情况也有所不同。

1）对于两个 n 位定点正整数相除的情况，即当两个 n 位无符号整数相除时，只要将被除数 X 的高位添 n 个 0 即可。即 $X=x_{n-1}x_{n-2}\cdots x_1x_0$ 变成 $X=0\cdots00x_{n-1}x_{n-2}\cdots x_1x_0$。这种方式通常称为单精度除法，其商的位数一定不会超过 n 位，因此不会发生溢出。

2）对于两个 n 位定点正小数相除的情况，也即当两个作为浮点数尾数的 n 位原码小数相除时，只要在被除数 X 的低位添 n 个 0，将 $X=0.x_{n-1}x_{n-2}\cdots x_1x_0$ 变成 $X=0.x_{n-1}x_{n-2}\cdots x_1x_000\cdots0$。

3）若一个 $2n$ 位的整数与一个 n 位的整数相除，则不需要对被除数 X 进行扩展。这种情况下，商的位数可能多于 n 位，因此，有可能发生溢出。采用这种方式的机器，其除法指令给出的被除数在两个寄存器或一个双倍字长寄存器中，这种方式通常称为双精度除法。

综合上述几种情况，可把定点正整数和定点正小数归结在统一的假设下：被除数 X 为 $2n$ 位，除数 Y 和商 Q 都为 n 位。无符号数除法的逻辑结构类似于无符号数乘法的逻辑结构，如图 4.15 所示是一个 32 位除法逻辑结构示意图。

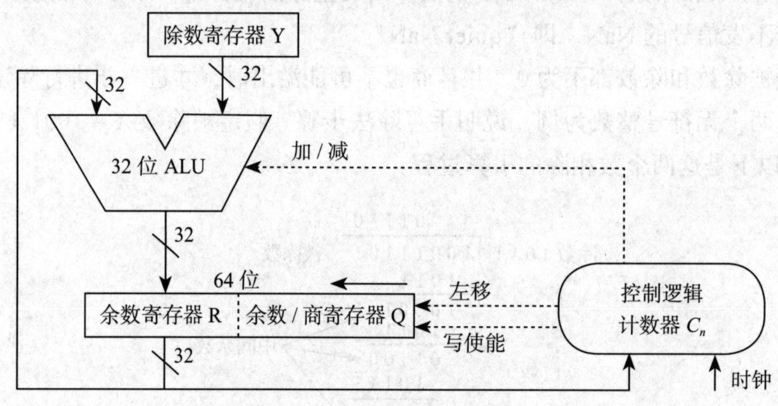

图 4.15　32 位除法逻辑结构示意图

计算机内部的除法运算与手算算法一样，通过被除数（中间余数）减除数进行试商来得到每一位商。参考手工除法过程，得到在计算机中两个无符号数除法的运算步骤和算法要点如下。

1）操作数预置：在确认被除数和除数都不为 0 后，将被除数置于余数寄存器 R 和余数 / 商寄存器 Q 中，除数置于除数寄存器 Y 中。

2）做减法试商：根据 $R-Y$ 的符号判断是否够减。若结果为正，则上商 1；若结果为负，则上商 0。上商为 0 时通过做加法恢复余数。

3）中间余数左移后继续试商：手算除法中，每次试商前，除数右移后，与中间余数进行比较。在计算机内部进行除法运算时，除数在除数寄存器中不动，因此，需要将中间余数左移，将左移结果与除数相减以进行比较。左移时中间余数和商一起进行左移，寄存器 Q 的最低位空出，以备上商。

上述给出的算法要点 2 中，采用了“上商为 0 时通过做加法恢复余数”的方式，因此上述方法称为**恢复余数法**。

4.5.2　原码除法运算

原码作为浮点数尾数的表示形式，需要计算机能实现定点原码小数的除法运算。原码除法运算与原码乘法运算一样，要将符号位和数值位分开来处理。将两数的符号进行“异或”以得到商的符号，并通过无符号小数除法方式求出数值部分的商。

例 4.10 已知 $[x]_{原}$=0.1011，$[y]_{原}$=1.1101，用恢复余数法计算 $[x/y]_{原}$。

解 分符号位和数值位两部分进行。商的符号位为 $0 \oplus 1 = 1$。

商的数值位采用恢复余数法。减法操作用补码加法实现，是否够减通过中间余数的符号来判断，所以中间余数要加一位符号位。因此，需先计算出 $[|x|]_{补}$=0.1011，$[|y|]_{补}$=0.1101，$[-|y|]_{补}$=1.0011。

因为是原码定点小数，所以在低位扩展 0。虽然实际参加运算的数据是 $[|x|]_{补}$ 和 $[|y|]_{补}$，但为简单起见，说明时分别标识为 X 和 Y。在 ALU 中进行加减运算时并没有小数点，因此在计算机中实际上进行的是无符号整数的除法运算。

运算过程如下：

余数寄存器 R	余数/商寄存器 Q	说明
0 1 0 1 1	0 0 0 0 □	开始 $R_0=X$
+1 0 0 1 1		$R_1=X-Y$
1 1 1 1 0	0 0 0 0 0	$R_1<0$，故 $q_4=0$
+0 1 1 0 1		恢复余数：$R_1=R_1+Y$
0 1 0 1 1		得 R_1
1 0 1 1 0	0 0 0 0 □	$2R_1$（R 和 Q 同时左移，空出一位商）
+1 0 0 1 1		$R_2=2R_1-Y$
0 1 0 0 1	0 0 0 0 1	$R_2>0$，故 $q_3=1$
1 0 0 1 0	0 0 0 1 □	$2R_2$（R 和 Q 同时左移，空出一位商）
+1 0 0 1 1		$R_3=2R_2-Y$
0 0 1 0 1	0 0 0 1 1	$R_3>0$，故 $q_2=1$
0 1 0 1 0	0 0 1 1 □	$2R_3$（R 和 Q 同时左移，空出一位商）
+1 0 0 1 1		$R_4=2R_3-Y$
1 1 1 0 1	0 0 1 1 0	$R_4<0$，故 $q_1=0$
+0 1 1 0 1		恢复余数：$R_4=R_4+Y$
0 1 0 1 0	0 0 1 1 0	得 R_4
1 0 1 0 0	0 1 1 0 □	$2R_4$（R 和 Q 同时左移，空出一位商）
+1 0 0 1 1		$R_5=2R_4-Y$
0 0 1 1 1	0 1 1 0 1	$R_5>0$，故 $q_0=1$

商的最高位为 0，说明没有溢出，商的数值部分为 1101。

所以，$[x/y]_{原}$=1.1101（最高位为符号位），余数为 0.0111×2^{-4}。■

在恢复余数除法运算中，当中间余数与除数相减结果为负时，要多做一次 $+Y$ 操作，因而降低了算法执行速度，又使控制线路变得复杂。在计算机中很少采用恢复余数除法，而普遍采用不恢复余数除法。

在恢复余数除法中，第 i 次余数为 $R_i = 2R_{i-1} - Y$。根据下次中间余数的计算方法，有以下两种不同情况：

- 若 $R_i \geqslant 0$，则上商 1，不需恢复余数，左移一位后试商得下次余数 R_{i+1}，即 $R_{i+1}=2R_i-Y$。

- 若 $R_i < 0$，则上商 0，恢复余数后左移一位再试商得下次余数 R_{i+1}，即 $R_{i+1}=2(R_i+Y)-Y=2R_i+Y$。

从上述结果可知，当第 i 次中间余数为负时，可以跳过恢复余数这一步，直接求第 $i+1$ 次中间余数。这种算法称为**不恢复余数法**。从上述推导可以发现，不恢复余数法的算法要点就是 6 个字：“正、1、减，负、0、加”。其含义是，若中间余数为正数，则上商 1，下次做减法；若中间余数为负数，则上商 0，下次做加法。这样运算中每次循环内的步骤都是规整的，差别仅在于做加法还是减法，这种方法也称为**加减交替法**。采用这种方法有一点要注意，即如果在最后一步上商为 0，则必须恢复余数，把试商时减掉的除数加回去。

对于例 4.10，采用加减交替法的运算过程如下：

余数寄存器 R	余数/商寄存器 Q	说明
0 1 0 1 1	0 0 0 0 □	开始 $R_0=X$
+1 0 0 1 1		$R_1=X-Y$
1 1 1 1 0	0 0 0 0 0	$R_1<0$，故 $q_4=0$，没有溢出
1 1 1 0 0	0 0 0 0 □	$2R_1$（R 和 Q 同时左移，空出一位商）
+0 1 1 0 1		$R_2=2R_1+Y$
0 1 0 0 1	0 0 0 0 1	$R_2>0$，则 $q_3=1$
1 0 0 1 0	0 0 0 1 □	$2R_2$（R 和 Q 同时左移，空出一位商）
+1 0 0 1 1		$R_3=2R_2-Y$
0 0 1 0 1	0 0 0 1 1	$R_3>0$，则 $q_2=1$
0 1 0 1 0	0 0 1 1 □	$2R_3$（R 和 Q 同时左移，空出一位商）
+1 0 0 1 1		$R_4=2R_3-Y$
1 1 1 0 1	0 0 1 1 0	$R_4<0$，则 $q_1=1$
1 1 0 1 0	0 1 1 0 □	$2R_4$（R 和 Q 同时左移，空出一位商）
+0 1 1 0 1		$R_5=2R_4+Y$
0 0 1 1 1	0 1 1 0 1	$R_5>0$，则 $q_0=1$

从上面给出的除法例子以及有关恢复余数法和不恢复余数法的算法流程中可以看出，要得到 n 位无符号数的商，需要循环 $n+1$ 次，其中第一次得到的不是真正的商，而是用来判断溢出的。因为对于两个 n 位定点整数除法来说，其商一定不会超过 n 位，所以不会发生溢出，因而，n 位定点整数除法第一次不需要试商来判断溢出，这样只要 n 次循环。

4.5.3 补码除法运算

补码作为带符号整数的表示形式，需要计算机能实现补码的除法运算。与补码加减运算、补码乘法运算一样，补码除法也可以将符号位和数值位合在一起进行运算，而且商符直接在除法运算中产生。对于两个 n 位补码除法，被除数需要进行符号扩展。若被除数为 $2n$ 位，除数为 n 位，则被除数不需要扩展。

首先要对被除数和除数的取值、大小等进行相应的判断，以确定除数是否为 0、商是否为 0、是否溢出。对于 32 位带符号整数除法，只有当 −2 147 483 648 除以 −1 时会发生溢出，其他情况下，因为商的绝对值不可能比被除数的绝对值更大，所以肯定不会发生溢出。但是，在不能整除时需要进行舍入，通常按照朝 0 方向舍入，即正数商取比自身小的最接近整数，负数商取比自身大的最接近整数。除数不能为 0，否则根据 C 语言标准，其结果是未定义的。在 IA-32 系统中，除数为 0 会发生“除 0 异常”，此时，需要调出操作系统中的异常处理程序来处理。

因为补码除法中被除数、中间余数和除数都是有符号的，所以不像无符号数除法那样可以直接用做减法来判断是否够减，而应该根据被除数（中间余数）与除数之间符号的异同或差值的正负来确定下次做减法还是加法，再根据加或减运算的结果来判断是否够减。表 4.2 给出了判断是否够减的规则。

表 4.2　补码除法判断是否够减的规则

中间余数 *R*	除数 *Y*	新中间余数：*R–Y*		新中间余数：*R+Y*	
		0	1	0	1
0	0	够减	不够减		
0	1			够减	不够减
1	0			不够减	够减
1	1	不够减	够减		

从表 4.2 可看出，当被除数（中间余数）与除数同号时做减法；异号时，做加法。若加减运算后得到的新余数与原余数符号一致（余数符号未变）则够减；否则不够减。

根据是否立即恢复余数，补码除法也分为恢复余数法和不恢复余数法两种。具体细节内容请参考相关文献。

4.6　整数常量的乘除运算

从上面介绍的定点数运算可看出，乘除运算比移位和加减运算复杂得多，所需时间更多。因此，编译器在处理变量与常数相乘或相除时，往往以移位、加法和减法的组合运算来代替乘除运算。例如，对于 C 语言表达式 x*20，编译器可以利用 $20=16+4=2^4+2^2$，将 x*20 转换为（x<<4）+（x<<2），这样，一次乘法转换成了两次移位和一次加法。不管是无符号整数还是带符号整数的乘法，即使乘积溢出，利用移位和加减运算组合的方式得到的结果都是和直接相乘的结果是一样的。

对于整数除法运算，由于计算机中除法运算比较复杂，而且不能用流水线方式实现，所以一次除法运算大致需要几十个时钟周期。为了缩短除法运算的时间，编译器在处理一个变量与一个 2 的幂形式的整数相除时，常采用右移运算来实现。

无符号整数除法采用逻辑右移方式，带符号整数除法采用算术右移方式。两个整数相除，结果也一定是整数。在不能整除时，其商采用朝零方向舍入的方式，也就是截断方式，即将小数点后的数直接去掉，例如，7/3=2，−7/3=−2。

对于无符号整数来说，采用逻辑右移时，高位补 0，低位移出，因此，移位后得到的商值只可能变小而不会变大，即商朝零方向舍入。因此，不管是否能够整除，采用移位方式和直接相除得到的商完全一样。表 4.3 中给出了无符号整数 32 760 除以 2^k（k 为正整数）的例子，无符号整数 32 760 的机器数为 0111 1111 1111 1000。

表 4.3　无符号整数 32 760 除以 2^k 的示例

k	32 760>>k		32 760/2^k	
1	0 0111 1111 1111 100	16 380	16 380.0	16 380
3	000 0111 1111 1111 1	4 095	4 095.0	4 095
6	00 0000 0111 1111 11	511	511.875	511
8	0000 0000 0111 1111	127	127.968 75	127

对于带符号整数来说，采用算术右移时，高位补符号，低位移出。因此，当符号为 0 时，与无符号整数相同，采用移位方式和直接相除得到的商完全一样。当符号为 1 时，若低位移出的是全 0，则说明能够整除，移位后得到的商与直接相除的完全一样；若低位移出的是非全 0，则说明不能整除，移出一个非 0 数相当于把商中小数点后面的值舍去。因为符号是 1，所以商是负数，一个补码表示的负数舍去小数部分的值后变得更小，因此移位后的结果是更小的负数商。例如，对于 −3/2，假定补码位数为 4，则进行算术右移操作 1101>>1=1110.1B（小数点后面部分移出）后得到的商为 −2，而精确商是 −1.5（整数商应为 −1）。算术右移后得到的商比精确商少了 0.5，显然朝 −∞ 方向进行了舍入，而不是朝零方向舍入。因此，这种情况下，移位得到的商与直接相除得到的商不一样，需要进行校正。

校正的方法是，对于带符号整数 x，若 $x<0$，则在右移前，先将 x 加上偏移量（2^k-1），然后再右移 k 位。例如，上述例子中，在对 −3 右移 1 位之前，先将 −3 加上 1，即先得到 1101+0001=1110，然后再算术右移，即 1110>>1=1111，此时商为 −1。

表 4.4 给出了带符号整数 −32 760 除以 2^k（k 为正整数）的例子，带符号整数 −32 760 的补码表示为 1000 0000 0000 1000。

表 4.4　带符号整数 −32 760 除以 2^k 的示例

k	偏移量	−32 760+ 偏移量	（−32 760+ 偏移量）>>k		−32 760/2^k	
1	1	1000 0000 0000 1001	1 1000 0000 0000 100	−16 380	−16 380.0	−16 380
3	7	1000 0000 0000 1111	111 1000 0000 0000 1	−4 095	−4 095.0	−4 095
6	63	1000 0000 0100 0111	11 1111 1000 0000 01	−511	−511.875	−511
8	255	1000 0001 0000 0111	1111 1111 1000 0001	−127	−127.968 75	−127

从表 4.4 可以看出，对带符号整数 −32 760 先加一个偏移量后再进行算术右移，避免了商朝 −∞ 方向舍入的问题。例如，对于表中 k=6 的情况，若不进行偏移校正，则算术右移 6 位后商的补码表示为 11 1111 1000 0000 00，即商为 −512，而校正后得到的商等于 −32 760/64 的整数商 −511。

4.7　浮点数运算

从高级编程语言和机器指令涉及的运算来看，浮点运算主要包括浮点数的加、减、乘、除运算。一般有单精度浮点数和双精度浮点数运算，有些机器还支持 80 位或 128

位扩展浮点数运算。

4.7.1 浮点数加减运算

先看一个十进制数加法运算的例子：$0.123\times10^5+0.456\times10^2$。显然，不可以把0.123和0.456直接相加，必须把指数调整为相等后才可实现两数相加。其计算过程如下。

$0.123\times10^5+0.456\times10^2=0.123\times10^5+0.000\ 456\times10^5=(0.123+0.000\ 456)\times10^5=$
$0.123\ 456\times10^5$

从上面的例子不难理解实现浮点数加减法的运算规则。

设两个规格化浮点数 x 和 y 表示为 $x=M_x\times2^{Ex}$，$y=M_y\times2^{Ey}$，M_x、M_y 分别是浮点数 x 和 y 的尾数，E_x、E_y 分别是浮点数 x 和 y 的阶，不失一般性，设 $E_x<E_y$，那么

$$x+y=(M_x\times2^{Ex-Ey}+M_y)\times2^{Ey}$$
$$x-y=(M_x\times2^{Ex-Ey}-M_y)\times2^{Ey}$$

计算机中实现上述计算过程需要经过对阶、尾数加减、尾数规格化和尾数的舍入处理4个步骤，此外，还必须考虑溢出判断和溢出处理问题。假定在下面的讨论中 $x\pm y$ 未经规格化的结果表示为 $M_b\times2^{Eb}$。

1. 对阶

对阶的目的是使 x 和 y 的阶码相等，以使尾数可以相加减。对阶的原则是，小阶向大阶看齐，阶小的那个数的尾数右移，右移的位数等于两个阶的差的绝对值。

假设$\Delta E=E_x-E_y$，则对阶操作可以表示如下：

若$\Delta E<0$，则 $E_x\leftarrow E_y$，$M_x\leftarrow M_x\times2^{Ex-Ey}$，$E_b\leftarrow E_y$。

若$\Delta E>0$，则 $E_y\leftarrow E_x$，$M_y\leftarrow M_y\times2^{Ey-Ex}$，$E_b\leftarrow E_x$。

大多数机器采用IEEE 754标准来表示浮点数，因此，对阶时需要进行移码减法运算，并且尾数右移时按原码小数方式右移，符号位不参加移位，数值位要将隐含的一位“1”右移到小数部分，空出位补0。为了保证运算的精度，尾数右移时，低位移出的位应保留并参加尾数部分的运算。

根据补码的定义和IEEE 754标准中阶码的定义，可知：

$$\begin{aligned}[\Delta E]_{补}=[E_x-E_y]_{补}&=2^n+E_x-E_y\\&=(2^{n-1}-1+E_x)+(2^n-(2^{n-1}-1+E_y)\\&=[E_x]_{移}+[-[E_y]_{移}]_{补}(\bmod 2^n)\end{aligned}$$

上述公式中，$[E_x]_{移}$和$[E_y]_{移}$分别是阶 E_x 和 E_y 的阶码。根据上述公式可知，对阶时，只要先对$[E_y]_{移}$的各位取反，末位加1，再与$[E_x]_{移}$相加，就可计算出$[\Delta E]_{补}$。最后可根据$[\Delta E]_{补}$的符号，判断$\Delta E>0$还是$\Delta E<0$。

例4.11 若 x 和 y 为float变量，$x=1.5$，$y=-125.25$，请给出计算 $x+y$ 过程中的对阶结果。

解 $x=1.5=1.1B=1.1B\times2^0$，机器数为0 0111 1111 100 0000 0000 0000 0000 0000。$y=-125.25=-111\ 1101.01B=-1.1111\ 0101B\times2^6$，机器数为1 1000 0101 111 1010 1000 0000 0000 0000。

在计算 $x+y$ 的过程中，首先需要进行对阶，这里，$[E_x]_{移}$=0111 1111，$[E_y]_{移}$=1000 0101。

因此，$[E_x-E_y]_{补}=[E_x]_{移}+[-[E_y]_{移}]_{补}$=0111 1111+0111 1011=1111 1010，即 $E_x-E_y=-110B=-6$。

应将 x 的尾数右移 6 位，对阶后 x 的阶码为 1000 0101，尾数为 0.00 0001 100 0000⋯0000。■

2. 尾数加减

对阶后两个浮点数的阶码相等，此时，可以进行对阶后的尾数相加减。因为 IEEE 754 采用定点原码小数表示尾数，所以，尾数加减实际上是定点原码小数的加减运算。因为 IEEE 754 浮点数尾数中有一个隐藏位，所以，在进行尾数加减时，必须把隐藏位还原到尾数部分。此外，对阶过程中，在尾数右移时保留的附加位也要参加运算。因此，在用定点原码小数进行尾数加减运算时，在操作数的高位部分和低位部分都需要进行相应的调整。

3. 尾数规格化

进行加减运算后的尾数不一定是规格化的，因此，浮点数的加、减运算需要进一步进行规格化处理。IEEE 754 的规格化尾数形式为：$\pm 1.bb\cdots b$。在进行尾数相加减后可能会得到各种形式的结果，例如：

$$1.bb\cdots b + 1.bb\cdots b = \pm 1b.bb\cdots b$$

$$1.bb\cdots b - 1.bb\cdots b = \pm 0.00\cdots 01b\cdots b$$

1）对于上述结果为 $\pm 1b.bb\cdots b$ 的情况，需要进行**右规**：尾数右移一位，阶码加 1。右规操作可以表示为 $M_b \leftarrow M_b \times 2^{-1}$，$E_b \leftarrow E_b+1$。尾数右移时，最高位“1”被移到小数点前一位作为隐藏位，最后一位移出时，要考虑舍入。阶码加 1 时，直接在末位加 1。

2）对于上述结果为 $\pm 0.00\cdots 01b\cdots b$ 的情况，需要进行**左规**：数值位逐次左移，阶码逐次减 1，直到将第一位“1”移到小数点左边。假定结果中“ ± ”和最左边第一个 1 之间连续 0 的个数为 k，则左规操作可以表示为 $M_b \leftarrow M_b \times 2^k$，$E_b \leftarrow E_b-k$。尾数左移时数值部分最左 k 个 0 被移出，因此，相对来说，小数点右移了 k 位。因为进行尾数相加时，默认小数点位置在第一个数值位（即隐藏位）之后，所以小数点右移 k 位后被移到了第一位 1 后面，这个 1 就是隐藏位。执行 $E_b \leftarrow E_b-k$ 时，每次都在末位减 1（通过加全 1 实现），一共减 k 次。

4. 尾数的舍入处理

在对阶和右规时可能会对尾数进行右移，为保证运算精度，一般将低位移出的位保留下来，参加中间过程的运算，最后再将运算结果进行舍入，还原表示成 IEEE 754 格式。这里要解决以下两个问题。

1）保留多少个附加位才能保证运算的精度？

2）最终如何对保留的附加位进行舍入？

对于第 1 个问题，IEEE 754 标准规定，所有浮点数运算的中间结果右边都必须至少额外保留两位附加位。这两个附加位中，紧跟在浮点数尾数右边一位为**保护位**或**警戒位**(guard bit)，用以保护尾数右移的位，紧跟保护位右边的是**舍入位**（round bit)，左规时可以根据其值进行舍入。为了更进一步提高计算精度，在保护位和舍入位后还可引入额外的一个位，称为**粘位**（sticky bit)，只要舍入位的右边有任何非 0 数字，粘位置 1；否则，粘位置 0。

对于第 2 个问题，IEEE 754 提供了以下可选的 4 种模式。

1）就近舍入。舍入为最近可表示的数。当运算结果是两个可表示数的非中间值时，实际上是 0 舍 1 入方式；当运算结果正好在两个可表示数中间时，根据就近舍入的原则就无法操作了。IEEE 754 标准规定这种情况下，结果强迫为偶数。若结果末位为 1（即奇数)，则末位加 1；若末位为 0（即偶数)，则直接截取。这样，就保证了结果的末位总是 0（即偶数)。

使用粘位可以减少运算结果正好在两个可表示数中间的情况。不失一般性，用一个十进制数计算的例子来说明。假设计算 $1.24 \times 10^4+5.03 \times 10^1$（假定科学记数法精度保留两位小数)，若只使用保护位和舍入位而不使用粘位，则结果为 $1.2400 \times 10^4 + 0.0050 \times 10^4 = 1.2450 \times 10^4$。这个结果位于两个相邻可表示数 1.24×10^4 和 1.25×10^4 的中间，采用就近舍入到偶数时，结果为 1.24×10^4；若同时使用保护位、舍入位和粘位，则结果为 $1.24000 \times 10^4 + 0.00503 \times 10^4 = 1.24503 \times 10^4$。这个结果就不在 1.24×10^4 和 1.25×10^4 的中间，而更接近 1.25×10^4，采用就近舍入方式，结果为 1.25×10^4。显然，后者更精确。

2）朝 +∞ 方向舍入。总是取右边最近可表示数，也称为正向舍入或朝上舍入。

3）朝 –∞ 方向舍入。总是取左边最近可表示数，也称为负向舍入或朝下舍入。

4）朝 0 方向舍入。直接截取所需位数，丢弃后面所有位，也称为截取、截断或恒舍法。这种舍入处理最简单。对正数或负数来说，都是取更靠近原点的那个可表示数，是一种趋向原点的舍入，因此，又称为趋向零舍入。

表 4.5 以十进制小数为例给出了若干示例，以说明这 4 种舍入方式，表中假定结果保留小数点后面三位数，最后两位（加黑的数字）为附加位，需要舍去。

表 4.5　以十进制小数为例对 4 种舍入方式举例

方式	2.052 **40**	2.052 **50**	2.052 **60**	−2.052 **40**	−2.052 **50**	−2.052 **60**
就近或偶数舍入	2.052	2.052	2.053	−2.052	−2.052	−2.053
朝 +∞ 方向舍入	2.053	2.053	2.053	−2.052	−2.052	−2.052
朝 −∞ 方向舍入	2.052	2.052	2.052	−2.053	−2.053	−2.053
朝 0 方向舍入	2.052	2.052	2.052	−2.052	−2.052	−2.052

例 4.12 将同一实数 123456.789e4 分别赋值给单精度和双精度类型变量，然后打印输出，结果相差 46，为何打印结果不同？ float 类型相邻数之间的最小间隔和最大间隔各是多少？

```
#include <stdio.h>
int main()
```

```
{
    float a;
    double b;
    a = 123456.789e4;
    b = 123456.789e4;
    printf("%f\n%f\n",a,b);
}
```

运行结果如下：

```
    1234567936.000000
    1234567890.000000
```

解 float 和 double 型各自采用 IEEE 754 单精度和双精度格式，可分别精确表示 7 个和 17 个十进制有效数位。实数 123456.789e4 一共有 10 个有效数位，所以，对于 float 类型来说，打印出来的后 3 位是舍入后的结果，因为是就近舍入到偶数，所以舍入后的值可能更大，也可能更小；对于 double 类型来说，打印出的结果为精确值。

舍入误差随着数值的增大而变大。如图 3.4 所示，数值越大，越远离原点，相邻可表示数之间的间隔也越大。对于 float 类型，规格化数最小间隔区间为 $[2^{-126}, 2^{-125}]$，因此，相邻可表示数之间的最小间隔是 $(2^{-125}-2^{-126})/2^{23}=2^{-149}$，而规格化数最大间隔区间为 $[2^{126}, 2^{127}]$，因此，相邻可表示数之间的最大间隔是 $(2^{127}-2^{126})/2^{23}=2^{103}$。■

5. 阶码上溢和阶码下溢

在进行尾数规格化和舍入时，可能会对结果的阶码执行加 1 或减 1 运算。因此，必须考虑结果的阶码溢出问题。

尾数右规或舍入时，阶码会加 1。若阶码加 1 后为全 1，说明结果的阶比最大允许值 127（单精度）或 1023（双精度）还大，发生**阶码上溢**，产生“阶码上溢”异常，也有的机器把结果置为 +∞ 或 –∞，而不产生溢出异常。

尾数左规时，先进行阶码减 1 操作。若阶码减 1 后为全 0，说明结果的阶比最小允许值 –126（单精度）或 –1023（双精度）还小，发生**阶码下溢**，即结果为非规格化形式，此时应使结果的尾数不变，阶码为全 0。

例 4.13 若 $x1=1.1B\times2^{-126}$，$y1=1.0B\times2^{-126}$，则 $x1$ 和 $y1$ 用 float 型表示的机器数各是多少？$x1-y1$ 的机器数和真值各是多少？若 $x2=1.1B\times2^{-125}$，$y2=1.0B\times2^{-125}$，则 $x2$ 和 $y2$ 用 float 型表示的机器数各是多少？$x2-y2$ 的机器数和真值各是多少？

解 $x1$ 的机器数为 0 0000 0001 100 0000 0000 0000 0000 0000，$y1$ 的机器数为 0 0000 0001 000 0000 0000 0000 0000 0000。阶码都为 0000 0001，故尾数直接相减，得 0.1。需对尾数进行左规：先进行阶码减 1，得阶码为全 0，故结果是非规格化数，尾数不变，$x1-y1$ 的尾数为 0.100 0000 0000 0000 0000 0000，阶码为 0000 0000。即机器数为 0 0000 0000 100 0000 0000 0000 0000 0000（0040 0000H），真值为 $0.1\times2^{-126}=2^{-127}$。

$x2$ 的机器数为 0 0000 0010 100 0000 0000 0000 0000 0000，$y2$ 的机器数为 0 0000 0010 000 0000 0000 0000 0000 0000。阶码都为 0000 0010，故尾数直接相减，得 0.1。需对尾数进行左规：先进行阶码减 1，得阶码为 0000 0001，再尾数左移一位，故结果

的尾数为 1.0，$x1-y1$ 的尾数为 1.000 0000 0000 0000 0000 0000，阶码为 0000 0001。即机器数为 0 0000 0001 000 0000 0000 0000 0000 0000（0080 0000H），真值为 $1.0\times2^{-126}=2^{-126}$。■

从浮点数加、减运算过程可以看出，浮点数的溢出并不以尾数溢出来判断，尾数溢出可以通过右规操作得到纠正。因此结果是否溢出通过判断是否发生阶码上溢来确定。

例 4.14 用 IEEE 754 单精度浮点数加减运算计算 0.5+(−0.4375)。

解 x=0.5=0.100⋯0B=$(1.00\cdots0)_2\times2^{-1}$。

y=−0.4325=−0.01110⋯0B=$(-1.110\cdots0)_2\times2^{-2}$。

x 和 y 用 IEEE 754 标准单精度格式表示如下：

$[x]_{浮}$=0 0111 1110 00⋯0，$[y]_{浮}$=1 0111 1101 110⋯0。

其中，$[E_x]_{移}$= 0111 1110，M_x= 0 (1). 0⋯0，$[E_y]_{移}$= 0111 1101，M_y= 1(1).110⋯0。

尾数 M_x 和 M_y 中小数点前面有两位，第一位为数符，第二位加了括号，是隐藏位“1”。以下是计算机中进行浮点数加减运算的过程（假定保留 2 位附加位：保护位和舍入位）。

（1）对阶

$[\Delta E]_{补}=[E_x]_{移}+[-[E_y]_{移}]_{补}$ (mod 2^8)=0111 1110+1000 0011=0000 0001。因为 ΔE=1，所以需要对 y 进行对阶。即 y 的尾数 M_y 右移一位，符号不变，数值高位补 0，隐藏位右移到小数点后面，最后移出的位保留两位附加位，即结果为 $E_b=E_y=E_x$=0111 1110，M_y=10.(1)110⋯0**00**。

（2）尾数相加

$M_b=M_x+M_y$= 01.0000⋯0**00**+10.1110⋯0**00**（注意小数点在隐藏位后）。根据原码加减运算规则，得结果为 01.0000⋯0**00**+10.1110⋯0**00**=00.00100⋯0**00**。上式尾数中最左边第一位是符号位，其余都是数值部分，尾数后面两位是附加位（加粗表示）。

（3）规格化

所得尾数的数值部分高位有 3 个连续的 0，因此需进行左规操作。即将尾数左移 3 位，并将阶码减 3。尾数左移时数值部分最左 3 个 0 被移出，小数点右移 3 位后，移到了第一位 1 后面。这个 1 就是隐藏位。因此，得 M_b= 0 (1).00⋯0**00**000。

阶码 $E_b=E_b-3$ = (((0111 1110–0000 0001)–0000 0001)–0000 0001) = 0111 1011。

在计算机中，每次减 1 可通过加 $[-1]_{补}$（即“+1111 1111”）来实现。

（4）舍入

把结果的尾数 M_b 中的最后两个附加位舍入掉，从本例来看，不管采用什么舍入法，结果都一样，都是把最后两个 0 去掉，得 M_b= 0(1).00⋯0**00**0。

（5）阶码溢出或最小阶判断

在上述阶码计算和调整过程中，没有发生阶码上溢和最小阶码问题。因此，阶码 E_b= 0111 1011。

经过上述 5 个步骤，最终得到结果为 $[x+y]_{浮}$= 0 0111 1011 00⋯0。

因为 0111 1011B = 123，所以，阶码的真值为 123–127=−4，尾数的真值为 +1.0⋯0B = +1.0，因此 $x+y=+1.0\times2^{-4}$=1/16=0.0625。■

从上述过程来看，本例中保留的两个附加位都起到了作用，最终都作为尾数的一部分被保留（即最终 M_b 中粗体的 **00**），如果最初没保留这些附加位，而它们又都是非 0 值的话，则最终结果的精度就要受影响。

4.7.2 浮点数乘除运算

在进行浮点数乘除运算前，首先应对参加运算的操作数进行判 0 处理、规格化操作和溢出判断，确定参加运算的两个操作数是正常的规格化浮点数。

浮点数乘、除运算步骤类似于浮点数加、减运算步骤，两者的主要区别是，加、减运算需要对阶，而对乘、除运算来说，不需要这一步。两者对结果的后处理步骤也一样，都包括规格化、舍入和阶码溢出处理。

已知两个浮点数 $x=M_x\times 2^{Ex}$，$y=M_y\times 2^{Ey}$，则乘、除运算的结果如下：

$$x\times y=(M_x\times 2^{Ex})\times(M_y\times 2^{Ey})=(M_x\times M_y)\times 2^{Ex+Ey}$$

$$x/y=(M_x\times 2^{Ex})/(M_y\times 2^{Ey})=(M_x/M_y)\times 2^{Ex-Ey}$$

下面分别给出浮点数乘法和浮点数除法的运算步骤。

1. 浮点数乘法运算

假定 x 和 y 是两个 IEEE 754 标准规格化浮点数，其相乘结果为 $M_b\times 2^{Eb}$，则求 M_b 和 E_b 的过程如下。

（1）尾数相乘、阶码相加

尾数的乘法运算 $M_b=M_x\times M_y$ 可以采用定点原码小数乘法。在运算时，需要将隐藏位 1 还原到尾数中，并注意乘积的小数点位置。阶的相加运算 $E_b=E_x+E_y$ 采用移码相加运算算法。

（2）尾数规格化

对于 IEEE 754 标准的规格化尾数 M_x 和 M_y 来说，一定满足以下条件：$|M_x|\geqslant 1$，$|M_y|\geqslant 1$，因此，两数乘积的绝对值应该满足：$1\leqslant|M_x\times M_y|<4$。

也就是说，数值部分得到的 $2n$ 位乘积 $bb.bb\cdots b$ 中小数点左边一定至少有一个 1，可能是 01、10、11 三种情况，若是 01，则不需要规格化；若是 10 或 11，则需要右规一次，此时，M_b 右移一位，阶码 E_b 加 1。规格化后得到的尾数数值部分的形式为 $1.bb\cdots b$，小数点左边的 1 就是隐藏位。对于 IEEE 754 浮点数的乘法运算不需要进行左规处理。

（3）尾数舍入处理

对 $M_x\times M_y$ 规格化后得到的尾数形式为 $\pm 1.bb\cdots b$，其中小数点后面有（$2n-2$）位尾数积，而最终的结果肯定只能有 24 位尾数（单精度）或 53 位尾数（双精度）。因此，需要对乘积的低位部分进行舍入，其处理方法同浮点数加减运算中的舍入操作。

（4）阶码溢出判断

在进行阶相加、右规和舍入时，要对阶进行溢出判断。右规和舍入时的溢出判断与浮点数加减运算中的溢出判断方法相同。

2. 浮点数除法运算

假定 x 和 y 是两个 IEEE 754 标准规格化浮点数，其相除结果为 $M_b \times 2^{Eb}$，则求 M_b 和 E_b 的过程如下。

（1）尾数相除、阶码相减

尾数的除法运算 $M_b=M_x/M_y$ 可以采用定点原码小数除法。运算时需将隐藏位 1 还原到尾数中。阶的相减运算 $E_b=E_x-E_y$ 采用移码相减运算。

（2）尾数规格化

对于 IEEE 754 标准的规格化尾数 M_x 和 M_y 来说，一定满足以下条件：$|M_x| \geqslant 1$，$|M_y| \geqslant 1$，因此，两数相除的绝对值应该满足：$1/2 \leqslant |M_x/M_y| < 2$。

也就是说，数值部分得到的 n 位商 $b.bb\cdots b$ 中小数点左边的数可能是 0，也可能是 1。若是 0，则小数点右边的第一位一定是 1，此时，需要左规一次，即 M_b 左移一位，阶码 E_b 减 1；若是 1，则结果就是规格化形式。对于 IEEE 754 浮点数的除法运算不需要进行右规处理。

（3）尾数舍入处理

对 M_x/M_y 规格化后得到的尾数形式为 $\pm 1.bb\cdots b$，其中小数点后面有 $n-1$ 位尾数商，因此，需要对商的低位部分进行舍入，其处理方法同浮点数加减运算中的舍入操作。

（4）阶码溢出判断

在进行阶相减、左规和舍入时，要对阶进行溢出判断。左规和舍入时的溢出判断与浮点数加减运算中的溢出判断方法相同。

4.7.3 浮点运算异常和精度

计算机中的浮点数运算比较复杂，从浮点数的表示来说，有规格化浮点数和非规格化浮点数，有 $+\infty$、$-\infty$ 和非数（NaN）等特殊数据的表示。利用这些特殊表示，程序可以实现诸如 $+\infty+(-\infty)$、$+\infty-(+\infty)$、∞/∞、8.0/0 等运算。

此外，由于浮点加减运算中需要对阶并最终进行舍入，因而可能导致“大数吃小数”的问题，使得浮点数运算不能满足加法结合律和乘法结合律。

例如，若 x 和 y 是单精度浮点类型，当 $x=-1.5\times10^{30}$，$y=1.5\times10^{30}$，$z=1.0$ 时，有：

$$(x+y)+z=(-1.5\times10^{30}+1.5\times10^{30})+1.0=1.0$$

$$x+(y+z)=-1.5\times10^{30}+(1.5\times10^{30}+1.0)=0.0$$

根据上述计算可知，$(x+y)+z \neq x+(y+z)$，其原因是，当一个“大数”和一个“小数”相加时，因为对阶使得“小数”尾数中的有效数字右移后被丢弃，从而使“小数”变为 0。

例如，若 x 和 y 是单精度浮点类型，当 $x=y=1.0\times10^{30}$，$z=1.0\times10^{-30}$ 时，有：

$$(x\times y)\times z=(1.0\times10^{30}\times1.0\times10^{30})\times1.0\times10^{-30}=+\infty$$

$$x\times(y\times z)=1.0\times10^{30}\times(1.0\times10^{30}\times1.0\times10^{-30})=1.0\times10^{30}$$

显然，$(x\times y)\times z \neq x\times(y\times z)$，这主要是由两个大数相乘后可能超出可表示范围造成的。

1991年2月25日，“海湾战争”中，美国在沙特阿拉伯达摩地区设置的“爱国者”导弹拦截伊拉克的“飞毛腿”导弹失败，致使“飞毛腿”导弹击中了沙特阿拉伯载赫蓝的一个美军军营，杀死了美国陆军第十四军需分队的28名士兵。这是“爱国者”导弹系统时钟内的一个软件错误造成的，引起这个软件错误的原因是浮点数的精度问题。“爱国者”导弹系统中有一个内置时钟，用计数器实现，每隔0.1 s计数一次。程序用0.1的一个24位定点二进制小数x来乘以计数值作为以s为单位的时间。0.1的二进制表示是一个无限循环序列：0.00011[0011]…，x=0.000 1100 1100 1100 1100 1100B。显然，x只是0.1的近似表示，0.1−x=0.000 1100 1100 1100 1100 1100 [1100]…−0.000 1100 1100 1100 1100 1100B，即误差为：

$$0.000\ 0000\ 0000\ 0000\ 0000\ 0000\ 1100\ [1100]\cdots B=2^{-20}\times 0.1\approx 9.54\times 10^{-8}$$

在“爱国者”导弹准备拦截“飞毛腿”导弹之前，已经连续工作了100小时，相当于计数$100\times 60\times 60\times 10=36\times 10^5$次，因而导弹的时钟已经偏差了$9.54\times 10^{-8}\times 36\times 10^5\approx$ 0.343 s。

“爱国者”根据“飞毛腿”的速度乘以它被侦测到的时间来预测位置，“飞毛腿”的速度大约为2 000 m/ s，由于系统时钟误差导致的距离误差相当于$0.343\times 2000\approx 687$ m，因此，由于时钟误差，纵使雷达系统侦察到“飞毛腿”导弹并且预计了它的弹道，“爱国者”导弹也找不到实际上来袭的导弹。在这种情况下，起初的目标发现被视为一次假警报，侦测到的目标也在系统中被删除。

实际上，以色列方面已经发现了这个问题并于1991年2月11日知会了美国陆军及“爱国者”计划办公室（软件制造商）。以色列方面建议重新启动“爱国者”系统的电脑作为暂时解决方案，可是美国陆军方面却不知道每次需要间隔多少时间重新启动系统一次。1991年2月16日，制造商向美国陆军提供了更新软件，但这个软件最终却在“飞毛腿”导弹击中军营后的一天才运抵部队。

例4.15 对于上述“爱国者”导弹拦截“飞毛腿”导弹的例子，回答下列问题。

1）如果用精度更高一点的24位定点小数x=0.000 1100 1100 1100 1100 1101B来表示0.1，则0.1与x的偏差是多少？系统运行100 h后的时钟偏差是多少？在“飞毛腿”速度为2 000 m /s的情况下，预测的距离偏差为多少？

2）假定用一个类型为float的变量x来表示0.1，则变量x在机器中的机器数是什么（要求写成十六进制形式）？0.1与x的偏差是多少？系统运行100 h后的时钟偏差是多少？在“飞毛腿”速度为2 000 m/ s的情况下，预测的距离偏差为多少？

3）如果将0.1用32位二进制定点小数x=0.000 1100 1100 1100 1100 1100 1100 1101表示，则其误差比用32位float表示的误差更大还是更小？试分析这两种方案的优缺点。

解 1）0.1与x的偏差计算如下：

|0.000 1100 1100 1100 1100 1100 [1100]…−0.000 1100 1100 1100 1100 1101|=

$$0.000\ 0000\ 0000\ 0000\ 0000\ 0000\ 00\ 1100\ [1100]\cdots B=2^{-22}\times 0.1\approx 2.38\times 10^{-8}$$

100小时后的时钟偏差是$2.38\times 10^{-8}\times 36\times 10^5\approx 0.086$ s。预测的距离偏差为0.086×

2000 ≈ 171 m。比“爱国者”导弹系统精确约 4 倍。

2）0.1=0.0 0011[0011]B=+1.1 0011 0011 0011 0011 0011 00B×2^{-4}，float 类型采用 IEEE 754 单精度浮点数格式。符号位 s 为 0，阶码 e =127–4=0111 1011B，尾数的小数部分为 0.100 1100 1100 1100 1100 1101，因此，在机器中 float 型变量 x 表示为 0 0111 1011 100 1100 1100 1100 1100 1101，用十六进制形式表示为 3DCC CCCDH。

由于 float 类型的精度有限，只有 24 位有效位数，尾数从最前面的 1 开始一共只能表示 24 位，后面的有效数字全部被截断，故 x 与 0.1 之间的误差为：|x–0.1|=0.000 0000 0000 0000 0000 0000 0000 00 1100 [1100]…B。这个值等于 2^{-26}×0.1，大约为 1.49×10^{-9}。100 h 后的时钟偏差是 1.49×10^{-9}×36×10^{5} ≈ 0.0054 s。预测的距离偏差仅为 0.0054×2000 ≈ 10.8 m。比“爱国者”导弹系统精确约 64 倍。

3）当 x=0.000 1100 1100 1100 1100 1100 1100 1101 B 时，与 0.1 之间的误差为：|x–0.1|=0.000 0000 0000 0000 0000 0000 0000 0000 00 1100 [1100]…B。这个值等于 2^{-30}×0.1，大约为 9.31×10^{-11}。100 h 后的时钟偏差是 9.31×10^{-11}×36×10^{5} ≈ 0.000335 s。预测的距离偏差仅为 0.000335×2000 ≈ 0.67 m。比“爱国者”导弹系统精确约 1024 倍。■

从上述结果可以看出，如果“爱国者”导弹系统中的 0.1 采用 32 位二进制定点小数表示，那么将比采用 32 位 IEEE 754 浮点数标准（float）精度更高，精确度大约高 2^4=16 倍。而且，采用 float 表示在计算速度上也会有很大影响，因为必须先把计数值转换为 IEEE 754 格式的浮点数，然后再对两个 IEEE 754 格式的数进行相乘，显然比直接将两个二进制数相乘要慢。

从上面这个例子可以看出，程序员在编写程序时，必须对底层机器级数据的表示和运算有深刻的理解，而且在计算机世界里，经常是“差之毫厘，失之千里”，需要细心再细心，精确再精确。

此外，因为有些浮点数在机器中不能精确表示，如 0.1，所以在运算过程中可能会因为低位部分的舍入导致无法准确进行大小判断。例如，对于第 2 章习题 5 中的程序，虽然第 5 行中条件表达式“y==z”中的 y 和 z 都是 0.1，但因为在执行语句“z=2.1−2;”中的运算时，结果 0.1 的机器数低位部分有舍入，会导致与 y=0.1 中表示的机器数 0.1 不同，从而使条件表达式结果为“假”。

4.8 小结

对于数据的运算，在用高级语言编程时需要注意带符号整数和无符号整数之间的转换问题。例如，C 语言支持隐式强制类型转换，因而可能会因为强制类型转换而出现一些意想不到的问题，并导致程序运行的结果出错。此外，计算机中运算部件位数有限，导致计算机中算术运算的结果可能发生溢出，因而，在某些情况下，计算机世界里的算术运算不同于日常生活中的算术运算，不能想当然地用日常生活中算术运算的性质来判断计算机世界中的算术运算结果。例如，计算机世界中的浮点运算不支持结合律，而且可以给负数开根号等。

习题

1. 给出以下概念的解释说明。

布尔代数	逻辑值	逻辑运算	逻辑变量	逻辑乘
逻辑加	逻辑反	逻辑表达式	异或运算	同或运算
多路选择器	全加器	真值表	加法器	零标志 ZF
溢出标志 OF	进位 / 借位标志 CF	符号标志 SF	算术逻辑部件	补码加减运算器
正溢出	负溢出	布斯乘法	改进的布斯乘法	恢复余数法
加减交替法	保护位	舍入位	粘位	

2. 简单回答下列问题。

（1）高级语言程序中的运算和硬件运算电路是如何对应的？

（2）算术逻辑部件（ALU）的基本功能是什么？如何实现？

（3）为什么补码加减运算器可以实现无符号整数加减运算和带符号整数加减运算？

（4）图 4.12 所示补码加减运算器中标志信息的生成与输入的 X 和 Y 是否为带符号整数有无关系？计算机系统如何区分补码加减运算器中执行的是带符号整数加减还是无符号整数加减运算？

（5）带符号整数乘和无符号整数乘的溢出判断规则各是什么？

（6）移位运算和整数乘、除运算具有什么关系？

（7）为什么用 ALU 和移位器就能实现定点数与浮点数的所有加、减、乘、除运算？

3. 按如下要求计算，并把结果还原成真值。

（1）设 $[x]_{补}=0101$，$[y]_{补}=1101$，求 $[x+y]_{补}$、$[x-y]_{补}$及其对应的标志信息。

（2）设 $[x]_{原}=0101$，$[y]_{原}=1101$，用原码一位乘法计算 $[x\times y]_{原}$。

（3）设 $[x]_{补}=0101$，$[y]_{补}=1101$，用布斯乘法计算 $[x\times y]_{补}$。

（4）设 $[x]_{原}=0101$，$[y]_{原}=1101$，用加减交替法计算 $[x/y]_{原}$的商和余数。

4. 已知 C 语言中的按位异或运算（“XOR”）用符号“^”表示。对于任意一个位序列 a，a^a=0，C 语言程序可以利用这个特性来实现两个数值交换的功能。以下是一个实现该功能的 C 语言函数：

```
1    void xor_swap(int *x, int *y)
2    {
3        *y = *x ^ *y; /* 第一步 */
4        *x = *x ^ *y; /* 第二步 */
5        *y = *x ^ *y; /* 第三步 */
6    }
```

假定执行该函数时 *x 和 *y 的初始值分别为 a 和 b，即 *x=a 且 *y=b，请给出每一步执行结束后 x 和 y 各自指向的存储单元中的内容。

5. 假定某个实现数组元素倒置的函数 reverse_array 调用了第 4 题中给出的 xor_swap 函数：

```
1   void reverse_array(int a[], int len)
2   {
3       int left, right = len-1;
4       for (left = 0; left<=right; left++, right--)
```

```
5    xor_swap(&a[left], &a[right]);
6    }
```

当 len 为偶数时，reverse_array 函数的执行没有问题。但是，当 len 为奇数时，函数的执行结果不正确。请问，当 len 为奇数时会出现什么问题？最后一次循环中的 left 和 right 各取什么值？最后一次循环中调用 xor_swap 函数后的返回值是什么？对 reverse_array 函数进行怎样的改动就可以消除该问题？

6. 假设下表中的 x 和 y 是某 C 语言程序中的 char 型变量，请根据 C 语言中的按位运算和逻辑运算的定义，填写下表，要求用十六进制形式填写。

x	y	x^y	x&y	x|y	~x|~y	x&!y	x&&y	x || y	!x || !y	x&&~y
0x5F	0xA0									
0xC7	0xF0									
0x80	0x7F									
0x07	0x55									

7. 对于一个 n（$n \geqslant 8$）位的变量 x，请根据 C 语言中按位运算的定义，写出满足下列要求的 C 语言表达式。

（1）x 的最高有效字节不变，其余各位全变为 0。

（2）x 的最低有效字节不变，其余各位全变为 0。

（3）x 的最低有效字节全变为 0，其余各位取反。

（4）x 的最低有效字节全变为 1，其余各位不变。

8. 假设以下 C 语言函数 compare_str_len 用来判断两个字符串的长度，当字符串 str1 的长度大于 str2 的长度时函数返回值为 1，否则为 0。

```
1    int compare_str_len(char *str1, char *str2)
2    {
3        return strlen(str1) -strlen(str2) > 0;
4    }
```

已知 C 语言标准库函数 strlen 的原型声明为 “ size_t strlen(const char *s);”，其中，size_t 被定义为 unsigned int 类型。请问：函数 compare_str_len 在什么情况下返回的结果不正确？为什么？为使函数正确返回结果应如何修改代码？

9. 考虑以下 C 语言程序代码：

```
1    int func1(unsigned word)
2    {
3        return  (int) (( word <<24) >> 24);
4    }
5    int func2(unsigned word)
6    {
7        return  ( (int) word <<24 ) >> 24;
8    }
```

假设在一个 32 位机器上执行这些函数，该机器使用二进制补码表示带符号整数。无符号整数采用逻辑移位，带符号整数采用算术移位。请填写下表，并说明函数 func1 和 func2 的功能。

w		func1(w)		func2(w)	
机器数	值	机器数	值	机器数	值
	127				
	128				
	255				
	256				

10. 填写下表，注意对比无符号整数和带符号整数的乘法结果，以及截断操作前、后的结果。

模式	x		y		x×y（截断前）		x×y（截断后）	
	机器数	值	机器数	值	机器数	值	机器数	值
无符号	110		010					
带符号	110		010					
无符号	001		111					
带符号	001		111					
无符号	111		111					
带符号	111		111					

11. 以下是两段 C 语言代码，函数 arith( ) 是直接用 C 语言写的，而 optarith( ) 是对 arith( ) 函数以某个确定的 M 和 N 编译生成的机器代码反编译生成的。根据 optarith( )，可以推断函数 arith( ) 中 M 和 N 的值各是多少？

```
#define M
#define N
int arith(int x, int y)
{
    int result = 0 ;
    result = x*M + y/N;
    return result;
}

int optarith(int x, int y)
{
    int t = x;
    x << = 4;
    x - = t;
    if ( y < 0 ) y += 3;
    y>>=2;
    return x+y;
}
```

12. 对于图 4.12，假设 n=8，机器数 X 和 Y 的真值分别是 x 和 y。请按照图 4.12 的功能填写下表并给出对每个结果的解释。要求机器数用十六进制形式填写，真值用十进制形式填写。

表示	X	x	Y	y	X+Y	x+y	OF	SF	CF	X−Y	x−y	OF	SF	CF
无符号	0xB0		0x8C											
带符号	0xB0		0x8C											
无符号	0x7E		0x5D											
带符号	0x7E		0x5D											

13. 在字长为 32 位的计算机上，有一个函数的原型声明为“int ch_mul_overflow(int x, int y);”，该

函数用于对两个 int 型变量 x 和 y 的乘积判断是否溢出，若溢出则返回 1，否则返回 0。请使用 64 位精度的整数类型 long long 来编写该函数。

14. 已知一次整数加法、一次整数减法和一次移位操作都只需要一个时钟周期，一次整数乘法操作需要 10 个时钟周期。若 x 为一个整型变量，现要计算 55*x，请给出一种计算表达式，使得所用时钟周期数最少。

15. 假设 x 为一个 int 型变量，请给出一个用来计算 x/32 的值的函数 div32。要求不能使用除法、乘法、模运算、比较运算、循环语句和条件语句，可以使用右移、加法以及任何按位运算。

16. 无符号整数变量 ux 和 uy 的声明和初始化如下：

```
unsigned ux = x;
unsigned uy = y;
```

若 sizeof(int)=4，则对于任意 int 型变量 x 和 y，判断以下关系表达式是否永真。若永真则给出证明；若不永真则给出结果为假时 x 和 y 的取值。

（1）`(x*x) >= 0`
（2）`(x-1<0) || x>0`
（3）`x<0 || -x<=0`
（4）`x>0 || -x>=0`
（5）`x&0xf!=15 || (x<<28)<0`
（6）`x>y==(-x<-y)`
（7）`~x+~y==~(x+y)`
（8）`(int) (ux-uy) == -(y-x)`
（9）`((x>>2)<<2) <= x`
（10）`x*4+y*8==(x<<2)+(y<<3)`
（11）`x/4+y/8==(x>>2)+(y>>3)`
（12）`x*y==ux*uy`
（13）`x+y==ux+uy`
（14）`x*~y+ux*uy==-x`

17. 变量 dx、dy 和 dz 的声明与初始化如下：

```
double dx = (double) x;
double dy = (double) y;
double dz = (double) z;
```

若 float 和 double 分别采用 IEEE 754 单精度与双精度浮点数格式，sizeof(int)=4，则对于任意 int 型变量 x、y 和 z，判断以下关系表达式是否永真。若永真则给出证明，若不永真则给出结果为假时 x、y 和 z 的取值。

（1）`dx*dx >= 0`
（2）`(double)(float) x == dx`
（3）`dx+dy == (double) (x+y)`
（4）`(dx+dy)+dz == dx+(dy+dz)`
（5）`dx*dy*dz == dz*dy*dx`
（6）`dx/dx == dy/dy`

18. 在 IEEE 754 浮点数运算中，当结果的尾数出现什么形式时需要进行左规，什么形式时需要进行右规？如何进行左规，如何进行右规？

19. 在 IEEE 754 浮点数运算中，如何判断浮点数运算的结果是否溢出？

20. 分别给出不能精确用 IEEE 754 单精度和双精度浮点格式表示的最小正整数。

21. 采用 IEEE 754 单精度浮点数格式计算下列表达式的值。

（1）0.75+ (– 65.25)
（2）0.75–(– 65.25)

22. 以下是函数 fpower2 的 C 语言源程序，它用于计算 2^x 的浮点数表示，其中调用了函数 u2f，u2f 用于将一个无符号整数表示的 0/1 序列作为 float 类型返回。请填写 fpower2 函数中的空白部分，以使其能正确计算结果。

```
1    float fpower2(int x)
```

```
2    {
3        unsigned exp, frac, u;
4
5        if (x< _____ ) {    /* 值太小，返回 0.0 */
6            exp = _________ ;
7            frac = ________;
8        } else if (x< ____ ) {    /* 返回非规格化结果 */
9            exp = ________ ;
10           frac = ________ ;
11       } else if (x< ____ ) {    /* 返回规格化结果 */
12           exp = ________ ;
13           frac = ________ ;
14           } else {              /* 值太大，返回 +∞*/
15           exp = ________ ;
16           frac = ________ ;
17       }
18       u = exp << 23 | frac;
19       return u2f(u);
20   }
```

23. 以下是一组关于浮点数按位级进行运算的编程题目，其中用到一个数据类型 float_bits，它被定义为 unsigned int 类型。以下程序代码必须采用 IEEE 754 标准规定的运算规则，例如，舍入应采用就近舍入到偶数的方式。此外，代码中不能使用任何浮点数类型、浮点数运算和浮点常数，只能使用 float_bits 类型；不能使用任何复合数据类型，如数组、结构和联合等；可以使用无符号整数或带符号整数的数据类型、常数和运算。要求编程实现以下功能并进行正确性测试。

（1）计算浮点数 f 的绝对值 $|f|$。若 f 为 NaN，则返回 f，否则返回 $|f|$。函数原型为：

```
float_bits float_abs(float_bits f);
```

（2）计算浮点数 f 的负数 $-f$。若 f 为 NaN，则返回 f，否则返回 $-f$。函数原型为：

```
float_bits float_neg(float_bits f);
```

（3）计算 0.5*f。若 f 为 NaN，则返回 f，否则返回 0.5*f。函数原型为：

```
float_bits float_half(float_bits f);
```

（4）计算 2.0*f。若 f 为 NaN，则返回 f，否则返回 2.0*f。函数原型为：

```
float_bits float_twice(float_bits f);
```

（5）将 int 型整数 i 的位序列转换为 float 型位序列。函数原型为：

```
float_bits float_i2f(int i);
```

（6）将浮点数 f 的位序列转换为 int 型位序列。若 f 为非规格化数，则返回值为 0；若 f 是 NaN、±∞，或超出 int 型数可表示范围，则返回值为 0x8000 0000；若 f 带小数部分，则考虑舍入。函数原型为：

```
int float_f2i(float_bits f);
```

第5章 指令集体系结构

计算机硬件只能识别和理解机器语言程序，用高级语言编写的源程序要通过编译、汇编、链接等处理，生成以机器指令形式表示的机器语言，才能在计算机上直接执行。第2章提到高级语言程序的编写必须遵循编程语言标准，显然，机器语言程序也有相应的标准规范，这就是位于软件和硬件交界面的指令集体系结构（ISA）。所有程序最终都必须转换为基于ISA规范的机器指令代码，机器指令用0和1表示，因而难以记忆和理解，通常用汇编指令表示机器指令的含义，机器指令和汇编指令统称为机器级代码。

本章将介绍程序的转换以及指令集体系结构相关的基本内容，主要包括程序转换概述、操作数类型及寻址方式、操作类型、Intel架构指令系统IA-32和x86-64。

本章所用机器级代码主要以汇编语言形式为主。本章中多处需要对指令功能进行描述，为简化对指令功能的说明，将采用**寄存器传送语言**（register transfer language，RTL）来说明。

本书使用的RTL规定，R[r]表示寄存器r的内容，M[addr]表示存储单元addr的内容；M[PC]表示PC所指存储单元的内容；M[R[r]]表示寄存器r的内容所指的存储单元的内容。传送方向用←表示，即传送源在右，传送目的在左。例如，对于汇编指令“movw 4(%ebp), %ax”，其功能为R[ax]←M[R[ebp]+4]，含义是：将寄存器EBP的内容和4相加得到的地址开始的两个连续存储单元中的内容送到寄存器AX中。

本书中寄存器名称的书写约定如下：寄存器的名称若出现在汇编指令或寄存器传送语言中，则用小写表示，若出现在正文段落或其他部分中则用大写表示。

本书对汇编指令或汇编指令名称的书写约定如下：具体的一条汇编指令或指令名称用小写表示，但在泛指某一类指令的指令类别名称时用大写表示。

5.1 程序转换概述

采用编译执行方式时，通常应先将高级语言程序通过编译器转换为汇编语言程序，然后将汇编语言程序通过汇编程序（汇编器）转换为机器语言目标程序。

5.1.1 机器指令与汇编指令

在第1章中提到，冯·诺依曼结构计算机的功能通过执行机器语言程序实现，程序的执行过程就是所包含的指令的执行过程。机器语言程序是一个由若干条机器指令组成的序列。每条机器指令由若干字段组成，例如，操作码字段用来指出指令的操作性质，立即数字段用来指出操作数或偏移量，寄存器编号字段给出操作数或其地址所在的寄存器编号。每个字段都是一串由0和1组成的二进制数字序列，例如，在MIPS架构指令中，操作码字段为100011时表示字加载（lw）指令，操作码字段为000010时表示无条件跳转（jump）指令。机器指令实际上就是一个0/1序列，即位串，人类很难记住这些位串的含义，因此机器指令的可读性很差。

为了能直观地表示机器语言程序，引入了一种与机器语言一一对应的符号化表示语言，称为汇编语言。在汇编语言中，通常用容易记忆的英文单词或缩写来表示指令操作码的含义，用标号、变量名称、寄存器名称、常数等表示操作数或地址码。这些英文单词或其缩写、标号、变量名称等都称为**汇编助记符**。用若干个助记符表示的与机器指令一一对应的指令称为**汇编指令**，用汇编语言编写的程序称为**汇编语言程序**，因此，汇编语言程序主要是由汇编指令及一些汇编指示符构成的。

对于如图5.1所示的Intel 8086/8088的机器指令“88 49 FAH”，其指令格式包含若干字段，每个字段对应不同的含义。其中，开始的6位“100010”表示是mov指令；位D表示reg字段给出的是不是目的操作数，D=1说明reg字段给出的是目的操作数，否则是源操作数；位W表示操作数的宽度，W=0时为8位，W=1时为16位；mod字段表示寻址方式；reg字段是源或目的操作数所在的寄存器编号；r/m字段给出源或目的操作数所在寄存器编号或有效地址计算方式；disp8给出在有效地址计算时用到的8位位移量。

100010 DW	mod	reg	r/m	disp8
100010 0 0	01	001	001	11111010

图5.1 机器指令举例

通过查阅Intel 8086/8088指令系统手册，根据指令字段划分可知，在图5.1中，D=0，W=0，mod=01，reg=001，r/m=001，disp8=11111010。说明该指令的操作数为8位；reg指出的是源操作数；目的操作数的有效地址由mod和r/m两个字段组合确定；根据寄存器编号查表可知，001是寄存器CL的编号；根据mod=01且r/m=001的情况查表可知，目的操作数的有效地址为R[bx]+R[di]+disp8；根据disp8字段为1111 1010可知，位移量disp8的值为 −110B=−6。因此，对应的Intel格式的汇编指令表示为“mov [bx+di−6], cl”，其功能为M[R[bx]+R[di]−6] ← R[cl]，也即，将CL寄存器的内容传送到一个存储单元中，该存储单元的有效地址计算方法为BX和DI两个寄存器的内容相加再减6。这里，汇编指令中的mov、bx、di、cl等都是汇编助记符。可以看出，汇编指令描述的功能和对应机器指令的功能完全相同，而可读性比机器指令更好。

显然，对于人类来说，明白汇编指令的含义比弄懂机器指令中的一串二进制数字要容易得多。但是，对于计算机硬件来说，情况却相反，计算机硬件不能直接执行汇编指令而只能执行机器指令。用来将汇编语言程序中的汇编指令翻译成机器指令的程序称为**汇编程序**，而将机器指令反过来翻译成汇编指令的程序称为**反汇编程序**。

机器语言和汇编语言统称为**机器级语言**；用机器指令表示的机器语言程序和用汇编指令表示的汇编语言程序统称为**机器级程序**，是对应高级语言程序的机器级表示。任何一个高级语言程序一定存在一个与之对应的机器级程序，而且是不唯一的。如何将高级语言程序生成对应的机器级程序并在时间和空间上达到最优，是编译优化要解决的问题。

5.1.2 指令集体系结构概述

第 1 章详细介绍了计算机系统的层次结构，说明了计算机系统是由多个不同的抽象层构成的，每个抽象层的引入，都是为了对它的上层屏蔽或隐藏其下层的实现细节，从而为其上层提供简单的使用接口。在计算机系统的抽象层中，最重要的抽象层就是**指令集体系结构**（Instruction Set Architecture，ISA），它作为计算机硬件之上的抽象层，对使用硬件的软件屏蔽了底层硬件的实现细节，将物理上的计算机硬件抽象成一个逻辑上的虚拟计算机（称为**机器语言级虚拟机**）。

ISA 定义了机器语言级虚拟机的属性和功能特性，主要包括如下信息。

- 可执行的指令的集合，包括指令格式、操作种类以及每种操作对应的操作数的相应规定；
- 指令可以接受的操作数的类型；
- 操作数或其地址所存放的通用寄存器组的结构，包括每个寄存器的名称、编号、长度和用途；
- 操作数或其地址所存放的存储空间的大小和编址方式；
- 操作数在存储空间存放时按照大端还是小端方式存放；
- 指令获取操作数以及下一条指令的方式，即寻址方式；
- 指令执行过程的控制方式，包括程序计数器、条件码定义。

除了上述与机器指令密切相关的内容外，ISA 还给出了控制寄存器的定义、I/O 空间的编址方式、异常 / 中断处理机制、机器特权模式和状态的定义与切换、输入 / 输出组织和数据传送方式、存储保护方式等与操作系统密切相关的内容。

ISA 规定了机器级程序的格式和行为，也就是说，ISA 属于软件看得见（即能感觉到）的特性。用机器指令或汇编指令编写机器级程序的程序员必须对程序所运行机器的 ISA 非常熟悉。不过，在工作中大多数程序员不用汇编指令编写程序，更不会用机器指令编写程序。大多数情况下，程序员用抽象层更高的高级语言（如 C/C++、Java）编写程序，这样程序开发效率会更高，也更不容易出错。高级语言程序在机器硬件上执行之前，由编译器将其在转换为机器级程序的过程中进行语法检查、数据类型检查等工作，因而能帮助程序员发现许多错误。

程序员现在大多用高级语言编写程序而不再直接编写机器级程序，似乎程序员不需要了解 ISA 和底层硬件的执行机理。但是，由于高级语言抽象层太高，隐藏了许多机器级程序的行为细节，使得高级语言程序员不能很好地利用与机器结构相关的一些优化方法来提升程序的性能，也不能很好地预见和防止潜在的安全漏洞或发现他人程序中的安全漏洞。如果程序员对 ISA 和底层硬件实现细节有充分的了解，则可以更好地编制高性能程序，并避免程序的安全漏洞。有关这方面的情况在第 3 章和第 4 章中已经有过一些论述，我们将在后续章节中提供更多的例子来说明了解高级语言程序的机器级表示的重要性。

从硬件设计的角度来看，ISA规定了一台计算机需要具备的基本功能，软件将使用这些功能来对计算机的行为进行控制；从软件编程的角度来看，ISA定义了系统程序员为了对计算机硬件进行编程而需要了解的所有内容。ISA位于软件和硬件之间，是构成程序的基本元素，也是硬件设计的依据，它可以用来衡量硬件的功能，反映硬件对软件的支持程度。ISA设计的好坏直接决定计算机的性能和成本，因而至关重要。

一条指令中必须显式或隐含地包含以下信息：

1）操作码。指定操作类型，如移位、加、减、乘、除、传送等。

2）源操作数或其地址。指出一个或多个源操作数或其所在的地址，可以是主（虚）存地址、寄存器编号，也可以在指令中直接给出一个立即操作数。

3）结果的地址。结果所存放的地址，可以是主（虚）存地址、寄存器编号。

4）下一条指令的地址。下一条指令所存放的主（虚）存地址。

通常，下一条指令的地址不在指令中显式给出，而是隐含在程序计数器（PC）中。指令按顺序执行时，只要自动将PC的值加上指令的长度，就可以得到下一条指令的地址。当遇到跳转指令而不按顺序执行时，需由指令给出跳转到的目标地址，跳转指令执行的结果就是将PC的内容变成跳转的目标地址。

综上可知，一条指令由一个操作码和几个地址码构成。根据指令显式给出的地址码个数，指令可分为三地址指令、二地址指令、单地址指令和零地址指令。

5.1.3 生成机器代码的过程

在1.2.2节中曾描述了使用GCC工具将C语言程序转换为可执行目标代码的过程，图1.8给出了一个示例。通常，这个转换过程分为以下4个步骤：

1）预处理。在C语言源程序中有一些以#开头的语句，可以在预处理阶段对这些语句进行处理，在源程序中插入所有用#include命令指定的文件和用#define声明指定的宏。

2）编译。将预处理后的源程序文件编译生成相应的汇编语言程序文件。

3）汇编。由汇编程序将汇编语言程序文件转换为可重定位的机器语言目标文件。

4）链接。由链接器将多个可重定位的机器语言目标文件及库例程（如printf()库函数）链接起来，生成最终的可执行文件。

小贴士

GNU是“GNU's Not Unix”的递归缩写。GNU计划是由Richard Stallman在1983年9月27日公开发起的。它的目标是创建一套完全自由的类Unix操作系统，其源代码可以被自由地“使用、复制、修改和发布”。GNU包含3个协议条款，如GNU通用公共许可证（GNU General Public License，GPL）和GNU较宽松公共许可证（GNU Lesser General Public License，LGPL）。

1985年，Richard Stallman创立了自由软件基金会（Free Software Foundation）

来为 GNU 计划提供技术、法律及财政支持。当 GNU 计划开始逐渐获得成功时，一些商业公司开始介入开发和技术支持。其中最著名的就是之后被 Red Hat 兼并的 Cygnus Solutions。到 1990 年，GNU 计划开发的软件包括一个功能强大的文字编辑器 Emacs。1991 年 Linus Torvalds 编写了与 UNIX 兼容的 Linux 操作系统内核并在 GPL 条款下发布。Linux 之后在网上广泛流传，许多程序员参与了开发与修改。1992 年 Linux 与其他 GNU 软件结合，完全自由的操作系统正式诞生。该操作系统往往被称为“GNU/Linux”，或简称 Linux。

GCC（GNU Compiler Collection，GNU 编译器套件）是一套由 GNU 项目开发的编程语言编译器。它是一套以 GPL 及 LGPL 许可证所发行的自由软件，也是 GNU 计划的关键部分，是自由的类 UNIX 及苹果电脑 Mac OS X 操作系统的标准编译器。GCC 原名为 GNU C 语言编译器，因为它原本只能处理 C 语言。后来 GCC 扩展很快，可处理 C++、Fortran、Pascal、Objective-C、Java, 以及 Ada 与其他语言。GCC 通常是跨平台软件的编译器首选。有别于一般局限于特定系统与执行环境的编译器，GCC 在所有平台上都使用同一个前端处理程序。

gcc 是 GCC 套件中的编译驱动程序名。C 语言编译器所遵循的部分约定规则为：源程序文件后缀名为 .c ；源程序所包含的头文件后缀名为 .h ；预处理过的源代码文件后缀名为 .i；汇编语言源程序文件后缀名为 .s；编译后的可重定位目标文件后缀名为 .o；最终生成的可执行目标文件可以没有后缀。

使用 gcc 编译器时，必须给出一系列必要的编译选项和文件名称，其编译选项有 100 多个，但是多数根本用不到。最基本的用法是：gcc [-options] [filenames]，其中 [-options] 指定编译选项，filenames 给出相关文件名。

gcc 可以基于不同的编译选项选择按照不同的 C 语言版本进行编译。因为 ANSI C 和 ISO C90 两个 C 语言版本一样，所以，编译选项 -ansi 和 -std=C89 的效果相同，目前是默认选项。C90 有时也称为 C89，因为 C90 的标准化工作是从 1989 年开始的。若指定编译选项 -std=C99，则会使 gcc 按照 ISO C99 的 C 语言版本进行编译。

下面以 C 编译器 gcc 为例来说明一个 C 语言程序被转换为可执行代码的过程。假定一个 C 程序包含两个源程序文件 prog1.c 和 prog2.c，最终生成的可执行文件为 prog，则可用以下命令一步到位生成最终的可执行文件。

```
gcc -O1 prog1.c prog2.c -o prog
```

该命令中的选项 -o 指出输出文件名，选项 -O1 表示采用最基本的第一级优化。通常，提高优化级别会得到更好的性能，但会使编译时间增长，而且使目标代码与源程序的对应关系变得更复杂。从程序执行的性能来说，通常认为对应选项 -O2 的第二级优化是更好的选择。本章的目的是建立高级语言源程序与机器级程序之间的对应关系，而没有优化过的机器级程序与源程序的对应关系比较准确，所以，后面的例子都采用默认的优化选项 -O0 或 -Og（比 -O0 更适合生成可调试的代码）。

也可以将上述完整的预处理、汇编、编译和链接过程，通过以下多个不同的编译选项命令分步骤进行：

1）使用命令“gcc−E prog1.c−o prog1.i”，对prog1.c进行预处理，生成预处理结果文件prog1.i；

2）使用命令“gcc−S prog1.i−o prog1.s”或“gcc −S prog1.c−o prog1.s”，对prog1.i或prog1.c进行编译，生成汇编代码文件prog1.s；

3）使用命令“gcc−c prog1.s−o prog1.o”，对prog1.s进行汇编，生成可重定位目标文件prog1.o；

4）使用命令“gcc prog1.o prog2.o−o prog”，将两个可重定位目标文件prog1.o和prog2.o链接起来，生成可执行文件prog。

gcc编译选项具体的含义可使用命令man gcc进行查看，附录A给出了常用编译选项说明。

例5.1 在IA-32+Linux平台上，对下列源程序test.c使用GCC命令进行相应的处理，以分别得到预处理后的文件test.i、汇编代码文件test.s和可重定位目标文件test.o。在这些输出文件中，哪些是可显示的文本文件？哪些是不能显示的二进制文件？请给出所有可显示文本文件的输出结果。

```
1  // test.c
2
3  int add(int i, int j )
4  {
5      int x = i + j;
6      return x;
7  }
```

解 使用命令“gcc -E test.c -o test.i”可生成test.i；使用命令“gcc -S test.i -o test.s”可生成test.s；使用命令“gcc -c test.s -o test.o”可生成test.o。其中，可显示的文本文件有test.i和test.s，而test.o是不可显示的二进制文件。

对于预处理后的文件test.i，不同版本的gcc输出结果可能不同，gcc 4.4.7版本输出的结果有800多行。因篇幅有限，在此省略其内容。

汇编代码文件test.s是可显示文本文件，其内容如下：

```
1      .file      "test.c"
2      .text
3      .globl     add
4      .type      add, @function
5  add:
6  .LFB0:
7      .cfi_startproc
8      pushl      %ebp
9      .cfi_def_cfa_offset 8
10     .cfi_offset 5, -8
11     movl       %esp, %ebp
12     .cfi_def_cfa_register 5
13     subl       $16, %esp
```

```
14      movl      8(%ebp), %edx
15      movl      12(%ebp), %eax
16      leal      (%edx,%eax,1), %eax
17      movl      %eax, -4(%ebp)
18      movl      -4(%ebp), %eax
19      leave
20      .cfi_restore 5
21      .cfi_def_cfa 4, 4
22      ret
23      .cfi_endproc
24 .LFE0:
25      .size     add, .-add
26      .ident    "GCC: (Debian 10.2.1-6) 10.2.1 20210110"
27      .section         .note.GNU-stack,"",@progbits
```

GCC 生成的可重定位目标文件（.o 文件）采用可执行可链接格式（Executable and Linkable Format，ELF），其中包含许多不同的节（section）。例如，.text 节中存储机器指令代码；.rodata 节中存储只读数据；.data 节中存储已初始化的全局静态数据。有关 ELF 文件格式和程序的链接等内容详见第 7 章。

汇编代码文件中除了汇编指令以外，还会包含一些**汇编指示符**（assemble directive），主要用于为汇编器和链接器提供一些处理指导信息。文件中以“.”开头的行都属于汇编指示符。以下是对一些常用汇编指示符含义的说明。

- .file：给出对应的源程序文件名。
- .text：指示代码节（.text）从此处开始。
- .globl add：声明 add 是一个全局符号。
- .type add, @function：声明 add 是一个函数。
- .data：指示已初始化数据节（.data）从此处开始。
- .bss：指示未初始化数据节（.bss）从此处开始。
- .section .rodata：指示只读数据节（.rodata）从此处开始。
- .align 2：指示代码从此处开始按 2^2=4 字节对齐。
- .balign 4：指示数据从此处开始按 4 字节对齐。
- .string“Hello, %s!\n”：在内存中存储以 null 结尾的字符串“Hello, %s!\n”。

因为汇编指示符仅用于指导如何生成机器代码，而并不属于指令本身，所以在考察程序对应的机器级表示时可以忽略这些以“.”开头的行。本书后面给出的机器级代码中通常不包含这些行。

对于不可显示的可重定位目标文件，如何查看其内容呢？5.1.1 节中提到，反汇编程序能够将机器指令反过来翻译成汇编指令，因此，可以用反汇编工具来查看目标文件中的内容。在 Linux 中可以用带 -d 选项的 objdump 命令来对目标代码进行**反汇编**。如果需要对机器级程序进行进一步的分析，可以用 GNU 调试工具 GDB 来跟踪和调试。附录 B 给出了 GDB 工具中常用命令的说明。

对于上述例 5.1 中的 test.o 程序，使用反汇编命令“objdump-d test.o”可以得到以下显示结果：

```
00000000 <add>:
   0: 55                push   %ebp
   1: 89 e5             mov    %esp, %ebp
   3: 83 ec 10          sub    $0x10, %esp
   6: 8b 45 0c          mov    0xc(%ebp), %eax
   9: 8b 55 08          mov    0x8(%ebp), %edx
   c: 8d 04 02          lea    (%edx,%eax,1), %eax
   f: 89 45 fc          mov    %eax, -0x4(%ebp)
  12: 8b 45 fc          mov    -0x4(%ebp), %eax
  15: c9                leave
  16: c3                ret
```

test.o 是可重定位目标文件，因而目标代码从相对地址 0 开始，冒号前面的值表示每条指令相对于起始地址 0 的偏移量，冒号后面紧接着的是用十六进制表示的机器指令，右边是对应的汇编指令。从这个例子可以看出，每条机器指令的长度可能不同，例如，第 1 条指令只有一个字节，第 2 条指令是两个字节。说明 IA-32 的指令系统采用的是变长指令字结构，有关 IA-32/x86-64 指令系统将在 5.2 ～ 5.4 节介绍。

将上述用 objdump 反汇编出来的汇编代码与直接由 gcc 汇编得到的汇编代码（test.s 输出结果）进行比较后可以发现，它们几乎完全相同，只是在数值形式和指令助记符的后缀等方面稍有不同。gcc 生成的汇编指令中用十进制形式表示数值，而 objdump 反汇编出来的汇编指令则用十六进制形式表示数值。两者都以 $ 开头表示一个立即数。gcc 生成的很多汇编指令助记符（如 pushl、movw）结尾中带有“l”或“w”等长度后缀，这些是操作数长度指示符，这里“l”表示指令中处理的操作数为双字，即 32 位；“w”表示指令中处理的操作数为单字，即 16 位。对于 IA-32 来说，大多数情况下操作数都是 32 位，所以大多数情况下可以像 objdump 工具那样省略后缀“l”。上述汇编格式称为 **AT&T 格式**，它是 objdump 和 gcc 使用的默认格式。

细心的读者可能会发现，在 5.1.1 节介绍的一个关于 Intel 8086/8088 机器指令和汇编指令的例子中，汇编指令为“mov [bx+di−6], cl”，它与例 5.1 中给出的 AT&T 格式有较大的不同，常出现在介绍 Intel 汇编语言程序设计的书中，这些书主要采用微软的宏汇编程序 MASM 作为编程工具。

MASM 采用的是 **Intel 格式**，它是大小写不敏感的，也就是说，“mov [bx+di−6], cl”也可以写成“MOV [BX+DI−6], CL”。Intel 格式与 AT&T 格式最大的不同是，Intel 格式中的目的操作数在左而源操作数在右，AT&T 格式则相反，如果要相互转换的话，就比较麻烦。此外 Intel 格式还有几点不同，如不带长度后缀，不在寄存器前加 %，偏移量写在括号中等。本书主要使用 AT&T 格式。

小贴士

AT&T 格式

长度后缀 b 表示指令中处理的操作数长度为字节，即 8 位；w 表示字，即 16 位；l 表示双字，即 32 位；q 表示四字，即 64 位。

寄存器操作数形式为“%+ 寄存器名”，例如，“%eax”表示操作数为寄存器

EAX 中的内容，即 R[eax]。

存储器操作数形式为“偏移量(基址寄存器，变址寄存器，比例因子)”，例如，“100(%ebx，%esi,4)”表示存储单元的地址为 EBX 的内容加 ESI 的内容乘以 4 再加 100，即操作数为 M[R[ebx]+4*R[esi]+100]，偏移量、基址寄存器、变址寄存器和比例因子都可以省略。

汇编指令形式为“op src,dst”，含义为“dst ← dst op src”。例如，“subl (,%ebx,2),%eax”的含义为“R[eax] ← R[eax]−M[2*R[ebx]]”。

可重定位目标文件 test.o 并不能被硬件执行，需要转换为可执行文件才能执行。若要生成可执行文件，可将其包含在一个主函数 main() 中并进行链接。

假设 main 函数所在的源程序文件 main.c 的内容如下：

```
1  // main.c
2  int main()
3  {
4      return add(20,13);
5  }
```

可以用命令“ gcc -o test main.c test.o”来生成可执行文件 test。若用反汇编命令“objdump -d test”来反汇编 test 文件，则得到与 add() 函数对应的一段输出结果如下：

```
080483d4 <add>:
 80483d4:   55                push    %ebp
 80483d5:   89 e5             mov     %esp, %ebp
 80483d7:   83 ec 10          sub     $0x10, %esp
 0483da:    8b 45 0c          mov     0xc(%ebp), %eax
 80483dd:   8b 55 08          mov     0x8(%ebp), %edx
 80483e0:   8d 04 02          lea     (%edx, %eax, 1), %eax
 80483e3:   89 45 fc          mov     %eax, -0x4(%ebp)
 80483e6:   8b 45 fc          mov     -0x4(%ebp), %eax
 80483e9:   c9                leave
 80483ea:   c3                ret
```

上述输出结果与 test.o 反汇编后的输出结果差不多，只是左边的地址不再是从 0 开始，链接器将代码定位在一个特定的存储区域，其中 add() 函数对应的指令序列存放在 080483d4H 开始的一个存储区。上述源程序中没有用到库函数调用，因而链接时无须考虑与静态库或动态库的链接。

小贴士

在程序设计时可以将汇编语言和 C 语言结合起来编程，发挥各自的优点。这样既能满足实时性要求又能实现所需的功能，同时兼顾程序的可读性和编程效率。一般有三种混合编程方法：

1）分别编写 C 语言程序和汇编语言程序，然后独立编译转换成目标代码模块，再进行链接；

2）在C语言程序中直接嵌入汇编语句；

3）对C语言程序编译转换后形成的汇编程序进行手工修改与优化。

第一种方法是混合编程常用的方式之一。在这种方式下，C语言程序与汇编语言程序均可使用另一方定义的函数与变量。此时代码应遵守相应的调用约定，否则属于未定义行为，程序可能无法正确执行。

第二种方法适用于C语言与汇编语言之间编程效率差异较大的情况，通常操作系统内核程序采用这种方式。内核程序中有时需要直接对设备或特定寄存器进行读写操作，这些功能通过汇编指令实现更方便、更高效。在这种方式下，一方面能尽可能地减少与机器相关的代码，另一方面又能高效实现与机器相关部分的代码。

第三种编程方式要求对汇编与C语言都极其熟悉，而且这种编程方式程序可读性较差，程序修改和维护困难，一般不建议使用。

在C语言程序中直接嵌入汇编语句，其方法是使用编译器的内联汇编（inline assembly）功能，用asm命令将一些简短的汇编代码插入到C程序中。不同编译器的asm命令格式有一些差异，嵌入的汇编语言格式也可能不同。

例如，IA-32+Windows平台下，用VS（Microsoft Visual Studio）开发C程序时，可以使用以下两种格式嵌入汇编代码，其中的汇编指令为Intel格式。

格式一：

```
  __asm
{
  汇编代码（每行汇编指令末尾不需要分号）
}
```

格式二：

```
  __asm  汇编指令
  ……
  __asm  汇编指令
```

在IA-32+Linux平台下，GCC的内联汇编命令比较复杂，嵌入的汇编指令为AT&T格式，如需了解，请参考相关资料。

5.2 IA-32指令系统概述

ISA规定了机器语言程序的格式和行为，这里先介绍相应的Intel指令集体系结构。x86是Intel开发的一种处理器体系结构的泛称。该系列中较早期的处理器名称以数字来表示，并以“86”结尾，包括Intel 8086、80286、i386和i486等，因此其架构被称为“x86”。由于数字并不能作为注册商标，因此Intel及其竞争者均对新一代处理器使用了可注册的名称，如Pentium、Pentium Pro、Core 2、Core i7等。现在Intel把32位x86架构的名称x86-32改称为IA-32，全名为“Intel Architecture，32-bit”。

1985年推出的Intel 80386处理器是IA-32家族中的第一款产品，在随后的20多年间，IA-32 体系结构一直是市场上最流行的通用处理器架构，它是典型的 CISC 风格指令集体系结构。IA-32 处理器与 Intel 80386 一直保持向后兼容。

后来，由 AMD 首先提出了一个 Intel 指令集的 64 位版本，命名为“x86-64”。它在 IA-32 的基础上对寄存器的宽度和个数、浮点运算指令等进行扩展，并加入了一些新的特性，指令能够直接处理长度为 64 位的数据。后来 AMD 将其更名为 AMD 64，而 Intel 称其为 Intel 64。

IA-32 的 ISA 规范通过《 Intel 64 与 IA-32 架构软件开发者手册》定义。本节着重介绍 IA-32 架构中的基础特性，这些基础特性从 Intel 80386 处理器开始就已经存在，因此很多内容读者可以直接阅读《 Intel 80386 程序员参考手册》来参考。

5.2.1 数据类型及格式

在 IA-32 中，操作数是整数类型还是浮点数类型由操作码字段来区分，操作数的长度由操作码中相应的位来说明，例如，在图 5.1 中的位 W 可指出操作数是 8 位还是 16 位。对于 8086/8088 来说，因为整数只有 8 位和 16 位两种长度，因此用一位就行。但是，发展到 IA-32，已经有 8 位（字节）、16 位（字）、32 位（双字）等不同长度，因而用来表示操作数长度至少要有两位。在对应的汇编指令中，通过在指令助记符后面加一个长度后缀，或通过专门的数据长度指示符来指出操作数长度。IA-32 由 16 位架构发展而来，因此，Intel 最初规定一个字为 16 位，因而 32 位为双字。

高级语言中的表达式最终通过指令指定的运算来实现，表达式中出现的变量或常数就是指令中指定的操作数，因而高级语言所支持的数据类型与指令中指定的操作数类型之间有密切的关系。这一关系由 ABI 规范定义。在第 1 章中提到，ABI 与 ISA 有关。对于同一种高级语言数据类型，在不同的 ABI 定义中可能会对应不同的长度。例如，对于 C 语言中的 int 类型，在 IA-32+Linux 中的存储长度是 32 位，但在 8086+DOS 中则是 16 位。因此，同一个 C 语言源程序，使用遵循不同 ABI 规范的编译器进行编译，其执行结果可能不一样。程序员将程序从一个系统移植到另一个系统时，一定要仔细阅读目标系统的 ABI 规范。

表 5.1 给出了 i386 System V ABI 规范中 C 语言的基本数据类型和 IA-32 操作数长度之间的对应关系。

表 5.1 C 语言的基本数据类型和 IA-32 操作数长度之间的对应关系

C 语言声明	IA-32 操作数类型	汇编指令长度后缀	存储长度（位）
(unsigned) char	整数 / 字节	b	8
(unsigned) short	整数 / 字	w	16
(unsigned) int	整数 / 双字	l	32
(unsigned) long int	整数 / 双字	l	32
(unsigned) long long int	—	—	2 × 32
char *	整数 / 双字	l	32
float	单精度浮点数	s	32
double	双精度浮点数	l	64
long double	扩展精度浮点数	t	80 / 96

GCC生成的汇编代码中的指令助记符大部分都有长度后缀，例如，传送指令有movb（字节传送）、movw（字传送）、movl（双字传送）等，这里，指令助记符最后的“b”“w”和“l”是长度后缀。从表5.1可看出，双字整数和双精度浮点数的长度后缀都一样。因为已经通过指令操作码区分了是浮点数还是整数，所以长度后缀相同不会产生歧义。在微软MASM工具生成的Intel汇编格式中，并不使用长度后缀来表示操作数长度，而是直接通过寄存器的名称和长度指示符WORD、DWORD、PTR等来区分操作数长度，有关信息可以查看微软和Intel的相关资料。

IA-32中大部分指令需要区分操作数类型。例如，单精度浮点除法指令fdivs的操作数为float类型，双精度浮点除法指令fdivl的操作数为double类型，带符号整数乘法指令imulw的操作数为带符号整数（short）类型，无符号整数乘法指令mull的操作数为无符号整数（unsigned int）类型。

C语言程序中的基本数据类型主要有以下几类。

1）指针或地址：用来表示字符串或其他数据区域的指针或存储地址，可声明为char*等类型，其宽度为32位，对应IA-32中的双字。

2）序数、位串等：用来表示序号、元素个数、元素总长度、位串等的无符号整数，可声明为unsigned char、unsigned short [int]、unsigned [int]、unsigned long [int]（括号中的int可省略）类型，分别对应IA-32中的字节、字、双字和双字。因为IA-32是32位架构，所以，编译器把long型数据定义为32位。ISO C99规定long long型数据至少是64位，而IA-32中没有能处理64位数据的指令，因而编译器大多将unsigned long long型数据运算转换为多条32位运算指令来实现。

3）带符号整数：这是C语言中运用最广泛的基本数据类型，可声明为signed char、short [int]、int、long [int]类型，分别对应IA-32中的字节、字、双字和双字，用补码表示。与对待unsigned long long数据一样，编译器将long long型数据运算转换为多条32位运算指令来实现。

4）浮点数：用来表示实数，可声明为float、double和long double类型，分别采用IEEE 754的单精度、双精度和扩展精度标准表示。long double类型是ISO C99中新引入的，对于许多处理器和编译器来说，它等价于double类型，但是由于与x86处理器配合的协处理器x87中使用了深度为8的80位的浮点寄存器栈，对于Intel兼容机来说，GCC采用了80位的“扩展精度”格式表示。x87中定义的80位扩展浮点格式包含4个字段：1位符号位s、15位阶码e（偏置常数为16 383）、1位显式首位有效位（explicit leading significant bit）j和63位尾数f。Intel采用的这种扩展浮点数格式与IEEE 754规定的单精度和双精度浮点数格式的一个重要的区别是，它没有隐藏位，有效位数共64位。GCC为了提高long double浮点数的访存性能，将其存储为12个字节（即96位，数据访问分32位和64位两次读写），其中前两个字节不用，仅用后10个字节，即低80位。

5.2.2 寄存器组织

不考虑I/O指令，IA-32指令的操作数有三类：立即数、寄存器操作数和存储器操作数。立即数就在指令中，无须指定其存放位置。寄存器操作数需要指定操作数所在寄存器的编号，例如，图 5.1 中的指令指定了源操作数寄存器的编号为 001。当操作数为存储单元内容时，需要指定操作数所在存储单元的地址，例如，图 5.1 中的指令指定了目的操作数的存储单元地址为 BX 和 DI 两个寄存器的内容相加再减 6，得到的是一个 16 位段内偏移地址，它和相应的段寄存器内容进行特定的运算就可以得到操作数所在的存储单元的地址。当然，图 5.1 给出的是早期 8086 实地址模式下的指令，因而存储地址的计算方式比较简单。现在，IA-32 引入了保护模式，采用的是段页式存储管理方式，因而存储地址计算变得比较复杂。

IA-32 指令中用到的寄存器主要分为定点寄存器组、浮点寄存器栈和多媒体扩展寄存器组。下面分别介绍 IA-32 的定点寄存器组、浮点寄存器栈和多媒体扩展寄存器组。

1. 定点寄存器组

IA-32 由最初的 8086/8088 向后兼容扩展而来，因此，寄存器的结构也体现了逐步扩展的特点。图 5.2 给出了定点（整数）寄存器组的结构。

	31　　16	15　　8 7　　0	
EAX		AH（AX）AL	累加器
EBX		BH（BX）BL	基址寄存器
ECX		CH（CX）CL	计数寄存器
EDX		DH（DX）DL	数据寄存器
ESP		SP	栈指针寄存器
EBP		BP	基址指针寄存器
ESI		SI	源变址寄存器
EDI		DI	目标变址寄存器
EIP		IP	指令指针
EFLAGS		FLAGS	标志寄存器
		CS	代码段
		SS	栈段
		DS	数据段
		ES	附加段
		FS	附加段
		GS	附加段

图 5.2　IA-32 的定点寄存器组结构

从图 5.2 可以看出，IA-32 中的定点寄存器中共有 8 个**通用寄存器**（General-Purpose Register，GPR）、两个专用寄存器和 6 个段寄存器。**定点通用寄存器**是指没有专门用途的、可以存放各类定点操作数的寄存器。

8 个通用寄存器的长度为 32 位，其中 EAX、EBX、ECX 和 EDX 主要用来存放操作数，可根据操作数长度是字节、字还是双字来确定存取寄存器的低 8 位、低 16 位或全部 32 位，例如，对于累加器，8 位数据（如 char 型变量）可以存放在 AL 中，16 位数据（如 short 型变量）可以存放在 AX 中。ESP、EBP、ESI 和 EDI 主要用来存放变址值或指针，可以作为 16 位或 32 位寄存器使用，其中，ESP 是**栈指针寄存器**，EBP 是**基址指针寄存器**。

两个专用寄存器分别是**指令指针寄存器** EIP 和**标志寄存器** EFLAGS。EIP 从 16 位的 IP 扩展而来，指令指针寄存器（IP，Instruction Pointer）与程序计数器（PC）是功能完全一样的寄存器，名称不同而已，在本书中两者通用，都是指用来存放将要执行的下一条指令的地址的寄存器。EFLAGS 从 16 位的 FLAGS 扩展而来。实地址模式时，使用 16 位的 IP 和 FLAGS 寄存器；保护模式时，使用 32 位的 EIP 和 EFLAGS 寄存器。

EFLAGS 寄存器主要用于记录机器的状态和控制信息，如图 5.3 所示。

31～22	21	20	19	18	17	16	15	14	13 12	11	10	9	8	7	6	5	4	3	2	1	0
保留	ID	VIP	VIF	AC	VM	RF	0	NT	IOPL	0	D	I	T	S	Z	0	A	0	P	1	C

图 5.3 状态标志寄存器 EFLAGS

EFLAGS 寄存器的第 0~11 位中的 9 个标志位是从最早的 8086 微处理器延续下来的，它们按功能可以分为 6 个条件标志和 3 个控制标志。其中，**条件标志**用来存放运行的状态信息，由硬件自动设定，条件标志有时也称为**条件码**；**控制标志**由软件设定，用于中断响应、串操作和单步执行等控制。

常用条件标志的含义说明如下。

- OF（**O**verflow Flag）：溢出标志。反映带符号数的运算结果是否超过相应的数值范围。例如，字节运算结果超出 −128~+127 或字运算结果超出 −32 768~+32 767 时，称为“溢出”，此时 OF=1；否则 OF=0。
- SF（**S**ign Flag）：符号标志。反映带符号整数运算结果的符号。负数时，SF=1；否则 SF=0。
- ZF（**Z**ero Flag）：零标志。反映运算结果是否为 0。若结果为 0，ZF=1；否则 ZF=0。
- CF（**C**arry Flag）：进 / 借位标志。反映无符号整数加（减）运算后的进（借）位情况。有进（借）位则 CF=1；否则 CF=0。

综上可知，OF 和 SF 对于无符号整数运算没有意义，而 CF 对于带符号整数运算没有意义。

控制标志的含义说明如下。

- DF（**D**irection Flag）：方向标志。用来确定串操作指令执行时**变址寄存器** SI（ESI）和 DI（EDI）中的内容是自动递增还是递减。若 DF=1，则为递减；否则为递增。可用 std 指令和 cld 指令分别将 DF 置 1 和清 0。
- IF（**I**nterrupt Flag）：中断允许标志。若 IF=1，表示允许响应中断；否则禁止响应中断。IF 对非屏蔽中断和内部异常不起作用，仅对外部可屏蔽中断起作用。可用 sti 指令和 cli 指令分别将 IF 置 1 和清 0。
- TF（**T**rap Flag）：陷阱标志。用来控制单步执行操作。TF=1 时，CPU 按单步方式执行指令，此时，可以控制在每执行完一条指令后，就把该指令执行得到的机器状态（包括各寄存器和存储单元的值等）显示出来。没有专门的指令用于对该标志进行修改，但可用栈操作指令（如 pushf/pushfd 和 popf/popfd）来改变其值。

EFLAGS 寄存器的第 12~31 位中的其他状态或控制信息是从 80286 以后逐步添加的，包括用于表示当前程序的 I/O 特权级（IOPL）、当前任务是否嵌套任务（NT）、当前处理器是否处于虚拟 8086 方式（VM）等一些状态或控制信息。

6 个**段寄存器**都是 16 位，CPU 根据段寄存器的内容，与寻址方式确定的有效地址一起，并结合其他用户不可见的内部寄存器，生成操作数所在的存储地址。

2. 浮点寄存器栈和多媒体扩展寄存器组

IA-32 的浮点处理架构有两种。一种是与 x86 配套的浮点协处理器 x87 架构，它是一种栈结构 FPU，x87 中进行运算的浮点数来源于浮点寄存器栈的栈顶；另一种是由 MMX 发展而来的 SSE 架构，采用**单指令多数据**（Single Instruction Multi Data，SIMD）技术，**SIMD 技术**是一种数据并行技术，可实现单条指令同时并行处理多个数据元素的功能，其操作数来源于专门新增的 8 个 128 位寄存器 XMM0 ～ XMM7。

小贴士

FPU（Float Point Unit，浮点运算器）是专用于浮点运算的处理器，以前的 FPU 是单独的协处理器芯片，在 80486 之后，Intel 把 FPU 集成在 CPU 之内。

MMX 是 Multi Media eXtension（多媒体扩展）的缩写。MMX 指令于 1997 年首次运用于 P54C Pentium 处理器，称之为多能奔腾。MMX 技术主要是指在 CPU 中加入了特地为视频信号（Video Signal）、音频信号（Audio Signal）以及图像处理（Graphical Manipulation）而设计的 57 条指令，因此，MMX CPU 可以提高多媒体（如立体声、视频、三维动画等）处理能力。

x87 FPU 中有 8 个**数据寄存器**，每个 80 位。此外，还有**控制寄存器**、**状态寄存器**和**标记寄存器**各一个，它们的长度都是 16 位。数据寄存器被组织成一个**浮点寄存器栈**，栈顶记为 ST(0)，下一个元素是 ST(1)，再下一个是 ST(2)，以此类推。栈的大小是 8，当栈被装满时，可访问的元素为 ST(0) ～ ST(7)。控制寄存器主要用于指定浮点处理单元的舍入方式及最大有效数据位数（即精度），Intel 浮点处理器的默认精度是 64 位，即 80 位扩展精度浮点数中的 64 位尾数；状态寄存器用来记录比较结果，并标记运算是否溢出、是否产生错误等，此外还记录数据寄存器栈的栈顶位置；标记寄存器指出 8 个数据寄存器各自的状态，如是否为空、是否可用、是否为零、是否为特殊值（如 NaN、+∞、-∞）等。

SSE 指令集由 MMX 指令集发展而来。**MMX 指令**使用的 8 个 64 位寄存器 MM0 ～ MM7 借用了 x87 FPU 中 8 个 80 位浮点数据寄存器 ST(0) ～ ST(7)，每个 MMX 寄存器实际上是对应 80 位浮点数据寄存器中 64 位尾数所占的位，因此，每条 MMX 指令可以同时处理 8 字节，或 4 字，或 2 个双字，或一个 64 位的数据。由于 MMX 指令并没有带来 3D 游戏性能的显著提升，1999 年 Intel 公司在 Pentium III CPU 产品中首推 SSE 指令集，后来又陆续推出了 SSE2、SSE3、SSSE3 和 SSE4 等采用 SIMD 技术的指令集，这些统称为 **SSE 指令集**。SSE 指令集兼容 MMX 指令，并通过 SIMD 技术在单个时钟周期内并行处理多个浮点数来有效提高浮点运算速度。因为在 MMX 技术中借用了 x87

FPU 的 8 个浮点寄存器，导致 x87 浮点运算速度降低，所以 SSE 指令集增加了 8 个 128 位的 SSE 指令专用的**多媒体扩展通用寄存器** XMM0 ~ XMM7。这样，SSE 指令的寄存器位数是 MMX 指令的寄存器位数的两倍，因而一条 SSE 指令可以同时并行处理 16 字节，或 8 字，或 4 个双字（32 位整数或单精度浮点数），或两个四字的数据，而且从 SSE2 开始，还支持 128 位整数运算或同时并行处理两个 64 位双精度浮点数。

综上所述，IA-32 中的通用寄存器共有三类：8 个 8/16/32 位定点通用寄存器、8 个 MMX 指令 /x87FPU 使用的 64 位 /80 位寄存器 MM0/ST(0) ~ MM7/ST(7)、8 个 SSE 指令使用的 128 位寄存器 XMM0~XMM7。这些寄存器编号如表 5.2 所示。

表 5.2 IA-32 中通用寄存器的编号

编号	8 位寄存器	16 位寄存器	32 位寄存器	64 位寄存器	128 位寄存器
000	AL	AX	EAX	MM0 / ST(0)	XMM0
001	CL	CX	ECX	MM1 / ST(1)	XMM1
010	DL	DX	EDX	MM2 / ST(2)	XMM2
011	BL	BX	EBX	MM3 / ST(3)	XMM3
100	AH	SP	ESP	MM4 / ST(4)	XMM4
101	CH	BP	EBP	MM5 / ST(5)	XMM5
110	DH	SI	ESI	MM6 / ST(6)	XMM6
111	BH	DI	EDI	MM7 / ST(7)	XMM7

5.2.3 操作数的寻址方式

根据指令给定信息得到操作数或操作数地址的方式称为**寻址方式**。通常把指令中给出的操作数所在存储单元的地址称为**有效地址**。

1. 基本寻址方式

常用的基本寻址方式有以下几种。

1）立即寻址。在指令中直接给出操作数本身，这种操作数称为**立即数**。

2）直接寻址。指令中给出的地址码是操作数的有效地址，这种地址称为**直接地址**或**绝对地址**。这种方式下的操作数在存储器中。

3）间接寻址。指令中给出的地址码是存放操作数有效地址的存储单元的地址。这种方式下的操作数和操作数的地址都在存储器中。

4）寄存器寻址。指令中给出的地址码是操作数所在的寄存器编号，操作数在寄存器中。这种方式下操作数已在 CPU 中，不用访存，因而指令执行速度快，也称为**寄存器直接寻址**方式。

5）寄存器间接寻址。指令中给出的地址码是一个寄存器编号，该寄存器中存放的是操作数的有效地址，这种方式下操作数在存储器中。因为只要给出寄存器编号而不必给出有效地址，所以指令较短，但由于要访存，因此其取数时间比寄存器寻址方式下的取数时间更长。

6）变址寻址。变址寻址方式主要用于对线性表之类的数组元素进行的访问。指令中的地址码字段称为**形式地址**，这里的形式地址是**基准地址** A，而**变址寄存器**中存放的是**偏移量**（或称**位移量**）。例如，数组的起始地址可以作为形式地址在指令地址码中明显给出，而数组元素的下标在指令中显式或隐式地由变址寄存器 I 给出，这样，每个数组元素的有效地址就是形式地址（基准地址）加变址寄存器的内容，即数据元素的有效地址 EA= A+（I）。通常用符号（x）表示寄存器编号 x 或存储单元地址 x 中的内容。

如果任何一个通用寄存器都可作为变址寄存器，则必须在指令中明确给出通用寄存器的编号，并标明作为变址寄存器使用；若处理器中有一个专门的变址寄存器，则无须在指令中明确给出变址寄存器。

图 5.4 为数组元素的变址寻址示意图，指令中的地址码 A 为数组在存储器中的首地址，变址寄存器 I 中存放的是数组元素的下标。若存储器按字节编址，且每个数组元素占 1 字节，则 C 语句“ for (i=0;i<N;i++) { x=A[i]; … }”对应的循环体中，A[i] 的访问可按如下过程实现：第一次变址寄存器 I 的值为 0，执行取数指令取出 A[0] 后，寄存器 I 的内容加 1，第二次执行循环体时，取数指令就能取出 A[1]，……，如此循环以实现循环语句的功能。如果数组元素占 4 字节，则每次 I 的内容加 4。

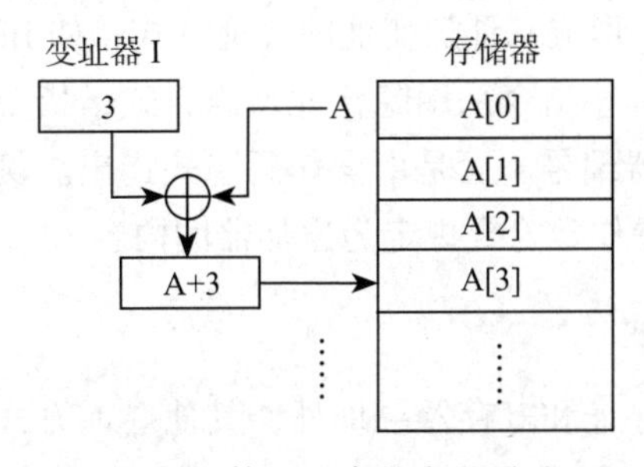

图 5.4　数组元素的变址寻址

7）相对寻址。如果某指令操作数的有效地址或跳转目标地址位于该指令所在位置的前、后某个位置上，则该操作数或跳转目标可采用相对寻址方式。采用相对寻址方式时，指令中的地址码字段 A 给出一个偏移量，基准地址隐含由 PC 给出。也即，操作数有效地址或跳转目标地址 EA =（PC）+A。这里的偏移量 A 是形式地址，有效地址或目标地址可以在当前指令之前或之后，因而偏移量 A 是一个带符号整数。

显然，相对寻址方式可用来实现公共子程序（如共享库代码）的浮动或实现相对跳转。过程调用属于相对跳转，从调用过程跳转到被调用过程执行时，一般采用相对寻址，有关过程调用和调用指令等内容详见 6.1 节。动态链接方式下，共享库代码应该是位置无关的，因而共享库代码多采用相对寻址方式实现，有关动态链接和位置无关代码等内容详见 7.5 节。

8）基址寻址。基址寻址方式下，指令中的地址码字段 A 给出一个偏移量，基准地址可以显式或隐式地由**基址寄存器** B 给出。操作数有效地址 EA=（B）+A。与变址方式一样，若任意一个通用寄存器都可用作基址寄存器，则指令中必须明确给出通用寄存器编号，并标明用作基址寄存器。

基址寻址过程如图 5.5 所示，其中，基址寄存器 R 可以指定为任何一个通用寄存器

(通用寄存器组也称为寄存器堆)。寄存器R的内容是基准地址，加上形式地址A，形成操作数的有效地址。基址寻址为逻辑地址到物理地址变换提供了支持，用以实现程序的动态重定位，此时只要把重定位后的首地址作为基地址存放在一个基址寄存器中即可。

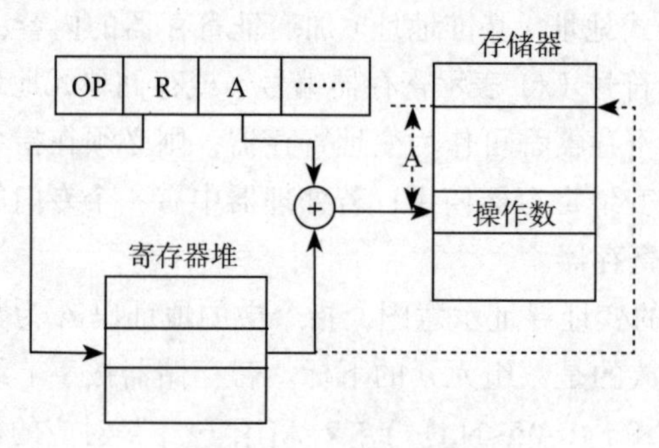

图5.5 基址寻址过程

变址、基址和相对三种寻址方式非常类似，都是将某个寄存器的内容与一个形式地址相加来生成操作数的有效地址。通常把它们统称为**偏移寻址**。有些指令系统还将变址和基址两种寻址方式结合，形成基址加变址的寻址方式，如Intel x86架构。

为缩短指令字长度，有些指令采用隐含地址码方式，指令中不显式给出操作数地址或变址寄存器和基址寄存器编号，而是由操作码隐式指出。例如，单地址指令中只给出一个操作数地址，另一个操作数隐含规定为累加器的内容。

2. IA-32中的寻址方式

寻址方式中除了立即寻址和寄存器寻址外，其他寻址方式下的操作数都在存储单元中，对应的操作数称为**存储器操作数**。IA-32中存储器操作数的寻址方式与微处理器的工作模式有关，IA-32处理器主要有两种工作模式：实地址模式和保护模式。

实地址模式是为了与8086/8088兼容而设置的，在加电或复位时处于这一模式。此模式下的存储管理、中断控制以及应用程序运行环境等都与8086/8088相同。其最大寻址空间为1MB，32位地址线中的高位部分$A_{31} \sim A_{20}$不起作用，存储管理采用分段方式，每段的最大地址空间为64KB，物理地址由段地址乘以16加上偏移地址构成，其中段地址位于段寄存器中，偏移地址用来指定段内的一个存储单元。例如，当前指令地址为(CS)<<4+(IP)，其中CS（Code Segment）为**代码段寄存器**，其中存放当前代码段地址，IP寄存器中存放的是当前指令在代码段内的偏移地址，这里，(CS)和(IP)分别表示寄存器CS和IP中的内容。

保护模式的引入是为了实现在多任务方式下对不同任务使用的存储空间进行完全隔离，以保证不同任务之间不会破坏各自的代码和数据。保护模式是80286以上高档微处理器最常用的工作模式。系统启动后总是先进入实地址模式，对系统进行初始化，然后转入保护模式进行操作。在保护模式下，处理器采用虚拟存储器管理方式。

IA-32的保护模式采用段页式虚拟存储管理方式，CPU首先通过分段方式得到线性地址LA，再通过分页方式实现从线性地址到物理地址的转换。

图 5.6 给出了 IA-32 在保护模式下的各种寻址方式，其中，存储器操作数的访问过程需要计算线性地址 LA，图中除了最后一行（相对寻址）计算的是跳转目标指令的线性地址以外，其他的都是指操作数的线性地址。相对寻址的线性地址与 PC（即 EIP 或 IP）有关，而操作数的线性地址与 PC 无关，它取决于某个段寄存器的内容和有效地址。根据段寄存器的内容能够确定操作数所在的段在某个存储空间的起始地址，而这里的有效地址则给出了操作数在所在段的段内偏移地址。

寻址方式	说明
立即寻址	指令直接给出操作数
寄存器寻址	指定的寄存器 R 的内容为操作数
位移	LA=(SR)+A
基址寻址	LA=(SR)+(B)
基址加位移	LA=(SR)+(B)+A
比例变址加位移	LA=(SR)+(I) × S+A
基址加变址加位移	LA=(SR)+(B)+(I)+A
基址加比例变址加位移	LA=(SR)+(B)+(I) × S+A
相对寻址	LA=(PC)+A

注：LA 为线性地址，(x) 为 X 的内容，SR 为段寄存器，PC 为程序计数器，R 为寄存器，A 为指令中给定地址段的位移量，B 为基址寄存器，I 为变址寄存器，S 为比例系数。

图 5.6 IA-32 在保护模式下的各种寻址方式

从图 5.6 中可以看出，在存储器操作数的情况下，指令必须显式或隐式地给出以下信息：

- 段寄存器 SR（可用段前缀显式给出，也可使用默认段寄存器）。
- 8/16/32 位位移量 A（由位移量字段显式给出，如图 5.1 中的字段 disp8）。
- 基址寄存器 B（由相应字段显式给出，可指定为任一通用寄存器）。
- 变址寄存器 I（由相应字段显式给出，可指定除 ESP 外的任一通用寄存器）。

有效地址由指令中给出的寻址方式来确定如何计算。有比例变址和非比例变址两种变址方式。**比例变址**时，**变址值**等于变址寄存器内容乘以**比例系数** S（也称为**比例因子**），S 的含义为操作数的字节个数，在 IA-32 中，S 的取值可以是 1、2、4 或 8。例如，对数组元素进行访问时，若数组元素的类型为 short，则比例系数就是 2；若数组元素类型为 float，则比例系数就是 4。**非比例变址**相当于比例系数为 1 的比例变址情况，也即，变址值就是变址寄存器的内容，不需要乘以比例系数。例如，若数组元素类型为 char，则比例系数就是 1。

如何根据汇编指令形式区分操作数在寄存器中还是在存储器中呢？只要看寄存器名是否带圆括号（对于 AT&T 格式）或带方括号（对于 Intel 格式）。如果寄存器名不带括号，就是寄存器操作数，如果带括号就是存储器操作数。

对于 AT&T 格式下的存储器操作数，其形式如下：位移（基址寄存器，变址寄存器，比例因子）。当位移部分缺失时，说明位移为 0，基址寄存器和变址寄存器不能同时都缺失，只有指定了变址寄存器时，才需要指定比例因子；当比例因子缺失时，说明比例因子为1。例如，对于AT&T格式汇编指令“movl 0x10(,%esi,4), %eax”，左边的源操作数是存储器操作数，基址寄存器缺失，说明采用“比例变址加位移”寻址方式，操作数的存储地址为R[esi]*4+0x10，右边的操作数为寄存器操作数，因而不用访存。

x86中提供“基址加位移”“基址加比例变址加位移”等复杂的存储器操作数寻址方式，主要是为了让指令能够方便地访问数组、结构体和联合体等复合数据类型中的元素。

对于数组元素的访问可以采用“基址加比例变址”寻址方式。假设某个C语言程序中有变量声明“int a[100];”，若数组**a**的首地址存在EBX寄存器，下标变量i存在ESI寄存器，则实现“将**a**[i]送至EAX”功能的指令可以是“movl (%ebx,%esi,4), %eax”，这里**a**[i]的每个数组元素的长度为4，每个数组元素相对于数组首地址的位移为变址寄存器ESI的内容乘以比例系数4，因而**a**[i]的有效地址通过将基址寄存器EBX的内容和变址值（变址寄存器ESI的内容乘以比例系数4）相加得到。

对于C语言程序的结构（struct）类型中的数组元素访问，可以采用“基址加比例变址加位移”方式。假如C语言程序中有“struct { int x; short a[100]; …}”，若该结构类型数据的首地址存在EBX中，数组a的下标变量i存在ESI中，则实现“将**a**[i]送至EAX”功能的指令可以是“movl 4(%ebx,%esi,2), %eax”，这里，a[i]的首地址相对于该结构类型数据的首地址的位移量为4，**a**[i]的每个数组元素的长度为2，因而**a**[i]的有效地址通过将基址寄存器EBX的内容、变址值（变址寄存器ESI的内容乘以比例系数2）和位移量4三者相加得到。

Intel x86是典型的双操作数指令系统，通常指令中最多给定两个操作数，双目运算指令中的第一个源操作数同时也是目的操作数，单目运算指令中的源操作数就是目的操作数，而且给定的两个操作数中，最多只能有一个是存储器操作数。

5.2.4 机器指令格式

机器指令（instruction）是用0和1表示的一串0/1序列，用来指示CPU完成一个特定的原子操作。图5.7是IA-32体系结构的机器指令格式，包含前缀和指令本身的代码部分。

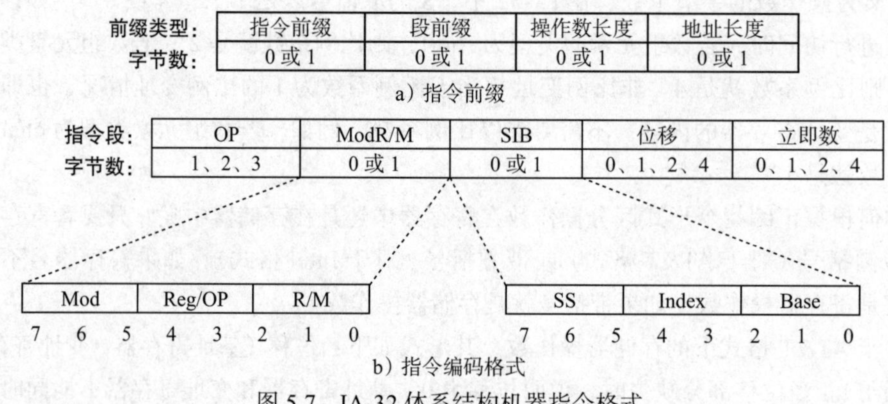

图5.7 IA-32体系结构机器指令格式

前缀部分最多占4B，如图5.7a所示，有4种前缀类型，每个前缀占1B，无先后顺序关系。其中，指令前缀包括加锁（LOCK）和重复执行（REP/REPE/REPZ/REPNE/REPNZ）两种，LOCK前缀编码为F0H，REPNE、REP前缀编码分别为F2H和F3H；段前缀用于指定指令所使用的非默认段寄存器；操作数长度和地址长度前缀分别为66H和67H，用于指定非默认的操作数长度和地址长度。若指令使用默认的段寄存器、操作数长度或地址长度，则无须在指令前加相应的前缀字节。

如图5.7b所示，指令本身最多有5个字段：主操作码（OP）、ModR/M、SIB、位移和立即数。主操作码字段是必需的，长度为1~3B。ModR/M字段长度为0~1B，可再分成Mod、Reg/OP和R/M三个字段，其中，Reg/OP可能是3位扩展操作码，也可能是寄存器编号，用来表示某一个操作数地址；Mod和R/M共5位，表示另一个操作数的寻址方式，可组合成32种情况，当Mod=11时，为寄存器寻址方式，3位R/M表示寄存器编号，其他24种情况都是存储器寻址方式。SIB字段的长度为0~1B。是否在ModR/M字节后跟一个SIB字节，由Mod和R/M组合确定，例如，当Mod=00且R/M=100时，ModR/M字节后一定跟SIB字节，寻址方式由SIB确定。SIB字节有比例因子（SS）、变址寄存器（Index）和基址寄存器（Base）三个字段。如果寻址方式中需要有位移量，则由位移量字段给出，其长度为0～4B。最后一个是立即数字段，用于给出指令中的一个源操作数，长度可以为0～4B。

例如，指令“movl $0x1, 0x4(%esp)”的机器码用十六进制表示为“C7 44 24 04 01 00 00 00”，第二字节的ModR/M字段（44H）展开后为01 000 100，显然指令操作码为“C7/0”，即主操作码OP为C7H、扩展操作码Reg/OP为000B，查Intel指令编码表可知，操作码为“C7/0”的指令功能为“MOV r/m32, imm32”（注意：Intel手册中汇编指令采用Intel格式）。这里r/m32表示32位寄存器操作数或存储器操作数。查ModR/M字节定义表可知，当Mod=01、R/M=100时，寻址方式为disp8[--][--]，表示位移量占8位并后跟SIB字节，因而24H=00 100 100B为SIB字节。查SIB字节定义表可知，当SS=00、Index=100时，比例变址为none，因而只有Base字段100有效。查表知100对应的寄存器为ESP，即基址寄存器为ESP。SIB字节随后是一个字节的位移，即disp8=04H=0x4。最后是4字节的立即数，由于IA-32为小端方式，因此立即数为00 00 00 01H=0x1。综上所述，对应的AT&T格式和Intel格式汇编指令分别为“movl $0x1, 0x4(%esp)”和“MOV [ESP+4], 1”。

5.3 IA-32常用指令类型

与大多数ISA一样，IA-32提供了数据传送、算术和逻辑运算、程序流程控制等常用指令类型。下面分别介绍这几类常用指令类型。

5.3.1 传送指令

传送指令用于寄存器、存储单元或I/O端口之间传送信息，分为通用数据传送、地址传送、标志传送和 I/O 信息传送等几类，除了部分标志传送指令外，其他指令均不影响标志位的状态。

1. 通用数据传送指令

通用数据传送指令主要有以下几种。

- MOV：一般的传送指令，包括 movb、movw 和 movl 等，源操作数可以是立即数或寄存器 / 存储器中的数据，目的地址可以是寄存器或存储单元地址。
- MOVS：符号扩展传送指令，将短的源数据高位符号扩展后传送到目的地址，源操作数可以是寄存器 / 存储器中的数据，目的地址只能是寄存器。如 movsbw 表示把一个字节符号扩展后送入 16 位寄存器中。
- MOVZ：零扩展传送指令，将短的源数据高位零扩展后传送到目的地址，源操作数可以是寄存器 / 存储器中的数据，目的地址只能是寄存器。如 movzwl 表示把一个字的高位进行零扩展后送入 32 位寄存器中。
- XCHG：数据交换指令，将两个寄存器的内容互换。例如，xchgb 表示字节交换。
- PUSH：先执行 R[sp] ← R[sp]−2 或 R[esp] ← R[esp]−4，然后将一个字或双字从指定寄存器送到 SP 或 ESP 指示的栈单元中。如 pushl 表示双字压栈，pushw 表示字压栈。
- POP：先将一个字或双字从 SP 或 ESP 指示的栈单元送到指定寄存器中，再执行 R[sp] ← R[sp]+2 或 R[esp] ← R[esp]+4。如 popl 表示双字出栈，popw 表示字出栈。

栈（Stack）是一种采用“先进后出”方式进行访问的一块存储区，在处理过程调用时非常有用。大多数情况下，栈是从高地址向低地址增长的，在 IA-32 中，用 ESP 寄存器指向当前栈顶，而栈底通常在一个固定的高地址上。图 5.8 给出了在 16 位架构下的 pushw 和 popw 指令的执行结果示意图。图中显示，在执行 pushw %ax 指令之后，SP 指向存放有 AX 内容的单元，也即新栈顶指向当前刚入栈的数据。若随后再执行 popw %ax 指令，则原先在栈顶的两个字节退出栈，栈顶向高地址移动两个单元，又回到 pushw %ax 指令执行前的位置。这里请注意 AH 和 AL 的存放位置，因为 Intel 架构采用的是小端方式，所以应该 AL 在低地址上，AH 在高地址上。

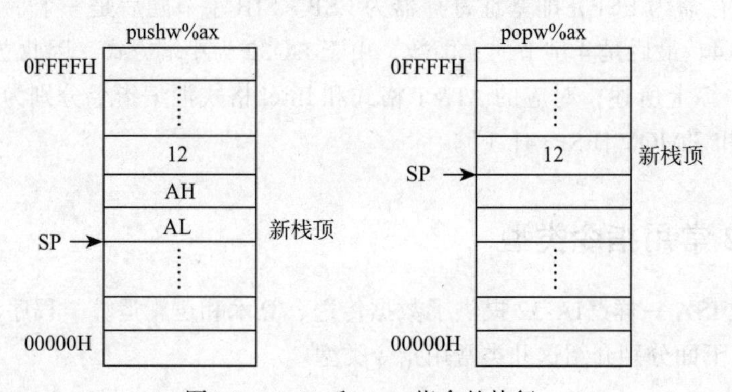

图5.8 pushw和popw指令的执行

2. 地址传送指令

地址传送指令传送的是操作数的存储地址，指定的目的寄存器不能是段寄存器，且源操作数必须是存储器寻址方式。注意，这些指令均不影响标志位。**加载有效地址**（load effect address，LEA）指令用来将源操作数的存储地址送到目的寄存器中。如 leal 指令把一个 32 位的地址传送到一个 32 位的寄存器中。通常利用该指令执行一些简单操作，例如，对于例 5.1 中的运算 i+j，编译器使用了指令“leal (%edx,%eax), %eax”，以实现 R[eax] ← R[edx]+R[eax] 的功能，该指令执行前，R[edx]=i，R[eax]=j，指令执行后 R[eax]=i+j。

3. 输入输出指令

输入输出指令专门用于在累加器和 I/O 端口之间进行数据传送，例如，in 指令用于将 I/O 端口的内容送至累加器，out 指令用于将累加器的内容送至 I/O 端口。

4. 标志传送指令

标志传送指令专门用于对标志寄存器进行操作，如 pushf 指令用于将标志寄存器的内容压栈，popf 指令用于将栈顶内容送至标志寄存器，因而 popf 指令可能会改变标志。

例 5.2 将以下 Intel 格式的汇编指令转换为 GCC 默认的 AT&T 格式汇编指令。说明每条指令的含义。

```
1 push    ebp
2 mov     ebp, esp
3 mov     edx,     DWORD PTR [ebp+8]
4 mov     bl,      255
5 mov     ax,      WORD PTR [ebp+edx*4+8]
6 mov     WORD PTR [ebp+20], dx
7 lea     eax, [ecx+edx*4+8]
```

解 上述 Intel 格式汇编指令转换为 AT&T 格式汇编指令及指令的含义说明如下（右边 # 后描述的是相应指令的含义）。■

```
1 pushl   %ebp                     #R[esp]←R[esp]-4, M[R[esp]]←R[ebp], 双字
2 movl    %esp, %ebp               #R[ebp]←R[esp], 双字
3 movl    8(%ebp), %edx            #R[edx]←M[R[ebp]+8], 需读存储器, 双字
4 movb    $255, %bl                #R[bl]←255, 字节
5 movw    8(%ebp, %edx,4), %ax     #R[ax]←M[R[ebp]+R[edx]×4+8], 需读存储器, 字
6 movw    %dx, 20(%ebp)            #M[R[ebp]+20]←R[dx], 需写存储器, 字
7 leal    8(%ecx,%edx,4), %eax     #R[eax]←R[ecx]+R[edx]×4+8, 双字
```

从第 7 条指令的功能可以看出，LEA 指令是 MOV 指令的一个变形，相当于实现了 C 语言中的地址操作符 & 的功能，虽然操作数汇编表示中带括号，但因为加载的是地址而不是地址中的存储内容，所以无须读存储器。LEA 指令可实现一些简单操作，例如，假定第 7 条指令中寄存器 ECX 和 EDX 内分别存放的是变量 x 和 y 的值，即 R[ecx]=x，R[edx]=y，则通过该指令可以计算 x+4y+8 的值，并将其存入寄存器 EAX 中。

例 5.3 假设变量 val 和 ptr 的类型声明如下：

```
val_type val;
contofptr_type *ptr;
```

已知上述类型 val_type 和 contofptr_type 是用 typedef 声明的数据类型，且 val 存储

在累加器 AL/AX/EAX 中，ptr 存储在 EDX 中。现有以下两条 C 语言语句：

```
1 val = (val_type) *ptr;
2 *ptr = (contofptr_type) val;
```

当 val_type 和 contofptr_type 是表 5.3 中给出的组合类型时，应分别使用什么样的 MOV 指令来实现这两条 C 语句？要求用 GCC 默认的 AT&T 形式写出。

表 5.3　例 5.3 中 val_type 和 contofptr_type 的组合类型

val_type	contofptr_type	val_type	contofptr_type
char	int	int	unsigned char
int	char	unsigned	signed char
unsigned	int	unsigned short	int

解 C 操作符 * 可看成取值操作。语句 1 的含义是将 ptr 所指的存储单元中的内容送到 val 变量所在处，也即，将地址为 R[edx] 的存储单元的内容送到累加器 AL/AX/EAX 中；语句 2 的含义是将 val 变量的值送到 ptr 所指的存储单元中，也即，将累加器 AL/AX/EAX 中的内容送到地址为 R[edx] 的存储单元中。其对应 MOV 指令见表 5.4。■

表 5.4　例 5.3 的答案

序号	val_type	contofptr_type	语句 1 对应的指令及操作	语句 2 对应的指令及操作
1	char	int	movl (%edx), %eax # 传送	movsbl %al, %eax # 符号扩展 movl %eax, (%edx) # 传送
2	int	char	movsbl (%edx), %eax # 符号扩展传送	movb %al, (%edx) # 截断传送
3	unsigned	int	movl (%edx), %eax # 传送	movl %eax, (%edx) # 传送
4	int	unsigned char	movzbl (%edx), %eax # 零扩展传送	movb %al, (%edx) # 截断传送
5	unsigned	signed char	movsbl (%edx), %eax # 符号扩展传送	movb %al, (%edx) # 截断传送
6	unsigned short	int	movl (%edx), %eax # 截断，传送	movzwl %ax, (%eax) # 零扩展，movl %eax, (%edx) # 传送

在表 5.4 给出的 6 种情况中，序号 1 和 2 两种情况属于“不确定行为”代码，正如在 3.5.2 节例 3.28 中提到的那样，C 语言标准并没有明确规定 char 为无符号整型还是带符号整型，因此，编译器将 char 型数据转换为 int 型时，可以按零扩展，也可以按符号扩展。在 Intel x86 机器的 gcc 编译系统上开发运行时，编译器将 char 型数据按带符号整数解释，因此生成的指令为符号扩展传送指令 movsbl。

对于序号 1，语句 1 要求将存储单元中的 int 型数截断为 char 型数，存放到 8 位寄存器 AL 中，用指令“ movl(%edx), %eax”就可以实现其功能；而语句 2 则是把 8 位寄存器中的 char 型数符号扩展为 32 位数送至存储单元中，因为 MOVS 指令的目的地址只能是寄存器，因此，需要用两条指令实现其功能。

对于序号 2 的情况，语句 1 要求将存储单元中的一个 char 型数据送到一个存放 int 型数据的 32 位寄存器中，因此按符号扩展，指令为“ movsbl (%edx), %eax”；而语句 2 则是把一个 32 位寄存器中的数据截断为 8 位数据送至存储单元中，因此直接丢弃寄存器中的高 24 位，仅将低 8 位 R[al] 送到存储单元，即指令为“movb %al, (%edx)”。

序号 3 对应的情况比较简单，赋值语句两边的操作数长度一样，即使一个是带符号整型，另一个是无符号整型，传送前、后的位串也不会改变（编译器通过对相同位串的不同解释来反映不同的值），因此，用直接传送指令即可。

对于序号为 4 和 5 的情况，语句 1 将存储单元中的 8 位无符号整数、8 位带符号整数分别按零扩展、符号扩展，生成 32 位数据后送寄存器；而语句 2 是将 32 位寄存器中的内容截断为 8 位数据送至存储单元中。

对于序号为 6 的情况，语句 1 要求把存储单元中的一个 int 型数据截断为一个 16 位数据送到寄存器中，与序号 1 中的语句 1 一样，可直接用“movl(%edx), %eax”指令实现其功能，也可以用截断传送指令“movw(%edx), %ax”实现。那么，截断操作时，该留下的应该是 4 个字节地址中哪两个地址的内容呢？IA-32 中的数据在存储单元中按小端方式存放，因而留下的应该是小地址中的内容，即地址 R[edx] 和 R[edx]+1 中的内容。例如，假定将被截断的 int 型数据是 1234 5678H，如图 5.9 所示，4 个字节 12H、34H、56H 和 78H 的地址分别是 R[edx]+3、R[edx]+2、R[edx]+1、R[edx]，截断操作后应该留下 5678H，即其存储地址为 R[edx] 开始的两个字节。读者可进一步思考以下问题：若采用大端方式，则用截断传送指令能否得到正确结果？

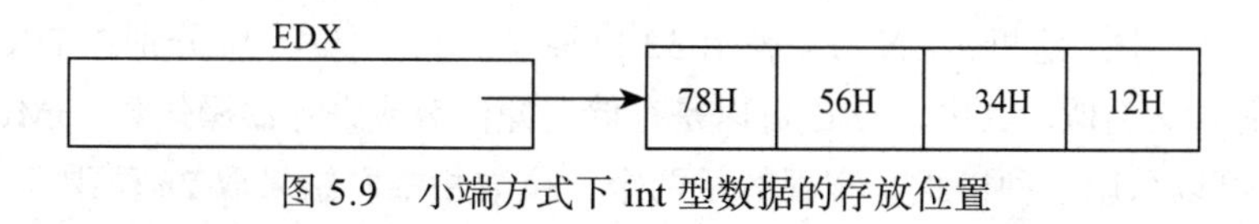

图 5.9　小端方式下 int 型数据的存放位置

5.3.2　定点算术运算指令

定点算术运算指令用于二进制整数算术运算和无符号十进制整数算术运算。IA-32 中的二进制整数可以是 8 位、16 位或 32 位数；无符号十进制整数（BCD 码）采用 8421 码表示。高级语言中的算术运算都被转换为二进制整数运算指令，因此，本书所讲的运算指令都是指二进制整数运算指令。

1. 加 / 减运算指令

加 / 减类指令（ADD/SUB）用于对给定长度的两个位串进行相加或相减，两个操作数中最多只能有一个是存储器操作数，不区分是无符号整数还是带符号整数，产生的和 / 差送到目的地，生成的标志信息送标志寄存器 FLAGS/EFLAGS。

2. 增 / 减运算指令

增 / 减类（INC/DEC）指令对给定长度的一个位串加 1 或减 1，给定操作数既是源操作数也是目的操作数，不区分是无符号整数还是带符号整数，生成的标志信息送标志寄存器 FLAGS/EFLAGS，注意不生成 CF 标志。

3. 取负指令

取负类指令 NEG 用于求操作数的负数，也即，将给定长度的一个位串“各位取反、末位加 1”，也称为**取补指令**。给定操作数既是源操作数也是目的操作数，生成的标志信息送标志寄存器FLAGS/EFLAGS。若字节操作数的值为−128、字操作数的值为−32 768或双字操作数的值为−2 147 483 648，则去补结果无变化，但OF=1。若操作数的值为0，则取补结果仍为0且CF置0，否则总是使CF置1。

4. 比较指令

比较类指令CMP用于两个寄存器操作数的比较，用目的操作数减去源操作数，结果不送回目的操作数，即两个操作数保持原值不变，只是标志位作相应改变，因而功能类似SUB指令。通常，该指令后面跟条件跳转指令或条件设置指令。

5. 乘运算指令

乘法指令分成MUL（无符号整数乘）和IMUL（带符号整数乘）两类。对于IMUL指令，可以显式地给出一个、两个或三个操作数，但是，对于MUL指令，则只能显式给出一个操作数。

若指令中只给出一个操作数SRC，则另一个源操作数隐含在累加器AL/AX/EAX中，将SRC和累加器内容相乘，结果存放在AX（16位时）、DX-AX（32位时）或EDX-EAX（64位时）中。这里，DX-AX表示32位乘积的高、低16位分别在DX和AX中，EDX-EAX的含义类似。其中，SRC可以是存储器操作数或寄存器操作数。IMUL和MUL两种指令都可以采用这种格式，实现的是两个n位数相乘，结果取$2n$位乘积。

若指令中给出两个操作数DST和SRC，则将DST和SRC相乘，结果存放在DST中。这种情况下，SRC可以是存储器操作数或寄存器操作数，而DST只能是寄存器操作数。IMUL指令可采用这种格式，实现的是两个n位带符号整数相乘，结果仅取n位乘积。

若指令中给出三个操作数REG、SRC和IMM，则将SRC和立即数IMM相乘，结果存放在寄存器REG中。这种情况下，SRC可以是存储器操作数或寄存器操作数。IMUL指令可采用这种格式，实现的是两个n位数相乘，结果仅取n位乘积。

对于MUL指令，若乘积高n位为全0，则标志OF和CF皆为0，否则皆为1。对于IMUL指令，若乘积的高n位为0或全1，并且等于低n位中的最高位，即乘积的高$n+1$位为全0（乘积为正数）或全1（乘积为负数），则OF和CF皆为0，否则皆为1。虽然后面两种形式的指令最终乘积是截断后得到的低n位，但是，在截断之前，乘法器得到的乘积有$2n$位，CPU可以按照截断之前的$2n$位乘积来设置OF和CF标志。

因为带符号整数和无符号整数的低n位乘积总是一样，所以，后面两种形式的指令也可以用于无符号整数的乘运算，不过，此时得到的OF和CF并不反映无符号整数相乘的标志信息。

6. 除运算指令

除法指令分成DIV（无符号整数除）和IDIV（带符号整数除）两类，指令中只显式给出除数。若除数为8位，则16位的被除数隐含在AX寄存器中，商送回AL，余数在AH中；若除数为16位，则32位的被除数隐含在DX-AX寄存器中，商送回AX，余数在DX中；若除数是32位，则64位的被除数隐含在EDX-EAX寄存器中，商送回

EAX，余数在 EDX 中。需要说明的是，如果商超过目的寄存器能存放的最大值，系统产生类型号为 0 的中断，并且商和余数均不确定。

以上所有定点算术运算指令汇总在表 5.5 中。

表 5.5 定点算术运算指令汇总

指令	显式操作数	影响的常用标志	操作数类型	AT&T 指令助记符	对应 C 运算符
ADD	2 个	OF、ZF、SF、CF	无 / 带符号整数	addb、addw、addl	+
SUB	2 个	OF、ZF、SF、CF	无 / 带符号整数	subb、subw、subl	–
INC	1 个	OF、ZF、SF	无 / 带符号整数	incb、incw、incl	++
DEC	1 个	OF、ZF、SF	无 / 带符号整数	decb、decw、decl	––
NEG	1 个	OF、ZF、SF、CF	无 / 带符号整数	negb、negw、negl	–
CMP	2 个	OF、ZF、SF、CF	无 / 带符号整数	cmpb、cmpw、cmpl	<, <=, >, >=
MUL	1 个	OF、CF	无符号整数	mulb、mulw、mull	*
IMUL	1 个	OF、CF	带符号整数	imulb、imulw、imull	*
IMUL	2 个	OF、CF	带（无）符号整数	imulb、imulw、imull	*
IMUL	3 个	OF、CF	带（无）符号整数	imulb、imulw、imull	*
DIV	1 个	无	无符号整数	divb、divw、divl	/, %
IDIV	1 个	无	带符号整数	idivb、idivw、idivl	/, %

例 5.4 假设 R[ax]=FFF0H，R[bx]=FFFAH，则执行 Intel 格式指令“sub ax, bx”后，AX、BX 中的内容各是什么？标志 CF、OF、ZF、SF 各是什么？要求分别将操作数作为无符号整数和带符号整数来解释并验证指令执行结果。（注意：Intel 格式与 AT&T 格式不同，其目的操作数位置在左边。）

解 根据 Intel 指令格式规定可知，指令“sub ax, bx”的功能是 R[ax] ← R[ax]-R[bx]。sub 指令的执行在图 4.12 所示的补码加减运算器中进行，执行后的差存放在 AX 中，标志信息送标志寄存器 EFLAGS。

因为在补码加减运算器中做减法，因此 Sub=1，加法器的 Y' 输入端为反相器的输出（各位取反），FFF0H-FFFAH=FFF0H+0005H+1=(0)FFF6H，即 R[ax]=FFF6H,Cout=0，因此，标志 CF=Sub ⊕ Cout=1, SF=1, OF=0（不同符号的两个数相加，结果一定不溢出），ZF=0。BX 的内容不变，即 R[bx]=FFFAH。

若作为无符号整数来解释，则根据 CF=1 可判断被减数小于减数，即结果负溢出；若作为带符号整数来解释，则根据 OF=0 可判断其结果不溢出，差的机器数为 FFF6H，对应真值为 −1010B=−10。

无符号整数减运算结果验证如下：R[ax]=FFF0H，值为 65 520，R[bx]=FFFAH，值为 65 530，显然被减数小于减数，结果负溢出，按照 4.3.2 节中式（4.2），即 $F=x-y+2^n$，结果应等于 65 520−65 530+65 536=65 526，上述运算的结果 R[ax]=FFF6H 作为无符号整数解释时，其真值确实为 65 526，验证结果正确。

带符号整数减运算结果验证如下：R[ax]=FFF0H，值为 −10 000B=−16，R[bx]=FFFAH，值为 −110B=−6，结果为 −16−(−6)=−10，验证结果正确。 ■

例 5.5 假设 R[eax]=0000 00B4H, R[ebx]=0000 0011H, M[0000 00F8H]=0000 00A0H，请问：

1）执行指令“mulb %bl”后，哪些寄存器的内容会发生变化？是否与执行“imulb %bl”指令所发生的变化一样？为什么？两条指令得到的CF和OF标志各是什么？请用该例给出的数据验证你的结论。

2）执行指令“imull \$−16, (%eax,%ebx,4), %eax”后哪些寄存器和存储单元发生了变化？乘积的机器数和真值各是多少？

解 因为R[eax]=0000 00B4H，R[ebx]=0000 0011H，所以，R[al]=B4H，R[bl]=11H。

1）指令“mulb %bl”指出的操作数为8位（长度后缀为b），故指令的功能为“R[ax] ← R[al]×R[bl]”，因此，改变内容的寄存器是AX，指令执行后R[ax]=B4H×11H=0BF4H（按4.4.1节中无符号整数乘法运算），即十进制数3060，因为乘积的高8位为0BH，不为全0（即乘积高8位中含有效数位），故CF和OF皆为1。

执行指令“imulb %bl”后，R[ax]= B4H×11H=FAF4H（按4.4.3节中补码乘法运算），即十进制数−1292。因为乘积高9位不为全0或全1（即乘积高8位中含有效数位），故CF和OF皆为1。

由此可见，两条指令执行后发生变化的寄存器都是AX，但是存入AX的内容不一样。mulb指令执行的是无符号整数乘法，而imulb执行的是带符号整数乘法，根据4.4.4节中给出的无符号整数和带符号整数乘运算之间的关系可知，若乘积只取低8位，则两者的机器数一样，此例中乘积的低8位都是F4H，不过两种乘运算的乘积都发生了溢出；若乘积取16位，则高8位不同，此例中一个是0BH，一个是FAH。

验证：此例中mulb指令执行的运算是180×17=3060，而imulb指令执行的运算是−76×17=−1292。

2）指令“imull \$−16, (%eax,%ebx,4), %eax”的功能是“R[eax] ← (−16)×M[R[eax]+R[ebx]×4]”，其中，第二个乘数所在的存储单元地址为R[eax]+R[ebx]×4=0xB4+(0x11<<2)=0xF8=0000 00F8H，因为M[0000 00F8H]=0000 00A0H，与−16相乘（可先乘以16，再取负）后得到一个负的乘积，因此乘积的符号为负。仅考虑低32位乘积，其数值部分绝对值的机器数为0000 00A0H<<4=0000 0A00H（乘以16相当于左移4位），对其各位取反、末位加1（取负操作），得到机器数为FFFF F600H，即指令执行后EAX中存放的内容为FFFF F600H，其真值为−2560。■

5.3.3 按位运算指令

按位运算指令用来对不同长度的操作数进行按位操作，立即数只能作为源操作数，不能作为目的操作数，并且最多只能有一个是存储器操作数。主要分为逻辑运算指令和移位指令。

1. 逻辑运算指令

以下5类逻辑运算指令中，仅NOT指令不影响条件标志位，其他指令执行后，OF=CF=0，而ZF和SF则根据运算结果来设置：若结果为全0，则ZF=1；若最高位为1，则SF=1。

- NOT：单操作数的取反指令，它将操作数的每一位取反。

- AND：对双操作数按位逻辑与，主要用来实现掩码操作。例如，执行指令“andb $0xf, %al”后，AL 的高 4 位被屏蔽而变成 0，低 4 位被析取出来。
- OR：对双操作数按位逻辑或，常用于使目的操作数的特定位置 1。例如，执行指令“orw $0x3, %bx”后，BX 寄存器的最后两位被置 1。
- XOR：对双操作数按位进行逻辑异或，常用于判断两个操作数中哪些位不同或用于改变指定位的值。例如，执行指令“xorw $0x1, %bx”后，BX 寄存器最低位被取反。
- TEST：根据两个操作数进行按位与的结果来设置条件标志，常用于需检测某种条件但不能改变原操作数的场合。例如，可通过执行“testb $0x1, %al”指令判断 AL 最后一位是否为 1。判断规则为：若 ZF=0，则说明 AL 最后一位为 1；否则为 0。也可通过执行“testb %al, %al”指令来判断 AL 是为 0、正数，还是负数。判断规则：若 ZF=1，则说明 AL 为 0；若 SF=0 且 ZF=0，则说明 AL 为正数；若 SF=1，则说明 AL 为负数。

2. 移位指令

移位指令将寄存器、存储单元中的 8、16 或 32 位二进制数进行算术移位、逻辑移位或循环移位。在移位过程中，把 CF 看作扩展位，用它接收从操作数最左或最右移出的一个二进制位。只能移动 1~31 位，所移位数可以是立即数或存放在 CL 寄存器中的一个数值。

- SHL：逻辑左移，每左移一次，最高位送入 CF，并在低位补 0。
- SHR：逻辑右移，每右移一次，最低位送入 CF，并在高位补 0。
- SAL：算术左移，操作与 SHL 指令类似，每次移位，最高位送入 CF，并在低位补 0。执行 SAL 指令时，如果移位前后符号位发生变化，则 OF=1，表示左移后结果溢出。这是 SAL 与 SHL 的不同之处。
- SAR：算术右移，每右移一次，操作数的最低位送入 CF，并在高位补符号。
- ROL：循环左移，每左移一次，最高位移到最低位，并送入 CF。
- ROR：循环右移，每右移一次，最低位移到最高位，并送入 CF。
- RCL：带循环左移，将 CF 作为操作数的一部分循环左移。
- RCR：带循环右移，将 CF 作为操作数的一部分循环右移。

例 5.6 假设 short 型变量 x 被编译器分配在寄存器 AX 中，R[ax]=FF80H，则以下汇编代码段执行后变量 x 的机器数和真值分别是多少？

```
1    movw    %ax, %dx     #R[dx]←R[ax], 字
2    salw    $2, %ax      #R[ax]←R[ax]<<2, 字
3    addl    %dx, %ax     #R[ax]←R[ax]+R[dx], 字
4    sarw    $1, %ax      #R[ax]←R[ax]>>1, 字
```

解 显然这里的汇编指令是 GCC 默认的 AT&T 格式，$2 和 $1 分别表示立即数 2 和 1。假设上述代码段执行前 R[ax]=x，则执行 ((x<<2)+x)>>1 后，R[ax]=5x/2。因为 short 型变量为带符号整数，所以采用算术移位指令 salw，这里 w 表示操作数的长度为一个字，即 16 位。算术左移时，AX 中的内容在移位前、后符号未发生变化，故 OF=0，没有溢出。最终 AX 的内容为 FEC0H，解释为 short 型整数时，其值为 −320。

验证：x=−128，5x/2=−320。经验证，结果正确。■

若例 5.6 中变量 x 为 unsigned short，则 x 对应的左移和右移运算指令应该是逻辑左移 shlw 与逻辑右移 shrw 指令，4 条指令对应的运算公式相同，但因为是对无符号整数进行逻辑运算，所以执行的结果不同。第 1 次逻辑左移时，AX 中最高位为 1，即 CF=1，表示有有效数位被移出，结果溢出。执行 ((x<<2)+x)>>1 后，最终的结果为 7EC0H，解释为 unsigned short 型整数时，其值为 32 448，因为在第一次左移时就发生了溢出，所以这是一个发生了溢出的错误结果。

5.3.4　程序执行流控制指令

IA-32 中指令执行的顺序由 CS 和 EIP 确定。正常情况下，指令按照它们在存储器中的存放顺序一条一条地按序执行，但是，在有些情况下，程序需要跳转到另一段代码去执行，可以采用改变 CS 和 EIP，或者仅改变 EIP 的方法来实现转移。

有直接跳转和间接跳转两种方式。**直接跳转**指跳转的目标地址由出现在指令机器码中的立即数作为偏移量而计算得到；**间接跳转**则是指跳转的目标地址间接存储在某一寄存器或存储单元中。

跳转目标地址的计算方法有两种。一种是通过将当前 EIP 的值加偏移量计算得到，因为偏移量是带符号整数，所以跳转目标地址为 EIP 内容增加或减少某一个数值得到，也就是采用相对寻址方式得到，可以看成以当前指令为基准往前或往后跳转，称为**相对跳转**；另一种是以新的值代替当前 EIP 的值，称为**绝对跳转**。

在 IA-32 指令系统中，直接跳转通常是相对跳转，即跳转目标地址 =R[eip]+ 偏移量，在汇编语言代码中，跳转目的地通常用一个标号（lable）指明，如“.Loop”；所有间接跳转通常都是绝对跳转，在汇编语言代码中，跳转目的地通常用 * 后跟一个操作指示符，如“*%eax”或“*（%eax)”，前者表示 EAX 寄存器内容为跳转目标地址，后者表示 EAX 寄存器内容所指的存储单元中的内容为跳转目标地址。

IA-32 提供了多种程序执行流控制指令，有无条件跳转指令、条件跳转指令、条件设置指令、条件传送指令、调用和返回指令和中断指令等。除中断指令外，这些指令都不影响状态标志位，但有些指令的执行受状态标志的影响。与条件跳转指令和条件设置指令相关的还有条件传送指令。

1. 无条件跳转指令

无条件跳转指令 JMP 的执行结果就是直接跳转到目标地址处执行。例如，直接跳转方式下，汇编指令 jmp .L1 的含义就是直接跳转到标号“.L1”处执行，在生成机器语言目标代码时，汇编器和链接器会根据跳转目标地址和当前 jmp 指令之间的相对距离，计算出 jmp 指令中的立即数（即偏移量）字段。间接跳转方式下，汇编指令 jmp *.L8 (, %eax, 4) 的功能为直接跳转到由存储地址“.L8+R[eax]*4”中的内容所指出的目标地址处执行，即 R[eip] ← M[.L8+R[eax]*4]。这种间接跳转方式可用于利用跳转表实现 switch 语句的情形，有关内容详见 6.2.1 节。

2. 条件跳转指令

条件跳转指令 Jcc（其中 cc 为条件助记符）以条件标志或者条件标志位的组合作为跳转依据。如果满足条件，则程序跳转到由标号 label 确定的目标地址处执行；否则继续执行下一条指令。这类指令都采用相对寻址方式的直接跳转。表 5.6 列出了常用条件跳转指令的条件。

表 5.6　常用条件跳转指令的条件

序号	指令	跳转条件	说明
1	jc label	CF=1	有进位 / 借位
2	jnc label	CF=0	无进位 / 借位
3	je/jz label	ZF=1	相等 / 等于零
4	jne/jnz label	ZF=0	不相等 / 不等于零
5	js label	SF=1	是负数
6	jns label	SF=0	是非负数
7	jo label	OF=1	有溢出
8	jno label	OF=0	无溢出
9	ja/jnbe label	CF=0 AND ZF=0	无符号整数 $A>B$
10	jae/jnb label	CF=0	无符号整数 $A\geqslant B$
11	jb/jnae label	CF=1	无符号整数 $A<B$
12	jbe/jna label	CF=1 OR ZF=1	无符号整数 $A\leqslant B$
13	jg/jnle label	SF=OF AND ZF=0	带符号整数 $A>B$
14	jge/jnl label	SF=OF	带符号整数 $A\geqslant B$
15	jl/jnge label	SF $\neq$ OF	带符号整数 $A<B$
16	jle/jng label	SF $\neq$ OF OR ZF=1	带符号整数 $A\leqslant B$

在 4.3.4 节中提到，不管 C 语言程序中定义的变量是带符号整数还是无符号整数，IA-32 中对应的加 / 减指令和比较指令都在如图 4.12 所示的电路中执行。每条加 / 减指令和比较指令执行以后，都会产生进 / 借位标志 CF、符号标志 SF、溢出标志 OF 和零标志 ZF，并保存到标志寄存器 FLAGS/EFLAGS 中。

对于比较大小后进行分支跳转的情况，通常在条件跳转指令前面的是比较指令 CMP 或减法指令 SUB，也即，先通过减法获得标志信息，然后再根据标志信息判定两个数的大小，从而决定该跳转到何处执行指令。

无符号整数判断大小时使用 CF 和 ZF 标志。ZF=1 说明两数相等，CF=1 说明有借位，是小于关系，通过对 ZF 和 CF 的组合，得到表 5.6 中序号 9、10、11 和 12 这 4 条指令中的结论；

带符号整数判断大小时使用 SF、OF 和 ZF 标志。带符号整数比较时对应表 5.6 中序号 13 ～ 16 这 4 条指令。ZF=1 说明两数相等，SF=OF 时的结果是以下两种情况之一，反映大于或等于关系：

1）两数之差为 0 或正数（SF=0）且结果未溢出（OF=0），这种情况对应“两数相等”“正数 > 正数”“负数 > 负数”“正数 > 负数且相减后不溢出”4 种情形，例如，3 和 3 比较的结果为 011−011=000，3 和 2 比较的结果为 011−010=001，−2 和 −3 的比较结果为 110−101=001，2 和 −1 比较的结果为 010−111=011。这些例子得到的 SF 和 OF 标志都为 0。

2）两数之差为负数（SF=1）且结果溢出（OF=1），这种情况对应“正数 > 负数且相减后溢出”一种情形，例如 2 和 −3 比较的结果为 010−101=101，得到的 SF 和 OF 标志都为 1。

当 SF ≠ OF 时，则反映带符号整数小于关系，其中，SF=1 且 OF=0 对应“正数 < 正数”“负数 < 负数”“负数 < 正数且相减后不溢出”三种情形；SF=0 且 OF=1 对应“负数 < 正数且相减后溢出”一种情形。

现举两个例子来说明上述无符号整数和带符号整数的大小判断规则。假设被减数的机器数为 X，减数的机器数为 Y，则在如图 4.12 所示的补码加减运算器中计算两数的差时，计算公式为 $X-Y=X+(-Y)_{补}=X+\overline{Y}+1$。

假定 X=1001，Y=1100，则 $Y'=\overline{Y}$=0011，Sub=1，在图 4.12 所示运算器中的运算为 1001−1100 = 1001 + 0011+1 =（0）1101，因此 ZF=0，Cout=0。若是无符号整数比较，则是 9 和 12 相比，属于小于关系，此时 CF=Sub ⊕ Cout =1，满足表 5.6 中序号 11 对应指令中的条件；若是带符号整数比较，则是 −7 和 −4 比较，显然也是小于关系，此时符号位为 1，即 SF=1，而根据两个加数符号相异一定不会溢出的原则，得知在加法器中对 1001 和 0011 相加一定不会溢出，故 OF=0，因而 SF ≠ OF，满足表 5.6 中序号 15 对应指令中的条件。

假定 X=1100，Y=1001，则 $Y'=\overline{Y}$=0110，Sub=1，在图 4.12 所示运算器中的运算为 1100−1001 = 1100 + 0110+1 =（1）0011，因此 ZF=0，Cout=1。若是无符号整数比较，则是 12 和 9 相比，属于大于关系，显然此时 CF=Sub ⊕ Cout=0，确实没有借位，满足表 5.6 中序号 9 对应指令中的条件；若是带符号整数，则是 −4 和 −7 比较，也是大于关系，显然此时 SF=0 且 OF=0，即 SF=OF，满足表 5.6 中序号 13 对应指令中的条件。

3. 条件设置指令

条件设置指令根据标志信息组合条件确定将一个通用寄存器的内容设置为 1 还是 0，其设置条件与表 5.6 中的跳转条件完全一样，指令助记符也类似，只要将条件跳转指令中的 J 换成 SET 即可。其格式如下：

```
SETcc DST
```

DST 通常是一个 8 位寄存器。例如，假定将 CF 标志存放在 DL 寄存器中，则对应表 5.6 中序号 1 的指令为“setc %dl”，其含义为：若 CF=1，则 R[dl]=1；否则 R[dl]=0。对应表 5.6 中序号 14 的条件设置指令为“setge %dl”，其含义为：若 SF=OF，则 R[dl]=1；否则 R[dl]=0。每个条件跳转指令都有对应的条件设置指令。

例 5.7　以下各组指令序列用于将 x 和 y 的某种比较结果记录到 CL 寄存器中。根据以下各组指令序列，分别判断数据 x 和 y 在 C 语言程序中的数据类型，并说明指令序列的功能。

```
第一组：cmpl    %eax, %edx   #R[eax]=y, R[edx]=x
        setb    %cl
第二组：cmpl    %eax, %edx   #R[eax]=y, R[edx]=x
        setne   %cl
第三组：cmpw    %ax, %dx     #R[ax]=y, R[dx]=x
        setl    %cl
第四组：cmpb    %al, %dl     #R[al]=y, R[dl]=x
        setae   %cl
```

解 CMP 指令通过执行减法来设置条件标志位，每组中第二条 SETcc 指令中使用的条件标志都是由 x 和 y 相减后设置的。

第一组 cmpl 的长度后缀为 l，因此 x 和 y 都是 32 位数据，指令 setb 对应表 5.6 中序号为 11 的条件设置指令，即设置条件为 CF=1，说明是无符号整数小于比较，因此，x 和 y 可能是 unsigned 、unsigned long（32 位机器时）或指针型数据（32 位机器时）。

第二组 cmpl 的长度后缀为 l，因此 x 和 y 都是 32 位数据，指令 setne 对应表 5.6 中序号为 4 的条件设置指令，即设置条件为 ZF=0，说明是两个位串的不相等比较，因此，x 和 y 可能是 unsigned、int、unsigned long（32 位机器时）、long（32 位机器时）或指针型数据（32 位机器时）。

第三组 cmpw 的长度后缀为 w，因此 x 和 y 都是 16 位数据，指令 setl 对应表 5.6 中序号为 15 的条件设置指令，即设置条件为 SF ≠ OF，说明是带符号整数小于比较，因此，x 和 y 只能是 short 型数据。

第四组 cmpb 的长度后缀为 b，因此 x 和 y 都是 8 位数据，指令 setae 对应表 5.6 中序号为 10 的条件设置指令，即设置条件为 CF=0，说明是无符号整数大于等于比较，因此，x 和 y 只能是 unsigned char 型数据。 ■

例 5.8 以下各组指令序列用于测试变量 x 的某种特性，并将测试结果记录到 CL 寄存器中。根据以下各组指令序列，分别判断数据 x 在 C 语言程序中的数据类型，并说明指令序列的功能。

```
第一组：testl   %eax, %eax    #R[eax]=x
        sete    %cl
第二组：testl   %eax, %eax    #R[eax]=x
        setge   %cl
第三组：testw   %ax, %ax      #R[ax]=x
        setns   %cl
第四组：testb   %al, $15      #R[al]=x
        setz    %cl
```

解 TEST 指令执行后，OF=CF=0，而 ZF 和 SF 则根据两个操作数相与的结果来设置：若结果为全 0，则 ZF=1；若最高位为 1，则 SF=1。前三组的 TEST 指令对 x 和 x 相与，得到的是 x 本身。

第一组 x 为 32 位数据，指令 sete 对应表 5.6 中序号为 3 的条件设置指令，设置条件为 ZF=1，因而是对位串 x 判断是否等于 0，显然，x 可能是 unsigned、int、unsigned long（32 位机器时）、long（32 位机器时）或指针型数据（32 位机器时）。

第二组 x 为 32 位数据，指令 setge 对应表 5.6 中序号为 14 的条件设置指令，设置条件为 SF=OF ，因为 OF=0，所以设置条件转换为 SF=0，即判断 x 的符号是否为正或 x 是否为 0，说明是带符号整数大于等于 0 比较，因此，x 可能是 int 或 long 型（32 位机器时）数据。

第三组 x 为 16 位数据，指令 setns 对应表 5.6 中序号为 6 的条件设置指令，设置条件为 SF=0，说明是带符号整数是否为非负数比较，即判断 x 是否大于等于 0，因此，x 只能是 short 型数据。

第四组的 TEST 指令对 x 和 0x0F 相与，析取 x 的低 4 位，x 为 8 位数据，指令 setz 对应表 5.6 中序号为 3 的条件设置指令，设置条件为 ZF=1，因而是对 TEST 指令析取出的位串判断是否为 0，即判断 x 的低 4 位是否为 0，因此，x 可能是 char、signed char 或 unsigned char 型数据。 ■

4. 条件传送指令

该类指令的功能是，如果符合条件就进行传送操作，否则什么都不做。设置的条件和表 5.6 中的条件跳转指令的跳转条件完全一样，指令助记符也类似，只要将 J 换成 CMOV 即可，其 AT&T 格式如下：

```
CMOVcc  SRC, DST
```

源操作数 SRC 可以是 16 位或 32 位寄存器、存储器操作数，传送目的地 DST 必须是 16 位或 32 位寄存器。例如，对应表 5.6 中序号 1 的条件传送指令"cmovc %eax, %edx"，其含义是，若 CF=1，则 R[edx] ← R[eax]；否则什么都不做。对应表 5.6 中序号 14 的条件传送指令"cmovge (%eax), %edx"，其含义是，若 SF=OF，则 R[edx] ← M[R[eax]]；否则什么都不做。

5. 调用和返回指令

为便于模块化程序设计，往往把程序中具有特定功能的部分编写成独立的程序模块，称之为**子程序**。这些子程序可以被主程序调用，并且执行完毕后又返回主程序继续执行。子程序的使用有助于提高程序的可读性，并有利于代码重用，它是程序员进行模块化编程的重要手段。子程序的使用主要是通过**过程调用**或**函数调用**实现的，为叙述方便起见，本书将过程和函数统称为过程。为实现过程调用，IA-32 提供了以下两条指令。

1）调用指令。调用指令 CALL 是一种无条件跳转指令，跳转方式与 JMP 指令类似，也有直接跳转和间接跳转两种方式。跳转到指定地址处执行。执行时，首先将当前 EIP 或 CS:EIP 的内容（**返回地址**，即 CALL 指令下一条指令的地址）入栈，然后将**调用目标地址**（即子程序的首地址）装入 EIP 或 CS:EIP，以将控制转移到被调用的子程序执行。显然，CALL 指令会修改栈指针 ESP，在返回地址入栈前会执行 R[esp] ← R[esp]-4 操作。

2）返回指令。返回指令 RET 也是一种无条件跳转指令，通常放在子程序末尾，使子程序执行后返回主程序继续执行。在该指令执行过程中，返回地址被从栈顶取出（相当于 POP 指令），并送到 EIP 寄存器。显然，RET 指令会修改栈指针完成上述操作后会执行 R[esp] ← R[esp]+4 操作。

6. 中断指令

中断的概念和过程调用有些类似，两者都是将返回地址先压栈，然后转到某个程序去执行。它们的主要区别是：

1）过程调用跳转到一个用户事先设定好的子程序，而中断跳转则是转向系统事先设定好的中断服务程序；

2）过程调用可以是直接或间接跳转，而中断跳转通常是段间间接转移（需要设置段寄存器），因为中断处理会从用户态转到内核态执行；

3）过程调用只保存返回地址，而中断指令还要使标志寄存器等入栈保存。

IA-32 提供了以下关于中断的指令。

- INT *n*：*n* 为中断类型号，取值范围为 0 ～ 255。
- iret/iretd：中断返回指令，偏移地址和段地址送 CS:EIP，并恢复标志寄存器。
- into：溢出中断指令，若 OF=1，产生类型号为 4 的异常，进入相应的溢出异常处理。
- sysenter：快速进入系统调用指令。
- sysexit：快速退出系统调用指令。

5.3.5 x87 浮点处理指令

IA-32 的浮点处理架构有两种，较早的一种是与 x86 配套的浮点协处理器 x87 架构，另一种是由 MMX 发展而来的 SSE 指令集架构，采用的是单指令多数据（Single Instruction Multi Data，SIMD）技术。GCC 默认生成 x87 指令集代码，如果想要生成 SSE 指令集代码，则需要设置适当的编译选项。

x87 FPU 有一个浮点寄存器栈，栈的深度为 8，每个浮点寄存器有 80 位。根据指令的操作功能，x87 浮点数指令可分为浮点数装入（FLD、FILD）、浮点数存储（FST 和 FSTP、FIST 和 FISTP）、浮点数算术运算（FADD/FSUB/FMUL/FDIV 及其对应的各种变形指令）等几种类型。其中，助记符加 P 表示从 ST(0) 栈顶弹出。加 I 表示要把操作数当成带符号整数并等值转换为浮点数或把浮点数等值转换为带符号整数。

浮点数装入指令 FLD 用来将存储单元中的浮点数装入浮点寄存器栈的栈顶 ST(0)，FILD 则是将存储器中的数据从带符号整数等值转换为浮点数后装入 ST(0)。由于浮点寄存器宽度为 80 位，因此，这些指令中指定的从存储单元中取出的浮点数不管是 32 位（float 型，flds 指令）还是 64 位（double 型，fldl 指令），都要先转换为 80 位扩展精度格式后再装入栈顶 ST(0)。

浮点数存储指令 FST 和 FSTP 用来将浮点寄存器栈顶 ST(0) 中的元素（FSTP 指令会弹出栈）存储到存储单元中，FIST 和 FISTP 则将 ST(0) 中的浮点数转换为带符号整数后，再存入存储单元。由于浮点寄存器宽度为 80 位，所以，需要先将 80 位扩展精度格式转换为 32 位（float 型，fsts 或 fstps 指令）或 64 位（double 型，fstl 或 fstpl 指令）格式后，再存储到指定存储单元中。

浮点数算术运算指令用于对栈顶 ST(0) 和次栈顶 ST(1) 两个浮点数（或等值转换为 int 型数）进行算术运算。

由于 x87 中浮点寄存器为 80 位，而在内存中的浮点数可能占 32 位、64 位或 96 位，因而在内存单元和浮点数寄存器之间进行数据传送的过程中，可能会丢失精度而造成错误计算结果，需要引起注意。

图5.10所示是两个功能完全相同的程序，但是，使用gcc的一些旧版本对它们进行编译时，会发生以下情况：使用gcc -O2编译程序时，程序一的输出结果是0，也就是说a不等于b；程序二的输出结果却是1，也就是说a等于b。两个几乎一模一样的程序，但运行结果不一致。

```
程序一:
#include <stdio.h>
double f(int x) {
    return 1.0 / x ;
}
void main() {
    double a, b;
    int i ;
    a = f(10) ;
    b = f(10) ;
    i = a == b ;
    printf( "%d\n" , i ) ;
}
```

```
程序二:
#include <stdio.h>
double f(int x) {
    return 1.0 / x ;
}
void main() {
    double a, b, c;
    int i ;
    a = f(10) ;
    b = f(10) ;
    c = f(10) ;
    i = a == b ;
    printf( "%d\n" , i ) ;
}
```

图5.10　浮点运算示例

出现上述情况的主要原因是存储单元和浮点数寄存器之间进行数据传送时丢失了有效数位。

gcc对于程序一的处理过程如下：先计算a=f(10)=1.0/10=0.1，然后将其写到存储单元，由于0.1=0.0 0011[0011]B，即转换为二进制数时是无限循环小数，因此无法用有限位数的二进制精确表示。在将其从80位的浮点寄存器写入64位（double型）的存储区时，产生了精度损失。然后，计算b=f(10)，这个结果并没有被写入存储器中，这样，在计算关系表达式“a==b”时，直接将损失了精度的a与栈顶ST(0)中的b进行比较，由于b没有精度损失，因此a与b不相等。

gcc对于程序二的处理过程如下：a与b在计算完成之后，由于程序中多了一个c=f(10)的计算，使得gcc必须把先前计算的a和b都写入存储器，于是都产生了精度损失，因而它们的值完全一样，再把它们读到浮点寄存器栈中进行比较时，得出的结果就是a等于b。

使用较新版本的gcc（如gcc 4.4.7）编译时，用-O2优化选项的情况下，两个程序输出的结果都为1，并没有发生上述情况，对它们进行反汇编后发现，两个程序都没有计算f(10)就直接把i设置成1了，显然编译器进行了相应的优化。

上述gcc旧版本出现的问题主要是编译器没有处理好。从这个例子可以看出，编译器的设计和指令集体系结构是紧密相关的。对于编译器设计者来说，只有真正了解底层指令集体系结构，才能够翻译出没有错误的目标代码，并为程序员完全屏蔽掉底层实现细节，方便应用程序员开发出可靠的程序。对于应用程序开发者来说，也只有真正了解底层实现原理，才能编制出高效的程序，并且能够快速定位出错的地方，并对程序的行为做出正确的判断。

例 5.9 以下是 2.4.2 节中提到的关于函数调用传递参数时进行类型转换的 C 语言程序：

```
1  #include <stdio.h>
2  int funct(int r) {
3      return 2*3.14*r;
4  }
5
6  int main( ) {
7      float x = funct(5.6);
8      printf("%f\n", x);
9      return 0;
10 }
```

先将上述程序在 x87 架构上进行编译、汇编生成可重定位目标文件，然后对可重定位目标文件进行反汇编，根据反汇编结果分析该程序执行过程中进行了哪些类型转换。

解 在 x87 架构上的可重定位目标文件反汇编部分结果如下（省略了部分指令并加了注释）：

```
1  000011ed <funct>:
2      11ed:     55                    push      %ebp
       ......   # M[R[ebp]+8]←r,ST(0)←2*3.14*r
5      11f3:     db 45 08              fildl     0x8(%ebp)
6      11f6:     dd 05 10 20 00 00     fldl      0x2010
7      11fc:     de c9                 fmulp     %st,%st(1)
       ......  # M[R[ebp]-8]←ST(0),R[eax]← M[R[ebp]-8]
13     120f:     db 5d f8              fistpl    -0x8(%ebp)
14     1212:     d9 6d fe              fldcw     -0x2(%ebp)
15     1215:     8b 45 f8              mov       -0x8(%ebp),%eax
16     1218:     c9                    leave
17     1219:     c3                    ret
18
19 0000121a <main>:
20     121a:     8d 4c 24 04           lea   0x4(%esp),%ecx
       ......  # M[R[esp]]←5, ST(0)←M[R[ebp]-0x1c]←funct(5)=x
28     122e:     6a 05                 push  $0x5
29     1230:     e8 b8 ff ff ff        call  11ed <funct>
30     1235:     83 c4 08              add   $0x8,%esp
31     1238:     89 45 e4              mov   %eax,-0x1c(%ebp)
32     123b:     db 45 e4              fildl  -0x1c(%ebp)
       ......  # M[R[esp]]←ST(0)=funct(5)=x, printf("%f\n",x)
37     124b:     dd 1c 24              fstpl   (%esp)
38     124e:     68 08 20 00 00        push    $0x2008
39     1253:     e8 fc ff ff ff        call    1254 <main+0x3a>
       ......
45     1267:     c3                    ret
```

从上述机器级代码来看，在该程序执行过程中共进行了由加粗指令实现的 4 次类型转换。

1）在 main() 函数中调用 funct(5.6) 时，在第 28 行中通过指令“push $0x5”传递参

数 5.6，显然将浮点型常数 5.6 转换成了整型常数 5。

2）在 funct() 函数中计算 2*3.14*r 时，在第 5 行中通过指令“fildl 0x8(%ebp)”将存放在地址“R[ebp]+8”处的入口参数 r 从带符号整数转换成浮点数并装入浮点寄存器栈顶 ST(0)。

3）在 funct() 函数中执行 return 语句返回结果时，在第 13 行中通过指令“fistpl-0x8(%ebp)”将浮点寄存器栈顶 ST(0) 中的浮点数转换为带符号整数后，存入地址为“R[ebp]−8”的存储单元处，再通过第 15 条指令，将“R[ebp]−8”处的返回值送到 EAX 中。

4）在 main() 函数中将 funct(5.6) 的返回值赋给 float 型变量 x 时，在第 32 行中通过指令“fildl -0x1c(%ebp)”将从 funct() 返回的 int 型带符号整数（存放在地址“R[ebp]−0x1c”处）转换为浮点数并装入 ST(0)，然后通过第 37 行中的指令“fstpl (%esp)”，将其作为 printf() 函数的第 2 个入口参数存入栈中入口参数所在位置。■

5.3.6 MMX/SSE 指令集

在多媒体应用中，图形、图像、视频和音频处理存在大量具有共同特征的操作，因而 Intel 公司于 1997 年推出了 MMX（Multi Media eXtension，多媒体扩展）指令集，它是一种多媒体指令增强技术，包括有 57 条多媒体处理指令，通过这些指令可以一次处理多个数据。但是，因为 MMX 指令与 x87 FPU 共用同一套寄存器，所以 MMX 指令与 x87 浮点运算指令不能同时执行，降低了整个系统的运行性能。

随着网络、通信、语音、图形、图像、动画和音 / 视频等多媒体处理软件对处理器性能的要求越来越高，Intel 在多能奔腾以后的处理器中加入了更多流式 SIMD 扩展（Stream SIMD Extension，SSE）指令集，包括 SSE、SSE2、SSE3、SSSE3、SSE4 等，这些都是典型的数据级并行处理技术。

SSE 指令集最早是 1999 年 Intel 在 Pentium III 处理器中推出的，包括 70 条指令，其中包含提高 3D 图形运算效率的 50 条 SIMD 浮点运算指令、12 条 MMX 整数运算增强指令和 8 条优化内存中连续数据块的传输指令。理论上这些指令对图像处理、浮点运算、3D 运算、视频处理、音频处理等诸多多媒体应用起到全面强化的作用。SSE 兼容 MMX 指令，它可以通过 SIMD 技术在单时钟周期内并行处理 4 个单精度浮点数据来有效地提高浮点运算速度。

2001 年 Intel 在 Pentium 4 中发布了一套包括 144 条新指令的 SSE2 指令集，提供了浮点 SIMD 指令、整数 SIMD 指令、浮点数和整数之间的转换等指令。SSE2 增加了能处理 128 位整数和同时并行处理两个 64 位双精度浮点数的指令。为了更好地利用高速缓存，还新增了几条缓存指令，允许程序员控制已经缓存过的数据。

2004 年初 Intel 公司在新款 Pentium 4（P4E，Prescott 核心）处理器中发布了 SSE3，2005 年 4 月 AMD 公司也发布了具备部分 SSE3 功效的处理器 Athlon 64，此后的 x86 处理器几乎都具备 SSE3 的新指令集功能。SSE3 新增了 13 条指令，其中一条用于视频解码，两条用于线程同步，其余用于复杂的数学运算、浮点数与整数之间的转换以及

SIMD 浮点运算，使处理器对 DSP 及 3D 处理的性能大为提升。此外，SSE3 针对多线程应用进行优化，使处理器原有的超线程功能获得了更好的发挥。

2005 年，作为 SSE3 指令集的补充版本，SSSE3 出现在酷睿微架构处理器中，其中新增 16 条指令，进一步增强了 CPU 在多媒体、图形图像和 Internet 等方面的处理能力。

2008 年 SSE4 指令集发布，它被视为最重要的多媒体扩展指令集架构改进方式，将延续了多年的 32 位架构升级至 64 位。SSE4 增加了 54 条指令，其中 SSE4.1 指令子集包含 47 条指令，SSE4.2 包含 7 条指令。SSE4.1 主要针对向量绘图运算、3D 游戏加速、视频编码加速及协同处理加速等方面，此外，还加入了 6 条浮点运算增强指令，这使得图形渲染处理性能和 3D 游戏效果得到了极大的提升。除此之外，SSE4.1 指令集还加入了串流式负载指令，可提高图形帧缓冲区的数据读取频宽，理论上可获取完整的缓存行，即单次读取 64 位而非原来的 8 位。SSE4.2 主要针对字符串和文本处理。例如，对 XML 应用进行高速查找及对比，在 Web 服务器应用等方面有显著的性能改善。

下面用一个简单的例子来比较普通指令与数据级并行指令的执行速度。为了使比较结果尽量不受访存操作的影响，以下例子中的运算操作数主要是寄存器操作数。此外，为了使比较结果尽量准确，例子中设置了较大的循环次数值，为 0x400 0000=2^{26}。例子只是为了说明指令执行速度的快慢，并没有考虑结果是否溢出。

图 5.11 给出了采用普通指令的累加函数 dummy_add 对应的汇编代码，其中粗体字部分为循环体，循环控制指令 loop 执行时，先检测寄存器 ECX 的内容，若为 0 则退出循环，否则 ECX 的内容减 1，并再次进入循环体的第一条指令开始执行，循环体的第一条指令地址由 loop 指令指出。

图 5.12 给出了采用数据级并行指令的累加函数 dummy_add_sse 对应的汇编代码，其中粗体字部分为循环体。

从图 5.11 可以看出，在 dummy_add 函数中，每次循环只完成一个字节的累加，而在图 5.12 所示的 dummy_add_sse 函数中，每次循环执行的指令为“paddb %xmm0, %xmm1”，也即每次循环并行完成两个 XMM 寄存器中的 16 个一字节数据的累加，对于与 dummy_add 同样的工作量，循环次数应为其 1/16，即（0x400 0000>>4）= 0x40 0000 = 2^{22}，因而，可以预期所用的时间大约只有 dummy_add 的 1/16。

```
080484f0 <dummy_add>:
 80484f0:      55                   push       %ebp
 80484f1:      89 e5                mov        %esp, %ebp
 80484f3:      b9 00 00 00 04       mov        $0x4000000, %ecx
 80484f8:      b0 01                mov        $0x1, %al
 80484fa:      b3 00                mov        $0x0, %bl
 80484fc:      00 c3                add        %al, %bl
 80484fe:      e2 fc                loop       80484fc <dummy_add+0xc>
 8048500:      5d                   pop        %ebp
 8048501:      c3                   ret
```

图 5.11 采用普通指令的累加函数

```
08048510 <dummy_add_sse>:
 8048510:       55                      push    %ebp
 8048511:       b8 00 9d 04 10          mov     $0x10049d00, %eax
 8048516:       89 e5                   mov     %esp, %ebp
 8048518:       53                      push    %ebx
 8048519:       bb 20 9d 04 14          mov     $0x14049d20, %ebx
 804851e:       b9 00 00 40 00          mov     $0x400000, %ecx
 8048523:       66 0f 6f 00             movdqa  (%eax), %xmm0
 8048527:       66 0f 6f 0b             movdqa  (%ebx), %xmm1
 804852b:       66 0f fc c8             paddb   %xmm0, %xmm1
 804852f:       e2 fa                   loop    804852b <dummy_add_sse+0x1b>
 8048531:       5b                      pop     %ebx
 8048532:       5d                      pop     %ebp
 8048533:       c3                      ret
```

图 5.12 采用 SSE 指令的累加函数

在相同环境下测试两个函数的执行时间，dummy_add 所用时间约为 22.643816s，而 dummy_add_sse 所用时间约为 1.411588s，两者大约为 16.041378 倍。这与预期结果一致。

dummy_add_sse 函数中用到的 SSE 指令有两种，除了 paddb 以外，还有一种是 movdqa 指令，它的功能是将双四字（128 位）从源操作数处移到目标操作数处。该指令可用于在 XMM 寄存器与 128 位存储单元之间移入 / 移出双四字，或在两个 XMM 寄存器之间移动。该指令的源操作数或目标操作数是存储器操作数时，操作数必须是 16 字节边界对齐，否则将发生一般保护性异常（#GP）。若需要在未对齐的存储单元中移入 / 移出双四字，可以使用 movdqu 指令。更多有关 SSE 指令集的内容请参看 Intel 的相关资料。

5.4 兼容 IA-32 的 64 位系统

随着计算机技术及应用领域的不断发展，32 位处理器已逐步转向了 64 位处理器，最早的 64 位微处理器架构是 Intel 提出的采用全新指令集的 IA-64，而最早兼容 IA-32 的 64 位架构是 AMD 提出的 x86-64。

5.4.1 x86-64 的发展简史

Intel 最早推出的 64 位架构是基于**超长指令字**（Very Long Instruction Word，VLIW）技术的 IA-64 体系结构，Intel 称其为**显式并行指令计算机**（Explicitly Parallel Instruction Computer，EPIC）。Intel 的安腾（Itanium）和安腾 2（Itanium 2）处理器分别在 2000 年与 2002 年问世，它们是 IA-64 体系结构最早的具体实现。安腾体系结构试图完全脱离 IA-32 CISC 架构的束缚，最大限度地提高软件和硬件之间的协同性，力求将处理器的处理能力和编译软件的功能结合起来，在指令中将并行执行信息以明显的方式告诉硬件。但是，这种思路被证明是不易实现的，而且，因为安腾采用了全新的指令集，虽然可以在兼容模式中执行 IA-32 代码，但是性能不太好，所以安腾并没有在市场上获得成功。

AMD 公司利用 Intel 公司在 IA-64 架构上的失败，抢先在 2003 年推出了兼容 IA-32 的 64 位版本指令集 x86-64，它在保留 IA-32 指令集的基础上，增加了新的数据格式及其操作指令，寄存器长度扩展为 64 位，并将通用寄存器个数从 8 个扩展到 16 个。通过 x86-64，AMD 获得了以前属于 Intel 的一些高端市场。AMD 后来将 x86-64 更名为 AMD 64。

Intel 发现用 IA-64 直接替换 IA-32 行不通，于是，在 2004 年推出了 IA32-EM64T（Extended Memory 64 Technology, 64 位内存扩展技术），它支持 x86-64 指令集。Intel 为了表示 EM64T 的 64 位模式特点，又使其与 IA-64 有所区别，2006 年开始把 EM64T 改名为 Intel 64。因此，Intel 64 是与 IA-64 完全不同的体系结构，它与 IA-32 和 AMD 64 兼容。

目前，AMD 的 64 位处理器架构 AMD 64 和 Intel 的 64 位处理器架构 Intel 64 都支持 x86-64 指令集，因而，通常人们直接使用 x86-64 代表 64 位 Intel 指令集架构。x86-64 有时也简称为 x64。

5.4.2 x86-64 的基本特点

对高级语言程序进行编译可以有两种选择，一种是按 IA-32 指令集编译成 IA-32 目标代码，一种是按 x86-64 指令集编译成 x86-64 目标代码。通常，在 IA-32 架构上运行的是 32 位操作系统，GCC 默认生成 IA-32 代码；在 x86-64 架构上运行的是 64 位操作系统，GCC 默认生成 x86-64 代码，若要生成 IA-32 目标代码，则需加相应的编译选项。Linux 和 GCC 将前者称为“i386”平台，将后者称为“x86-64”平台。

与 IA-32 代码相比，x86-64 代码主要有以下几个方面的特点。

1）比 IA-32 具有更多的通用寄存器个数。

新增的 8 个 64 位通用寄存器名称分别为 R8、R9、R10、R11、R12、R13、R14 和 R15。它们可以作为 8 位寄存器（R8B~R15B）、16 位寄存器（R8W~R15W）或 32 位寄存器（R8D~R15D）使用，以访问其中的低 8、低 16 或低 32 位。

2）比 IA-32 具有更长的通用寄存器位数，从 32 位扩展为 64 位。

在 x86-64 中，所有通用寄存器（GPR）都从 32 位扩展到 64 位，名称也发生了变化。8 个 32 位通用寄存器 EAX、EBX、ECX、EDX、EBP、ESP、ESI 和 EDI 对应的 64 位寄存器分别命名为 RAX、RBX、RCX、RDX、RBP、RSP、RSI 和 RDI。

在 IA-32 中，寄存器 EBP、ESP、ESI 和 EDI 的低 8 位不能使用，而在 x86-64 架构中，则可以使用这些寄存器的低 8 位，对应的寄存器名称为 BPL、SPL、SIL 和 DIL，加上原来的 AL、BL、CL、DL，再加上新的 8 个 8 位寄存器 R8B ～ R15B，共 16 个 8 位寄存器。

整数操作不仅支持 8、16、32 位数据类型，还支持 64 位数据类型。所有算术逻辑运算、寄存器与内存之间的数据传输，都能以最多 64 位为单位进行操作。栈的压入和弹出操作都以 8 字节为单位进行。

3）因为字长从 32 位变为 64 位，所以逻辑地址也从 32 位变为 64 位，对应的 64 位指令指针寄存器名为 RIP，对应的 64 位标志寄存器名为 RFLAGS。

指针（如 char* 型）和长整数（long 型）数据从 32 位扩展到 64 位，与 IA-32 平台相比，理论上其数据访问的空间大小从 2^{32}B=4GB 扩展到了 2^{64}B=16EB。不过，目前仅支持 48 位逻辑地址空间，即逻辑地址从 4GB 增加到 256TB。

4）对于 long double 型数据，虽然还是采用与 IA-32 相同的 80 位扩展精度格式，但是，所分配的存储空间从 IA-32 的 12 字节大小扩展为 16 字节大小。也即，此类数据的边界从 4B 对齐改为 16B 对齐，不管是分配 12 字节还是 16 字节，都只会用到低 10 个字节。

5）过程调用时，对于入口参数只有 6 个以内的整型变量和指针型变量的情况，通常就用通用寄存器而不是用栈来传递，因而，很多过程可以不用访问栈，使得大多数情况下执行时间比 IA-32 代码更短。关于过程调用时的参数传递详见 6.1.3 节和 6.1.6 节。

6）128 位的 XMM 寄存器从原来的 8 个增加到 16 个，浮点操作采用基于 SSE 的面向 XMM 寄存器的指令集，浮点数存放在 128 位的 XMM 寄存器中，而不再采用基于浮点寄存器栈 ST(0) ～ ST(7) 的 x87 指令集。

5.4.3 x86-64 的基本指令

x86-64 指令集在兼容 IA-32 的基础上，能支持 64 位数据操作指令，大部分操作数指示符与 IA-32 一样，所不同的是，当指令中的操作数为存储器操作数时，其基址寄存器或变址寄存器都必须是 64 位寄存器；此外，在运算类指令中，除了支持原来 IA-32 中的寻址方式以外，x86-64 还支持 PC 相对寻址方式。

1. 数据传送指令

在 x86-64 中，提供了一些在 IA-32 中没有的新的数据传送指令，汇编指令中指令助记符结尾处的“q”表示操作数长度为四字（64 位）。例如：

- movabsq 指令用于将一个 64 位立即数送到一个 64 位通用寄存器中；
- movq 指令用于传送一个 64 位的四字，源操作数为立即数时，最多只能指定 32 位立即数，因此需按符号扩展 64 位后进行传送；
- movsbq、movswq、movslq 用于将源操作数进行符号扩展并传送到一个 64 位寄存器中；
- cltq 用于将 EAX 内容符号扩展为 64 位后送 RAX，相当于 movslq %eax，%rax 指令的功能，cltq 指令无须显式指定操作数，因而其机器码短；
- movzbq、movzwq 用于将源操作数进行零扩展后传送到一个 64 位寄存器中；
- leaq 用于将 64 位有效地址加载到 64 位寄存器；
- pushq 和 popq 分别是四字压栈与四字出栈指令。

在 x86-64 中，movl 指令的功能与在 IA-32 中有些不同，它在传送 32 位寄存器内容的同时，还会将目的寄存器的高 32 位自动清 0，因此，在 x86-64 中，movl 指令的功能相当于 movzlq 指令，在 x86-64 中不需要 movzlq 指令。

例 5.10 以下是 x86-64 系统上的一个 C 语言函数，其功能是将类型为 source_type 的参数转换为 dest_type 类型的数据并返回。

```
dest_type convert(source_type x) {
    dest_type y = (dest_type) x;
    return y;
}
```

根据过程调用时的参数传递约定可知，x 存放在寄存器 RDI 对应的适合宽度的寄存器（如 RDI、EDI、DI 和 DIL）中，y 存放在 RAX 对应的寄存器（RAX、EAX、AX 或 AL）中，填写表 5.7 中的汇编指令，以实现 convert 函数中的赋值语句。

表 5.7　例 5.10 中 source_type 和 dest_type 不同组合对应的汇编指令

source_type	dest_type	汇编指令
char	long	
int	long	
long	long	
long	int	
unsigned int	unsigned long	
unsigned long	unsigned int	
unsigned char	unsigned long	

解 根据 x86-64 数据传输指令的功能，得到对应表 5.7 中各种组合对应的汇编指令（AT&T 格式），如表 5.8 所示。

表 5.8　例 5.10 中各种情况对应的汇编指令

序号	source_type	dest_type	汇编指令
1	char	long	movsbq %dil, %rax
2	int	long	movslq %edi, %rax
3	long	long	movq %rdi, %rax
4	long	int	movslq %edi, %rax # 符号扩展到 64 位，使 RAX 中高 32 位为符号 movl %edi, %eax # 零扩展到 64 位，使 RAX 中高 32 位为 0
5	unsigned int	unsigned long	movl %edi, %eax # 零扩展到 64 位，使 RAX 中高 32 位为 0
6	unsigned long	unsigned int	movl %edi, %eax # 零扩展到 64 位，使 RAX 中高 32 位为 0
7	unsigned char	unsigned long	movzbq %dil, %rax # 零扩展到 64 位，使 RAX 中高 56 位为 0

与例 5.3 中序号 1 和 2 的情况一样，序号 1 中存在“不确定行为”代码，在 Intel x86 机器的 gcc 编译系统上开发运行时，编译器将 char 型数据按带符号整数解释，并且在 64 位机器中，(unsigned)long 型数据为 64 位，因此生成的指令为符号扩展传送指令 movsbq。

序号 4 中，将 long 型数据转换为 int 型数据时，可以用两种不同的指令 movslq 和 movl。虽然执行这两种指令得到的 RAX 中的高 32 位内容可能不同，但是，EAX 中的结果是一样的。因为函数返回的是 int 型数据，所以 RAX 中高 32 位没有意义，只要 EAX 中的 32 位正确即可。■

2. 算术逻辑运算指令

在 x86-64 中，增加了操作数长度为四字的运算类指令（长度后缀为 q），例如，addq（四字相加）、subq（四字相减）、imulq（带符号整数四字相乘）、mulq（无符号整数四字相乘)、orq（64位相或)、incq（增1)、decq（减1)、negq（取负)、notq（各位取反)、salq（算术左移）等。

例 5.11 以下是C语言赋值语句“x=a*b+c*d;”对应的x86-64汇编代码，已知变量x、a、b、c和d分别在寄存器RAX、RDI、RSI、RDX和RCX对应宽度的寄存器中。根据以下汇编代码，推测变量x、a、b、c和d的数据类型。

```
1  movslq    %ecx, %rcx
2  imulq     %rdx, %rcx
3  movsbl    %sil, %esi
4  imull     %edi, %esi
5  movslq    %esi, %rsi
6  leaq      (%rcx, %rsi), %rax
```

解 根据第1行可知，在ECX中的变量d从32位符号扩展为64位，因此，变量d的数据类型为int型；第2行指令实现的是RCX中的内容和RDX中的内容按带符号整数相乘，两个都是64位寄存器，因此，在RDX中的变量c为64位带符号整型，即c的数据类型为long型；根据第3行可知，在SIL中的变量b为signed（char）型数据；根据第4行可知，在EDI中的a是int型数据；根据第5行和第6行可知，存放在RAX中的x是long型数据。■

3. 程序执行流控制指令

与IA-32一样，x86-64中的条件跳转、无条件跳转、调用和返回指令等都需要指定跳转目标地址，只不过在64位的x86-64系统中，根据指令计算得到的跳转目标地址的位数为64位，且这些指令改变的指令指针寄存器为64位的RIP，而不是IA-32中的EIP。

例 5.12 已知条件跳转指令（je、jg、ja等）和无条件跳转指令（jmpq等）对应的机器代码中，第1字节为操作码字段，其余部分为立即数字段，用于指定相对寻址方式中的偏移量，在机器指令中偏移量按小端方式存放。在以下给出的4段反汇编代码中，给出下划线处对应的跳转目标地址或指令的地址。

```
1  4005fc: 74 80          je   ______
   4005fe: 48 89 f8       mov  %rdi,%rax
2  4003a2: 7f 08          jg   ______
   4003a4: 48 85 c0       test %rax,%rax
3  ______: 77 86          ja   4003c2
   ______: 5d             pop  %rbp
4  400448: e9 86 ff ff ff jmpq ______
   ______: 48 d1 f8       sar  %rax
```

解 反汇编代码中最左边的是用十六进制表示的指令地址，冒号后紧接着的是机器指令代码，最右边是汇编指令。4段反汇编代码中跳转指令都采用了相对寻址的直接跳转方式，跳转目标地址 = 基准地址 + 偏移量。注意，这里偏移量是带符号整数，故应采用符号扩展，基准地址为跳转指令下一条指令的地址。

对于第1段代码，跳转目标地址=0x4005fe+0x80=0x40057e，因此下划线处内容为

40057e。在机器中计算地址时，应该是两个64位数在如图4.12所示的64位补码加减运算器中进行加运算，第1个数为0000 0000 0040 05FEH，第2个数是0x80符号扩展后的64位数，这里0x80的第一位为1，因此扩展后为FFFF FFFF FFFF FF80H（偏移量真值为 −80H=−128），这两个数直接相加后的结果为0000 0000 0040 057E。

对于第2段代码，跳转目标地址=0x4003a4+0x08=0x4003ac，因此下划线处内容为4003ac。这里0x08的符号位为0。在运算器中执行的是0000 0000 0040 03A4H + 0000 0000 0000 0008 = 0000 0000 0040 03ACH。

对于第3段代码，已知跳转目标地址为0x4003c2，偏移量为0x86，因此ja指令的下一条指令（pop）的地址为0x4003c2-0x86=0x40043c，从而推导出ja指令的地址为0x40043a。这里0x86的第一位为1，因此扩展后为FFFF FFFF FFFF FF86H（偏移量真值为 −7AH=−122），在如图4.12所示的64位补码加减运算器中进行减运算：0000 0000 0040 03C2H − FFFF FFFF FFFF FF86H = 0000 0000 0040 03C2H + 000 0000 0000 007AH = 0000 0000 0040 043CH。

对于第4段代码，因为jmpq指令占5字节，因此下一条sar指令的地址为0x400448+5=0x40044d。因为jmpq指令中的偏移量字段采用小端方式存放，所以跳转目标地址为0x40044d+0xffffff86=0x4003d3。这里偏移量的真值为 −7AH=−122。 ■

5.5 小结

任何一个C语言程序都要转换为对应机器所采用的指令集体系结构规定的机器代码才能执行。本章主要介绍IA-32/x86-64指令集体系结构的基础内容，首先介绍了IA-32支持的数据类型、寄存器组织、寻址方式、常用指令类型、指令格式和指令的功能，然后简单介绍了兼容IA-32的x86-64的基本特点和基本指令，从而为下一章介绍C语言程序在IA-32/x86-64架构上的机器级表示打下基础。

习题

1. 给出以下概念的解释说明。

机器语言程序	机器指令	汇编语言	汇编指令
汇编语言程序	汇编助记符	汇编程序	反汇编程序
机器级代码	通用寄存器	变址寄存器	基址寄存器
栈指针寄存器	指令指针寄存器	标志寄存器	条件标志（条件码）
寻址方式	立即寻址	寄存器寻址	相对寻址
存储器操作数	实地址模式	保护模式	有效地址
比例变址	非比例变址	比例系数（比例因子）	MMX指令
SSE指令集	SIMD	多媒体扩展通用寄存器	

2. 简单回答下列问题。

（1）一条机器指令通常由哪些字段组成？各字段的含义分别是什么？

（2）将一个高级语言源程序转换成计算机能直接执行的机器代码通常需要哪几个步骤？

（3）IA-32 中的逻辑运算指令如何生成条件标志？移位指令可能会改变哪些条件标志？

（4）执行条件跳转指令时所用到的条件标志信息从何而来？请举例说明。

（5）无条件跳转指令与调用指令的相同点和不同点是什么？

3. 使用汇编器处理以下 IA-32 系统中的 AT&T 格式代码时都会产生错误，请说明每一行各存在什么错误。

```
（1）movl 0xFF, (%eax)
（2）movb %ax, 12(%ebp)
（3）addl %ecx, $0xF0
（4）orw  $0xFFFF0, (%ebx)
（5）addb $0xF8, (%dl)
（6）movl %bx, %eax
（7）andl %esi, %esx
（8）movw 8(%ebp, , 4), %ax
```

4. 假设在 IA-32 系统中以下地址和寄存器中存放的机器数如表 5.9 所示。

表 5.9　题 4 表

地址	机器数	寄存器	机器数
0x0804 9300	0xffff fff0	EAX	0x0804 9300
0x0804 9400	0x8000 0008	EBX	0x0000 0100
0x0804 9384	0x80f7 ff00	ECX	0x0000 0010
0x0804 9380	0x908f 12a8	EDX	0x0000 0080

分别说明执行以下指令后，哪些存储单元地址或寄存器中的内容会发生改变？改变后的内容是什么？条件标志 OF、SF、ZF 和 CF 会发生什么改变？

```
（1）addl   (%eax), %edx
（2）subl   (%eax, %ebx), %ecx
（3）orw    4(%eax, %ecx, 8), %bx
（4）testb  $0x80, %dl
（5）imull  $32, (%eax, %edx), %ecx
（6）mulw   %bx
（7）decw   %cx
```

5. 已知 IA-32 采用小端方式，根据给出的 IA-32 机器代码的反汇编结果（部分信息用 x 表示）回答问题。

（1）已知 je 指令的操作码为 0111 0100，je 指令的跳转目标地址是什么？ call 指令中的跳转目标地址 0x80483b1 是如何反汇编出来的？

```
804838c:    74 08                  je     xxxxxxx
804838e:    e8 1e 00 00 00         call   0x80483b1<test>
```

（2）已知 jb 指令的操作码为 0111 0010，jb 指令的跳转目标地址是什么？ movl 指令中的传送目的地址如何反汇编出来的？

```
8048390:    72 f6                  jb     xxxxxxx
8048392:    c6 05 00 a8 04 08 01 movl  $0x1, 0x804a800
8048399:    00 00 00
```

（3）已知 jle 指令的操作码为 0111 1110，jle 和 mov 指令的地址各是什么？

```
xxxxxxx:    7e 16    jle    0x80492e0
xxxxxxx:    89 d0    movl   %edx, %eax
```

（4）已知 jmp 指令的跳转目标地址采用相对寻址方式，jmp 指令操作码为 1110 1001，其跳转目标地址是什么？

```
8048296:    e9 00 ff ff ff    jmp        xxxxxxx
804829b:    29 c2             subl  %eax, %edx
```

6. 对于以下在 x86-64 系统中的 AT&T 格式汇编指令，根据操作数的长度确定对应指令助记符中的长度后缀，并说明每个操作数的寻址方式。

```
(1) mov    8(%rbp, %rbx, 4), %ax
(2) mov    %al, 12(%rbp)
(3) add    (%rbp, %rsi, 4), %r9w
(4) or     (%rbx), %dl
(5) push   $0xF8
(6) mov    $0xFFF0, %eax
(7) test   %r8d, %r8d
(8) lea    8(%rbx, %rsi), %rax
```

7. 假设在 x86-64 系统的某程序中变量 x 和 ptr 的类型声明如下：

```
src_type x;
dst_type *ptr;
```

这里，src_type 和 dst_type 是用 typedef 声明的数据类型。有以下 C 语言赋值语句：

```
*ptr=(dst_type) x;
```

若 x 存储在 RAX 对应宽度的寄存器（RAX）、（EAX）、（AX）或（AL）中，ptr 存储在寄存器 RDX 中，则对于表 5.10 中给出的 src_type 和 dst_type 的类型组合，写出实现上述赋值语句对应的汇编指令。

表 5.10 题 7 表

src_type	dst_type	汇编指令（AT&T 格式）
char	long	
int	char	
int	unsigned long	
short	int	
unsigned char	unsigned	
char	unsigned long	
unsigned	int	

8. 假设变量 x 和 y 分别存放在寄存器 RAX 和 RCX 中，给出以下指令执行后寄存器 RDX 中的结果。

```
(1) leal   (%rax), %rdx
(2) leal   4(%rax, %rcx), %rdx
(3) leal   (%rax, %rcx, 8), %rdx
(4) leal   0xc(%rcx, %rax, 2), %rdx
(5) leal   ( , %rax, 4), %rdx
(6) leal   (%rax, %rcx), %rdx
```

第6章　程序的机器级表示

用任何高级语言编写的源程序最终都必须转换成以指令形式表示的机器语言才能在计算机上运行，本章将介绍高级语言源程序对应的机器级代码，也就是程序转换前后高级语言程序与机器级代码之间的对应关系。为方便起见，本章选择具体语言进行说明，高级语言和机器语言分别选用C语言和IA-32/x86-64指令系统。其他情况下，这些基本原理不变。

本章主要介绍C语言程序与IA-32/x86-64机器级指令之间的对应关系，包括C语言中的过程调用和各类控制语句的机器级代码表示、复杂数据类型（数组、结构、联合等）对应处理程序段的机器级代码、越界访问和缓冲区溢出等内容。本章所用的机器级表示主要以汇编语言形式为主，对机器级指令功能描述的RTL规定与第5章一致。

6.1　过程调用的机器级表示

为便于模块化程序设计，通常把程序中具有特定功能的部分编写成独立的程序模块，称为子程序。子程序的使用主要通过过程调用实现。程序员可使用参数将过程与其他程序及数据进行分离。调用过程只是传送输入参数给被调用过程，最后再由被调用过程返回结果参数给调用过程。

引入过程使得每个程序员只需要关注本模块过程的编写任务。本书主要介绍C语言程序的机器级表示，而C语言用函数来实现过程，因此，本书中的过程和函数是等价的。

6.1.1　IA-32中过程的调用约定

将整个程序分成若干模块后，编译器可以分别对每个模块进行编译。为了彼此统一，编译的模块代码之间必须遵循一些调用接口约定，这些约定称为**调用约定**（calling convention），具体由ABI规范定义，由编译器强制执行，因此汇编语言程序员也必须强制按照这些约定执行，包括寄存器的使用、栈帧的建立和参数传递等。

1. 实现过程调用的相关指令

在5.3.4节中提到的调用指令CALL和返回指令RET是用于过程调用的主要指令，它们都属于无条件跳转指令，都会改变程序执行顺序。为了支持嵌套和递归调用，通常利用栈来保存返回地址、入口参数和过程内部定义的非静态局部变量，因此，CALL指令在跳转到被调用过程执行之前先要把返回地址压栈，RET指令在返回调用过程之前要从栈中取出返回地址。

2. 过程调用的执行步骤

假定过程 P 调用过程 Q，则 P 称为**调用者**（caller），Q 称为**被调用者**（callee）。过程调用的执行步骤如下。

1）P 将入口参数（实参）放到 Q 能访问的地方。

2）P 将返回地址存到特定的地方，然后将控制转移到 Q。

3）Q 保存 P 的现场，并为自己的非静态局部变量（即自动变量）分配空间。

4）执行 Q 的过程体（函数体）。

5）Q 恢复 P 的现场，并释放非静态局部变量所占空间。

6）Q 取出返回地址，将控制转移到 P。

上述步骤中，第 1 步和第 2 步是在过程 P 中完成的，其中第 2 步由 CALL 指令实现，通过 CALL 指令，将控制从过程 P 转移到了过程 Q。第 3 ～ 6 步都在被调用过程 Q 中完成，在执行 Q 过程体之前的第 3 步通常称为**准备阶段**，用于保存 P 的现场并为 Q 的非静态局部变量分配空间，在执行 Q 过程体之后的第 5 步通常称为**结束阶段**，用于恢复 P 的现场并释放 Q 的局部变量所占空间，最后在第 6 步通过执行 RET 指令返回到过程 P。每个过程的功能主要是通过过程体的执行来完成的。如果过程 Q 有嵌套调用，那么在 Q 的过程体和被 Q 调用的过程中又会有上述 6 个步骤的执行过程。

小贴士

因为每个处理器只有一套通用寄存器，因此通用寄存器是每个过程共享的资源，当从调用过程跳转到被调用过程执行时，原来在通用寄存器中存放的调用过程中的内容不能因为被调用过程要使用这些寄存器而被破坏掉，因此，在被调用过程使用这些寄存器前，在准备阶段先将寄存器中的值保存到栈中，用完以后，在结束阶段再从栈中将这些值重新写回到寄存器中，这样，回到调用过程后，寄存器中存放的还是调用过程中的值。通常将通用寄存器中的值称为**现场**。

并不是所有通用寄存器中的值都由被调用过程保存，而是调用过程保存一部分，被调用过程保存一部分。通常由应用程序二进制接口（ABI）规范给出**寄存器使用约定**，其中约定哪些寄存器由调用者保存，哪些由被调用者保存。

3. 过程调用所使用的栈

从上述执行步骤来看，在过程调用中，需要为入口参数、返回地址、调用过程执行时用到的寄存器、被调用过程中的非静态局部变量、过程返回时的结果等数据找到存放空间。如果有足够的寄存器，最好把这些数据都保存在寄存器中，这样，CPU 执行指令时，可以快速地从寄存器取得这些数据进行处理。但是，用户可见寄存器数量有限，并且它们是所有过程共享的，某时刻只能被一个过程使用；此外，过程中使用的一些复杂类型的非静态局部变量（如数组和结构等类型数据）也不可能保存在寄存器中。因此，除了寄存器外，还需要有一个专门的存储区域来保存这些数据，这个存储区域就是**栈**（stack）。那么，上述数据中哪些存放在寄存器中，哪些存放在栈中呢？寄存器和栈的使用又有哪些规定呢？

4. IA-32 的寄存器使用约定

尽管硬件对寄存器的用法几乎没有任何规定，但是，因为寄存器是被所有过程共享的资源，若一个寄存器在调用过程中存放了特定的值 x，在被调用过程执行时，它又被写入了新的值 y，那么当从被调用过程返回到调用过程执行时，该寄存器中的值就不是当初的值 x，这样，调用过程的执行结果就可能会发生错误。因而，在实际使用寄存器时需要遵循一套约定规则，使机器级程序员、编译器和库函数的实现等都按照统一的约定处理。

i386 System V ABI（这里 i386 表示 IA-32 指令架构）规定，寄存器 EAX、ECX 和 EDX 是**调用者保存寄存器**（caller saved register）。当过程 P 调用过程 Q 时，Q 可以直接使用这三个寄存器，不用将它们的值保存到栈中，这也意味着，如果 P 在从 Q 返回后还要用这三个寄存器，P 应在转到 Q 之前先保存它们的值，并在从 Q 返回后先恢复它们的值再使用。寄存器 EBX、ESI、EDI 是**被调用者保存寄存器**（callee saved register），Q 必须先将它们的值保存到栈中再使用它们，并在返回 P 之前先恢复它们的值。另外两个寄存器 EBP 与 ESP 分别是帧指针寄存器和栈指针寄存器，分别用来指向当前栈帧的底部和顶部。每个函数的返回值存放在 EAX 寄存器中。

小贴士

应用程序二进制接口（Application Binary Interface，ABI）是为运行在特定 ISA 及特定操作系统之上的应用程序规定的一种机器级目标代码接口，包含了运行在特定 ISA 及特定操作系统之上的应用程序所对应的目标代码生成时必须遵循的约定。ABI 描述了应用程序和操作系统之间、应用程序和所调用的库函数之间、不同组成部分（如过程或函数）之间在较低层次上的机器级代码接口。开发编译器、操作系统和函数库等软件的程序员需要遵循 ABI 规范。此外，若应用程序员使用不同的编程语言开发软件，也可能需要使用 ABI 规范。

本书大部分规范其实都是 ABI 手册里面定义的，包括 C 语言中数据类型的长度、对齐、栈帧结构、调用约定、ELF 格式、链接过程和系统调用的具体方式等。Linux 操作系统下一般使用 System V ABI，而 Windows 操作系统则使用另一套 ABI 规范。

5. IA-32 的栈、栈帧及其结构

IA-32 使用栈来支持过程的**嵌套调用**，过程的入口参数、返回地址、保存在寄存器的值、被调用过程中的非静态局部变量等都会被压入栈中。IA-32 中可通过执行 MOV、PUSH 和 POP 指令存取栈中的元素，用 ESP 寄存器指示栈顶，栈从高地址向低地址增长。

每个过程都有自己的栈区，称为**栈帧**（stack frame），因此，一个栈由若干栈帧组成，每个栈帧用专门的**帧指针寄存器** EBP 指定起始位置。因而，**当前栈帧**的范围在帧指针

EBP 和栈指针 ESP 指向区域之间。过程执行时，由于不断有数据入栈，所以栈指针会动态移动，而帧指针可以固定不变。对程序来说，用固定的帧指针来访问变量要比用变化的栈指针方便，也不易出错，因此，在一个过程内对栈中信息的访问大多通过帧指针寄存器 EBP 进行，即通常将 EBP 作为基址寄存器使用。

假定 P 是调用过程，Q 是被调用过程。图 6.1 给出了 IA-32 在过程 Q 被调用前、过程 Q 执行中和从过程 Q 返回到过程 P 这三个时点栈中的状态变化。

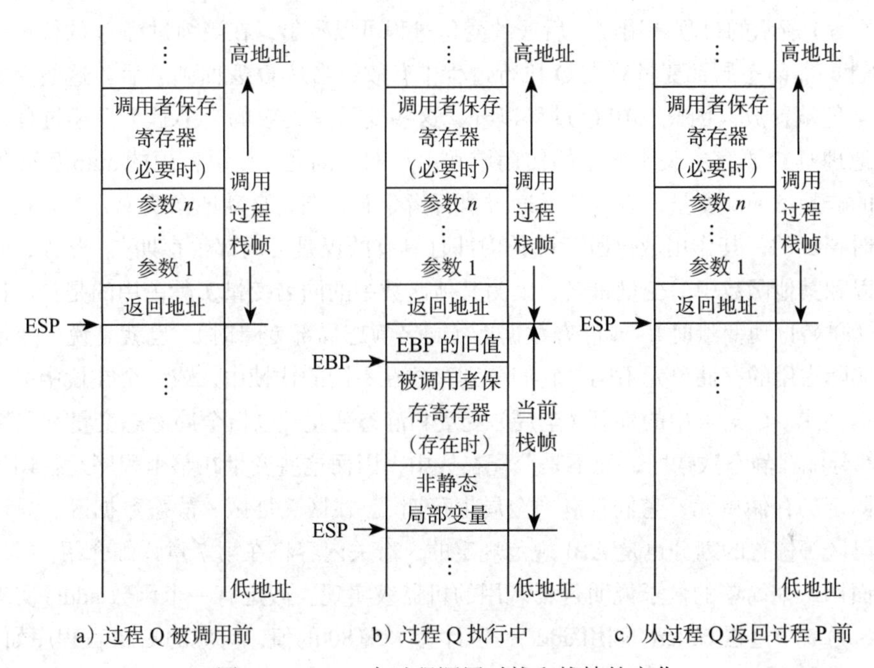

图 6.1 IA-32 中过程调用时栈和栈帧的变化

在调用过程 P 中遇到一个函数调用（假定被调用函数为 Q）时，在调用过程 P 的栈帧中保存的内容如图 6.1a 所示。首先，P 确定是否需要将某些调用者保存寄存器（如 EAX、ECX 和 EDX）保存到自己的栈帧中；然后，将入口参数按序保存到 P 的栈帧中，参数压栈的顺序是先右后左；最后执行 CALL 指令，先将返回地址保存到 P 的栈帧中，然后转去执行被调用过程 Q。

在被调用函数 Q 的准备阶段，Q 栈帧中保存的内容如图 6.1b 所示。首先，Q 将 EBP 的值保存到 Q 的栈帧中，并设置 EBP 指向它，即 EBP 指向当前栈帧的底部；然后，根据需要确定是否将被调用者保存寄存器（如 EBX、ESI 和 EDI）保存到 Q 的栈帧中；最后在栈中为 Q 中的非静态局部变量分配空间。通常，如果非静态局部变量为简单变量且有空闲的通用寄存器，则编译器会将通用寄存器分配给局部变量使用，但是，对于非静态局部变量是数组或结构等复杂数据类型的情况，只能在栈中为其分配空间。

在 Q 过程体后的结束阶段，Q 会恢复被调用者保存寄存器和 EBP 寄存器的值，并使 ESP 指向返回地址，这样，栈中的状态又回到了开始执行 Q 时的状态，如图 6.1c 所示。这时，执行 RET 指令便能取出返回地址，回到过程 P 继续执行。

i386 System V ABI 规定，栈中参数按 4 字节对齐，因此若参数类型为 char、unsigned char、short、unsigned short，其空间也占 4B，使得入口参数的地址总是 4 的倍数。从图 6.1 可看出，在 Q 的过程体执行时，入口参数 1 的地址总是 R[ebp]+8，入口参数 2 的地址总是 R[ebp]+12，入口参数 3 的地址总是 R[ebp]+16，依此类推。

6.1.2　变量的作用域和生存期

从图 6.1 所示的过程调用前、后栈的变化过程可以看出，在当前过程 Q 的栈帧中保存的 Q 内部的非静态局部变量只在 Q 执行过程中有效，当从 Q 返回到 P 后，这些变量所占的空间全部被释放，因此，在 Q 过程以外，这些变量是无效的。了解了上述过程，就能够很好地理解 C 语言中关于变量的作用域和生存期的问题。C 语言中的 auto 型变量就是函数内的非静态局部变量，因为它是通过执行指令而动态、自动地在栈中分配并在函数执行结束时释放的，其作用域仅限于函数内部且具有的仅是“局部生存期”。此外，auto 型变量可以和其他函数中的变量重名，因为其他函数中的同名变量实际占用的是自己栈帧中的空间（同名自动变量时），或静态数据区（同名静态局部变量时），也就是说，变量名虽相同但实际占用的存储单元不同，它们分别存放在不同的栈帧中，或一个在栈中另一个在静态数据区中。C 语言中的外部（全局）变量和静态变量（包括全局静态变量和局部静态变量）都分配在静态数据区，而不是分配在栈中，因而这些变量在整个程序运行期间一直占据着固定的存储单元，它们具有“全局生存期”。栈区、堆区、静态数据区、只读数据区和代码区等位置的划分也是 ABI 规范规定的，有关内容将在第 7 章详细介绍。

下面用一个简单的例子说明过程调用的机器级实现。假定有一个函数 add() 实现两个数相加，另一个过程 caller() 调用 add()，以计算 125+80 的值，对应的 C 语言程序如下。

```
1  int add(int x,int y)
2  {
3      return x+y;
4  }
5
6  int caller()
7  {
8      int temp1 = 125;
9      int temp2 = 80;
10     int sum = add(temp1,temp2);
11     return sum;
12 }
```

经 GCC 编译生成的 .s 文件中 caller 过程对应的 IA-32 机器级代码如下（# 后面的文字是注释）。

```
1  caller:
2      pushl  %ebp
3      movl   %esp, %ebp
4      subl   $24, %esp
5      movl   $125, -12(%ebp)    # M[R[ebp]-12]←125，即 temp1 = 125
6      movl   $80, -8(%ebp)      # M[R[ebp]-8]←80，即 temp2 = 80
```

```
7       movl   -8(%ebp), %eax        # R[eax]←M[R[ebp]-8], 即 R[eax]=temp2
8       movl   %eax, 4(%esp)         # M[R[esp]+4]←R[eax], 即 temp2 入栈
9       movl   -12(%ebp), %eax       # R[eax]←M[R[ebp]-12], 即 R[eax]=temp1
10      movl   %eax, (%esp)          # M[R[esp]]←R[eax], 即 temp1 入栈
11      call   add                   # 调用 add, 将返回值保存在 EAX 中
12      movl   %eax, -4(%ebp)        # M[R[ebp]-4]←R[eax], 即 add 返回值送 sum
13      movl   -4(%ebp), %eax        # R[eax]←M[R[ebp]-4], 即 sum 作为 caller 返回值
14      leave
15      ret
```

图 6.2 给出了 caller 栈帧和 add 栈帧的状态，其中，假定 caller 被过程 P 调用。图中 ESP 的位置是执行了第 4 条指令后 ESP 的值所指的位置，可以看出 GCC 为 caller 的参数分配了 24 字节的空间。从汇编代码中可以看出，caller 中只使用了调用者保存寄存器 EAX，没有使用任何被调用者保存寄存器，因而在 caller 栈帧中无须保存除 EBP 以外的任何寄存器的值；caller 有三个自动变量 temp1、temp2 和 sum，皆被分配在栈帧中，其地址依次是 R[ebp]-12、R[ebp]-8 和 R[ebp]-4；在用 call 指令调用 add 函数之前，caller 先将入口参数从右向左（即 temp2 和 temp1 的值，80 和 125）依次保存到栈中。在执行 call 指令时再把返回地址压入栈中。此外，在最初进入 caller 时，还将 EBP 的值压入了栈中，因此 caller 的栈帧中用到的空间占 4+12+8+4=28 字节。但是，caller 的栈帧总共有 4+24+4=32 字节，其中浪费了 4 字节空间（未使用）。这是因为 GCC 为保证 x86 架构中数据的严格对齐而规定每个函数的栈帧大小必须是 16 字节的倍数。有关对齐规则，在后续的章节中介绍。

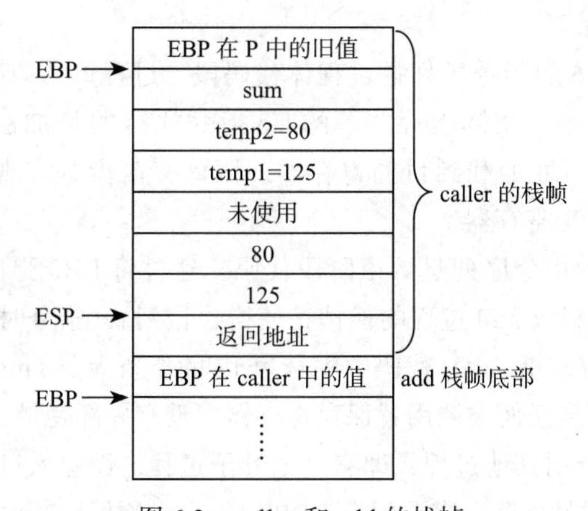

图 6.2 caller 和 add 的栈帧

call 指令执行后，add() 函数的返回参数存放在 EAX 中，因而 call 指令后面的两条指令中，序号为 12 的 movl 指令用来将 add 过程的结果存入 sum 变量的存储空间，其地址为 R[ebp]-4；序号为 13 的 movl 指令用来将 sum 变量的值送至返回值寄存器 EAX 中。

在执行 ret 指令之前，应将当前过程的栈帧释放掉，并恢复旧 EBP 的值，上述序号为 14 的 leave 指令实现了这个功能，它等价于以下两条指令。

```
movl    %ebp, %esp
popl    %ebp
```

其中，第一条指令使 ESP 指向当前 EBP 的位置，第二条指令执行后，EBP 恢复为 P 中的旧值，并使 ESP 指向返回地址。执行完 leave 指令后，ret 指令就可以从 ESP 所指处取返回地址，以返回 P 执行。当然，编译器也可通过 pop 指令和对 ESP 的内容做加法来进行退栈操作，而不一定要使用 leave 指令。

由此可见，当执行完 leave 指令后，caller 的栈帧所在空间就释放了，也就意味着自动变量 temp1、temp2 和 sum 的生存期的结束。因此，这三个自动变量的作用域仅在 caller() 函数内，生存期仅在 caller 代码的执行过程中。

add 过程比较简单，经 GCC 编译并链接后生成的可执行文件中的对应代码如下。

```
1  8048469:55              push   %ebp
2  804846a:89 e5           mov    %esp, %ebp
3  804846c:8b 45 0c        mov    0xc(%ebp), %eax
4  804846f:8b 55 08        mov    0x8(%ebp), %edx
5  8048472:8d 04 02        lea    (%edx,%eax,1), %eax
6  8048475:5d              pop    %ebp
7  8048476:c3              ret
```

一个过程对应的机器级代码都有三个部分：准备阶段、过程体和结束阶段。

上述序号 1 和 2 的指令构成准备阶段的代码段，这是最简单的准备阶段代码段，它通过将当前栈指针 ESP 传送到 EBP 来完成将 EBP 指向当前栈帧底部的任务，如图 6.2 所示，EBP 指向 add 栈帧底部，从而可以方便地通过 EBP 获取入口参数。这里 add 过程的入口参数 x 和 y 对应的值 125 和 80 分别在地址为 R[ebp]+8、R[ebp]+12 的存储单元中，R[ebp]+4 处是返回地址。

上述序号 3、4 和 5 的指令序列是过程体代码段，过程体结束时将返回值放在 EAX 中。这里没有加法指令，实际上序号 5 的 lea 指令执行的是加法运算，lea 指令的功能是将操作数的存储地址加载到目的寄存器，因此，该指令实现的功能是将 R[edx]+R[eax]*1=x+y 送至 EAX 寄存器。

上述序号 6 和 7 的指令序列是结束阶段代码，通过将 EBP 弹出栈帧来恢复 EBP 在 caller 过程中的值，并释放 add 过程的栈帧，使得执行到 ret 指令时栈顶中已经是返回地址。这里的返回地址应该是 caller 代码中序号为 12 的那条指令（movl）的地址。

add 过程中没有用到任何被调用者保存寄存器，没有局部变量，此外，add 是一个被调用过程，并且不再调用其他过程，即它是个**叶子过程**，没有入口参数和返回地址要保存，因此，在 add 的栈帧中除了需要保存 EBP 以外，无须保留其他任何信息。

6.1.3　按值传递参数和按地址传递参数

使用参数传递数据是 C 语言函数间传递数据的主要方式。C 语言中的数据类型分为**基本数据类型**和**复杂数据类型**，而复杂数据类型中又分为**构造类型**和**指针类型**。基本数据类型有整型、浮点型等，构造类型包括数组、结构、联合等类型。

C 语言中函数的**形式参数**可以是基本类型变量名、构造类型变量名和指针类型变量名。对于不同类型的形式参数，其传递参数的方式不同，总体来说分为两种：**按值传递**

和**按地址传递**。当形参是基本类型变量名时，采用按值传递方式；当形参是指针类型变量名或构造类型变量名时，采用按地址传递方式。显然，上面的 add 过程采用的是按值传递方式。

下面通过例子说明两种方式的差别。图 6.3 给出了两个相似的程序。

```
程序一
#include <stdio.h>
int main()
{
    int a=15, b=22;
    printf("a=%d\tb=%d\n", a, b);
    swap(&a, &b);
    printf("a=%d\tb=%d\n", a, b);
}
void swap(int *x, int *y )
{
    int t=*x;
    *x=*y;
    *y=t;
}
```

```
程序二
#include <stdio.h>
int main()
{
    int a=15, b=22;
    printf("a=%d\tb=%d\n", a, b);
    swap(a, b);
    printf("a=%d\tb=%d\n", a, b);
}
void swap(int x, int y )
{
    int t=x;
    x=y;
    y=t;
}
```

图 6.3　按值传递参数和按地址传送参数的程序示例

图 6.3 中两个程序的输出结果如图 6.4 所示。

```
程序一的输出：
    a=15     b=22
    a=22     b=15
```

```
程序二的输出：
    a=15     b=22
    a=15     b=22
```

图 6.4　图 6.3 中两个程序的输出结果

从图 6.4 中程序执行的结果可看出，程序一实现了 a 和 b 值的交换，而程序二并没有实现对 a 和 b 的值进行交换的功能。下面从这两个程序的机器级代码来分析为何它们有这种差别。

图 6.5 中给出了两个程序对应的参数传递代码（IA-32 中的 AT&T 格式），不同之处用粗体字表示。从图 6.5 可看出，在给 swap 过程传递参数时，程序一用了 leal 指令，而程序二用的是 movl 指令，因而程序一传递的是 a 和 b 的地址，而程序二传递的是 a 和 b 的内容。

图 6.6 给出了执行 swap 之前 main 的栈帧状态。在 main 过程中，因为没有用到任何被调用者保存寄存器，所以不需要保存这些寄存器内容到栈帧中；非静态局部变量只有 a 和 b，分别分配在 main 栈帧的 R[ebp]-4 和 R[ebp]-8 的位置。因此，这两个程序对应栈中的状态，仅在于调用 swap() 函数前压入栈中的参数不同。在图 6.6a 所示的程序一的栈帧中，main 函数把变量 a 和 b 的地址作为实参压入了栈中，而在图 6.6b 所示的程序二的栈帧中，则把变量 a 和 b 的值作为实参压入了栈中。图 6.6 的粗体字给出了这两个程序对应栈帧的差别。

```
程序一汇编代码片段:
main:
        ......
    leal    -8(%ebp), %eax
    movl    %eax, 4(%esp)
    leal    -4(%ebp), %eax
    movl    %eax, (%esp)
    call    swap
        ......
    ret
```

```
程序二汇编代码片段:
main:
        ......
    movl    -8(%ebp), %eax
    movl    %eax, 4(%esp)
    movl    -4(%ebp), %eax
    movl    %eax, (%esp)
    call    swap
        ......
    ret
```

图 6.5　两个程序中 swap 过程传递参数的汇编代码片段

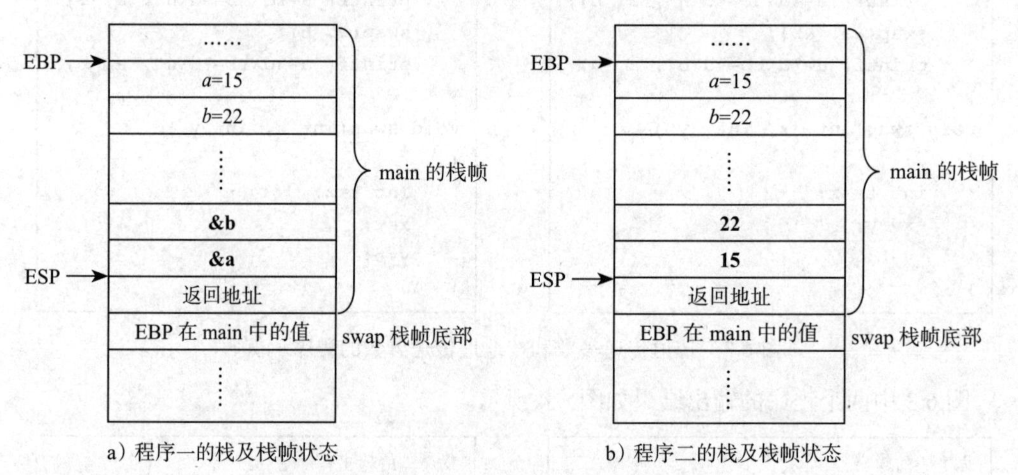

图 6.6　执行 swap 之前 main 的栈帧状态

图 6.7 给出了两个程序中 swap() 函数对应的汇编代码。程序一和程序二将 swap() 函数的局部变量 t 分别分配在 ECX 和 EDX 中。

```
程序一汇编代码片段:
main:
        ......
swap:
# 以下是准备阶段
    pushl  %ebp
    movl   %esp, %ebp
    pushl  %ebx
# 以下是过程体
    movl   8(%ebp), %edx
    movl   (%edx), %ecx
    movl   12(%ebp), %eax
    movl   (%eax), %ebx
    movl   %ebx, (%edx)
    movl   %ecx, (%eax)
# 以下是结束阶段
    popl   %ebx
    popl   %ebp
    ret
```

```
程序二汇编代码片段:
main:
        ......
swap:
# 以下是准备阶段
    pushl  %ebp
    movl   %esp, %ebp

# 以下是过程体
    movl   8(%ebp), %edx
    movl   12(%ebp), %eax
    movl   %eax, 8(%ebp)
    movl   %edx, 12(%ebp)


# 以下是结束阶段
    popl   %ebp
    ret
```

图 6.7　两个程序中 swap() 函数对应的汇编代码

从图 6.7 可看出，程序一的 swap 过程体比程序二的 swap 过程体多了两条指令。而且，由于程序一的 swap 过程体更复杂，使用了较多的寄存器，除了三个调用者保存寄存器外，还使用了被调用者保存寄存器 EBX，它的值必须在准备阶段被保存到栈中，而在结束阶段从栈中恢复，因此它比程序二又多了一条 push 指令和一条 pop 指令。

图 6.8 反映了执行 swap 过程后 main 的栈帧状态，与图 6.6 中反映的执行 swap 前的情况进行对照可发现粗体字处发生了变化。

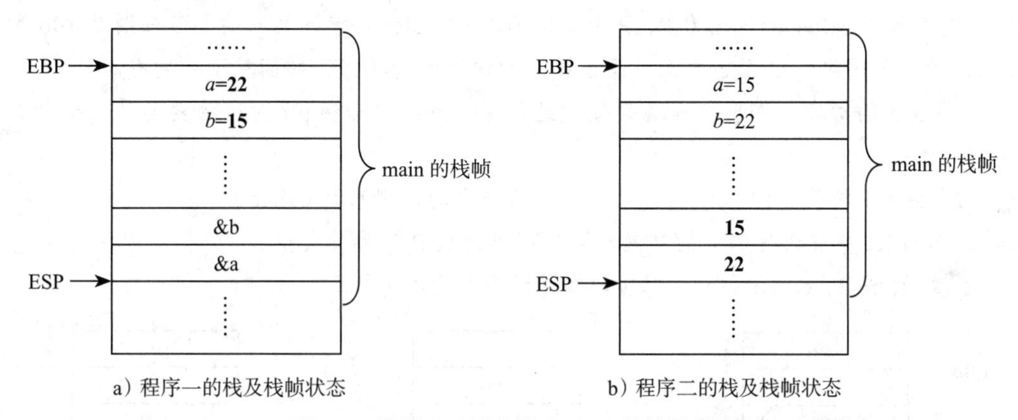

a）程序一的栈及栈帧状态　　b）程序二的栈及栈帧状态

图 6.8　执行 swap 过程后 main 的栈帧状态

因为程序一的 swap() 函数的形式参数 x 和 y 用的是指针型变量，相当于间接寻址，需要先取出地址，然后根据地址再存取 x 和 y 的值，所以改变了调用过程 main 的栈帧中局部变量 a 和 b 所在位置的内容，如图 6.8a 中粗体字所示；而程序二中 swap() 函数的形参 x 和 y 用的是基本类型变量，直接存取 x 和 y 的内容，因而改变的是 swap() 函数的入口参数 x 和 y 所在位置的值，如图 6.8b 中粗体字所示。

综上所述可知，程序一调用 swap 后回到 main 执行时，a 和 b 的值已经交换过了，而在程序二的执行过程中，swap 过程实际上交换的是其两个入口参数所在位置上的内容，而没有真正交换 a 和 b 的值。由此不难理解为什么会出现如图 6.4 所示的程序执行结果了。

从上面对例子的分析可以看出，编译器并不为形式参数分配存储空间，而是给形式参数对应的实参分配了空间，形式参数实际上只是被调用函数使用实参时的一个名称而已，通过形参名来引用实参。不管是按值传递参数还是按地址传递参数，在调用过程中用 CALL 指令调用被调用过程时，对应的实参都已有具体的值，并已将实参的值存放到了调用过程的栈帧中作为入口参数，以等待被调用过程中的指令所用。例如，在图 6.3 所示的程序一中，main() 函数调用 swap() 函数的实参是 &a 和 &b，在执行 CALL 指令调用 swap 之前，&a 和 &b 的值分别是地址 R[ebp]-4 和地址 R[ebp]-8。在程序二中，main() 函数调用 swap() 函数的实参是 a 和 b，在执行 CALL 指令调用 swap 之前，a 和 b 的值分别是 15 和 22。

例 6.1　以下是两个 C 语言函数 test() 和 caller() 的定义：

```
1 void test(int x,int *ptr)
2 {
3     if (x>0 && *ptr>0)
```

```
4        *ptr+=x;
5    }
6
7    void caller(int a,int y)
8    {
9        int x = a>0 ? a : a+100;
10       test (x, &y);
11   }
```

假定调用 caller 的过程为 P，P 中给出的对应 caller 形参 a 和 y 的实参分别是 100 和 200，对于上述两个 C 语言函数，画出相应的栈帧中的状态，并回答下列问题。

1）test 的形参是按值传递还是按地址传递？ test 的形参 ptr 对应的实参是一个什么类型的值？

2）test 中被改变的 *ptr 的结果如何返回给它的调用过程 caller？

3）caller 中被改变的 y 的结果能否返回给过程 P？为什么？

解　过程 P、caller 和 test 对应的栈帧状态如图 6.9 所示。

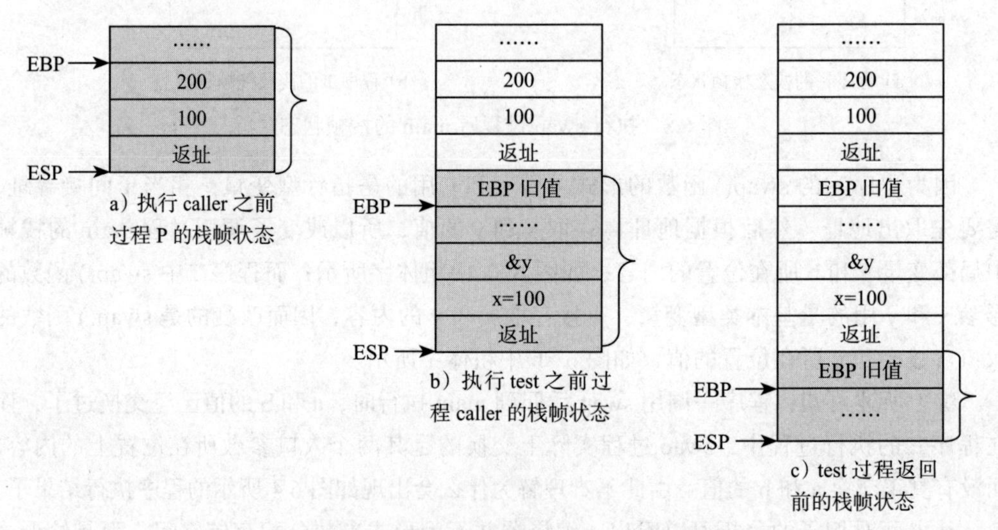

图 6.9　执行 caller 之前和执行 test 之前的栈帧状态

根据图 6.9 中所反映的栈帧状态，可给出以下答案。

1）test 的两个形参中，前者是基本类型变量名，后者是指针变量名，因此前者按值传递，后者按地址传递。形参 ptr 是指向 int 型的一个指针，因而对应的实参一定是一个地址。形参 ptr 对应的实参的值反映了实参所指向的目标数据所在的存储地址。若这个地址是栈区的某个地址，则说明这个目标数据是个非静态局部变量；若是静态数据区的某个地址，则说明这个目标数据是个全局变量或静态变量。此例中，形参 ptr 对应的实参所指的目标数据就是栈中的 y（即 200），即实参为 y 所在的存储单元地址，因而在 caller 中用一条取地址指令 lea 可以得到这个地址，这个地址就是 &y。

2）test 执行的结果反映在对形参 ptr 对应实参所指向的目标单元进行的修改，这里是将 200 修改为 300。因为所修改的存储单元不在 test 的栈帧内，不会因 test 栈帧的释放而丢失，因而 y 的值可在 test 执行结束后继续在 caller 中使用。也即第 10 行语句执行后，y 的值为 300。

3）caller 执行过程中对 y 所在单元内容的改变不能返回给它的调用过程 P。caller 执行的结果就是调用 test 后由 test 留下的对地址 &y 处所做的修改，也即 200 被修改为 300，虽然这个修改结果不会因为 caller 栈帧的释放而丢失，似乎在过程 P 中可以访问到这个结果，但是，当从 caller 回到过程 P 后，caller 的形参 y 并不能被 P 所用，因此，P 中无法对存储单元 &y 进行引用。因而 *y* 的值 300 不能在 caller 执行结束后继续传递到 P 中。■

6.1.4 递归过程调用

过程调用中使用的栈机制和寄存器使用约定，使得可以进行过程的**嵌套调用**和**递归调用**。下面用一个简单的例子来说明递归调用过程的执行。

以下是一个计算自然数之和的递归函数（自然数求和可以直接用公式计算，这里的程序仅是为了说明问题而给出的）。

```
1  int nn_sum(int n)
2  {
3      int result;
4      if (n<=0)
5          result=0;
6      else
7          result=n+nn_sum(n-1);
8      return result;
9  }
```

上述递归函数对应的汇编代码（IA-32 中的 AT&T 格式）如下。图 6.10 给出了第 3 次进入递归调用（即第 3 次执行完“ call nn_sum”指令）时栈帧中的状态，假定最初调用 nn_sum 函数的是过程 P。

```
1nn_sum:
2       pushl   %ebp
3       movl    %esp, %ebp
4       pushl   %ebx
5       subl    $4, %esp
6       movl    8(%ebp), %ebx
7       movl    $0, %eax
8       cmpl    $0, %ebx
9       jle     .L2
10      leal    -1(%ebx), %eax
11      movl    %eax, (%esp)
12      call    nn_sum
13      addl    %ebx, %eax
14 .L2
15      addl    $4, %esp
16      popl    %ebx
17      popl    %ebp
18      ret
```

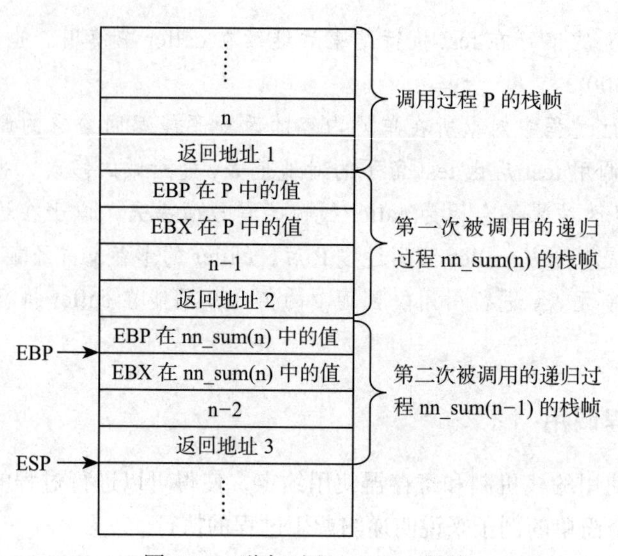

图 6.10 递归过程 nn_sum 的栈

递归过程 nn_sum 对应的汇编代码中，用到了一个被调用者保存寄存器 EBX，所以其栈帧中除了保存常规的 EBP 外，还要保存 EBX。过程的入口参数只有一个，因此，序号 5 对应的指令"subl $4, %esp"实际上是为参数 n−1（或 n−2，…，1，0）在栈帧中申请了 4 字节的空间，递归过程直到参数为 0 时才第一次退出 nn_sum 过程，并回到序号为 12 的指令 call nn_sum 的后一条指令（序号为 13 的指令）执行。在递归调用过程中，应该每次都回到同样的地方执行，因此，图 6.10 中的返回地址 2 和返回地址 3 是相同的，但不同于返回地址 1，因为返回地址 1 是过程 P 中指令 call nn_sum 的后一条指令的地址。

图 6.11 给出了上述递归过程的执行流程。

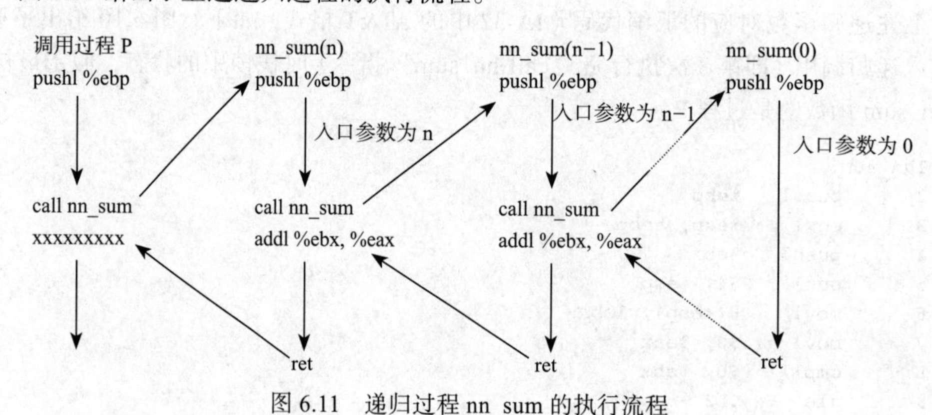

图 6.11 递归过程 nn_sum 的执行流程

从图 6.11 可看出，递归调用过程的执行一直要等到满足跳出过程的条件时才结束，这里跳出过程的条件是入口参数为 0，只要入参不为 0，就一直递归调用 nn_sum 函数自身。因此，在递归调用 nn_sum 的过程中，当递归深度为 n 时，栈中最多会形成 n+1 个 nn_sum 栈帧。每个 nn_sum 栈帧占用 16 字节的空间，因而 nn_sum 过程在执行中至少占用（16n+12）字节的栈空间（以入参为 0 调用 nn_sum 时，没有返回地址入栈，故只分配 12 字节）。虽然占用的栈空间都是临时的，过程执行结束后其所占的所有栈空间都会被释放，但是，若递归深度非常大时，栈空间的开销还是比较大的。操作系统为程序分配的栈会有默认的大小限制，若栈大小为 2MB，则在不考虑其他调用过程所用栈帧的情况下，当递归深度 n 达到大约 2MB/16B=2^{17}=131 072 时，发生**栈溢出**（stack overflow）。

此外，过程调用的时间开销也不得不考虑，虽然过程的功能由过程体中的指令来实现，但是，为了支持过程调用，每个过程中还包含了准备阶段和结束阶段。每增加一次过程调用，就要增加许多条包含在准备阶段和结束阶段的额外指令，这些额外指令的执行时间开销对程序的性能影响很大，因而，应该尽量避免不必要的过程调用，特别是递归调用。

6.1.5 非静态局部变量的存储分配

对于非静态局部变量的分配顺序，C 标准规范中没有规定必须按顺序从大地址到小地址分配，或是从小地址到大地址分配，因而它属于**未定义行为**（undefined behavior），不同的编译器有不同的处理方式。

编译器在给非静态局部变量分配空间时，通常将其占用的空间分配在本过程的栈帧中。有些编译器在编译优化的情况下，也可能会把属于基本数据类型的非静态局部变量分配在通用寄存器中，但是，对于复杂的数据类型变量，如数组、结构和联合等数据类型变量，一定会分配在栈帧中。

以下是一个 C 语言程序的例子，可以看出，在 Linux 系统和 Windows 系统平台下的处理方式不同，即使在 Windows 系统下不同编译器的处理方式也不同。

已知某 C 语言源程序如下：

```
1  #include <stdio.h>
2  void func(int param1,int param2,int param3)
3  {
4       int var1 = param1;
5       int var2 = param2;
6       int var3 = param3;
7       printf("%0x%p\n",&param1);
8       printf("%0x%p\n",&param2);
9       printf("%0x%p\n\n",&param3);
10      printf("%0x%p\n",&var1);
11      printf("%0x%p\n",&var2);
12      printf("%0x%p\n\n",&var3);
13 }
14 int main()
15 {
16      func(1,3,5);
17 }
```

在 IA-32+Linux+GCC 平台下处理该程序，其运行结果是，func() 函数的参数 param1、param2、param3 的地址分别为 0xffff2b50、0xffff2b54 和 0xffff2b58；func() 函数的非静态局部变量 var1、var2、var3 的地址分别为 0xffff2b34、0xffff2b38 和 0xffff2b3c。可以看出，函数参数的地址大于局部变量的地址，因为参数在调用 func() 函数之前已存入栈中，而局部变量在 func 过程中才存入栈中，所以栈是从高地址向低地址方向增长的。在该例中，局部变量的分配是按顺序、连续地从小地址→大地址分配。

但是，有些程序在同样的 IA-32+Linux+GCC 平台下，局部变量的分配却是大地址→

小地址方向分配。例如，例 6.2 中的局部变量就是按大地址→小地址方向分配的。也有些编译器为了节省空间，并不一定完全按变量声明的顺序分配空间。

事实上，C 语言标准和 ABI 规范都没有定义按何种顺序分配变量的空间。相反，C 语言标准明确指出，对不同变量的地址进行除 == 和 != 之外的关系运算都属于未定义行为。因此，不可依赖变量所分配的顺序来确定程序的行为，例如，对于上述程序中定义的自动变量 var1 和 var2，语句 “ if (&var1 < &var2) {...};” 属于未定义行为，程序员应注意不要编写此类代码。

例 6.2 某 C 程序 main.c 如下：

```
1  #include <stdio.h>
2  void main()
3  {
4      unsigned int a=1;
5      unsigned short b=1;
6      char c=-1;
7      int d;
8      d=(a>c) ? 1 : 0;
9      printf("%d\n",d);
10     d=(b>c) ? 1 : 0;
11     printf("%d\n",d);
12 }
```

对应的可执行文件通过 objdump -d 命令反汇编得到结果如下。

```
1  0804841c <main>:
2  804841c:    55                      push    %ebp
3  804841d:    89 e5                   mov     %esp, %ebp
4  804841f:    83 e4 f0                and     $0xfffffff0, %esp
5  8048422:    83 ec 20                sub     $0x20, %esp
6  8048425:    c7 44 24 1c 01 00 00    movl    $0x1, 0x1c (%esp)
7  804842c:    00
8  804842d:    66 c7 44 24 1a 01 00    movw    $0x1, 0x1a (%esp)
9  8048434:    c6 44 24 19 ff          movb    $0xff, 0x19 (%esp)
10 8048439:    of be 44 24 19          movsbl  0x19 (%esp), %eax
11 804843e:    3b 44 24 1c             cmp     0x1c (%esp), %eax
12 8048442:    0f 92 c0                setb    %al
13 8048445:    Of b6 c0                movzbl  %al, 9eax
14 8048448:    89 44 24 14             mov     %eax, 0x14 (%esp)
15 804844c:    8b 44 24 14             mov     0x14(%esp), %eax
16 8048450:    89 44 24 04             mov     %eax, 0x4(%esp)
17 8048454:    c7 04 24 20 85 04 08    movl    $0x8048520, (%esp)
18 804845b:    e8 a0 fe ff ff          call    8048300 <print f@plt>
19 8048460:    0f b7 54 24 1a          movzwL  0x1a(%esp), %edx
20 8048465:    of be 44 24 19          movsbl  0x19(%esp), %eax
21 804846a:    39 c2                   cmp     %eax, %edx
22 804846c:    Of 9f c0                setg    %al
23 804846f:    of b6 c0                movzbl  %al, %eax
24 8048472:    89 44 24 14             mov     %eax, 0x14(%esp)
25 8048476:    8b 44 24 14             mov     0x14(%esp), %eax
26 804847a:    89 44 24 04             mov     %eax, 0x4(%esp)
27 804847e:    c7 04 24 20 85 04 08    movl    $0x8048520, (%esp)
28 8048485:    e8 76 fe ff ff          call    8048300 <print f@plt>
29 804848a:    c9                      leave
30 804848b:    c3                      ret
```

根据源程序代码和反汇编结果，回答下列问题或完成下列任务。

1）局部变量 a、b、c、d 在栈中的存放地址分别是什么？

2）在反汇编得到的机器级代码中，分别找出 C 程序第 8 行和第 10 行语句对应的指令序列，并解释每条指令的功能。这两行语句执行后，d 的值分别为多少？为什么？

3）第 13 ～ 17 行指令的功能各是什么？

4）画出局部变量和 printf() 函数入口参数在栈中的存放情况。

解 1）局部变量 a、b、c、d 在栈中的存放地址分别是 R[esp]+0x1c、R[esp]+0x1a、R[esp]+0x19、R[esp]+0x14。

2）C 程序第 8 行语句对应的指令序列为第 10 ～ 12 行指令。第 10 行指令"movsbl 0x19(%esp),%eax"的功能是将变量 c 符号扩展为 32 位后送到 EAX 中；第 11 行指令"cmp 0x1c(%esp),%eax"的功能是通过将变量 c 与 a 相减做比较，标志信息记录在 EFLAGS 中；第 12 行指令"setb %al"的功能是按无符号整数比较，若小于（CF=1）则 AL 中置 1，否则清 0。

第 8 行语句执行后，d 的值为 0。这里，变量 c 是 char 型（IA-32 中的 GCC 编译器将 char 视为带符号整型），故按符号扩展。因为 a 为 unsigned int 型，故 c 和 a 按无符号整数比较大小。变量 c 符号扩展后为全 1，而变量 a 为 1，因此 c>a，因而 d=0。

C 程序第 10 行语句对应的指令序列为第 19~22 行指令。第 19 行指令"movzwl 0x1a(%esp),%edx"的功能是将变量 b 零扩展为 32 位后送到 EDX 中；第 20 行指令"movsbl 0x19(%esp),%eax"的功能是将变量 c 符号扩展为 32 位后送到 EAX 中；第 21 行指令"cmp %eax,%edx"的功能是通过将变量 b 与 c 相减做比较，标志信息记录在 EFLAGS 中；第 22 行指令"setg %al"的功能是按带符号整数比较，若大于（SF=OF 且 ZF=0）则 AL 中置 1，否则清 0。

第 10 行语句执行后，d 的值为 1。这里，char 型变量 c 符号扩展后结果为全 1，而变量 b 是 unsigned short 型，故按零扩展，结果为 1。在 b 和 c 进行比较时，unsigned short 和 char 型都应提升为 int 型，故按带符号整数比较大小，结果为 b>c，因而 d=1。

3）第 13 ～ 17 行指令用于将函数 printf() 的参数存储到栈帧中相应的地方。第 13 行和第 14 行指令将 AL 中的内容零扩展 32 位后，存到局部变量 d 所对应的存储单元 R[esp]+0x14 中；第 15 行和第 16 行指令将存储单元 R[esp]+0x14 中的变量 d 作为参数，存到栈帧中 R[esp]+4 处；第 17 行指令将字符串"%d\n"所在的首地址 0x8048520 作为参数，存到栈帧中 R[esp] 处。

4）局部变量和 printf() 函数入口参数在 main 栈帧中的存放情况如图 6.12 所示。■

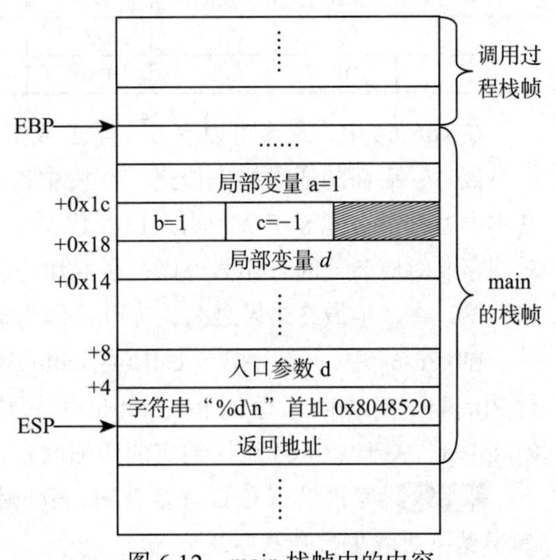

图 6.12 main 栈帧中的内容

6.1.6 x86-64 的过程调用

前面介绍的 IA-32 指令集架构因为通用寄存器只有 8 个，所以采用栈进行参数传递。x86-64 中通用寄存器个数增加到 16，因而前 6 个参数通过寄存器传送。x86-64 中通用寄存器的使用约定主要包含以下几个方面：

1）在 IA-32 中，通常帧指针寄存器 EBP 指向栈帧底部，通过将 EBP 作为基址寄存器来访问自动变量和入口参数；在 x86-64 中，不再用帧指针寄存器 RBP 指向栈帧底部，而是使用栈指针寄存器 RSP 作为基址寄存器来访问栈帧中的信息，RBP 则作为普通寄存器使用。

2）传送入口参数的寄存器依次为 RDI、RSI、RDX、RCX、R8 和 R9，返回参数存放在 RAX 中。

3）调用者保存的寄存器为 R10 和 R11，被调用者保存的寄存器为 RBX、RBP、R12、R13、R14 和 R15。

4）RSP 用于指向栈顶元素。

5）RIP 用于指向正在执行或即将执行的指令。

如果入口参数是整数类型或指针类型且少于等于 6 个，则无须用栈来传递参数，如果同时该过程无须在栈中存放局部变量和被调用者保存寄存器的值，那么，该过程就无须使用栈帧。传递参数时，如果参数是 32 位、16 位或 8 位，则参数被置于对应宽度的寄存器部分。例如，若第一个入口参数是 char 型，则放在 RDI 中对应字节宽度的寄存器 DIL 中；若返回参数是 short 型，则放在 RAX 中对应 16 位宽度的寄存器 AX 中。表 6.1 给出了每个入口参数和返回参数所在的对应寄存器。

表 6.1 x86-64 过程调用时参数对应的寄存器

操作数宽度（字节）	入口参数						返回参数
	1	2	3	4	5	6	
8	RDI	RSI	RDX	RCX	R8	R9	RAX
4	EDI	ESI	EDX	ECX	R8D	R9D	EAX
2	DI	SI	DX	CX	R8W	R9W	AX
1	DIL	SIL	DL	CL	R8B	R9B	AL

在 x86-64 中，最多可以有 6 个整型或指针型入口参数通过寄存器传递，超过 6 个入口参数时，后面的通过栈来传递，在栈中传递的参数若是基本类型数据，则不管是什么基本类型都被分配 8 字节。当入口参数少于 6 个或者当入口参数已经被用过而不再需要时，存放对应参数的寄存器可以被函数作为临时寄存器使用。对于存放返回结果的 RAX 寄存器，在产生最终结果之前，也可以作为临时寄存器被函数重复使用。

在 x86-64 中，调用指令 call（或 callq）将一个 64 位返回地址保存在栈中，并执行 R[rsp] ← R[rsp]-8。返回指令 ret 也是从栈中取出 64 位返回地址，并执行 R[rsp] ← R[rsp]+8。关于 x86-64 调用约定的详细内容，可以参考 AMD64 System V ABI 手册。

例 6.3 写出以下 C 语言函数 caller() 对应的 x86-64 汇编代码，并画出第 4 行语句执行结束时栈中信息的存放情况。

```
1 long caller(long x)
2 {
3     long a=1000;
4     long b=test(&a,2000);
5     return x*32+b;
6 }
```

解 函数 caller() 对应的 x86-64 汇编代码如下：

```
1  caller:
2      pushq   %rbx               # 被调用者保存寄存器 RBX 入栈
3      subq    $16, %rsp          # R[rsp]←R[rsp]-16，生成栈帧
4      movq    %rdi, %rbx         # R[rbx]←入口参数 x
5      movq    $1000, 8(%rsp)     # M[R[rsp]+8]←1000，对变量 a 赋值
6      movl    $2000, %esi        # R[esi]←2000，第二个参数送 ESI 寄存器
7      leaq    8(%rsp), %rdi      # R[rdi]←R[rsp]+8，第一个参数送 RDI 寄存器
8      callq   test               # 调用 test（R[rsp]←R[rsp]-8,R[rip]←test）
9      movq    %rax, (%rsp)       # M[R[rsp]]←R[rax]，test 返回结果存入 b 处
10     salq    $5, %rbx           # R[rbx]←R[rbx]<<5，计算 x*32
11     movq    (%rsp), %rax       # R[rax]←M[R[rsp]]，取局部变量 b 的内容
12     addq    %rbx, %rax         # R[rax]←R[rax]+ R[rbx]，计算 x*32+b
13     addq    $16, %rsp          # R[rsp]←R[rsp]+16，释放栈帧
14     popq    %rbx               # 被调用者保存寄存器 RBX 出栈
15     ret
```

第 4 行 C 语句执行结束相当于执行完上述第 8 行汇编指令。此时，栈中信息存放情况如图 6.13 所示。因为汇编代码中，将入口参数 x（按约定存放在寄存器 RDI 中）分配在寄存器 RBX 中，而 RBX 为被调用者保存寄存器，因而，在 caller 栈帧中应最先保存 RBX 的内容；然后，给局部变量 a 和 b 分配空间，各占 8 个字节，共 16 字节，因此，第 3 行汇编指令中，将 RSP 的内容减 16。

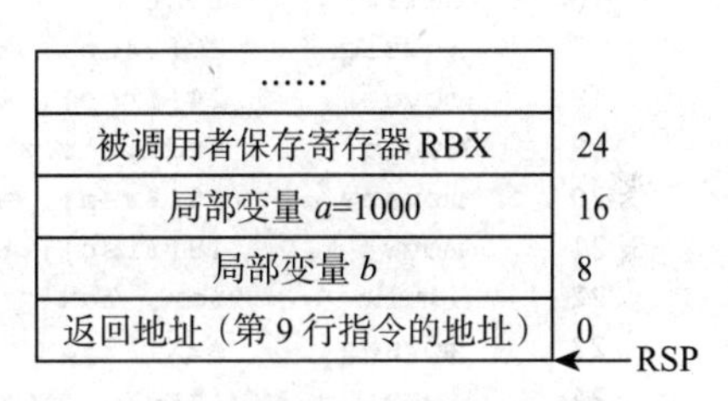

图 6.13 例 6.3 栈中信息的存放情况

在执行调用指令“callq test”前，应先准备好入口参数，在 x86-64 架构中，前 6 个入口参数都通过寄存器进行传递，因此，这里的两个参数分别存放在 RDI 和 ESI 寄存器中，前者存放一个指针类型的参数 &a，后者存放一个 int 型常数 2000（如图 3.1 所示，常数 2000 在 ISO C90 和 C99 中都是 int 型）。在执行调用指令 callq 的过程中，会将返回地址压栈，也即执行完 callq 指令后，RSP 寄存器指向栈中返回地址处，并跳转到 test 过程执行。从 test 过程返回后，RSP 又回到指向局部变量 b 所在的位置。test 过程返回的结果在 RAX 中。■

例 6.4 以下是函数 caller 和 test 的 C 语言源程序。

```
1 long caller ( )
2 {
3     char a=1; short b=2; int c=3; long d=4;
4     test(a, &a, b, &b, c, &c, d, &d);
5     return  a*b+c*d;
6 }
```

```
7  void test(char a, char *ap, short b, short *bp, int c, int *cp, long d, long *dp)
8  {
9      *ap+=a;  *bp+=b;  *cp+=c;  *dp+=d;
10 }
```

假定上述源程序对应的 x86-64 汇编代码如下。

函数 caller 的汇编代码如下：

```
1  caller:
2      subq      $32, %rsp              # R[rsp]←R[rsp]-32
3      movb      $1, 16(%rsp)           # M[R[rsp]+16]←1
4      movw      $2, 18(%rsp)           # M[R[rsp]+18]←2
5      movl      $3, 20(%rsp)           # M[R[rsp]+20]←3
6      movq      $4, 24(%rsp)           # M[R[rsp]+24]←4
7      leaq      24(%rsp), %rax         # R[rax]←R[rsp]+24
8      movq      %rax, 8(%rsp)          # M[R[rsp]+8]←R[rax]
9      movq      $4, (%rsp)             # M[R[rsp]]←4
10     leaq      20(%rsp), %r9          # R[r9]←R[rsp]+20
11     movl      $3, %r8d               # R[r8d]←3
12     leaq      18(%rsp), %rcx         # R[rcx]←R[rsp]+18
13     movw      $2, %dx                # R[dx]←2
14     leaq      16(%rsp), %rsi         # R[rsi]←R[rsp]+16
15     movb      $1, %dil               # R[dil]←1
16     call      test
17     movslq    20(%rsp), %rcx         # R[rcx]←M[R[rsp]+20]，符号扩展
18     movq      24(%rsp), %rdx         # R[rdx]←M[R[rsp]+24]
19     imulq     %rdx, %rcx             # R[rcx]←R[rcx]×R[rdx]
20     movsbw    16(%rsp), %ax          # R[ax]←M[R[rsp]+16]，符号扩展
21     movw      18(%rsp), %dx          # R[dx]←M[R[rsp]+18]
22     imulw     %dx, %ax               # R[ax]←R[ax]×R[dx]
23     movswq    %ax, %rax              # R[rax]←R[ax]，符号扩展
24     leaq      (%rax, %rcx), %rax     # R[rax]←R[rax]+ R[rcx]
25     addq      $32, %rsp              # R[rsp]←R[rsp]+32
26     ret
```

函数 test 的汇编代码如下：

```
1  test:
2      movq      16(%rsp), %r10         # R[r10]←M[R[rsp]+16]
3      addb      %dil, (%rsi)           # M[R[rsi]]←M[R[rsi]]+R[dil]
4      addw      %dx, (%rcx)            # M[R[rcx]]←M[R[rcx]]+R[dx]
5      addl      %r8d, (%r9)            # M[R[r9]]←M[R[r9]]+R[r8d]
6      movq      8(%rsp), %rax          # R[rax]←M[R[rsp]+8]
7      addq      %rax, (%r10)           # M[R[r10]]←M[R[r10]]+R[rax]
8      ret
```

要求根据上述汇编代码，分别画出在执行到 caller() 函数的 call 指令时、执行到 test 函数的 ret 指令时栈中信息的存放情况，并说明 caller 是如何把实参传递给 test 中的形参，而 test 执行时其每个入口参数又是如何获得的。

解 从 caller 汇编代码可以看出，栈指针寄存器 RSP 仅在第 2 行做了一次减法，申请了 32 字节的空间，在最后第 25 行恢复 RSP 之前一直没有变化，说明 caller 栈帧就是 32 字节。第 3 ～ 6 行用来在栈帧中分配局部变量 a、b、c 和 d，并将初值存入相应单元。

可以看出，这4个变量一共占用了16字节。第7～15行用来将实参存入test入口参数对应的寄存器中，因为有8个入口参数，所以还有两个参数需要通过栈进行传递，其中第7行和第8行用于在栈中存入第8个参数，第9行用于在栈中存入第7个参数，第10～15行分别用于在相应的寄存器中存入第6～1个参数。因此，在执行到第16行call指令时，前6个参数分别在寄存器DIL、RSI、DX、RCX、R8D和R9中，第7个和第8个参数在栈中的位置分别由R[rsp]和R[rsp]+8指出。图6.14a给出了此时caller栈帧中信息的存放情况。

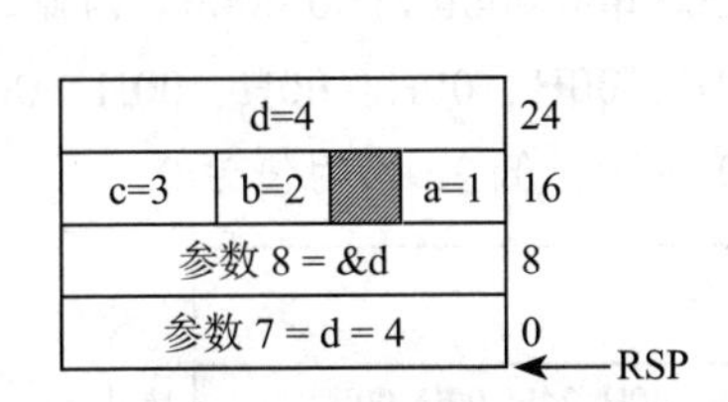

a）执行caller的call指令时栈中的情况

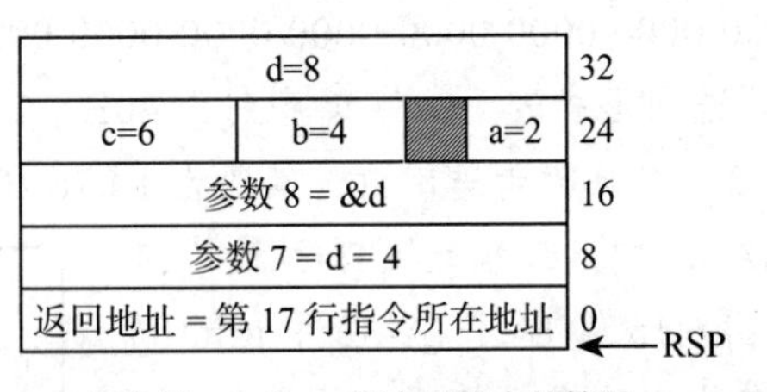

b）执行test的ret指令时栈中的情况

图6.14　caller和test执行时栈中的信息存放情况

在caller中的call指令执行后，栈指针寄存器RSP的内容减8，并将call指令下面一条指令的地址（第17行指令所在地址）作为返回地址存入当前RSP所指单元，然后跳转到test执行。在test执行过程中，第2行指令用来取出第8个参数，第3～5行分别用于实现赋值语句“*ap+=a;”“*bp+=b;”和“*cp+=c;”。其中，指针类型变量ap、bp和cp的值分别是caller中局部变量a、b和c在栈中的地址，即*ap=a、*bp=b、*cp=c。执行完第3～5行指令后，栈中a、b和c处的内容为原来的两倍。第6行指令用于取第7个参数（其值为4），第7行指令用于将4加到第8个参数所指单元d处，使得d处的内容变为8。综上所述，在执行到test的ret指令时，栈中信息存放情况如图6.14b所示。■

x86-64架构对应的AMD64 System V ABI规定，栈中参数按8字节对齐，因此，对于该例的情况要特别说明的是，若在栈中传递的最后两个参数不是long型或指针类型，也都应分配8字节。例如，假定上述test函数的原型为void test (char a, char *ap, short b, short *bp, long d, long *dp, int c, int *cp)，即在栈中传递的最后两个参数类型是4字节的int型和8字节的指针型，它们在栈中所占的空间也都是8字节。

在x86-64中，浮点运算采用基于SSE的面向XMM寄存器的SIMD指令，浮点数存放在128位的XMM寄存器中，而不是存放x87 FPU的80位浮点寄存器栈中。

例6.5　以下是一段C语言代码：

```
1  #include <stdio.h>
2
3  int main()
4  {
5      double a = 10;
6      printf("a = %d\n", a);
7  }
```

上述代码在IA-32平台上运行时，打印出来的结果总是a=0，但是在x86-64平台上运行时，打印出来的a却是一个不确定的值，为什么？

解 本题代码的功能是，将一个64位双精度浮点数10转换为一个32位二进制数，然后以十进制数形式打印出来。

IEEE 754双精度浮点数由64位组成，最高位为符号位s，随后的11位为阶码e，其偏置常数为1023，余下52位为尾数f。因为$10 = 1010B = 1.01B \times 2^3$，所以$s = 0$，$e = 1023+3 = 100\ 0000\ 0010B$，$f = 0100\cdots0B$，也即64位机器数为0 100 0000 0010 0100 0000 0000 0000 0000 0000 0000 0000 0000 0000 0000 0000 0000，因此，a的机器数用十六进制形式表示的字节序列为40H、24H、00H、00H、00H、00H、00H、00H。将其高32位转换为十进制数，其值为1 076 101 120，低32位的值为0。

在IA-32中，过程之间采用栈传递参数。图6.15给出了IA-32中printf()的参数在栈中的存放情况。因为IA-32是小端方式，所以a的高位部分在栈中的高地址上，低位部分在栈中的低地址上。

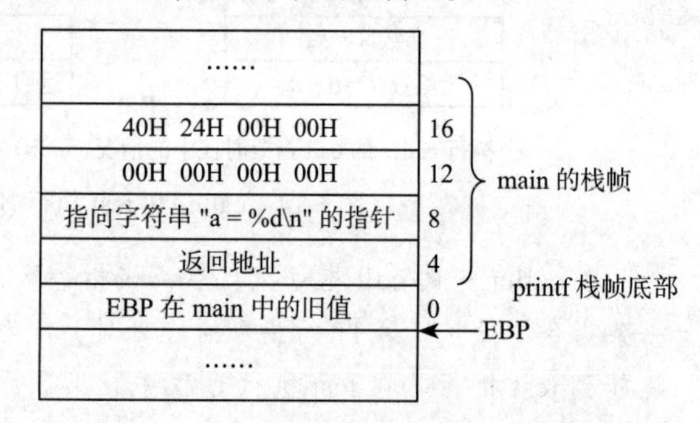

图6.15 IA-32平台使用栈进行参数传递

当printf()函数将变量a的值使用"%d"格式输出时，对应的数据类型是int型，因此取a中低4字节作为第2个参数。显然，printf过程会从栈中R[ebp]+12的位置开始从低地址到高地址读取4字节作为int型数据来解释并输出，因此，代码打印输出的结果为"a=0"。

在x86-64中，过程之间采用通用寄存器传递参数，因为本题printf()函数共有两个参数且使用"%d"输出，因此，这两个参数应该各自通过RDI和ESI进行传递，其中RDI中存放字符串"a = %d\n"的首地址，而ESI中存放a的低32位，printf()函数会到约定的参数寄存器RDI和ESI中取相应的参数进行处理。但是，因为本题中a是一个double型的浮点数据，所以，在x86-64中会把a的值送到浮点寄存器XMM中，而不会传到ESI中，因此，在printf过程执行时，当从ESI中读取要打印的int型变量时，实际上不会得到a的低32位，而是当时ESI寄存器中的内容。每次执行上述代码时，ESI中的内容都可能发生变化，因而每次打印出来的值都可能不同。■

以下是在某个x86-64平台上对上述源代码进行编译的结果。

```
1       .file   "double_as_int.c"
2       .section    .rodata.str1.1, "aMS", @progbits,1
3   .LC1:
4       .string "a = %d\n"
5       .text
6   .globl main
7       .type  main, @function
8   main:
9   .LFB11:
10      .cfi_startproc
```

```
11      subq    $8, %rsp
12      .cfi_def_cfa_offset 16
13      movsd   .LC0(%rip), %xmm0
14      movl    $.LC1, %edi
15      movl    $1, %eax
16 call     printf
17      addq    $8, %rsp
18      .cfi_def_cfa_offset 8
19      ret
20      .cfi_endproc
21 .LFE11:
22      .size   main, .-main
23      .section    .rodata.cst8, "aM", @progbits,8
24      .align 8
25 .LC0:
26      .long   0
27      .long   1076101120
28      .ident  "GCC: (GNU) 4.4.6 20120305 (Red Hat 4.4.6-4)"
29      .section    .note.GNU-stack,"",@progbits
```

从上述汇编代码中可以看出，第 13 行的 movsd 指令用来将标号 .LC0 处的双精度浮点数 10.0(其机器数的低 32 位值为 0，高 32 位值为 1 076 101 120）送入 XMM0 寄存器，第 14 行的 movl 指令将标号 .LC1 的值（指向字符串 "a = %d\n"）送入 EDI 寄存器（上述代码是在编译选项 -mcmodel 默认为 small 的情况下生成的，其数据和代码存放在低 2GB 的地址空间，因此标号 .LC1 可用 32 位表示，地址高 32 位为 0）。上述代码中并没有任何指令将变量 a 的低 32 位送到 ESI 寄存器中。

事实上，C 语言标准规定，当 printf() 函数的格式说明符和参数类型不匹配时，输出结果是未定义的。这个例子只是为了分析调用约定相关知识而列举的，程序员编写正规程序时应该注意避免编写这种未定义行为的代码。

6.2 流程控制语句的机器级表示

C 语言主要通过选择结构（条件分支）和循环结构语句来控制程序中语句的执行顺序，有 9 种流程控制语句，分成三类——选择语句、循环语句和辅助控制语句，如图 6.16 所示。

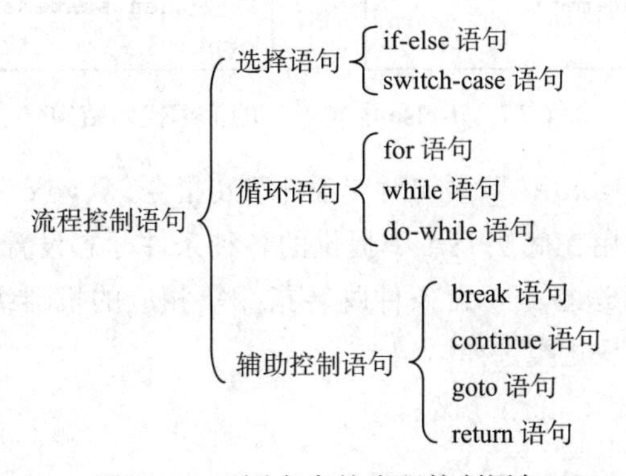

图 6.16 C 语言中的流程控制语句

6.2.1 选择语句的机器级表示

如图 6.16 所示，选择语句主要有 if-else 语句和 switch-case 语句，此外，条件运算表达式也需要根据条件选择执行哪个表达式的计算功能，其对应的机器级表示与选择语句类似。

1. 条件运算表达式的机器级表示

C 语言中唯一的三目运算符是由符号“?”和“:”组成的，它可以构成一个条件运算表达式，这个条件运算表达式的值可以赋给一个变量。其通用形式如下：

```
x=cond_expr ? then_expr : else_expr;
```

对应的机器级代码可以使用比较指令、条件传送指令或条件设置指令，如例 6.2 中的第 11 行和第 12 行指令序列。

2. if-else 语句的机器级表示

if-(then)、if-(then)-else 选择结构根据判定条件来控制一些语句是否被执行。其通用形式如下：

```
if (cond_expr)
    then_statement
else
    else_statement
```

其中，cond_expr 是条件表达式，根据其值为非 0（真）或 0（假），分别选择 then_statement 或 else_statement 执行。编译后得到的对应汇编代码通常有如下两种不同的结构，如图 6.17 所示。

```
    c=cond_expr;
    if(!c)
        goto false_label;
    then_statement
    goto done;
false_label:
    else_statement
done:
```

```
    c=cond_expr;
    if(c)
        goto true_label;
    else_statement
    goto done;
true_label:
    then_statement
done:
```

图 6.17 if-else 语句对应的汇编代码结构

图 6.17 中的“ if () goto …”语句对应条件跳转指令，“ goto …”语句对应无条件跳转指令。编译器可以使用在底层 ISA 中提供的各种条件标志设置功能、条件跳转指令、条件设置指令、条件传送指令、无条件跳转指令等相应的机器级程序支持机制（参见 5.3.4 节有关内容）来实现这类选择语句。

例 6.6 以下是一个 C 语言函数：

```
1  int get_lowaddr_content(int *p1, int *p2)
```

```
2 {
3     if ( p1 > p2 )
4         return *p2;
5     else
6         return *p1;
7 }
```

假定在IA-32系统中开发运行上述程序，已知形式参数p1和p2对应的实参已压入调用过程的栈帧，p1和p2对应实参的存储地址分别为R[ebp]+8、R[ebp]+12，这里，EBP指向当前栈帧底部。返回结果存放在EAX中，请写出上述函数体对应的汇编代码，要求用GCC默认的AT&T格式书写。

解 因为p1和p2是指针类型参数，所以指令助记符中的长度后缀是l，比较指令cmpl的两个操作数应该都来自寄存器，故应先将p1和p2对应的实参从栈中取到通用寄存器中，比较指令执行后得到各个条件标志位，程序需要根据条件标志的组合条件值选择执行不同的指令，因此需要用到条件跳转指令，跳转目标地址用标号.L1和.L2等标识。

以下汇编代码能够正确完成上述函数的功能（不包括过程调用的准备阶段和结束阶段）。■

```
1       movl    8(%ebp),   %eax        # R[eax]←M[R[ebp]+8]，即R[eax]=p1
2       movl    12(%ebp),  %edx        # R[edx]←M[R[ebp]+12]，即R[edx]=p2
3       cmpl    %edx, %eax             # 比较p1和p2，即根据p1-p2的结果置标志
4       jbe     .L1                    # 若p1≤p2，则转.L1处执行
5       movl    (%edx),    %eax        # R[eax]←M[R[edx]]，即R[eax]=M[p2]
6       jmp     .L2                    # 无条件跳转到.L2执行
7   .L1:
8       movl    (%eax),    %eax        # R[eax]←M[R[eax]]，即R[eax]=M[p1]
9   .L2
```

上述汇编代码中，#后面的文字给出的是对指令的功能说明，其中的p1和p2实际上是函数的形式参数p1和p2对应的实参。本例中函数的形式参数p1和p2都是指针型变量，因此是按地址传参的情况。序号为3的cmpl指令实际上是两个地址大小的比较，因此随后序号4对应的指令应该使用无符号整数比较跳转指令。参照表5.6中的条件可知，其对应的条件跳转指令是jbe。

例6.7 以下是两个C语言函数：

```
1 void test (int x, int *ptr)
2 {
3     if (x>0 && *ptr>0)
4         *ptr+=x;
5 }
6
7 void caller (int a, int y)
8 {
9     int x = a>0 ? a : a+100;
10    test (x, &y);
11 }
```

对于上述两个 C 语言函数，完成下列任务（汇编代码用 x86-64 中的 AT&T 格式）。

1）写出函数 test 的过程体对应的汇编代码。

2）基于条件传送指令写出行号 9 中的语句对应的汇编代码（假定结果 x 存放在 EAX 中）。

解 1）根据 x86-64 过程调用约定，test 的入口参数 x 在 EDI 寄存器，ptr 在 RSI 寄存器。test 函数体对应的汇编代码（不包括过程调用的准备阶段和结束阶段）如下：

```
1    testl %edi, %edi              # 根据 x 与 x 相“与”的结果置标志
2    jle   .L1                     # 若 x ≤ 0，则转 .L1 处执行
3    movl  (%rsi), %ecx            # R[ecx] ← *ptr
4    testl %ecx, %ecx              # 根据 *ptr 与 *ptr 相“与”的结果置标志
5    jle   .L1                     # 若 *ptr ≤ 0，则转 .L1 处执行
6    addl  %edi, (%rsi)            # 实现 *ptr+=x 的功能
7  .L1:
```

这里有两条条件跳转指令，分别用来判断条件表达式“(x>0 && *ptr>0)”分解后的两个结果为假的条件“x<=0”和“*ptr<=0”，在这两个条件下，都不会执行“*ptr+=x”的功能。

2）根据 x86-64 过程调用约定，caller 的入口参数 a 和 y 分别在 EDI 和 ESI 寄存器中。行号为 9 的语句“ x = a>0 ? a : a+100;”对应的汇编代码如下，其中第 5 条为条件传送指令。■

```
1  movl    %edi, %eax              # R[eax] ← R[edi], 即 R[eax]=a
2  addl    $100, %eax              # R[eax] ← a+100
3  testl   %edi, %edi              # 根据 a 与 a 相“与”的结果置标志
4  cmovg   %edi, %eax              # 若 a>0, 则 R[eax] ← R[edi], 即 R[eax]=a
```

3. switch 语句的机器级表示

解决多分支选择问题可以用连续的 if-else-if 语句，不过，这种情况下，只能按顺序一一测试条件，直到满足条件时才执行对应分支的语句。若用 switch 语句来实现多分支选择功能，可以直接跳到某个条件处的语句执行，而不用一一测试条件。那么，switch 语句对应的机器级代码是如何实现直接跳转的呢？下面用一个简单的例子来说明 switch 语句的机器级表示。

图 6.18a 是一个含有 switch 语句的函数，图 6.18b 是对应过程体在 IA-32 中的汇编表示和跳转表。

从图 6.18a 可知，过程 sw 的 switch 语句中共有 6 个 case 分支，这 6 个分支在机器级代码中分别用标号 .L1、.L2、.L3、.L3、.L4、.L5 来标识，它们分别对应条件 a=15、a=10、a=12、a=17、a=14、其他（default）情况，其中，a=15 时所执行的语句（与 .L1 分支对应）包含了 a=10 时的语句（与 .L2 分支对应）；a=12 和 a=17 所做的语句一样，都是对应 .L3 分支。默认（default）时包含了 a=11、a=13、a=16 或 a>17 的几种情况，与 .L5 分支对应。

```
1  int sw(int a, int b, int c)
2  {
3      int result;
4      switch(a) {
5      case 15:
6          c=b&0x0f;
7      case 10:
8          result=c+50;
9          break;
10     case 12:
11     case 17:
12         result=b+50;
13         break;
14     case 14:
15         result=b
16         break;
17     default:
18         result=a;
19     }
20     return result;
21 }
```

a）switch 语句所在的函数

```
1    movl   8(%ebp), %eax
2    subl   $10, %eax
3    cmpl   $7, %eax
4    ja     .L5
5    jmp    *.L8( , %eax, 4)
6  .L1:
7    movl   12(%ebp), %eax
8    andl   $15, %eax
9    movl   %eax, 16(%ebp)
10 .L2:
11   movl   16(%ebp), %eax
13   addl   $50, %eax
14   jmp    .L7
15 .L3:
16   movl   12(%ebp), %eax
17   addl   $50, %eax
18   jmp    .L7
19 .L4:
20   movl   12(%ebp), %eax
21   jmp    .L7
22 .L5:
23   addl   $10, %eax
24 .L7:
```

```
1    .section  .rodata
2    .align 4
3  .L8
4    .long     .L2
5    .long     .L5
6    .long     .L3
7    .long     .L5
8    .long     .L4
9    .long     .L1
10   .long     .L5
11   .long     .L3
```

b）switch 语句对应的汇编表示和跳转表

图 6.18　switch 语句与对应的汇编表示

可以用一个跳转表来实现 a 的取值与跳转标号之间的对应关系。在所有 case 条件中，最小的是 10，当 a=10 时，a−10=0，因此可以将 a−10 得到的值作为跳转表的索引，每个跳转表的表项中存放一个某分支对应的标号（4 字节地址），通过每个表项中的标号，可以分别跳转到对应 a=10（.L2）、11（.L5）、12（.L3）、13（.L5）、14（.L4）、15（.L1）、16（.L5）、17（.L3）时的分支处。因为每个表项占 4 字节，因此每个表项相对于表的起始位置，其偏移量分别为 0、4、8、12、16、20、24 和 28，即偏移量等于“索引值 ×4”。偏移量与跳转表的首地址（由标号 .L8 指定）相加得到每个表项的地址。可以用图 6.18b 中第 5 行指令“jmp *.L8(, %eax, 4)”实现直接跳转，这里，寄存器 EAX 中存放的就是索引值，在 5.3.4 节中介绍过，用 * 后跟一个操作指示符表示跳转地址时，属于间接跳转，因此，这里 jmp 指令中的 * 表示间接跳转，跳转目标地址为 M[.L8+R[eax]*4]，即跳转表的某个表项中存放的地址。

从上例可以看出，对 switch 语句进行编译转换的关键是构造跳转表并正确设置索引值。一旦生成可执行文件，所有指令的地址就已经确定，因此跳转表表项中标号对应的跳转地址就可以确定，在程序执行过程中不可改写，也即属于只读数据。因此，图 6.18b 中右边的跳转表的数据段属性为“.section .rodata”，并且跳转表中的每个表项都必须在 4 字节边界上，即“align 4”。

当然，当 case 的条件值相差较大时，如同时存在 case 10、case 100、case 1000 等，就很难构造一个有限表项数的跳转表，在这种情况下，编译器会生成分段跳转代码，而不会采用构造跳转表来进行跳转。

6.2.2　循环结构的机器级表示

图6.16总结了C语言中的所有程序控制语句，其中循环结构有三种：for语句、while语句和do-while语句。大多数编译器将这三种循环结构都转换为do-while形式来产生机器级代码，下面按照与do-while结构相似程度由近到远的顺序来介绍三种循环语句的机器级表示。

1. do-while循环的机器级表示

C语言中的do-while语句形式如下：

```
do
{
    loop_body_statement
} while (cond_expr);
```

该循环结构的执行过程可以用以下更接近于机器级语言的低级行为描述结构来描述：

```
loop:
    loop_body_statement
    c=cond_expr;
    if (c) goto loop;
```

上述结构对应的机器级代码中，loop_body_statement用一个指令序列来完成，然后用一个指令序列实现对cond_expr的计算，并将计算或比较的结果记录在标志寄存器中，然后用一条条件跳转指令来实现“if (c) goto loop;”的功能。

2. while循环的机器级表示

C语言中的while语句形式如下：

```
while (cond_expr)
    loop_body_statement
```

该循环结构的执行过程可以用以下更接近于机器级语言的低级行为描述结构来描述：

```
    c=cond_expr;
    if (!c) goto done;
loop:
    loop_body_statement
    c=cond_expr;
    if (c) goto loop;
done:
```

从上述结构可看出，与do-while循环结构相比，while循环仅在开头多了一段计算条件表达式的值并根据条件选择是否跳出循环体执行的指令序列，其余地方与do-while语句一样。

3. for循环的机器级表示

C语言中的for语句形式如下：

```
for (begin_expr; cond_expr; update_expr)
    loop_body_statement
```

for 循环结构的执行过程大多可以用以下更接近于机器级语言的低级行为描述结构来描述：

```
    begin_expr;
    c=cond_expr;
    if (!c) goto done;
loop:
    loop_body_statement
    update_expr;
    c=cond_expr;
    if (c) goto loop;
done:
```

从上述结构可看出，与 while 循环结构相比，for 循环仅在两个地方各多了一段指令序列。一个是开头多了一段循环变量赋初值的指令序列（begin_expr），另一个是循环体中多了更新循环变量值的指令序列（update_expr），其余地方与 while 语句一样。

6.1.4 节中以计算自然数之和的递归函数为例说明了递归过程调用的原理，这个递归函数仅是为了说明原理而给出的，实际上可以直接用公式计算，同样，这里为了说明循环结构的机器级表示，下面的程序用 for 语句来实现这个功能：

```
1  int nn_sum (int n)
2  {
3      int i;
4      int result=0;
5      for (i=1; i<=n; i++)
6          result+=i;
7      return result;
8  }
```

根据上述对应 for 循环的低级行为描述结构，不难写出上述过程对应的汇编表示，以下是在 IA-32 中其过程体的 AT&T 格式汇编代码：

```
1      movl    8(%ebp), %ecx
2      movl    $0, %eax
3      movl    $1, %edx
4      cmpl    %ecx, %edx
5      jg      .L2
6  .L1:
7      addl    %edx, %eax
8      addl    $1, %edx
9      cmpl    %ecx, %edx
10     jle     .L1
11 .L2
```

从上述汇编代码可以看出，过程 nn_sum 中的非静态局部变量 i 和 result 被分别分配在寄存器 EDX 和 EAX 中，ECX 中始终存放入口参数 n，返回参数在 EAX 中。这个过程体中没有用到被调用过程保存寄存器。因而，可以推测在该过程的栈帧中仅保留了 EBP 的原值，即其栈帧仅占用了 4 字节的空间，而 6.1.4 节给出的递归方式则占用了（16*n*+12）字节栈空间，多用了（16*n*+8）字节栈空间。特别是每次过程调用都要执行 16 条指令，递归情况下一共多了 *n* 次过程调用，因而，递归方式比非递归方式至少多执行了 16*n* 条指令。由此可以看出，为了提高程序的性能，若能用非递归方式执行则最好用非递归方式。

例 6.8 一个 C 语言函数通过 GCC 编译后得到的过程体对应的 IA-32 汇编代码如下：

```
1       movl   8(%ebp), %ebx
2       movl   $0, %eax
3       movl   $0, %ecx
4   .L12:
5       leal   (%eax,%eax), %edx
6       movl   %ebx, %eax
7       andl   $1, %eax
8       orl    %edx, %eax
9       shrl   %ebx
10      addl   $1, %ecx
11      cmpl   $32, %ecx
12      jne    .L12
```

该 C 语言函数的整体框架结构如下。

```
int func_test(unsigned x)
{
    int result=0;
    int i;
    for (_______①_______;_______②_______;_____③_____) {
       ____________④____________
    }
    return result;
}
```

根据对应的汇编代码填写函数中缺失的部分①、②、③和④。

解 从对应汇编代码来看，因为 ECX 初始为 0，在比较指令 cmpl 之前 ECX 做了一次加 1 操作后，再与 32 比较，最后根据比较结果选择是否转到 .L12 继续执行，所以，可以很明显地看出循环变量 i 被分配在 ECX 中，①处为 i=0，②处为 i!= 32，③处为 i++。

第 5 ～ 9 行汇编指令对应④处的语句，入口参数 x 在 EBX 中，返回参数 result 在 EAX 中。第 5 条指令 leal 实现“2*result”，相当于将 result 左移一位；第 6 条和第 7 条指令则实现“x&0x01”；第 8 条指令实现“result=(result<<1) | (x & 0x01)”，第 9 条指令实现“x>>=1”。综上所述，④处的两条语句是“result=(result<<1) | (x & 0x01); x>>=1;”。

因为本例中循环终止条件是 $i \neq 32$，而循环变量 i 的初值为 0，可以确定第一次终止条件肯定不满足，所以可以省掉循环体前面的一次条件判断。从本例中给出的汇编代码来看，它确实只有一个无符号整数条件转移指令，而不像最初给出的 for 循环对应的低级行为描述结构那样有两处条件转移指令。显然，本例中给出的结构更简洁。■

6.3 复杂数据类型的分配和访问

本节以 C 语言为例说明复杂类型数据在机器级的处理，包括在寄存器和存储器中的存储与访问。在 IA-32/x86-64 机器级代码中，基本类型对应的数据通常通过单条指令就可以访问和处理，这些数据在指令中或者是以立即数的方式出现，或者是以寄存器数据的形式出现，或者是以存储器数据的形式出现。而对于构造类型的数据，由于其包含多个基本类型数据，因而不能直接用单条指令来访问和运算，通常需要特定的代码结构和寻址方式对其进行处理。本节主要介绍构造类型和指针类型的数据在机器级程序中的访问和处理。

6.3.1 数组的分配和访问

数组可以将同类基本类型数据组合起来形成一个大的数据集合。数组是一个数据集合，因而不可能放在一个寄存器中或作为立即数存储在指令中，它一定是被分配在存储器中，数组中的每个元素在存储器中连续存放，可以用一个索引值来访问数据元素。对于数组的访问和处理，编译器最重要的是要找到一种简便的数组元素地址的计算方法。

1. 数组元素在存储空间的存放和访问

在程序中使用数组，必须遵循定义在前、使用在后的原则。一维数组定义的一般形式如下：

存储类型 数据类型 数组名 [元素个数];

其中，存储类型可以省略。例如，定义一个具有 4 个元素的静态存储型 short 数据类型数组 A，可以写成“static short A[4];”。这 4 个数组元素为 A[0]、A[1]、A[2] 和 A[3]，它们连续存放在静态数据存储区中，每个数组元素都为 short 型数据，故占用 2 字节空间，数组 A 共占用 8 字节，数组首地址就是第一个元素 A[0] 的地址，因而通常用 &A[0] 表示，也可简单以 A 表示数组 A 的首地址，第 i（$0 \leqslant i \leqslant 3$）个元素的地址计算公式为 &A[0]+2*$i$。

在 IA-32 系统中，假定数组变量 A 的首地址存放在 EDX 中，下标变量 i 存放在 ECX 中，现需要将 A[i] 取到 AX 中，则可用汇编指令“movw (%edx, %ecx, 2), %ax”来实现。

表 6.2 给出了在 x86-64 中若干数组的定义以及它们在内存中的存放情况说明。

表 6.2 数组定义及其内存存放情况示例

数组定义	数组元素类型	元素大小（B）	数组大小（B）	起始地址	元素 i 的地址
int S[10]	int	4	40	&S[0]	&S[0]+4*i
char *SA[10]	char *	8	80	&SA[0]	&SA[0]+8*i
long D[10]	long	8	80	&D[0]	&D[0]+8*i
float *DA[10]	float *	8	80	&DA[0]	&DA[0]+8*i

表 6.2 给出的 4 个数组定义中，数组 SA 和 DA 中每个元素都是一个指针，x86-64 中指针占 64 位，SA 中每个元素指向一个 char 型数据，DA 中每个元素指向一个 float 型数据。

2. 数组的存储分配和初始化

数组可以定义为静态存储型（static）、外部存储型（extern）和自动存储型（auto），其中，只有 auto 型数组被分配在栈中，其他存储型数组都分配在静态数据区。

数组的初始化就是在定义数组时给数组元素赋初值。例如，声明“static short A[4]={3,80,90,65};”可以对数组 A 的 4 个元素进行初始化。

因为在编译、链接时就可以确定静态区中的数组的地址，所以在编译、链接阶段就可将数组首地址和数组变量建立关联。对于分配在静态区的已被初始化的数组，机器级指令中可通过数组首地址和数组元素的下标来访问相应的数组元素。例如：

```
int buf[2] = {10, 20};
int main()
{
    int i, sum=0;
    for (i=0; i<2; i++)
        sum+=buf[i];
    return sum;
}
```

在该例中，buf 是一个在静态数据区分配的可被其他程序模块使用的全局数组变量，编译、链接后 buf 在可执行目标文件的可读写数据段中分配相应的空间。假定分配给 buf 的地址为 0x8048908，则在该地址开始的 8 字节空间中存放数据的情况如下：

```
1  08048908 <buf>:
2  08048908: 0A 00 00 00 14 00 00 00
```

编译器在处理语句“sum+=buf[i];”时，假定 i 分配在 ECX 中，sum 分配在 EAX 中，则该语句可转换为指令“addl buf(, %ecx, 4), %eax”，其中 buf 的值为 0x8048908。

对于 auto 型数组，因为被分配在栈中，所以数组首地址通过 ESP 或 EBP 来定位，机器级代码中数组元素地址由首地址与数组元素的下标值进行计算得到。例如，对于下面给出的例子：

```
int adder()
{
    int buf[2] = {10, 20};
    int i, sum=0;
    for (i=0; i<2; i++)
        sum+=buf[i];
    return sum;
}
```

该例中，buf 是一个在栈区分配的非静态局部数组，在栈中分配了相应的 8 字节空间。假定在 IA-32 系统中编译生成可执行文件，adder() 函数的调用函数为 P，并且在 adder 过程中没有使用被调用者保存寄存器 EBX、ESI、EDI，局部变量 i 和 sum 分别分配在寄存器 ECX 和 EAX 中，则 adder 对应的栈帧状态如图 6.19 所示。

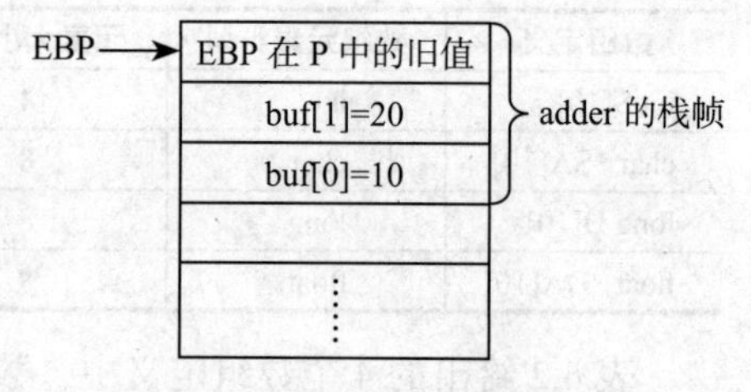

图 6.19　adder 对应的栈帧状态

在处理 auto 型数组赋初值的语句“int buf[2]={10,20};”时，编译器可以生成以下指令序列：

```
1  movl    $10, -8(%ebp)          # buf[0] 的地址为 R[ebp]-8，将 10 赋给 buf[0]
2  movl    $20, -4(%ebp)          # buf[1] 的地址为 R[ebp]-4，将 20 赋给 buf[1]
3  leal    -8(%ebp), %edx         # buf[0] 的地址为 R[ebp]-8，将 buf 首地址送至 EDX
```

执行完上述指令序列后，数组 buf 的首地址在 EDX 中，因此，在处理语句“sum+= buf[i];”时，编译器可以将该语句转换为汇编指令“addl (%edx, %ecx, 4), %eax”。

3. 数组与指针

C 语言中指针与数组之间的关系十分密切，它们均用于处理存储器中连续存放的一组数据，因而在访问存储器时两者的地址计算方法是统一的，数组元素的引用可以用指针来实现。

在指针变量的目标数据类型与数组元素的数据类型相同的前提条件下，指针变量可以指向数组或者数组中的任意元素。例如，对于存储器中连续的 10 个 int 型数据，可以用数组 a 来说明，也可以用指针变量 ptr 来说明。以下两个程序段的功能完全相同，都是使指针 ptr 指向数组 a 的第 0 个元素 a[0]。

```
# 程序段一
int a[10];
int *ptr=&a[0];
# 程序段二
int a[10], *ptr;
ptr=&a[0];
```

数组变量 a 的值就是其首地址，即 a=&a[0]，因而a=ptr，从而有 &a[i]=ptr+i= a+i 和 a[i]=ptr[i]=*(ptr+i)=*(a+i)。

假定 0x8048A00 处开始的存储区有 10 个 int 型数据，部分内容如图 6.20 所示，以小端方式存放。

图 6.20 给出了用数组和指针表示的存储器中连续存放的数据，以及指针和数组元素之间的关系。图中 a[0]= 0xABCDEF00、a[1]=0x01234567、a[9]= 0x1256FF00。数组首地址 0x8048A00 存放在指针变量 ptr 中，从图中可以看出，ptr+i 的值并不是用 0x8048A00 加 i 得到，而是等于 0x8048A00+4*i。

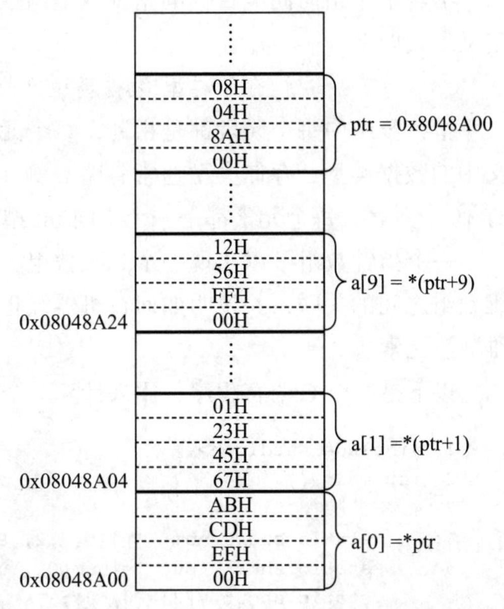

图 6.20 用数组和指针表示连续存放的一组数据

表 6.3 给出了 IA-32 中一些数组元素或指针变量的表达式及其计算方式。表中数组 A 为 int 型，其首地址 SA 在 ECX 中，数组的下标变量 i 在 EDX 中，表达式的结果在 EAX 中。

表 6.3 关于数组元素和指针变量的表达式计算示例

序号	表达式	类型	值的计算方式	汇编代码
1	A	int *	SA	leal (%ecx), %eax
2	A[0]	int	M[SA]	movl (%ecx), %eax
3	A[i]	int	M[SA+4*i]	movl (%ecx, %edx, 4), %eax
4	&A[3]	int *	SA+12	leal 12(%ecx), %eax
5	&A[i]−A	int	(SA+4*i−SA)/4=i	movl %edx, %eax
6	*(A+i)	int	M[SA+4*i]	movl (%ecx, %edx, 4), %eax
7	*(&A[0]+i−1)	int	M[SA+4*i−4]	movl −4(%ecx, %edx, 4), %eax
8	A+i	int *	SA+4*i	leal (%ecx, %edx, 4), %eax

表 6.3 中序号为 2、3、6 和 7 的表达式都是引用数组元素，其中 3 和 6 是等价的。对应的汇编指令都需要有访存操作，指令中源操作数的寻址方式分别是“基址”“基址加比例变址”“基址加比例变址”和“基址加比例变址加位移”的方式，因为数组元素的类型都为 int 型，故比例因子都为 4。

序号为 1、4 和 8 的表达式都是有关数组元素地址的计算，都可以用取有效地址指令 leal 来实现。对于序号为 1 的表达式，也可以用指令“movl %ecx, %eax”实现。

序号为 5 的表达式则是计算两个数组元素之间相差的元素个数，也即两个指针之间的运算，因此，表达式的值的类型应该是 int，运算时应该是两个数组元素地址之差再除以 4，结果就是 i。

4. 指针数组和多维数组

由若干个指向同类目标的指针变量组成的数组称为指针数组。C 程序中指针数组的定义形式如下：

存储类型 数据类型 * 指针数组名 [元素个数];

指针数组中每个元素都是指针，每个元素指向的目标数据类型都相同，就是上述定义中的数据类型，存储类型通常省略。例如，“ int *a[10];”定义了一个指针数组 a，它有 10 个元素，每个元素都是一个指向 int 型数据的指针。

一个指针数组可以实现一个二维数组。以下用一个简单的例子来说明指针数组和二维数组之间的关联，并说明如何在机器级程序中访问指针数组元素所指的目标数据和二维数组元素。

以下是一个 C 语言程序，用来计算一个两行四列整数矩阵中每一行数据的和。

```
1  #include <stdio.h>
2  int main ()
3  {
4      static short num[ ][4]={ {2, 9, -1, 5}, {3, 8, 2, -6}};
5      static short *pn[ ]={num[0], num[1]};
6      static short s[2]={0, 0};
7      int i, j;
8      for (i=0; i<2; i++) {
9          for (j=0; j<4; j++)
10             s[i]+=*pn[i]++;
```

```
11         printf ("sum of line %d:%d\n", i, s[i]);
12     }
13 }
```

该例中，num 是一个在静态数据区分配的静态数组，因而在可执行目标文件的可读写数据段中分配了相应的空间。假定在 IA-32 系统中编译、运行，分配给 num 的地址为 0x8049300，则在该地址开始的一段存储区中存放数据的情况如下：

```
1  08049300 <num>:
2  08049300:  02 00 09 00 ff ff 05 00 03 00 08 00 02 00 fa ff
3  08049310 <pn>:
4  08049310:  00 93 04 08 08 93 04 08
```

因此，num=num[0]=&num[0][0]=0x8049300，pn=&pn[0]=0x8049310, pn[0]=num[0]=0x8049300, pn[1]=num[1]=0x8049308。

编译器在处理第 10 行语句“ s[i]+=*pn[i]++;”时，若 i 在 ECX，s[i] 在 AX，则可通过指令“ movl pn(, %ecx, 4), %edx”先将 pn[i] 送到 EDX 中，再通过以下两条指令实现其功能：

```
addw    (%edx), %ax
addl    $2, pn(, %ecx, 4)
```

执行上述第一条加法指令 addw 时，pn[i] 已在 EDX 中，因为是 short 型数据，所以数据宽度为 16 位，即指令助记符长度后缀为 w；因为 pn 为指针数组，所以在引用 pn 的元素时其比例因子为 4。例如，当 i=1 时，pn[i]=*(pn+i)=M[pn+4*i]=M[0x8049310+4]=M[0x8049314]=0x8049308。

第二条加法指令 addl 用来实现“ pn[i]+t”（即 pn[i]+1 → pn[i]）的功能，因为 pn[i] 是指针，所以“ pn[i]+1 → pn[i]”是指针运算，因此，操作数长度为 4B，即助记符长度后缀为“ l”，而指针变量每次增量时应加目标数据的长度。因为目标数据类型为 short，即每个目标数据的长度为 2，因此指针变量增量时每次加 2。

6.3.2 结构体数据的分配和访问

C 语言的结构体（也称结构）可以将不同类型的数据结合在一个数据结构中。组成结构体的每个数据称为结构体的成员或字段。

1. 结构体成员在存储空间中的存放和访问

结构体中的数据成员存放在存储器的一段连续的存储区中，指向结构的指针就是其第一个字节的地址。编译器在处理结构型数据时，根据每个成员的数据类型获得相应的字节偏移量，然后通过每个成员的字节偏移量来访问结构成员。

例如，以下是一个关于个人联系信息的结构体：

```
struct cont_info {
    char id[8];
    char name[12];
```

```
    unsigned post;
    char address[100];
    char phone[20];
};
```

该结构体定义了关于个人联系信息的一个数据类型 struct cont_info，可以把变量 x 定义成这个类型，并赋初值，例如，在定义了上述数据类型 struct cont_info 后，可以对变量 x 进行如下声明：

struct cont_info x={“0000000”,“ZhangS”, 210022,“273 long street, High Building #3015”,“12345678”};

与数组一样，分配在栈中的 auto 型结构类型变量的首地址由 EBP 或 ESP 来定位，分配在静态存储区的静态和外部结构变量首地址是一个确定的静态存储区地址。

结构体变量 x 的每个成员的首地址等于 x 加上一个偏移量。假定上述变量 x 分配在地址 0x8049200 开始的区域，那么，*x*=&(x.id)=0x8049200，其他成员的地址计算如下：

```
&(x.name) = 0x8049200+8 = 0x8049208
&(x.post) = 0x8049200+8+12 = 0x8049214
&(x.address) = 0x8049200+8+12+4 = 0x8049218
&(x.phone) = 0x8049200+8+12+4+100 = 0x804927C
```

可以看出 x 初始化后，对于 name 字段，在地址 0x8049208~0x804920D 处存放的是字符串“ZhangS”，0x804920E 处存放的是字符“\0”，在地址 0x804920F~0x8049213 处存放的都是空字符。

访问结构体变量的成员时，对应的机器级代码可以通过“基址加偏移量”的寻址方式来实现。例如，假定编译器在处理语句“unsigned xpost=x.post;”时，x 被分配在 EDX 中，xpost 被分配在 EAX 中，则对应得到的汇编指令为“movl 20(%edx), %eax”。这里的基址就是 0x8049200，它被存放在 EDX 中，偏移量为 8+12=20。

2. 结构体数据作为入口参数

当结构体变量需要作为一个函数的形式参数时，形式参数和调用函数中的实参应该具有相同的结构。和普通变量传递参数的方式一样，也有按值传递和按地址传递两种方式。如果采用按值传递方式，则结构体的每个成员都要被复制到栈中参数区，这既增加时间开销，又增加空间开销，因而对于结构体变量通常采用按地址传递的方式。也就是说，对于结构类型参数，通常不会直接将其作为参数，而是把指向结构的指针作为参数，这样，在执行 call 指令之前，就无须把结构成员复制到栈中的参数区，而只要把相应的结构体首地址送到参数区，也即仅传递指向结构体的指针而不复制每个成员。

例如，以下是处理学生电话信息的两个函数：

```
1  void stu_phone1(struct cont_info *stu_info_ptr)
2  {
3      printf("%s phone number: %s", (*stu_info_ptr).name, (*stu_info_ptr).phone);
4  }
5
6  void stu_phone2(struct cont_info stu_info)
```

```
7 {
8     printf("%s phone number: %s", stu_info.name, stu_info.phone);
9 }
```

函数 stu_phone1 按地址传递参数，而 stu_phone2 按值传递参数。对于上述结构体变量 x，若需调用函数 stu_phone1，则调用函数使用的语句应该为“stu_phone1(&x);”；若需调用函数 stu_phone2，则调用函数使用的语句应该为“ stu_phone2(x);”。这两种情况下对应的栈中的状态如图 6.21 所示。

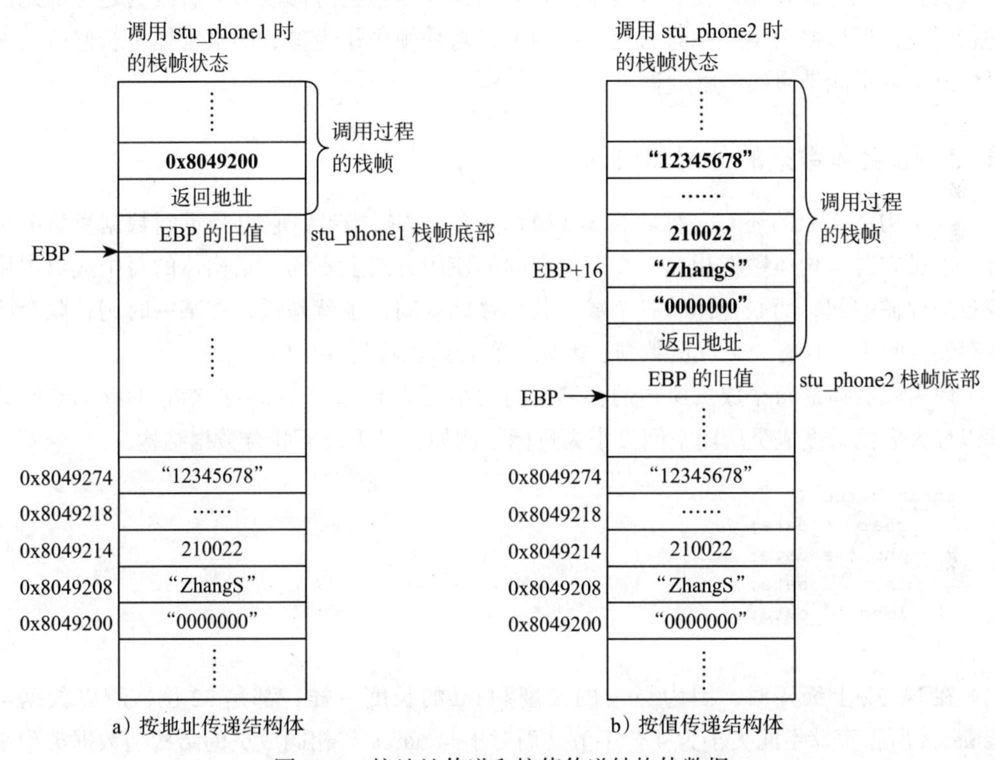

图 6.21　按地址传递和按值传递结构体数据

如图 6.21a 所示，对于按地址传递结构体数据方式，调用函数会把 x 的地址 0x8049200 作为实参存到参数区，此时，M[R[ebp]+8]=0x8049200。在函数 stu_phone1 中，使用表达式 (*stu_info_ptr).name 来引用结构体成员 name，也可以将 (*stu_info_ptr).name 写成 stu_info_ptr->name。实现将表达式 (*stu_info_ptr).name 的结果送至 EAX 的指令序列如下：

```
movl    8(%ebp), %edx
leal    8(%edx), %eax
```

执行完上述两条指令后，EAX 中存放的是字符串“ ZhangS”在静态存储区内的首地址 0x8049208。

如图 6.21b 所示，如果是按值传递结构体数据，调用函数会把 x 的所有成员值作为实参存到参数区，此时，形参 stu_info 的地址为 R[ebp]+8。在函数 stu_phone2 中，使用表达式 stu_info.name 来引用结构体成员 name。实现将表达式 stu_info.name 的结果送至 EAX 的指令序列如下：

```
leal    8(%ebp), %edx
leal    8(%edx), %eax
```

上述两条指令的功能实际上是将 R[ebp]+16 的值送到 EAX 中，EAX 中存放的是字符串“ZhangS”在栈中参数区内的首地址。

从图 6.21 可以看出，虽然调用 stu_phone1 和 stu_phone2 可以实现完全相同的功能，但是两种方式下的时间和空间开销都不一样。显然，后者的开销大，因为它需要对结构体成员整体从静态存储区复制到栈中。若对结构体信息进行修改，前者因为是在静态区进行修改，所以修改结果一直有效；而后者是对栈帧中作为参数的结构体进行修改，所以修改结果不能带回到调用过程。

6.3.3 联合体数据的分配和访问

与结构体类似的还有一种联合体（简称联合）数据类型，它也是不同数据类型的集合，不过它与结构体数据相比，在存储空间的使用方式上不同。结构体的每个成员占用各自的存储空间，而联合体的各个成员共享存储空间，也就是说，在某一时刻，联合体的存储空间中仅存有一个成员数据。因此，联合体也称为共用体。

因为联合体的每个成员所占的存储空间大小可能不同，所以分配给它的存储空间总是以最大数据长度成员所需空间大小为目标。例如，对于以下联合数据结构：

```
union uarea {
    char  c_data;
    short s_data;
    int   i_data;
    long  l_data;
};
```

在 IA-32 上编译时，因为 long 的长度和 int 的长度一样，都是 32 位，所以数据类型 uarea 所占存储空间大小为 4 个字节。而对于与 uarea 有相同成员的结构型数据类型来说，其占用的存储空间大小至少有 1+2+4+4=11 个字节，如果考虑数据对齐的话，则占用的空间更多。

联合体数据结构通常用在一些特殊的场合，例如，如果事先知道某种数据结构中的不同字段（成员）的使用时间是互斥的，就可以将这些字段声明为联合，以减少分配的存储空间。但这种做法有时可能会得不偿失，它可能只会减少少量的存储空间却大大增加处理复杂性。

利用联合体数据结构，还可以实现对相同的位序列进行不同数据类型的解释。例如，以下函数可以将一个 float 型数据重新解释为一个无符号整数。

```
1  unsigned float2unsign(float f)
2  {
3      union {
4          float f;
5          unsigned u;
6      } tmp_union;
```

```
7       tmp_union.f=f;
8       return tmp_union.u;
9   }
```

上述函数的形式参数是float型，按值传递参数，因而从调用过程传递过来的实参是一个float型数据，该数据被赋值给了一个非静态局部变量tmp_union中的成员f，由于成员u和成员f共享同一个存储空间，所以在执行序号为8的return语句后，32位的浮点数被转换成了32位无符号整数。函数float2unsign的过程体包含的指令序列如下：movl 8(%ebp), %eax movl %eax, −4(%ebp) movl−4(%ebp), %eax 编译优化后的指令就是“movl 8(%ebp), %eax”，它实现了将存放在地址R[ebp]+8处的入口参数f送到返回值所在寄存器EAX的功能。请读者思考float 2unsign(10.0)的返回结果是什么。

从上述例子可以看出，机器级代码在很多时候并不区分所处理对象的数据类型，不管高级语言中将其说明成float型、int型还是unsigned型，都把它当成一个0/1序列来处理。明白这一点非常重要！

联合体数据结构可以嵌套，以下是一个关于联合体数据结构node的定义：

```
union node {
    struct {
        int *ptr;
        int data1;
    } node1;
    struct {
        int data2;
        union node *next;
    } node2;
};
```

可以看出数据结构node是一个如图6.22所示的链表，在这个链表中除了最后一个节点采用node1结构类型外，前面节点的数据类型都是node2结构，其中有一个字段next又指向了一个node结构。

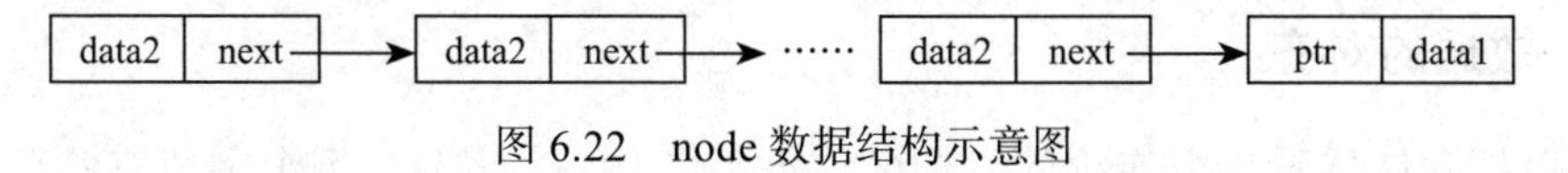

图6.22 node数据结构示意图

假设有一个处理node数据结构的过程node_proc如下：

```
1  void node_proc(union node *np)
2  {
3      np->node2.next->node1.data1 = *(np->node2.next->node1.ptr)+np->node2.data2;
4  }
```

过程node_proc中的形式参数是一个指向node联合数据结构的指针，显然，是按地址传递参数方式，因此，在调用过程栈帧的参数区存放的实参是一个地址，这个地址是一个node型数据（即链表）的首地址。假定处理的链表被分配在某个存储区（通常像链表这种动态生成的数据结构都被分配在动态的堆区），其首地址为0xf0493000。根据过程node_proc中第3行语句可知，所处理的链表共有两个节点，其中第一个节点是node2型结构，第二个节点是node1型结构，图6.23给出了其存放情况示意。

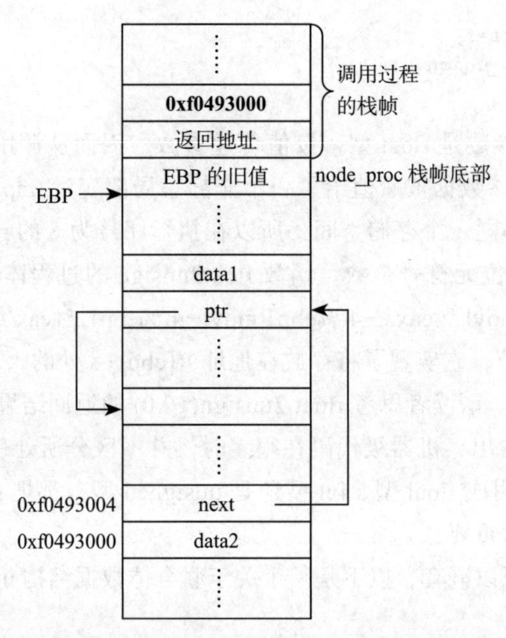

图 6.23　过程 node_proc 处理的 node 链表存放情况示意

过程 node_proc 的过程体对应的汇编代码如下。

```
1  movl    8(%ebp), %ecx             # 将实参（链表首址 0xf0493000）送至 ECX
2  movl    4(%ecx), %edx             # 将地址 0xf0493004 中的 next 送至 EDX
3  movl    (%edx), %eax              # 将 next 所指单元的内容 ptr 送至 EAX
4  movl    (%eax), %eax              # 将 ptr 所指单元的内容送至 EAX
5  addl    (%ecx), %eax              # 将 EAX 内容与 data2 相加
6  movl    %eax, 4(%edx)             # 将相加结果送至 data1 所在单元
```

显然，执行完上述第 1、2 两行机器级代码后，ECX 中存放的内容是链表首地址 0xf0493000，EDX 中存放的是指针 next。

6.3.4　数据的对齐

可以把存储器看作由连续的位构成，每 8 位为一个字节，每个字节有一个地址编号，称为按字节编址。假定计算机系统中访存机制限制每次访存最多只能读写 64 位，即 8 个字节，那么，第 0~7 字节可以同时读写，第 8~15 字节可以同时读写，以此类推。这种称为 8 字节宽的存储读写方式。因此，如果一条指令要访问的数据不在地址为 $8i$~$8i+7$（i=0，1，2，…）之间的存储单元内，那么就需要多次访存，因而延长了指令的执行时间。例如，若访问的数据在第 6、7、8、9 这 4 个字节中，则需要访问存储器两次。因此，数据在存储器中的存放需要进行对齐，以避免多次访存而带来指令执行效率的降低。

当然，对于底层机器级代码来说，它应该能够支持按任意地址访问存储器的功能，因此，无论数据是否对齐，IA-32 都能正确工作，只是在对齐方式下程序的执行效率更高。为此，操作系统通常按照对齐方式分配管理内存，编译器也按照对齐方式转换代码。

最简单的对齐策略是，要求不同的基本类型按照其数据长度进行对齐，例如，int 型数据长度是 4 个字节，因此规定 int 型数据的地址是 4 的倍数，称为 4 字节边界对齐，简称 4 字节对齐。同理，short 型数据的地址是 2 的倍数，double 和 long long 型数据的地址是 8 的倍数，float 型数据的地址是 4 的倍数，char 型数据则无须对齐。Windows 采用的就是这种对齐策略，具体对齐策略在 Windows 遵循的 ABI 规范中有明确定义。在这种情况下，对于 8 字节宽的存储器机制来说，所有基本类型数据都仅需访存一次。Linux 使用的对齐策略更为宽松，i386 System V ABI 中定义的对齐策略规定：short 数据的地址是 2 的倍数，其他的如 int、float、double 和指针等类型数据的地址都是 4 的倍数。在这种情况下，对于 8 字节宽的存储机制来说，double 型数据就可能需要进行两次存储器访问。对于扩展精度浮点数，IA-32 中规定长度是 80 位，即 10 个字节，为了使随后的相同类型的数据能够落在 4 字节地址边界上，i386 System V ABI 规范定义 long double 型数据长度为 12 字节，因而 GCC 遵循该定义，为其分配 12 字节。

例如，对于以下 C 语言程序：

```
#include <stdio.h>
int main()
{
    int a;
    char b;
    int c;
    printf("0x%08x\n",&a);
    printf("0x%08x\n",&b);
    printf("0x%08x\n",&c);
}
```

在 IA-32+Windows 系统中，VS 编译器下运行结果为 0x0012ff7c、0x0012ff7b 和 0x0012ff80；Dev-C++ 编译器下运行结果为：0x0022ff7c、0x0022ff7b 和 0x0022ff74。可以看出，在这两种编译器下，变量 a 和 c 的地址都是 4 的倍数，而变量 b 没有对齐。VS 编译器下，调整了变量的分配顺序，并没有将 a、b、c 按小地址→大地址（或大地址→小地址）进行分配，而是将无须对齐的变量 b 先分配一个字节，然后再依次分配 a 和 c 的空间。需要注意的是，ABI 规范只定义了变量的对齐方式，并没有定义变量的分配顺序，因此编译器可以自由决定使用何种顺序来分配变量。

对于由基本数据类型构造而成的 struct 结构体数据，为了保证其中每个字段都满足对齐要求，i386 System V ABI 对 struct 结构体数据的对齐方式有如下几条规则：

1）整个结构体变量的对齐方式与其中对齐方式最严格的成员相同；

2）每个成员在满足其对齐方式的前提下，取最小的可用位置作为成员在结构体中的偏移量，这可能导致内部插空；

3）结构体大小应为对齐边界长度的整数倍，这可能会导致尾部插空。

前两条规则是为了保证结构体中的任意成员都能以对齐的方式访问。

例如，考虑下面的结构定义：

```
struct SD {
```

```
    int    i;
    short  si;
    char   c;
    double d;
};
```

如果不按照对齐方式分配空间，那么，SD所占的存储空间大小为4+2+1+8=15个字节，每个成员的首地址偏移如图6.24a所示，成员i、si、c和d的偏移地址分别是0、4、6和7，因此，即使SD的首地址按4字节边界对齐，成员d也不满足4字节或8字节对齐要求。如果设定为按对齐方式分配空间，则根据上述第2条规则，需要在字段c后面插入一个空字节，以使成员d的偏移从8开始，此时，每个成员的首地址偏移如图6.24b所示；根据上述第1条规则，应保证SD首地址按4字节边界对齐，这样所有成员都能按要求对齐。而且，因为SD所占空间大小为16字节，所以，当定义一个数据元素为SD类型的结构数组时，每个数组元素也都能在4字节边界上对齐。

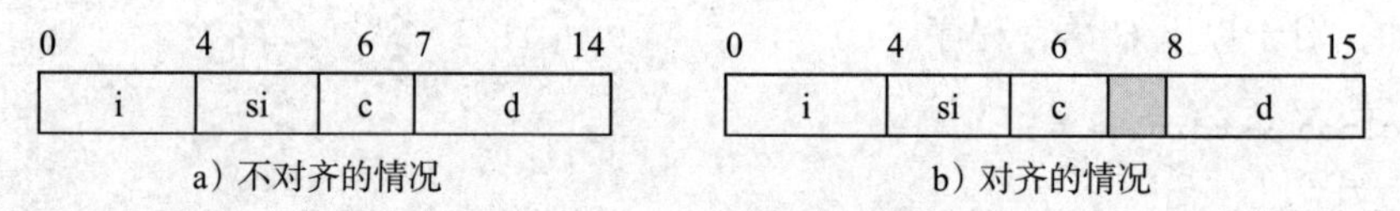

图6.24　结构SD的存储分配情况

上述第3条规则是为了保证结构体数组中的每个元素都能满足对齐要求，例如，对于下面的结构体数组定义：

```
struct SDT {
    int    i;
    short  si;
    double d;
    char   c;
} sa[10];
```

如果按照图6.25a的方式在字段中插空，那么对于第一个元素sa[0]来说，能够保证每个成员的对齐要求，但是，因为SDT所占总长度为17字节，所以，对于sa[1]来说，其首地址就不是按4字节方式对齐，因而导致sa[1]中各成员不能满足对齐要求。若编译器遵循上述第3条规则，在SDT结构的最后一个成员后面插入3个字节的空间，如图6.25b所示。此时，SDT总长度变为20字节，即sizeof(SDT)=20，从而保证结构体数组中所有元素的首地址都是4的倍数。

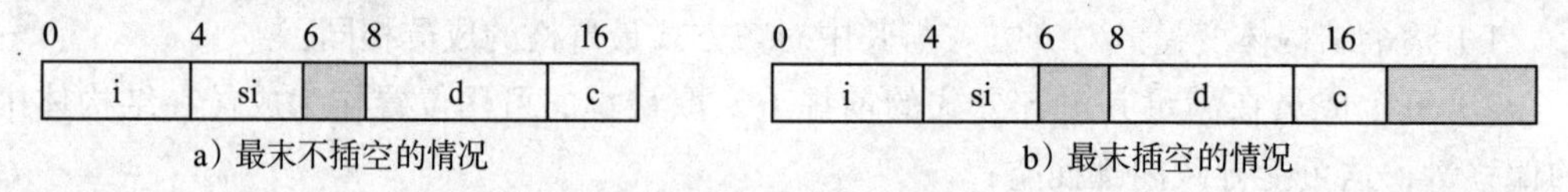

图6.25　结构SDT的存储分配情况

例6.9　假定C语言程序中定义了以下结构体数组：

```
1  struct {
2      char  a;
```

```
3     int   b;
4     char  c;
5     short d;
6   } record[100];
```

在对齐方式下该结构体数组 record 占用的存储空间为多少字节？每个成员的偏移量为多少？如何调整成员变量的顺序使 record 占用空间最少？

解 数组 record 的每个元素是结构类型，在对齐方式下，不管是在 Windows 还是 Linux 系统中，该结构占用的存储空间为 12B，因此，数组 record 共占 1200B。为了保证每个数组元素都能对齐存放，该数组的起始地址一定是 4 的倍数，并且成员 a、b、c、d 的偏移量分别为 0、4、8、10。

为了使 record 占用的空间最少，可以按照从短→长（或从长→短）调整成员变量的声明顺序。从短→长调整后的声明如下：

```
1  struct {
2     char  a;
3     char  c;
4     short d;
5     int   b;
6  } record[100];
```

调整后每个数组元素占 8B，数组共占 800B 空间，比原来节省 400B。■

与 IA-32 一样，x86-64 中的各种类型数据也应该遵循一定的对齐规则，而且对齐要求更加严格。因为 x86-64 中存储器的访问接口被设计成按 8 字节或 16 字节为单位进行存取，其对齐规则是，任何 *K* 字节宽的基本数据类型和指针类型数据的起始地址一定是 *K* 的倍数，因此，long 型、double 型数据和指针型变量都必须按 8 字节边界对齐；long double 型数据必须按 16 字节边界对齐。具体的对齐规则可以参考 AMD64 System V ABI 手册。

6.4 越界访问和缓冲区溢出

6.3.1 节介绍了 C 语言中数组的分配和访问，C 语言中的数组元素可以使用指针来访问，因而对数组的引用没有边界约束，也即程序中对数组的访问可能会有意或无意地超越数组存储区范围而无法发现。C 语言标准规定，数组越界访问属于未定义行为。以下几种情况下访问结果是不可预知的：可能访问了一个空闲的内存位置；可能访问了某个不该访问的变量；也可能访问了非法地址而导致程序异常终止。这些未定义行为情况下，可能存在安全漏洞，导致被恶意攻击。

6.4.1 缓冲区溢出

6.1 节介绍了有关 C 语言过程调用的机器级代码表示。在 C 语言程序执行过程中，当前正在执行的过程（即函数）在栈中会形成本过程的栈帧，一个过程的栈帧中除了保存 EBP 和被调用者保存寄存器的值以外，还会保存本过程的非静态局部变量和过程调用的返回地址。如果在非静态局部变量中定义了数组变量，那么，有可能在对数组元素进行访问时发生超越数组存储区的越界访问。通常把这种数组存储区看成一个缓冲区，这种超越数组存储区范围的访问称为**缓冲区溢出**。例如，对于一个有 10 个元素的 char 型数组，其定义的缓冲区占 10 字节。如果写一个字符串到这个缓冲区，只要写入的字符串多于 9 个字符（结束符“\0”占一个字节），这个缓冲区就会发生“写溢出”。缓冲区溢出会带来程序执行结果错误，甚至存在相当危险的安全漏洞。

以下就是由于缓冲区溢出而导致程序发生错误的一个例子。某 C 语言函数 fun() 的源程序如下：

```
double fun(int i)
{
    volatile double d[1]={3.14};
    volatile long int a[2];
    a[i]=1073741824; /* 1073741824 = 2^30*/
    return d[0];
}
```

在 IA-32+Linux 平台上，函数 fun(i) 在 i=1、2、3、4 时的执行情况分别如下：

fun(1)=3.14。

fun(2)=3.1399998664856。

fun(3)=2.00000061035156。

fun(4)=3.14 且随后发生存储保护错（Segmentation fault）。

在 IA-32+Linux 平台上对上述程序进行编译，得到对应的机器级代码如下：

```
<fun>:
1  push   %ebp
2  mov    %esp,%ebp
3  sub    $0x10,%esp
4  fldl   0x8048518
5  fstpl  -0x8(%ebp)
6  mov    0x8(%ebp),%eax
7  movl   $0x40000000,-0x10(%ebp,%eax,4)
8  fldl   -0x8(%ebp)
9  leave
10 ret
```

编译器通常将浮点类型的常数（如程序中的 3.14）分配在 .rodata 节（即只读数据节），而只读数据节在链接时将被映射到虚拟地址空间的只读代码段（在 IA-32+Linux 系统中起始地址为 0x8048000）中，从上述机器级代码可以看出，从 0x8048518 开始的 8 字节空间存放的是 3.14 的 double 型表示。

第 4 行和第 5 行指令用于将浮点型常数 3.14 存入栈帧中 R[ebp]-8 位置处。第 4 行 fldl 指令的功能是，将存储单元 0x8048518 开始的 8 字节装入浮点寄存器 ST(0)，第 5 行 fstpl 指令的功能是，将浮点寄存器 ST(0) 中的数据存到地址为 R[ebp]-8 的 8 个存储单元中。

第 6 行和第 7 行指令用于将整数类型常数 1 073 741 824（2^{30}=4000 0000H）存入 a[i]

中。其中，数组 a 的起始地址为 R[ebp]-16。

第 8 行指令的功能是，将 R[ebp]-8 开始处的 8 个单元数据（即 64 位的 d[0]）装入浮点寄存器 ST(0) 中作为返回值。

根据上述对机器级代码的分析可知，函数 fun() 的栈帧中数据的存放情况如图 6.26 所示。图中 $d_{63}d_{62}\cdots d_{33}d_{32}d_{31}d_{30}\cdots d_1d_0$ 为 double 型数据 3.14 的机器数。

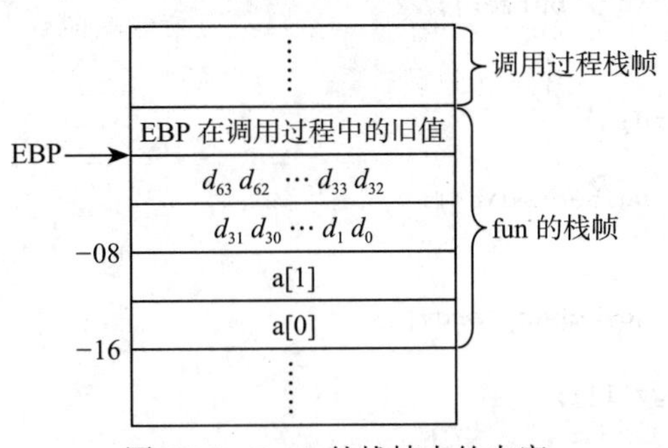

图 6.26　fun() 的栈帧中的内容

从图 6.26 可以看出，当入口参数 i=1 时，程序将 0x4000 0000 存入 a[1] 处，数组 a 没有发生缓冲区溢出，fun() 返回值为 3.14，结果正确；当 i>1 时，数组 a 发生缓冲区溢出，程序执行结果发生错误，甚至出现存储保护错。

当 i=2 时，程序将 0x4000 0000 存入 a[1] 之上的 4 个单元，从而把 $d_{31}d_{30}\cdots d_1d_0$ 替换为 0x4000 0000，破坏了 3.14 对应机器数的尾数低位部分，因而 fun() 返回值为 3.1399998664856；当 i=3 时，程序将 $d_{63}d_{62}\cdots d_{33}d_{32}$ 替换为 0x4000 0000，破坏了 3.14 对应机器数的高位部分，误差比 i=2 时更大，返回值为 2.00000061035156；当 i=4 时，程序将 EBP 在调用过程中的旧值替换为 0x4000 0000，虽然 fun() 能够返回 d[0] 处（地址为 R[ebp]-8）的 3.14，但是，返回到调用过程后，在调用过程中使用 EBP 作为基址寄存器访问数据时，因为访问的是地址 0x4000 0000 附近的单元，本例中，在地址 0x4000 0000 附近的存储区应该属于没有内容的“空洞”页面，对“空洞”页面的访问会导致发生存储保护错。

6.4.2　缓冲区溢出攻击

缓冲区溢出是一种非常普遍、非常危险的漏洞，在各种操作系统、应用软件中广泛存在。**缓冲区溢出攻击**是利用缓冲区溢出漏洞所进行的攻击行为。缓冲区溢出攻击可以导致程序运行失败、系统关机、重新启动等后果。如果有人恶意利用在栈中分配的缓冲区的写溢出，悄悄地将一个恶意代码段的首地址作为“返回地址”覆盖到原先正确的返回地址处，那么，程序就会在执行 ret 指令时悄悄地转到恶意代码段执行，从而可以轻易取得系统特权，进而进行各种非法操作。

造成缓冲区溢出的原因是程序没有对栈中作为缓冲区的数组进行越界检查。下面用一个简单的例子说明攻击者如何利用缓冲区溢出跳转到自己设定的程序 hacker 去执行。

以下是在文件 test.c 中的三个函数，假定编译、链接后的可执行代码为 test：

```
1  #include <stdio.h>
2  #include "string.h"
3
4  void outputs(char *str)
5  {
6      char buffer[16];
7      strcpy(buffer, str);
8      printf("%s \n", buffer);
9  }
10
11 void hacker(void)
12 {
13     printf("being hacked\n");
14 }
15
16 int main(int argc, char *argv[])
17 {
18     outputs(argv[1]);
19     return 0;
20 }
```

上述函数 outputs 是一个有漏洞的程序，当命令行中给定的字符串超过 25 个字符时，使用 strcpy 函数就会使缓冲区（buffer）造成写溢出。首先来看一下在 IA-32 系统中使用反汇编工具得到的 outputs 汇编代码。

```
1  0x080483e4 <outputs+0>:      push    %ebp
2  0x080483e5 <outputs+1>:      mov     %esp, %ebp
3  0x080483e7 <outputs+3>:      sub     $0x18, %esp
4  0x080483ea <outputs+6>:      mov     0x8(%ebp), %eax
5  0x080483ed <outputs+9>:      mov     %eax, 0x4(%esp)
6  0x080483f1 <outputs+13>:     lea     0xfffffff0(%ebp), %eax
7  0x080483f4 <outputs+16>:     mov     %eax, (%esp)
8  0x080483f7 <outputs+19>:     call    0x8048330 <__gmon_start__@plt+16>
9  0x080483fc <outputs+24>:     lea     0xfffffff0(%ebp), %eax
10 0x080483ff <outputs+27>:     mov     %eax, 0x4(%esp)
11 0x08048403 <outputs+31>:     movl    $0x8048500, (%esp)
12 0x0804840a <outputs+38>:     call    0x8048310
13 0x0804840f <outputs+43>:     leave
14 0x08048410 <outputs+44>:     ret
```

第 3 行指令说明编译器在栈帧中分配了 0x18=24 字节空间；在第 8 行 call 指令调用 strcpy 函数之前，栈中存放了两个参数，一个是 outputs 函数的入口参数 str（存放在栈中地址为 R[ebp]+8 之处），另一个是 buffer 数组在栈中的首地址 R[ebp]-16，第 6 行指令中的偏移量为 0xfffffff0（真值为 -16）；第 12 行用 call 指令调用 printf 函数。根据上述分析，可以画出如图 6.27 所示的 outputs 的栈帧状态。

图 6.27 中传递给 strcpy 的实参 M[R[ebp]+8] 实际上就是在 main 函数中指定的命令行参数首地址，即 argv[1]，它是一个字符串的起始地址。此程序中函数 strcpy() 实现的功能是，将命令行中指定的字符串复制到 buffer 数组缓冲区中，如果攻击者在命令行中构造一个长度为 16+4+4+1=25 个字符的字符串，并将攻击代码 hacker() 的首地址置于字符串结束符“\0”前面 4 字节，则在执行完 strcpy() 函数后，hacker 代码首地址将置于

过程 main 栈帧最后的返回地址处。当执行到 outputs 代码的第 14 行 ret 指令时，便会转到 hacker() 执行以实施攻击。这里，25 个字符中的前 16 个字符填满 buffer 数组缓冲区，4 个字符覆盖掉 EBP 的旧值，4 个字节的 hacker 代码首地址覆盖返回地址，还有一个是字符串结束符。

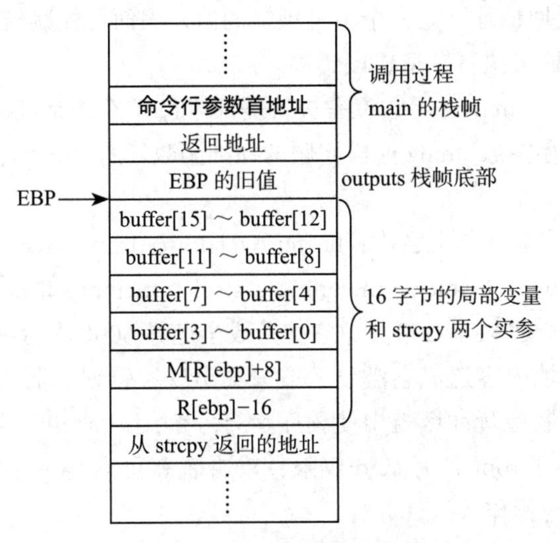

图 6.27　outputs 栈帧中的内容

假定 hacker 代码首地址为 0x8048410，则可编写如下的攻击代码实施攻击。

```
1  #include <stdio.h>
2
3  char code[]=
4  "0123456789ABCDEFXXXX"
5  "\x10\x84\x04\x08"
6  "\x00";
7  int main(void)
8  {
9      char *arg[3];
10     arg[0]="./test";
11     arg[1]=code;
12     arg[2]=NULL;
13     execve(arg[0], arg, NULL);
14     return 0;
15 }
```

执行上述程序，可通过系统调用 execve() 装入 test 可执行文件，并将 code 中的字符串作为命令行参数启动执行 test。因此，字符串中前 16 个字符‘0’‘1’‘2’‘3’‘4’‘5’‘6’‘7’‘8’‘9’‘A’‘B’‘C’‘D’‘E’和‘F’被复制到 buffer 中，4 个字符‘X’覆盖掉 EBP 的旧值，地址 0x08048411 覆盖掉返回地址。

执行上述攻击程序后的输出结果为：

```
"0123456789ABCDEFXXXX ▥▧▥▧
being hacked
Segmentation fault
```

输出结果中第一行为执行 outputs 函数后的结果，其中最后 4 个为不可显示字符（对应 ASCII 码 10H、84H、04H 和 08H）。执行完 outputs 后程序被恶意地跳转到 hacker() 函数执行，因此会显示第二行字符串。最后一行显示“Segmentation fault”(段错误)，原因是在调用 hacker() 时并没有保存其调用函数的返回地址，所以在执行到 hacker 过程的 ret 指令时取到的“返回地址”是一个不可预知的值，因而可能跳转到数据区、系统区或其他非法访问的存储区去执行，造成段错误。

上面的错误主要是 strcpy() 函数没有进行缓冲区边界检查而直接把 str 所指的内容复制到缓冲区造成的。存在像 strcpy 这样问题的标准函数还有 strcat()、sprintf()、vsprintf()、gets()、scanf() 等。

缓冲区溢出攻击有多种英文名称：buffer overflow、buffer overrun、smash the stack、trash the stack、scribble the stack、mangle the stack、memory leak 和 overrun screw 等。第一个缓冲区溢出攻击是 Morris 蠕虫，它曾造成全世界 6000 多台网络服务器瘫痪。

随意向缓冲区中填内容造成它溢出一般只会出现段错误，而不能达到攻击的目的。最常见的手段是通过制造缓冲区溢出使程序运行一个用户 shell，再通过 shell 执行其他命令。如果该程序属于 root 且有 suid 权限，攻击者就可获得一个有 root 权限的 shell，从而可对系统进行任意操作。

缓冲区溢出攻击之所以成为一种常见安全攻击手段，其原因在于缓冲区溢出漏洞太普遍，并且易于实现。缓冲区溢出成为远程攻击的主要手段，其原因在于缓冲区溢出漏洞使攻击者能够植入并且执行攻击代码。被植入的攻击代码以一定的权限运行有缓冲区溢出漏洞的程序，从而得到被攻击主机的控制权。

6.4.3 缓冲区溢出攻击的防范

缓冲区溢出攻击的存在给计算机的安全带来了很大威胁。对于缓冲区溢出攻击，主要可以从两个方面来采取相应的防范措施，一个是从程序员角度，另一个是从编译器和操作系统方面。

对于程序员来说，应该尽量编写出没有漏洞的正确代码。当然，对于编写像 C 这种语法灵活、风格自由的高级语言程序，如果要编写出正确的代码，通常需要花费较多的时间和精力。为了帮助经验不足的程序员编写安全、正确的程序，人们开发了一些辅助工具。最简单的方法就是用 grep 来搜索源代码中容易产生漏洞的库函数调用，比如对 strcpy 和 sprintf 的调用，这两个函数都不会检查输入参数的长度；此外，人们还开发了一些高级的查错工具，如 fault injection 等，这些工具的目的在于通过人为随机地产生一些缓冲区溢出来寻找代码的安全漏洞；还有一些静态分析工具用于侦测缓冲区溢出的存在。虽然这些工具能帮助程序员开发更安全的程序，但是，由于 C 语言的特点，这些工具不一定能找出所有缓冲区溢出漏洞，只能用来减少缓冲区溢出的可能。

对于编译器和操作系统来说，应该尽量生成没有漏洞的安全代码。现代编译器和操作系统已经采用了多种机制来保护缓冲区免受缓冲区溢出的攻击和影响，例如，有地址空间随机化、栈破坏检测和可执行代码区域限制等方式。

1. 地址空间随机化

地址空间随机化（address space layout randomization，ASLR）是一种比较有效的防御缓冲区溢出攻击的技术，目前在 Linux、FreeBSD 和 Windows Vista 等主流操作系统中都使用了该技术。

基于缓冲区溢出漏洞的攻击者必须了解缓冲区的起始地址，以便将一个“溢出”的字符串以及指向攻击代码的指针植入具有漏洞的程序的栈中。对于早先的系统，每个程序的栈位置是固定的，在不同机器上生成和运行同一个程序时，只要操作系统相同，则栈的位置就完全一样。因而，程序中函数的栈帧首地址非常容易预测。如果攻击者可以确定一个有漏洞的常用程序所使用的栈地址空间，就可以设计一个有针对性的攻击，在使用该程序的很多机器上实施攻击。

地址空间随机化的基本思路是，将加载程序时生成的代码段、静态数据段、堆区、动态库和栈区各部分的首地址进行随机化处理（起始位置在一定的范围内是随机的），使得每次启动执行时，程序各段被加载到不同的起始地址处。由此可见，在不同机器上运行相同的程序时，程序加载的地址空间是不同的，显然，这种不同包括了栈地址空间的不同，因此，对于一个随机生成的栈起始地址，基于缓冲区溢出漏洞的攻击者不太容易确定栈的起始位置。通常将这种使程序加载的栈空间的起始位置随机变化的技术称为**栈随机化**。下面的例子说明在 Linux 系统中采用了栈随机化机制。

对于以下 C 语言程序：

```
1  #include <stdio.h>
2  void main()
3  {
4      int a=10;
5      double *p=(double*)&a;
6      printf("%e\n", *p);
7  }
```

上述程序在一个 IA-32+Linux 系统中进行编译、汇编和链接后，生成了一个可执行文件。运行该可执行文件多次，每次都会得到不同的结果。根据该可执行文件反汇编的结果发现，局部变量 a 和 p 在栈帧中分别分配在 R[esp]+0x28、R[esp]+0x2c 的位置，显然，*p* 在高地址上，a 在低地址上，且存储位置相邻。因而 *p 对应的 double 型数据就是 &a 开始的 64 位数据，其中的高 32 位就是 p 的值（即 &a），低 32 位就是 a 的值（即 10=0AH）。

如果采用栈随机化策略，每次 main 栈帧的栈顶指针 ESP 随机变化，使得局部变量 a 和 p 所分配的地址也随机变化，&a 的变化使得 *p 的高 32 位每次都不同，因而打印结果每次不同。不过，因为随机变化的地址限定在一定的范围内，所以每次打印出来的 *p 的值仅在一定范围内变化。例如，其中的 3 次结果为：−4.083169e-02、−1.102164e-02、−3.986657e-02，对应的 &a 分别为 BFA4 E7E4H、BF86 9284H、BFA4 6964H。可以验证：机器数为 BFA4 E7E4 0000 000AH 的 double 型数据的真值为 −4.083169e-02；机器数 BF86 9284 0000 000AH 对应的真值为 −1.102164e-02。

这里需要补充说明的是，C语言标准规定，对于一个变量，通过与其类型不兼容的另一种类型去访问属于未定义行为。因此，上述程序使用double类型来访问一个int类型的变量，其行为是未定义的。在此给出这个程序，只是为了对栈随机化机制进行说明，程序员编写正规程序时应避免上述这种未定义行为。

对于栈随机化策略，如果攻击者使用蛮力多次反复使用不同的栈地址进行试探性攻击，那随机化防范措施还是有可能被攻破。这时可采用下面介绍的栈破坏检测措施。

2. 栈破坏检测

如果在程序跳转到攻击代码执行之前，能够检测出程序的栈已被破坏，就可避免受到严重攻击。新的GCC版本在产生的代码中加入了一种**栈保护者**（stack protector）机制，用于检测缓冲区是否越界。主要思想是，在函数的准备阶段，在其栈帧中的缓冲区底部与保存的寄存器状态之间（例如，在图6.27中outputs栈帧的buffer[15]与保留的EBP之间）加入一个随机生成的特定值，称为**金丝雀（哨兵）值**；在函数的恢复阶段，在恢复寄存器并返回到调用过程前，先检查该值是否被改变。若值发生改变，则程序异常中止。因为插入在栈帧中的特定值是随机生成的，所以攻击者很难猜测出金丝雀值的内容。

在GCC新版本中，会自动检测某种代码特性，以确定一个函数是否容易遭受缓冲区溢出攻击，在确定有可能遭受攻击的情况下，自动插入栈破坏检测代码。如果不想让GCC插入栈破坏检测代码，则需用命令行选项“-fno-stack-protector”进行编译。

在Windows系统的VS开发环境中，也可以使用栈破坏检测技术。以下是某程序在Debug版本下main()函数准备阶段的机器级代码（注意：VS的汇编指令采用Intel格式，在;后面的是注释）。

```
int main()
{
00CF17A0  push     ebp                     ; EBP内容压栈
00CF17A1  mov      ebp, esp                ; 使EBP指向当前栈帧底部
00CF17A3  sub      esp, 0DCh               ; 将当前栈帧大小增长DCH=220字节
00CF17A9  push     ebx                     ; 将被调用者保存寄存器EBX压栈
00CF17AA  push     esi                     ; 将被调用者保存寄存器ESI压栈
00CF17AB  push     edi                     ; 将被调用者保存寄存器EDI压栈
00CF17AC  lea      edi, [ebp-0DCh]         ; 在EDI中设置重复传送首地址为当前栈顶
00CF17B2  mov      ecx, 37h                ; 在ECX中设置传送次数为220/4 = 55 = 37H
00CF17B7  mov      eax, 0CCCCCCCCh;        ; 在EAX中设置传送内容为CCCC CCCCH
00CF17BC  rep stos dword ptr es:[edi]      ; 重复传送（EDI加4，ECX减1）直到ECX=0
00CF17BE  mov      eax, dword ptr[_security_cookie (0CF9004h)] ; 将security
     cookie送EAX
00CF17C3  xor      eax, ebp                ; 将EBP内容和security cookie进行异或
00CF17C5  mov      dword ptr[ebp-4], eax   ; 异或后的内容存入R[ebp]-4处
......
}
```

从上面的代码可以看出，在对栈帧用0xCC（Debug模式下的断点设置指令int 3的机器指令）进行初始化以后，在R[ebp]-4的位置存入了一个由_security_cookie处存放

的内容（security cookie）和 R[ebp] 异或得到的特殊值，这个值就是金丝雀（哨兵）值。EBP 是当前栈帧底部指针，若采用栈随机化机制，则 EBP 的内容每次都是一个随机值，而且 _security_cookie 所在区域通常设置为不可更改的“只读”区，攻击者很难猜测这个值。

3. 可执行代码区域限制

通过将程序的数据段地址空间设置为不可执行，从而使得攻击者不可能执行被植入在输入缓冲区的代码，这种技术称为**非执行的缓冲区技术**。早期 UNIX 系统只允许程序代码在代码段中执行，也即只有代码段的访问属性是可执行，其他区域的访问属性是可读或可读可写。但是，近年来 UNIX 和 Windows 系统由于要实现更好的性能和功能，往往允许在数据段中动态地加入可执行代码，这是缓冲区溢出攻击的根源。当然，为了保持程序的兼容性，不可能使所有数据段都设置成不可执行。不过，可以将动态的栈段设置为不可执行，这样可以既保证程序的兼容性，又有效防止把代码植入栈（自动变量缓冲区）的溢出攻击。因为除了信息传递等少数情况下会使栈中存在可执行代码外，几乎没有任何合法的程序会在栈中存放可执行代码，所以这种做法几乎不产生任何兼容性问题。

不幸的是，栈的“不可执行”保护对于将攻击代码植入堆或者静态数据段的攻击没有效果，通过引用一个驻留程序的指针，就可以跳过这种保护措施。

6.5 小结

本章对 C 语言中的各类语句和各种复合数据类型及其运算在 IA-32/x86-64 上的机器级实现做了比较详细的介绍。虽然高级语言选用了 C 语言，机器级表示选用了 IA-32/x86-64 架构，但是，实际上从其他高级语言到其他体系结构的对应关系也是类似的。

编译器在将高级语言源程序转换为机器级代码时，必须对目标代码对应的指令集体系结构有充分的了解。编译器需要决定高级语言程序中的变量和常量应该使用哪种数据表示格式，需要为高级语言程序中的常数和变量合理地分配寄存器或存储空间，需要确定哪些变量应该分配在静态数据区，哪些变量分配在动态的堆区或栈区，需要选择合适的指令序列来实现选择结构和循环结构。对于过程调用，编译器需要按调用约定实现参数传递、保存和恢复寄存器的状态等。

由于 C 语言对数组边界没有约束检查，容易导致缓冲区溢出漏洞，因此，需要程序员、操作系统和编译器采用相应的防范措施。

如果一个应用程序员能够熟练掌握应用程序所运行的平台与环境，包括指令集体系结构、操作系统和编译工具，并且能够深刻理解高级语言程序与机器级程序之间的对应关系，那么他就更容易理解程序的行为和执行结果，更容易编写出高效、安全、正确的程序，并在程序出现问题时较快地确定错误发生的根源。

习题

1. 给出以下概念的解释说明。

过程调用	调用约定	现场信息	栈（stack）
调用者保存寄存器	被调用者保存寄存器	帧指针寄存器	当前栈帧
按值传递参数	按地址传递参数	嵌套调用	递归调用
缓冲区溢出	缓冲区溢出攻击	栈随机化	金丝雀值

2. 简单回答下列问题。

（1）按值传递参数和按地址传递参数两种方式有哪些不同点？

（2）为什么在递归深度较深时递归调用的时间开销和空间开销都会较大？

（3）为什么数据在存储器中最好按对齐方式存放？

（4）有哪几种防止缓冲区溢出攻击的基本方法？

3. 假设某个 C 语言函数 func() 的原型声明如下：

```
void func(int *xptr, int *yptr, int *zptr);
```

函数 func() 的过程体对应的机器级代码用 AT&T 汇编形式表示如下：

```
1   movl    8(%ebp), %eax
2   movl    12(%ebp), %ebx
3   movl    16(%ebp), %ecx
4   movl    (%ebx), %edx
5   movl    (%ecx), %esi
6   movl    (%eax), %edi
7   movl    %edi, (%ebx)
8   movl    %edx, (%ecx)
9   movl    %esi, (%eax)
```

回答下列问题或完成下列任务：

（1）上述机器级代码是在 IA-32 还是 x86-64 系统中生成的？为什么？

（2）在过程体开始时三个入口参数对应实参所存放的存储单元地址是什么？（提示：当前栈帧底部由帧指针寄存器 EBP 指示。）

（3）根据上述机器级代码写出函数 func() 的 C 语言代码。

4. 假设函数 operate() 的部分 C 代码如下：

```
1   int operate(int x, int y, int z, int k)
2   {
3       int v = ____________________;
4       return v;
5   }
```

以下 IA-32 汇编代码用来实现第 3 行语句的功能：

```
1   movl    12(%ebp), %ecx
2   sall    $8, %ecx
3   movl    8(%ebp), %eax
4   movl    20(%ebp), %edx
5   imull   %edx, %eax
6   movl    16(%ebp), %edx
```

```
7   andl    $65520, %edx
8   addl    %ecx, %edx
9   subl    %edx, %eax
```

回答下列问题或完成下列任务：

（1）写出每条汇编指令的注释，并填写 operate() 函数缺失的部分。

（2）给出对应的 x86-64 汇编代码，并和 IA-32 汇编代码进行性能比较。

5. 假设函数 product() 的 C 语言代码如下，其中 num_type 是用 typedef 声明的数据类型。

```
1   void product(num_type *d, unsigned x, num_type y ) {
2       *d = x*y;
3   }
```

函数 product() 的过程体对应的 IA-32 汇编代码如下：

```
1   movl    12(%ebp), %eax
2   movl    20(%ebp), %ecx
3   imull   %eax, %ecx
4   mull    16(%ebp)
5   leal    (%ecx, %edx), %edx
6   movl    8(%ebp), %ecx
7   movl    %eax, (%ecx)
8   movl    %edx, 4(%ecx)
```

给出上述每条汇编指令的注释，并说明 num_type 是什么类型。

6. 已知函数 comp() 的 C 语言代码及其过程体对应的汇编代码如图 6.28 所示。

```
1 void comp(char x, int *p)
2 {
3     if (p && x<0)
4         *p += x;
5     }
```

```
1     testq    %rsi, %rsi
2     je       .L1
3     testb    $0x80, %dil
4     jns      .L1
5     movsbl   %dil, %edi
6     addl     %edi, (%rsi)
7 .L1:
```

图 6.28 题 6 图

回答下列问题或完成下列任务：

（1）图中给出的是 IA-32 还是 x86-64 对应的汇编代码？为什么？

（2）给出每条汇编指令的注释，并说明为什么 C 代码只有一条 if 语句而汇编代码有两条条件跳转指令。

7. 已知函数 func() 的 C 语言代码框架及其过程体对应的汇编代码如图 6.29 所示，根据对应的汇编代码填写 C 代码中缺失的表达式。

```
1  int func(int x, int y)
2  {
3      int z = _________;
4      if (_______) {
5          if  (_______)
```

```
1  movl     8(%ebp), %eax
2  movl     12(%ebp), %edx
3  cmpl     $-100, %eax
4  jg       .L1
5  cmpl     %eax, %edx
```

图 6.29 题 7 图

```
6            z =_________;
7        else
8            z =_________;
9     } else if  (_________)
10        z =_________;
11    return z;
12 }
```

```
6     jle    .L2
7     addl   %edx, %eax
8     jmp    .L3
9   .L2:
10    subl   %edx, %eax
11    jmp    .L3
12  .L1:
13    cmpl   $16, %eax
14    jl     .L4
15    andl   %edx, %eax
16    jmp    .L3
17  .L4:
18    imull  %edx, %eax
19  .L3:
```

图 6.29　题 7 图（续）

8. 已知函数 do_loop() 的 C 语言代码如下：

```
1   short do_loop(short x, short y, short k) {
2       do {
3           x*=(y%k) ;
4           k--;
5       } while ((k>0) && (y>k));
6       return x;
7   }
```

函数 do_loop() 的过程体对应的 IA-32 汇编代码如下：

```
1       movw      8(%ebp), %bx
2       movw      12(%ebp), %si
3       movw      16(%ebp), %cx
4   .L1:
5       movw      %si, %dx
6       movw      %dx, %ax
7       sarw      $15, %dx
8       idiv      %cx
9       imulw     %dx, %bx
10      decw      %cx
11      testw     %cx, %cx
12      jle .L2
13      cmpw      %cx, %si
14      jg        .L1
15  .L2:
16      movswl    %bx, %eax
```

回答下列问题或完成下列任务：

（1）给每条汇编指令添加注释，并说明每条指令执行后，目的寄存器中存放的是什么内容。

（2）上述函数过程体中用到了哪些被调用者保存寄存器和哪些调用者保存寄存器？在该函数过程体前面的准备阶段哪些寄存器必须保存到栈中？

（3）为什么第 7 行中的 DX 寄存器需要算术右移 15 位？

（4）给出对应的 x86-64 汇编代码。

9. 已知函数 f1() 的 C 语言代码框架及其过程体对应的 IA-32 汇编代码如图 6.30 所示，根据汇编代码填写 C 代码中的缺失部分，并说明函数 f1() 的功能。

```
1  int f1(unsigned x)
2  {
3      int y = 0 ;
4      while (_______) {
5      _______________;
6      }
7      return__________;
8  }
```

```
1       movl    8(%ebp), %edx
2       movl    $0, %eax
3       testl   %edx, %edx
4       je      .L1
5   .L2:
6       xorl    %edx, %eax
7       shrl    $1, %edx
8       jne     .L2
9   .L1:
10      andl    $1, %eax
```

图 6.30　题 9 图

10. 已知函数 sw() 的 C 语言代码框架如下：

```
int sw(int x) {
    int v=0;
    switch (x) {
        /* switch 语句中的处理部分省略 */
    }
    return v;
}
```

对函数 sw() 进行编译，得到函数过程体中开始部分的汇编代码以及跳转表如图 6.31 所示。

```
1     movl   8(%ebp), %eax
2     addl   $3, %eax
3     cmpl   $7, %eax
4     ja     .L7
5     jmp    *.L8( , %eax, 4)
6  .L7:
7     ......
8     ......
```

```
1  .L8:
2       .long    .L7
3       .long    .L2
4       .long    .L2
5       .long    .L3
6       .long    .L4
7       .long    .L5
8       .long    .L7
9       .long    .L6
```

图 6.31　题 10 图

回答下列问题：

（1）函数 sw() 中的 switch 语句处理部分标号的取值情况如何？

（2）标号的取值在什么情况下执行 default 分支？哪些标号的取值会执行同一个 case 分支？

11. 已知函数 test() 的入口参数有 a、b、c 和 p，C 语言过程体代码如下：

```
*p = a;
return b*c;
```

函数 test() 过程体对应的 IA-32 汇编代码如下：

```
1   movl    20(%ebp), %edx
2   movsbw  8(%ebp), %ax
```

```
3   movw    %ax, (%edx)
4   movzwl  12(%ebp), %eax
5   movzwl  16(%ebp), %ecx
6   mull    %ecx
```

完成下列任务：

（1）写出函数 test() 的原型，以给出返回参数的类型以及入口参数 a、b、c 和 p 的类型和顺序。

（2）写出对应的 x86-64 汇编代码。

12. 已知函数 funct() 的 C 语言代码如下：

```
1   #include <stdio.h>
2   int funct(void) {
3       int x, y;
4       scanf("%d %d", &x, &y);
5       return x-y;
6   }
```

函数 funct() 对应的 IA-32 汇编代码如下：

```
1   funct:
2   pushl   %ebp
3   movl    %esp, %ebp
4   subl    $40, %esp
5   leal    -8(%ebp), %eax
6   movl    %eax, 8(%esp)
7   leal    -4(%ebp), %eax
8   movl    %eax, 4(%esp)
9   movl    $.LC0, (%esp)             # 将指向字符串 "%d %d" 的指针入栈
10  call    scanf                     # 假定 scanf 执行后 x=15, y=20
11  movl    -4(%ebp), %eax
12  subl    -8(%ebp), %eax
13  leave
14  ret
```

假设函数 funct() 开始执行时，R[esp]=0xbc00 0020，R[ebp]=0xbc00 0030，指向字符串 "%d %d" 的指针为 0x80 4c000。回答下列问题或完成下列任务：

（1）执行第 3、10 和 13 行的指令后，寄存器 EBP 中的内容分别是什么？

（2）执行第 3、10 和 13 行的指令后，寄存器 ESP 中的内容分别是什么？

（3）局部变量 x 和 y 所在存储单元的地址分别是什么？

（4）画出执行第 10 行指令后 funct 的栈帧，给出栈帧中的内容及其地址。

13. 已知递归函数 refunc() 的 C 语言代码框架如下：

```
1   int refunc(unsigned x) {
2       if (____________)
3           return__________;
4       unsigned nx =__________;
5       int rv = refunc(nx) ;
6       return____________;
7   }
```

上述递归函数过程体对应的 IA-32 汇编代码如下：

```
1     movl  8(%ebp), %ebx
2     movl  $0, %eax
3     testl %ebx, %ebx
4     je    .L2
5     movl  %ebx, %eax
6     shrl  $1, %eax
7     movl  %eax, (%esp)
8     call  refunc
9     movl  %ebx, %edx
10    andl  $1, %edx
11    leal  (%edx, %eax), %eax
12  .L2:
```

根据对应的汇编代码填写 C 代码中的缺失部分，并说明函数的功能。

14. 针对 IA-32 和 x86-64 两种系统，填写表 6.4，说明每个数组的元素大小、整个数组的大小以及第 i 个数组元素的地址。

表 6.4　题 14 表

数组	元素大小（B）	数组大小（B）	起始地址	第 i 个元素的地址
int A[10]			&A[0]	
long B[100]			&B[0]	
short *C[5]			&C[0]	
short **D[6]			&D[0]	
long double E[10]			&E[0]	
long double *F[10]			&F[0]	

15. 假设在 x86-64 系统中，short 型数组 S 的首地址 AS 和数组下标（索引）变量 i（分别存放在寄存器 RDX 和 RCX 中，表 6.5 给出的表达式的结果存放在 RAX 或 AX 中，仿照例子填写表 6.5，说明表达式的类型、值和相应的汇编代码。

表 6.5　题 15 表

表达式	类型	值	汇编代码
S			
S+i-3			
S[i]	short	M[AS+2*i]	movw (%rdx, %rcx, 2), %ax
&S[10]			
&S[i+2]	short *	AS+2*i+4	leaq 4(%rdx, %rcx, 2), %rax
&S[i]-S			
S[4*i+4]			
*(S+i-2)			

16. 假设函数 sumij() 的 C 代码如下，其中，M 和 N 是用 #define 声明的常数。

```
1   int a[M][N], b[N][M];
2
3   int sumij(int i, int j) {
4       return a[i][j] + b[j][i];
5   }
```

已知函数 sumij() 的 IA-32 过程体对应的汇编代码如下：

```
1   movl    8(%ebp), %ecx
2   movl    12(%ebp), %edx
3   leal    ( ,%ecx, 8), %eax
4   subl    %ecx, %eax
5   addl    %edx, %eax
6   leal    (%edx, %edx, 4), %edx
7   addl    %ecx, %edx
8   movl    a( , %eax, 4), %eax           #a 表示数组 a 的首地址
9   addl    b( ,%edx, 4), %eax            #b 表示数组 b 的首地址
```

根据上述汇编代码，确定 M 和 N 的值。

17. 假设函数 st_ele() 的 C 代码如下，其中，L、M 和 N 是用 #define 声明的常数。

```
1   int a[L][M][N];
2
3   int st_ele(int i, int j, int k, int *dst) {
4       *dst = a[i][j][k];
5       return sizeof(a);
6   }
```

已知函数 st_ele() 的过程体对应的 IA-32 汇编代码如下：

```
1   movl    8(%ebp), %ecx
2   movl    12(%ebp), %edx
3   leal    (%edx,%edx, 8), %edx
4   movl    %ecx, %eax
5   sall    $6, %eax
6   subl    %ecx, %eax
7   addl    %eax, %edx
8   addl    16(%ebp), %edx
9   movl    a(, %edx, 4), %eax     #a 表示数组 a 的首地址
10  movl    20(%ebp), %edx
11  movl    %eax, (%edx)
12  movl    $4536, %eax
```

根据上述汇编代码，确定 L、M 和 N 的值。

18. 假设函数 trans_matrix() 的 C 代码如下，其中，M 是用 #define 声明的常数。

```
1   void trans_matrix(int a[M][M]) {
2       int i, j, t;
3       for (i = 0; i < M; i++)
4           for (j = 0; j < M; j++) {
5               t = a[i][j];
6               a[i][j] = a[j][i];
7               a[j][i] = t;
8           }
9   }
```

已知采用优化编译（选项 -O2）后函数 trans_matrix() 的内循环对应的 IA-32 汇编代码如下：

```
1   .L2:
2       movl        (%ebx), %eax
3       movl        (%esi, %ecx, 4), %edx
```

```
4       movl        %eax, (%esi, %ecx, 4)
5       addl        $1, %ecx
6       movl        %edx, (%ebx)
7       addl        $76, %ebx
8       cmpl        %edi, %ecx
9       jl          .L2
```

根据上述汇编代码，回答下列问题或完成下列任务：

（1）M 的值是多少？常数 M 和变量 j 分别存放在哪个寄存器中？

（2）写出上述优化汇编代码对应的函数 trans_matrix() 的 C 代码。

19. 假设结构类型 node 的定义、函数 np_init 的部分 C 代码及其对应的 IA-32 部分汇编代码如图 6.32 所示。

```
struct node {
    int *p;
    struct {
        int x;
        int y;
    } s;
    struct node *next;
};
```

```
void np_init(struct node *np)
{
    np->s.x =________;
    np->p =________;
    np->next=________;
}
```

```
movl 8(%ebp), %eax
movl 8(%eax), %edx
movl %edx, 4(%eax)
leal 4(%eax), %edx
movl %edx, (%eax)
movl %eax, 12(%eax)
```

图 6.32　题 19 图

回答下列问题或完成下列任务：

（1）结构 node 所需存储空间有多少字节？成员 p、s.x、s.y 和 next 的偏移地址分别为多少？

（2）根据汇编代码填写 np_init 中缺失的表达式。

（3）写出图 6.32 中 IA-32 汇编代码对应的 x86-64 汇编代码。

20. 假设联合类型 utype 的定义如下：

```
typedef union {
    struct {
        int         x;
        short       y;
        short       z;
    } s1;
    struct {
        short       a[2];
        int         b;
        char        *p;
    } s2;
} utype;
```

若存在具有如下形式的一组函数：

```
void getvalue(utype *uptr, TYPE *dst) {
    *dst = EXPR;
}
```

该组函数用于计算不同表达式 EXPR 的值，返回值的数据类型根据表达式的类型确定。假设函数 getvalue 的入口参数 uptr 和 dst 分别被装入寄存器 EAX 和 EDX 中，仿照例子填写表 6.6，说明在不同的表达式下的 TYPE 类型以及表达式对应的 IA-32 汇编指令序列（要求尽量只用 EAX 和 EDX，不够用时再使用 ECX）。

表 6.6　题 20 表

表达式 EXPR	TYPE 类型	汇编指令序列
uptr->s1.x	int	movl (%eax), %eax movl %eax, (%edx)
uptr->s1.y		
&uptr->s1.z		
uptr->s2.a		
uptr->s2.a[uptr->s2.b]		
*uptr->s2.p		

21. 分别给出在 IA-32+Linux、x86-64+Linux 平台下，下列各个结构类型中每个成员的偏移量、结构总大小以及结构起始位置的对齐要求。

（1）`struct S1 {short s; char c; int i; char d;};`
（2）`struct S2 {int i; short s; char c; char d;};`
（3）`struct S3 {char c; short s; int i; char d;};`
（4）`struct S4 {short s[3]; char c; };`
（5）`struct S5 {char c[3]; short *s; int i; char d; double e;};`
（6）`struct S6 {struct S1 c[3]; struct S2 *s; char d;};`

22. 以下是结构 test 的声明：

```
struct {
    char      c;
    double    d;
    int       i;
    short     s;
    char      *p;
    long      l;
    long long g;
    void      *v;
} test;
```

假设在 Windows 平台上编译，则这个结构中每个成员的偏移量是多少？结构总大小为多少字节？如何调整成员的先后顺序使得结构所占空间最小？

23. 图 6.33 给出了函数 getline() 存在漏洞和问题的 C 语言代码实现，右边是其对应的 IA-32 反汇编部分结果。

```
char *getline()
{
  char buf[8];
  char *result;
  gets(buf);

result=malloc(strlen(buf));
  strcpy(result, buf);
  return result;
}
```

```
1  0804840c <getline>:
2  804840c: 55                push %ebp
3  804840d: 89 e5             mov  %esp, %ebp
4  804840f: 83 ec 28          sub  $0x28, %esp
5  8048412: 89 5d f4          mov  %ebx, -0xc(%ebp)
6  8048415: 89 75 f8          mov  %esi, -0x8(%ebp)
7  8048418: 89 7d fc          mov  %edi, -0x4(%ebp)
8  804841b: 8d 75 ec          lea  -0x14(%ebp), %esi
9  804841e: 89 34 24          mov  %esi, (%esp)
10 8048421: e8 a3 ff ff ff    call 80483c9 <gets>
```

图 6.33　题 23 图

假定过程P调用了函数getline，其返回地址为0x80 485c8，为调用getline函数而执行call指令时，部分寄存器内容如下：R[ebp]=0xbf fc0800，R[esp]=0xbf fc07f0，R[ebx]=0x5，R[esi]=0x10，R[edi]=0x8。执行程序时从标准输入读入的一行字符串为“0123456789ABCDEF0123456789\n”，此时，程序会发生段错误（segmentation fault）并中止执行，经调试确认错误是在执行getline()的ret指令时发生的。回答下列问题或完成下列任务：

（1）画出执行第7行指令后栈中的信息存放情况。要求给出存储地址和存储内容，并指出存储内容的含义（如返回地址、EBX旧值、局部变量、入口参数等）。

（2）画出执行第10行指令并调用gets函数后回到第10行指令的下一条指令执行时栈中的信息存放情况。

（3）当执行到getline的ret指令时，假如程序不发生段错误，则正确的返回地址是什么？发生段错误是因为执行getline的ret指令时得到了什么样的返回地址？

（4）执行完gets函数后，哪些寄存器的内容已被破坏？

（5）除了可能发生缓冲区溢出以外，getline的C代码还有哪些错误？

24. 假定函数abc()的入口参数有a、b和c，每个参数都可能是带符号整数类型或无符号整数类型，而且它们的长度也可能不同。该函数具有如下过程体：

```
*b += c;
*a += *b;
```

在x86-64机器上编译后的汇编代码如下：

```
1   abc:
2   addl    (%rdx), %edi
3   movl    %edi, (%rdx)
4   movslq  %edi, %rdi
5   addq    %rdi, (%rsi)
6   ret
```

分析上述汇编代码，以确定三个入口参数的顺序和可能的数据类型，写出函数abc()可能的4种合理的函数原型。

25. 函数lproc()的过程体对应的IA-32汇编代码如下：

```
1     movl  8(%ebp), %edx
2     movl  12(%ebp), %ecx
3     movl  $255, %esi
4     movl  $-0x80000000, %edi
5   .L3:
6     movl  %edi, %eax
7     andl  %edx, %eax
8     xorl  %eax, %esi
9     movl  %ecx, %ebx
10    shrl  %bl, %edi
11    testl %edi, %edi
12    jne   .L3
13    movl  %esi, %eax
```

上述代码根据以下lproc()函数的C代码编译生成：

```
1   int     lproc(int x, int k)
```

```
2  {
3      int val = ____________;
4      int i;
5      for (i=____________; i____________; i=____________) {
6          val ^=____________;
7      }
8      return val;
9  }
```

回答下列问题或完成下列任务：

（1）给每条汇编指令添加注释。

（2）参数 x 和 k 分别存放在哪个寄存器中？局部变量 val 和 i 分别存放在哪个寄存器中？

（3）局部变量 val 和 i 的初始值分别是什么？

（4）循环终止条件是什么？循环控制变量 i 是如何被修改的？

（5）填写 C 代码中缺失的部分。

26. 假设你需要维护一个大型 C 语言程序，其部分代码如下：

```
1   typedef struct {
2       unsigned       l_data;
3       line_struct    x[LEN];
4       unsigned       r_data;
5   } str_type;
6
7   void proc(int i, str_type *sptr) {
8       unsigned val = sptr->l_data + sptr->r_data;
9       line_struct *xptr = &sptr->x[i];
10      xptr->a[xptr->idx] = val;
11  }
```

编译时常量 LEN 以及结构类型 line_struct 的声明都在一个你无权访问的文件中，但是，你有代码的 .o 版本（可重定位目标）文件，通过 OBJDUMP 反汇编该文件后，得到函数 proc() 对应的 IA-32 反汇编结果如图 6.34 所示，根据反汇编结果推断常量 LEN 的值以及结构类型 line_struct 的完整声明（假设其中只有成员 *a* 和 idx）。

```
1   00000000 <proc >:
2       0:     55                      push   %ebp
3       1:     89 e5                   mov    %esp, %ebp
4       3:     53                      push   %ebx
5       4:     8b 45 08                mov    0x8(%ebp), %eax
6       7:     8b 4d 0c                mov    0xc(%ebp), %ecx
7       a:     6b d8 1c                imul   $0x1c, %eax, %ebx
8       d:     8d 14 c5 00 00 00 00    lea    0x0(, %eax, 8), %edx
9       14:    29 c2                   sub    %eax, %edx
10      16:    03 54 19 04             add    0x4(%ecx, %ebx, 1), %edx
11      1a:    8b 81 c8 00 00 00       mov    0xc8(%ecx), %eax
12      20:    03 01                   add    (%ecx), %eax
13      22:    89 44 91 08             mov    %eax, 0x8(%ecx, %edx, 4)
14      26:    5b                      pop    %ebx
15      27:    5d                      pop    %ebp
16      28:    c3                      ret
```

图 6.34　题 26 图

27. 假设嵌套的联合数据类型 node 声明如下：

```
1   union node {
2       struct {
3           int *ptr;
4           int data1;
5       } n1;
6       struct {
7           int data2;
8           union  node *next;
9       } n2;
10  };
```

有一个进行链表处理的函数 chain_proc() 的部分 C 代码如下：

```
1   void chain_proc(union node *uptr) {
2       uptr->__________= *(uptr->____________) - uptr->___________;
3   }
```

过程 chain_proc 的过程体对应的 IA-32 汇编代码如下：

```
1   movl    8(%ebp), %edx
2   movl    4(%edx), %ecx
3   movl    (%ecx), %eax
4   movl    (%eax), %eax
5   subl    (%edx), %eax
6   movl    %eax, 4(%ecx)
```

回答下列问题或完成下列任务：

（1）node 类型中结构成员 n1.ptr、n1.data1、n2.data2、n2.next 的偏移量分别是多少？

（2）node 类型总大小占多少字节？

（3）根据汇编代码写出 chain_proc 的 C 代码中缺失的表达式。

（4）写出对应的 x86-64 汇编代码。

28. 以下声明用于构建一棵二叉树：

```
1   typedef struct TREE *tree_ptr;
2   struct TREE {
3       tree_ptr    left;
4       tree_ptr    right;
5       long        val;
6   } ;
```

有一个进行二叉树处理的函数 trace 的原型为“ long trace(tree_ptr tptr) ;”，其过程体对应的 x86-64 汇编代码如下：

```
1   trace:
2       movl    $0, %eax
3       testq   %rdi, %rdi
4       je      .L2
5   .L3:
6       movq    16(%rdi), %rax
7       movq    (%rdi), %rdi
8       testq   %rdi, %rdi
```

```
9       jne     .L3
10  .L2:
11      rep     # 在此相当于空操作指令，避免使 ret 指令作为跳转目标指令
12      ret
```

回答下列问题或完成下列任务：

（1）函数 trace 的入口参数 tptr 通过哪个寄存器传递？

（2）写出函数 trace 完整的 C 语言代码。

（3）说明函数 trace 的功能。

29. 对于以下 C 语言程序：

```
1   #include <stdio.h>
2   int main()
3   {
4       int a = 10;
5       double *p = (double*)&a;
6       printf("%f\n", *p);
7       printf("%f\n", (double(a)));
8       return 0;
9   }
```

分别在 Linux、Windows 系统的各种开发平台上生成相应的可执行文件并运行，回答以下问题：

（1）说明第 6 行和第 7 行中 printf() 语句的差别。

（2）在 Linux 和 Windows 系统中，该程序的执行结果是否完全一样？

（3）在 Linux 系统中，执行同一个可执行文件多次，每次的结果是否一样？

（4）在 Windows 系统中，使用 VS（Microsoft Visual Studio）和 Dev-C++ 等不同编译开发工具，得到的执行结果是否完全相同？

（5）在 Windows 下的 VS 开发环境中，Debug 和 Release 版本的执行结果是否完全相同？

（6）利用反汇编后的机器级代码来解释你所得到的结果。

（7）在对程序机器级代码进行分析的过程中，你发现了哪些预防缓冲区溢出攻击的措施？

第 7 章　程序的链接

一个大的程序往往会分成多个源程序文件来编写，因而需要对各个不同的源程序文件分别进行编译、汇编，以生成多个不同的目标代码文件，这些目标代码文件中包含指令、数据和其他说明信息。此外，在程序中还会调用一些标准库函数。为了生成一个可执行文件，需要将所有关联到的目标代码文件，包括用到的标准库函数目标文件，按照某种形式组合在一起，形成一个具有统一地址空间的可被加载到存储器直接执行的程序。这种将一个程序的所有关联模块对应的目标代码结合在一起，以形成一个可执行文件的过程称为**链接**。在早期计算机系统中，链接是手动完成的，而现在则由专门的**链接程序**（linker，也称为**链接器**）来实现。

了解链接器的工作原理和可执行文件的存储器映像，有助于养成良好的程序设计习惯，增强程序调试能力，并有助于深入理解进程的虚拟地址空间概念。本章主要内容包括静态链接的概念、目标文件格式、符号及符号表、符号解析、静态库链接、重定位信息及重定位过程、可执行文件的存储器映像和共享库动态链接等。

7.1　编译、汇编和静态链接

链接概念早在高级编程语言出现之前就已存在。例如，在汇编语言代码中，可以用一个标号表示某个跳转目标指令的地址（即给定了一个标号的定义），而在另一条跳转指令中引用该标号；也可以用一个标号表示某个操作数的地址，而在某条使用该操作数的指令中引用该标号。因而，在对汇编语言源程序进行汇编的过程中，需要针对每个标号的引用，找到该标号对应的定义，建立每个标号的引用和其定义之间的关联关系，从而在引用标号的指令中正确地填入对应的地址码字段，以保证能访问到所引用的符号定义处的信息。

在高级编程语言出现之后，程序功能越来越复杂，程序规模越来越大，经常需要多人开发不同的程序模块。在每个程序模块中都包含一些变量和子程序（函数）的定义。这些被定义的变量和子程序的起始地址就是符号定义，子程序（函数或过程）的调用或者在表达式中使用变量进行计算就是符号引用。某一个模块中定义的符号可以被另一个模块引用，因而最终必须通过链接将程序包含的所有模块合并起来，合并时必须在符号引用处填入定义处的地址。

7.1.1　预处理、编译和汇编

在第 1 章和第 5 章中都提到过，将高级语言源程序文件转换为可执行目标文件通常分为预处理、编译、汇编和链接 4 个步骤。前 3 个步骤用来对每个模块（即源程序文件）生成**可重定位目标文件**（relocatable object file）。gcc 生成的可重定位目标文件为 .o 后缀，VS 输出的可重定位目标文件为 .obj 后缀。最后一个步骤为链接，用来将若干可重定位目标文件（可能包括若干标准库函数目标模块）组合起来，生成一个**可执行目标文件**（executable object file）。本书有时将可重定位目标文件和可执行目标文件分别简称为**可重定位文件**和**可执行文件**。

下面以 gcc 处理 C 语言程序为例来说明处理过程。可以通过 -v 选项查看 gcc 每一步的处理结果。如果想得到每个处理过程的结果，则可以分别使用 -E、-S 和 -c 选项来进行预处理、编译和汇编，对应的处理工具分别为 cpp、cc1 和 as，处理后得到的文件的文件名后缀分别是 .i、.s 和 .o。

1. 预处理

预处理是从源程序变成可执行程序的第一步，C 预处理程序为 cpp（即 C Preprocessor），主要用于 C 语言编译器对各种预处理命令进行处理，包括对头文件的包含、宏定义的扩展、条件编译的选择等，例如，对于 #include 指示的处理结果，就是将相应 .h 文件的内容插入到源程序文件中。

gcc 中的预处理命令是“gcc -E”或“cpp”，例如，可用命令“gcc -E main.c -o main.i”或“cpp main.c –o main.i”将 main.c 转换为预处理后的文件 main.i。预处理后的文件是可显示的文本文件。

2. 编译

C 编译器在进行具体的程序翻译之前，会先对源程序进行词法分析、语法分析和语义分析，然后根据分析的结果进行代码优化和存储分配，最终把 C 语言源程序翻译成汇编语言程序。编译器通常采用对源程序进行多次扫描的方式来处理，每次扫描集中完成一项或几项任务，也可以将一项任务分散到几次扫描中去完成。例如，可以按照以下 4 趟扫描进行处理：第一趟扫描进行词法分析；第二趟扫描进行语法分析；第三趟扫描进行代码优化和存储分配；第四趟扫描生成代码。

gcc 中的编译命令是“gcc -S”或“cc1”，例如，可使用命令“gcc -S main.i -o main.s”或“cc1 main.i -o main.s”对 main.i 进行编译并生成汇编代码文件 main.s，也可以使用命令“gcc -S main.c -o main.s”或“gcc -S main.c”直接对 main.c 预处理并编译生成汇编代码文件 main.s。

gcc 可以直接产生机器语言代码，也可以先产生汇编语言代码，然后再通过**汇编程序**（assembler，也称为**汇编器**）将汇编语言代码转换为机器语言代码。

3. 汇编

汇编器的功能是将编译生成的汇编语言代码转换为机器语言代码。因为通常最终的可执行目标文件由多个不同模块对应的机器语言目标代码组合而形成，所以，在生成单个模块的机器语言目标代码时，不可能确定每条指令或每个数据最终的地址，也即，单个模块的机器语言目标代码需要重新定位，因此，通常把汇编生成的机器语言目标代码文件称为可重定位目标文件。

gcc 中的汇编命令是“ gcc -c”或“ as”命令。例如，可用命令“ gcc -c main.s -o main.o”或“as main.s -o main.o”对汇编语言代码文件 main.s 进行汇编，以生成可重定位目标文件 main.o。也可以使用命令“ gcc –c main.c -o main.o”或“ gcc –c main.c”直接对 main.c 进行预处理并编译生成可重定位目标文件 main.o。

7.1.2 可执行目标文件的生成

链接的功能是将所有关联的可重定位目标文件组合起来，以生成一个可执行文件。例如，对于图 7.1 所示的两个文件 main.c 和 test.c，假定通过预处理、编译和汇编，分别生成了可重定位目标文件 main.o 和 test.o，则可以用命令“ gcc -o test main.o test.o”或“ld -o test main.o test.o”来生成可执行文件 test。这里，ld 是静态链接器命令。

```
1 int add(int, int);
2 int main( )
3 {
4     return add(20, 13);
5 }
```

a）main.c 文件

```
1 int add(int i, int j)
2 {
3     int x = i + j;
4     return x;
5  }
```

b）test.c 文件

图 7.1　两个源程序文件

当然，也可以用一个命令“ gcc -o test main.c test.c”来实现对源程序文件 main.c 和 test.c 的预处理、编译和汇编，并将两个可重定位目标文件 main.o 和 test.o 进行链接，最终生成可执行目标文件 test。命令“gcc -o test main.c test.c”的功能如图 7.2 所示。

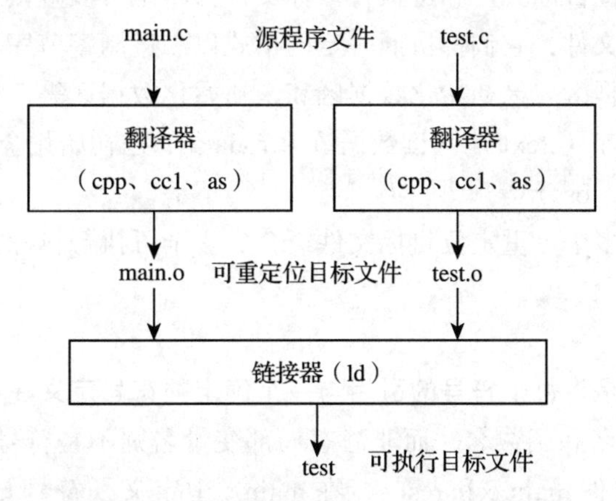

图 7.2　可执行目标文件 test 的生成过程

可重定位目标文件和可执行目标文件都是机器语言目标文件，所不同的是前者是单个模块生成的，而后者是多个模块组合而成的。因此，对于前者，代码总是从 0 开始，而对于后者，代码在 ABI 规范规定的虚拟地址空间中产生。

例如，通过“objdump -d test.o”命令显示的可重定位目标文件 test.o 的结果如下。

```
00000000 <add>:
   0:    55              push    %ebp
   1:    89 e5           mov     %esp, %ebp
   3:    83 ec 10        sub     $0x10, %esp
   6:    8b 45 0c        mov     0xc(%ebp), %eax
   9:    8b 55 08        mov     0x8(%ebp), %edx
   c:    8d 04 02        lea     (%edx,%eax,1), %eax
   f:    89 45 fc        mov     %eax, -0x4(%ebp)
  12:    8b 45 fc        mov     -0x4(%ebp), %eax
  15:    c9              leave
  16:    c3              ret
```

通过“objdump -d test”命令显示的可执行目标文件 test 的结果如下。

```
080483d4 <add>:
 80483d4: 55              push    %ebp
 80483d5: 89 e5           mov     %esp, %ebp
 80483d7: 83 ec 10        sub     $0x10, %esp
 80483da: 8b 45 0c        mov     0xc(%ebp), %eax
 80483dd: 8b 55 08        mov     0x8(%ebp), %edx
 80483e0: 8d 04 02        lea     (%edx,%eax,1), %eax
 80483e3: 89 45 fc        mov     %eax, -0x4(%ebp)
 80483e6: 8b 45 fc        mov     -0x4(%ebp), %eax
 80483e9: c9              leave
 80483ea: c3              ret
```

上面给出的通过 objdump 命令输出的结果包括指令的地址、机器指令代码和反汇编出来的汇编指令代码。可以看出，在可重定位目标文件 test.o 中 add() 函数的起始地址为 0，而在可执行目标文件 test 中 add() 函数的起始地址为 0x80483d4。

实际上，可重定位目标文件和可执行目标文件都不是可以直接显示的文本文件，而是不可显示的二进制文件，它们都按照一定的格式以二进制字节序列构成，其中包含二进制代码区、只读数据区、已初始化数据区和未初始化数据区等，每个信息区称为一个节（section），如代码节（.text）、只读数据节（.rodata）、已初始化全局数据节（.data）和未初始化全局数据节（.bss）等。

静态链接器在将多个可重定位目标文件组合成一个可执行目标文件时，主要完成以下两个任务。

（1）符号解析

符号解析的目的是将每个**符号的引用**与一个确定的**符号定义**建立关联。符号包括全局变量名、静态变量名和函数名，而非静态局部变量名则不是符号。例如，对于图 7.1 所示的两个源程序文件 main.c 和 test.c，在 main.c 中定义了符号 main，并引用了符号 add；在 test.c 中定义了符号 add，而 i、j 和 x 都不是符号。链接时需要将 main.o 中引用的符号 add 和 test.o 中定义的符号 add 建立关联。对于全局（外部）变量声明“int *xp = &x;”，可看成通过引用符号 x 对符号 xp 进行定义，也就是说，这里 x 是符号的引用，xp 是符号的定义，符号的定义一定是唯一的。编译器将所有符号存放在可重定位目标文件的符

号表（symbol table）中。

（2）重定位

可重定位目标文件中的代码区和数据区都是从地址 0 开始的，链接器需要将不同模块中相同的节合并起来生成一个新的单独的节，并将合并后的代码区和数据区按照 ABI 规范确定的**虚拟地址空间划分**（也称**存储器映像**）来重新确定位置。例如，对 IA-32+Linux 系统存储器映像，其只读代码段总是从地址 0x8048000 开始，而可读可写数据段总是在只读代码段后面的第一个 4KB 对齐的地址处开始。因而链接器需要重新确定每条指令和每个数据的地址，并且在指令中需要明确给定所引用符号的地址，这种重新确定代码和数据的地址并更新指令中被引用符号地址的工作称为**重定位**（relocation）。

使用链接的第一个好处就是“**模块化**”，它能使一个程序被划分成多个模块，由不同的程序员进行编写，并且可以构建公共的函数库（如数学函数库、标准 I/O 函数库等）以提供给不同的程序进行重用。采用链接的第二个好处是“效率高”，每个模块可以分开编译，在程序修改时只需重新编译那些修改过的源程序文件，然后再重新链接，因而从时间上来说，能够提高程序开发的效率。同时，因为源程序文件中不需要包含共享库的所有代码，只要直接调用即可，而且在可执行文件运行时的内存中，也只需要包含所调用函数的代码而不需要包含整个共享库，因而链接也有效地提高了空间利用率。

7.2 目标文件格式

目标代码（object code）指编译器或汇编器处理源代码后所生成的机器语言目标代码。**目标文件**（object file）指存放目标代码的文件。通常有三种目标文件：可重定位目标文件、可执行目标文件和共享库目标文件。

7.2.1 ELF 目标文件格式

目标文件中包含可直接被 CPU 执行的机器代码以及代码在运行时使用的数据，还有其他的如重定位信息和调试信息等。不过，目标文件中唯一与运行时相关的要素是机器代码及其使用的数据，例如，用于嵌入式系统的目标文件可能仅仅含有机器代码及其使用数据。

目标文件格式有许多不同种类。最初不同的计算机系统拥有各自的格式，随着 UNIX 和其他可移植操作系统的问世，人们定义了一些标准目标文件格式，并在不同的系统上使用。最简单的目标文件格式是 DOS 操作系统的 COM 文件格式，它是一种仅由代码和数据组成的文件，而且始终被加载到某个固定位置。

其他目标文件格式（如 COFF 和 ELF）则比较复杂，由一组严格定义的数据结构序列组成，这些复杂格式的规范说明书一般会有许多页。System V UNIX 的早期版本使用的是**通用目标文件格式**（Common Object File Format，COFF）。Windows 使用的是 COFF 的一个变种，称为**可移植可执行格式**（Portable Executable，PE）。现代 UNIX 操作系统，如 Linux、BSD Unix 等，主要使用**可执行可链接格式**（Executable and Linkable

Format，ELF）。本章采用 ELF 标准二进制文件格式进行说明，图 7.3 是 ELF 目标文件格式的两种视图。

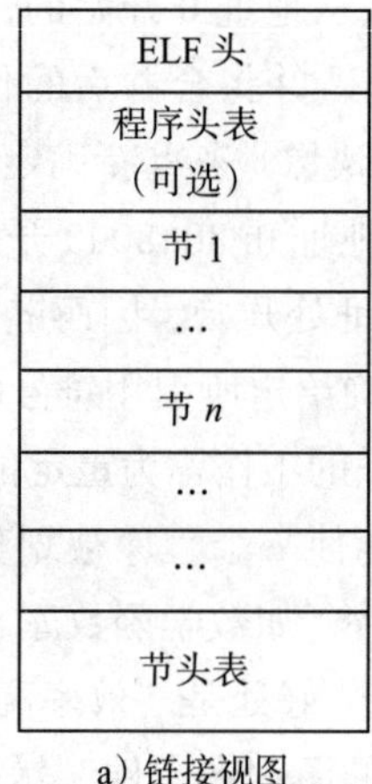

a）链接视图

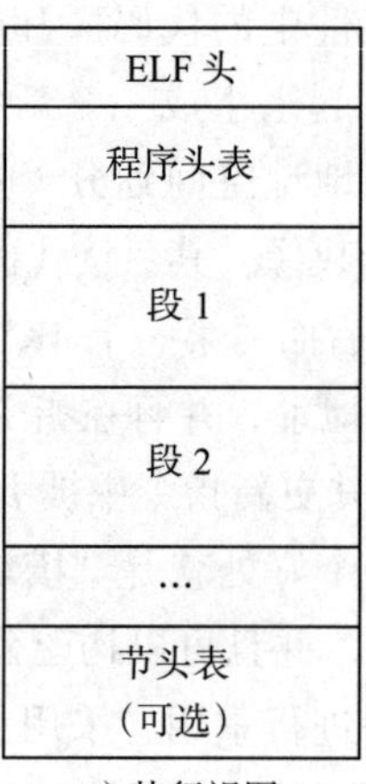

b）执行视图

图 7.3　ELF 目标文件格式的两种视图

目标文件既可用于程序的链接，也可用于程序的执行。图 7.3a 是**链接视图**，主要由不同的**节**（section）组成，节是 ELF 文件中具有相同特征的最小可处理信息单位，不同的节描述了目标文件中不同类型的信息及其特征，例如，代码节（.text）、只读数据节（.rodata）、已初始化的全局数据节（.data）、未初始化的全局数据节（.bss）等。图 7.3b 是**执行视图**，主要由不同的**段**（segment）组成，描述了目标文件中的节如何映射到存储空间段中，可以将多个节合并后映射到同一个段，例如，可以合并 .data 节和 .bss 节的内容，并映射到一个可读可写数据段中。

前面提到通过预处理、编译和汇编三个步骤后，可生成可重定位目标文件，多个关联的可重定位目标文件经过链接后生成可执行目标文件。这两类目标文件对应的 ELF 视图不同，显然，可重定位目标文件对应链接视图，而可执行目标文件对应执行视图。

节头表包含文件中各节的说明信息，每个节在该表中都有一个与之对应的项，每一项都指定了节名和节大小之类的信息。用于链接的目标文件必须具有节头表，如可重定位文件就一定有节头表。**程序头表**用来指示系统如何创建进程的存储器映像，用于创建进程存储映像的可执行文件和共享库文件必须具有程序头表，而可重定位目标文件无须具有程序头表。

7.2.2　可重定位目标文件格式

可重定位目标文件主要包含代码部分和数据部分，它可以与其他可重定位目标文件链接，从而创建可执行目标文件、共享库文件。如图 7.4 所示，ELF 可重定位目标文件由 ELF 头、节头表以及各个不同的节组成。

1. ELF 头

ELF 头位于目标文件的起始位置，包含文件结构的说明信息。ELF 头的数据结构分

32 位系统对应的结构和 64 位系统对应的结构。

以下是 32 位系统对应的数据结构，共占 52 字节。

```
#define EI_NIDENT   16
typedef struct {
    unsigned char  e_ident[EI_NIDENT];
    Elf32_Half     e_type;
    Elf32_Half     e_machine;
    Elf32_Word     e_version;
    Elf32_Addr     e_entry;
    Elf32_Off      e_phoff;
    Elf32_Off      e_shoff;
    Elf32_Word     e_flags;
    Elf32_Half     e_ehsize;
    Elf32_Half     e_phentsize;
    Elf32_Half     e_phnum;
    Elf32_Half     e_shentsize;
    Elf32_Half     e_shnum;
    Elf32_Half     e_shstrndx;
} Elf32_Ehdr;
```

ELF头
.text节
.rodata节
.data节
.bss节
.symtab节
.rel.text节
.rel.data节
.debug节
.line节
.strtab节
节头表

图 7.4　ELF 可重定位目标文件

文件开头几个字节称为**魔数**（magic number），通常用来确定文件的类型或格式。在加载或读取文件时，可用魔数确认文件类型是否正确。在 32 位 ELF 头的数据结构中，字段 e_ident 是一个长度为 16 的字节序列，其中，最开始的 4 字节为魔数，用来标识是否为 ELF 文件，第一字节为 0x7F，后面三个字节分别为“E”“L”“F”。再后面的 12 个字节中，主要包含一些标识信息，例如，标识是 32 位还是 64 位格式、按小端还是大端方式存放、ELF 头的版本号等。字段 e_type 用于说明目标文件的类型是可重定位文件、可执行文件、共享库文件，还是其他类型文件。字段 e_machine 用于指定机器结构类型，如 IA-32、SPARC V9、AMD 64 等。字段 e_version 用于标识目标文件版本。字段 e_entry 用于指定系统将控制权转移到的起始虚拟地址（入口点），如果文件没有关联的入口点，则为零。例如，对于可重定位文件，此字段为 0。字段 e_ehsize 用于说明 ELF 头的大小（以字节为单位）。字段 e_shoff 指出节头表在文件中的偏移量（以字节为单位）。字段 e_shentsize 表示节头表中一个表项的大小（以字节为单位），所有表项大小相同。字段 e_shnum 表示节头表中的项数。因此，e_shentsize 和 e_shnum 共同指定了节头表的大小（以字节为单位）。仅 ELF 头在文件中具有固定位置，即总是在最开始的位置，其他部分的位置由 ELF 头和节头表指出，不需要具有固定的顺序。

可以使用 readelf -h 命令对某个可重定位目标文件的 ELF 头进行解析。例如，以下是通过“readelf -h main.o”对某 main.o 文件进行解析的结果。

```
ELF Header:
    Magic:   7f 45 4c 46 01 01 01 00 00 00 00 00 00 00 00 00
    Class:    ELF32
    Data:     2's complement, little endian
    Version:  1 (current)
    OS/ABI:  UNIX - System V
    ABI Version:   0
```

```
Type:     REL (Relocatable file)
Machine:   Intel 80386
Version:    0x1
Entry point address:  0x0
Start of program headers:  0 (bytes into file)
Start of section headers:   516 (bytes into file)
Flags:    0x0
Size of this header:   52 (bytes)
Size of program headers:   0 (bytes)
Number of program headers:   0
Size of section headers:    40 (bytes)
Number of section headers:  15
Section header string table index: 12
```

从上述解析结果可以看出，该main.o文件中，ELF头长度（e_ehsize）为52字节，因为是可重定位文件，所以字段e_entry（Entry point address）为0，无程序头表（Size of program headers=0）。节头表离文件起始处的偏移（e_shoff）为516字节，每个表项大小（e_shentsize）占40字节，表项数（e_shnum）为15个。字符串表（.strtab节）在节头表中的索引（e_shstrndx）为12。

2. 节

节（section）是ELF文件中的主体信息，包含了链接过程所用的目标代码信息，包括指令、数据、符号表和重定位信息等。一个典型的ELF可重定位目标文件中包含下面几个节。

- .text：目标代码部分。
- .rodata：只读数据，如printf语句中的格式串、浮点数常量、开关语句（如switch-case）的跳转表等。
- .data：已初始化且初值不为0的全局变量和静态变量。
- .bss：所有未初始化或初始化为0的全局变量和静态变量。因为未初始化变量没有具体的值，所以无须在目标文件中分配用于保存值的空间，也即它在目标文件中不占据实际的外存盘空间，仅仅是一个占位符，运行时在存储器中再为.bbs节中的这些变量分配空间，并设定初始值为0。目标文件中区分初始化和未初始化变量是为了提高空间利用率。对于auto型的非静态局部变量，因为它们在运行时被分配在栈中，因此既不出现在.data节中，也不出现在.bss节中。
- .symtab：符号表（symbol table）。在程序中被定义的函数名、全局变量名和静态变量名都属于**符号**，与这些符号相关的信息被保存在符号表中。每个可重定位目标文件都有一个.symtab节。
- .rel.text：.text节相关的可重定位信息。当链接器将某个目标文件和其他目标文件组合时，.text节中的代码被合并后，一些指令中引用的操作数地址信息或跳转目标指令位置信息等都可能要被修改。通常，调用外部函数或者引用全局变量或静态变量的指令中的地址码字段需要修改。
- .rel.data：.data节相关的可重定位信息。当链接器将某个目标文件和其他目标文件组合时，.data 节中的代码被合并后，一些全局变量或静态变量的地址可能会被修改。

- .debug：调试用符号表，有些表项对定义的局部变量和类型定义进行说明，有些表项对定义和引用的全局或静态变量进行说明。只有使用带 -g 选项的 gcc 命令才会得到这张表。
- .line：C 源程序中的行号和 .text 节中机器指令之间的映射。只有使用带 -g 选项的 gcc 命令才会得到这张表。
- .strtab：字符串表，包括 .symtab 节和 .debug 节中的符号以及节头表中的节名。字符串表就是以 null 结尾的字符串序列。

3. 节头表

节头表由若干个表项组成，每个表项描述节的节名、在文件中的偏移、大小、访问属性、对齐方式等，目标文件中的每个节都有一个表项与之对应。除 ELF 头之外，节头表是 ELF 可重定位目标文件中最重要的一部分内容。

以下是 32 位系统对应的数据结构，节头表中每个表项占 40 字节。

```
typedef struct {
    Elf32_Word    sh_name;       // 节名字符串在 .strtab 中的偏移
    Elf32_Word    sh_type;       // 节类型：无效 / 代码或数据 / 符号 / 字符串 /……
    Elf32_Word    sh_flags;      // 该节在存储空间中的访问属性
    Elf32_Addr    sh_addr;       // 若可被加载，则对应虚拟地址
    Elf32_Off     sh_offset;     // 在文件中的偏移，.bss 节则无意义
    Elf32_Word    sh_size;       // 节在文件中所占的长度
    Elf32_Word    sh_link;
    Elf32_Word    sh_info;
    Elf32_Word    sh_addralign;  // 节的对齐要求
    Elf32_Word    sh_entsize;    // 节中每个表项的长度
} Elf32_Shdr;
```

可以使用 readelf -S 命令对某个可重定位目标文件的节头表进行解析。例如，以下是通过“readelf -S test.o”对某 test.o 文件进行解析的结果。

```
There are 11 section headers, starting at offset 0x120:
Section Headers:
    [Nr] Name                   Off      Size     ES   Flg Lk  Inf  Al
    [ 0]                        000000   000000   00        0   0    0
    [ 1] .text                  000034   00005b   00   AX   0   0    4
    [ 2] .rel.text              000498   000028   08        9   1    4
    [ 3] .data                  000090   00000c   00   WA   0   0    4
    [ 4] .bss                   00009c   00000c   00   WA   0   0    4
    [ 5] .rodata                00009c   000004   00    A   0   0    1
    [ 6] .comment               0000a0   00002e   00        0   0    1
    [ 7] .note.GNU-stack        0000ce   000000   00        0   0    1
    [ 8] .shstrtab              0000ce   000051   00        0   0    1
    [ 9] .symtab                0002d8   000120   10       10  13    4
    [10] .strtab                0003f8   00009e   00        0   0    1
Key to Flags:
    W (write), A (alloc), X (execute), M (merge), S (strings)
```

```
    I (info), L (link order), G (group), x (unknown)
.........
```

从上述解析结果可以看出，该 test.o 文件中共有 11 个节，节头表从 0x120 字节处开始。其中，.text、.data、.bss 和 .rodata 节的访问属性（与 Flg 对应）中都包含 A，说明这 4 个节都需要在存储器中分配空间，并且 .text 节是可执行的（X），.data 和 .bss 两个节是可读写的（W），而 .rodata 节则是只读不可写的（没有 W，表示不可写）。

根据每个节在文件中的偏移地址和长度，可以画出可重定位目标文件 test.o 的结构，如图 7.5 所示，图中左边是对应节的偏移地址，右边是对应节的长度。例如，.text 节从文件的第 0x34=52 字节开始，共占 0x5b=91 字节。从节头表的解析结果来看，.bss 节和 .rodata 节的偏移地址都是 0x00009c，占用区域重叠，因此可推断出 .bss 节在文件中不占用空间，但节头表中记录了 .bss 节的长度为 0x0c=12，因而，需在主存中给 .bss 节分配 12 字节空间。

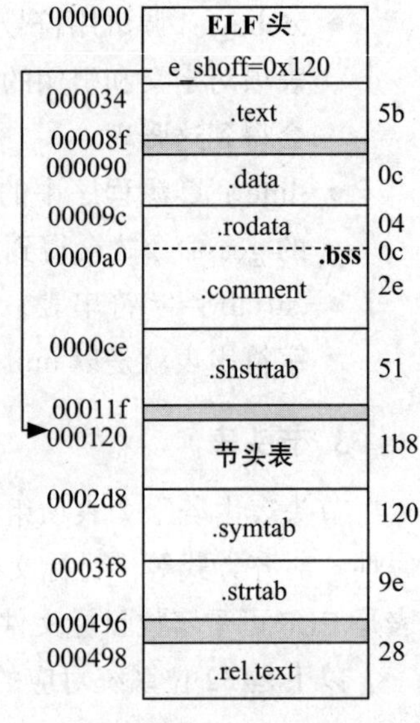

图 7.5　test.o 文件

7.2.3　可执行目标文件格式

链接器将相互关联的可重定位目标文件中相同的代码和数据节（如 .text 节、.rodata 节、.data 节和 .bss 节）各自合并，以形成可执行目标文件中对应的节。因为相同的代码和数据节合并后，在可执行目标文件中各条指令之间、各个数据之间的相对位置就可以确定，所以所定义的函数（过程）和变量的起始位置就可以确定，也即每个符号的定义（即符号所在的首地址）可确定，从而在符号的引用处可以根据确定的符号定义处的地址进行重定位。

ELF 可执行目标文件由 ELF 头、程序头表、节头表以及各个不同的节组成，如图 7.6 所示。

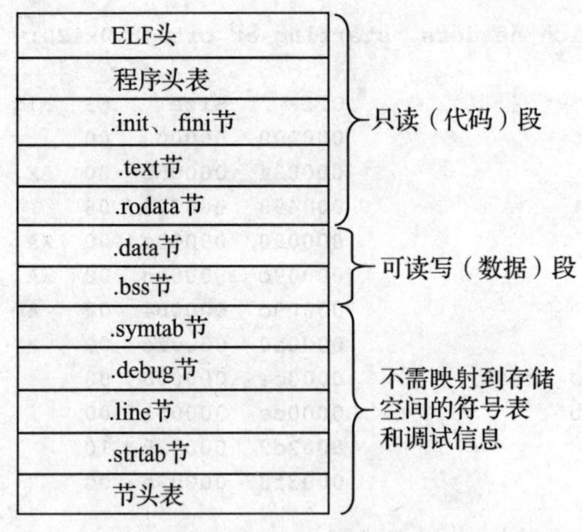

图 7.6　ELF 可执行目标文件

可执行文件格式与可重定位文件格式类似，例如，这两种格式中，ELF 头的数据结构一样，.text 节、.rodata 节和 .data 节中除了有些重定位地址不同以外，大部分都相同。与 ELF 可重定位目标文件格式相比，ELF 可执行目标文件的不同点主要有：

1）可执行文件的 ELF 头中字段 e_entry 给出程序执行第一条指令的地址，而在可重定位文件中，此字段为 0。

2）通常情况下，可执行文件中包含一个 .init 节和一个 .fini 节，其中 .init 节定义了一个 _init 函数，用于可执行目标文件开始执行时的初始化工作，当程序开始运行时，系统会在进入主函数执行之前，先执行这个节中的代码。.fini 节中包含进程终止时要执行的代码，也即，当程序退出时，系统会执行 .fini 节中的代码。

3）可执行文件中不包含 .rel.text 和 .rel.data 等重定位信息节。因为可执行目标文件中的指令和数据已被重定位，故无须包含用于重定位的节。

4）多了一个**程序头表**，也称**段头表**（segment header table），它是一个结构数组。

可执行目标文件中所有代码位置连续，所有只读数据位置连续，所有可读可写数据位置连续。如图 7.6 所示，在可执行文件中，ELF 头、程序头表、.init 节、.fini 节、.text 节和 .rodata 节合起来可构成一个**只读代码段**（read-only code segment）；.data 节和 .bss 节合起来可构成一个**可读写数据段**（read/write data segment）。显然，在可执行文件启动运行时，这两个段必须装入内存而需要被分配存储空间，因而称为**可装入段**。

为了在可执行文件执行时能够在内存中访问到代码和数据，必须将可执行文件中的这些连续的具有相同访问属性的代码和数据段映射到存储空间（通常是虚拟地址空间）中。程序头表就用于描述这种映射关系，一个表项对应一个连续的存储段或特殊节。程序头表表项大小和表项数分别由 ELF 头中的字段 e_phentsize 和 e_phnum 指定。

32 位系统的程序头表中每个表项具有以下数据结构：

```
typedef struct {
    Elf32_Word    p_type;
    Elf32_Off     p_offset;
    Elf32_Addr    p_vaddr;
    Elf32_Addr    p_paddr;
    Elf32_Word    p_filesz;
    Elf32_Word    p_memsz;
    Elf32_Word    p_flags;
    Elf32_Word    p_align;
} Elf32_Phdr;
```

p_type 描述存储段的类型或特殊节的类型。例如，是否为可装入段（PT_LOAD），是否是特殊的动态节（PT_DYNAMIC），是否是特殊的解释程序节（PT_INTERP）。p_offset 指出本段的首字节在文件中的偏移地址。p_vaddr 指出本段首字节的虚拟地址。p_paddr 指出本段首字节的物理地址，因为物理地址由操作系统根据情况动态确定，所以该信息通常是无效的。p_filesz 指出本段在文件中所占的字节数，可以为 0。p_memsz 指出本段在存储器中所占的字节数，也可以为 0。p_flags 指出存取权限。p_align 指出对齐方式，用一个模数表示，为 2 的正整数幂，通常模数与页面大小相关，若页面大小为

4KB，则模数为 2^{12}。

图 7.7 给出了使用“readelf–l main”命令显示的可执行目标文件 main 的程序头表中的部分信息。

```
Program Headers:
  Type           Offset   VirtAddr   PhysAddr   FileSiz MemSiz  Flg Align
  PHDR           0x000034 0x08048034 0x08048034 0x00100 0x00100 R E 0x4
  INTERP         0x000134 0x08048134 0x08048134 0x00013 0x00013 R   0x1
      [Requesting program interpreter: /lib/ld-linux.so.2]
  LOAD           0x000000 0x08048000 0x08048000 0x004d4 0x004d4 R E 0x1000
  LOAD           0x000f0c 0x08049f0c 0x08049f0c 0x00108 0x00110 RW  0x1000
  DYNAMIC        0x000f20 0x08049f20 0x08049f20 0x000d0 0x000d0 RW  0x4
  NOTE           0x000148 0x08048148 0x08048148 0x00044 0x00044 R   0x4
  GNU_STACK      0x000000 0x00000000 0x00000000 0x00000 0x00000 RW  0x4
  GNU_RELRO      0x000f0c 0x08049f0c 0x08049f0c 0x000f4 0x000f4 R   0x1
```

图 7.7　可执行目标文件 main 的程序头表中的部分信息

图 7.7 给出的程序头表中有 8 个表项，其中有两个是可装入段（Type=LOAD）对应的表项信息。第一个可装入段对应可执行目标文件中第 0x00000~0x004d3 字节的内容（包括 ELF 头、程序头表以及 .init、.text 和 .rodata 节等），被映射到虚拟地址 0x8048000 开始的长度为 0x004d4 字节（FileSiz=0x004d4）的区域，按 0x1000=2^{12}B=4KB 对齐，具有只读 / 执行权限（Flg=RE），它是一个只读代码段。第二个可装入段对应可执行目标文件中第 0x000f0c 开始的长度为 0x00108 字节（FileSiz=0x00108）的内容（即 .data 节），被映射到虚拟地址 0x8049f0c 开始的长度为 0x00110 字节（MemSiz=0x00110）的存储区域，在 0x00110=272 字节的存储区中，前 0x00108=264 字节用 .data 节的内容来初始化，而后面的 272 字节 −264 字节 =8 字节空间对应 .bss 节，被初始化为 0，该段按 0x1000=4KB 对齐（Align=0x1000），具有可读可写权限（Flg=RW），因此，它是一个可读写数据段。

从这个例子可以看出，.data 节在可执行目标文件中占用了相应的外存空间，在虚拟存储空间中也需要给它分配相同大小的空间；而 .bss 节在文件中不占用外存空间（所占字节不包含在 Filesiz 中），但在虚拟存储空间中需要给它分配相应大小的空间（所占字节包含在 Memsiz 中）。

7.2.4　可执行文件的存储器映射

对于特定的系统平台，可执行目标文件与虚拟地址空间之间的**存储器映射**（memory mapping）是由 ABI 规范定义的。例如，对于 IA-32+Linux 系统，i386 System V ABI 规范规定，只读代码段总是映射到虚拟地址为 0x8048000 开始的一段区域；可读写数据段映射到只读代码段后面按 4KB 对齐的高地址上，其中 .bss 节所在存储区在运行时被初始化为 0。**运行时堆**（run-time heap）则在可读写数据段后面 4KB 对齐的高地址处，通过调用 malloc 库函数动态向高地址方向分配空间，而**运行时用户栈**（run-time user stack）则是从用户空间的最大地址往低地址方向增长。堆区和栈区中间有一块空间保留给共享库目标代码，栈区以上的高地址区是操作系统内核的虚拟存储区。

对于图 7.7 所示的可执行文件 main，对应的存储器映射如图 7.8 所示，其中，左边为可执行文件 main 中的存储信息，右边为虚拟地址空间中的存储信息。可以看出，可执行文件最开始长度为 0x004d4 的可装入段映射到虚拟地址 0x8048000 开始的只读代码段；可执行文件中从 0x00f0c 到 0x01013 之间为 .data 节和 .bss 节（实际上都是 .data 节信息，而 .bss 节不占外存空间），映射到虚拟地址 0x8049000 开始的可读写数据段，其中 .data 节从 0x8049f0c 开始，共占 0x00108=264 字节，随后的 8 个字节空间分配给 .bss 节中定义的变量，初值为 0。

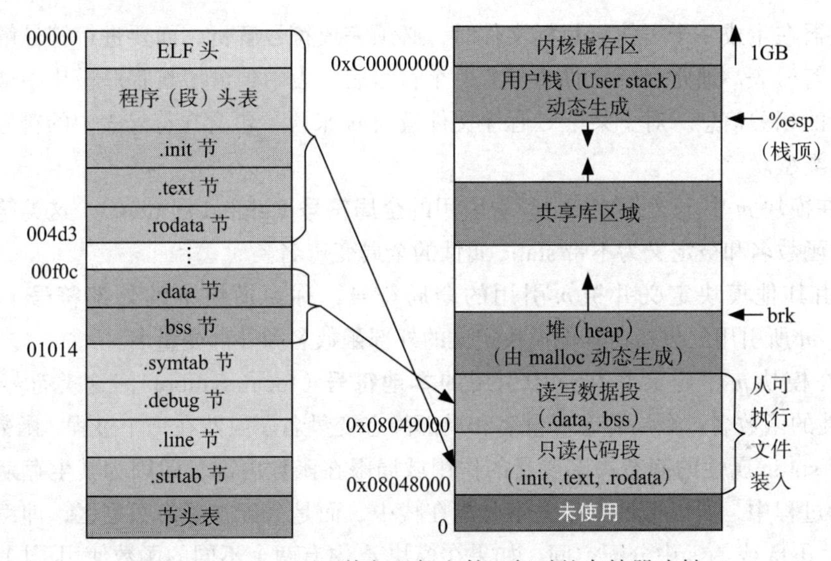

图 7.8　Linux 下可执行目标文件运行时的存储器映射

当启动一个可执行目标文件执行时，首先会通过某种方式调出常驻内存的一个称为**加载器**（loader）的操作系统程序来进行处理。例如，任何类 UNIX 系统中的程序，其加载执行都是通过调用 execve 系统调用函数来启动加载器进行的。加载器根据可执行目标文件中的程序头表信息，将可执行目标文件中相关节的内容与虚拟地址空间中只读代码段和可读写数据段通过页表建立映射，然后启动可执行目标文件中的第一条指令执行。

根据 ABI 规范，特定的系统平台中的每个可执行目标文件都采用统一的存储器映射，映射到一个统一的**虚拟地址空间**，使得链接器在重定位时可以按照一个统一的虚拟存储空间来确定每个符号的地址，而不用考虑其数据和代码物理上存放在主存或磁盘的何处。因此，引入统一的虚拟地址空间简化了链接器的设计和实现。

同样，引入虚拟地址空间也简化了程序加载过程。因为统一的虚拟地址空间映像使得每个可执行目标文件的只读代码段都映射到 0x8048000 开始的一块连续区域，而可读写数据段也映射到虚拟地址空间中的一块连续区域，所以加载器可以非常容易地对这些连续区域进行分页，并初始化相应页表项的内容。IA-32 中页大小通常是 4KB，因而，这里的可装入段都按 2^{12}B=4KB 对齐。

加载时，只读代码段和可读写数据段对应的页表项都被初始化为“未缓存页”（即有效位为 0)，并指向外存中可执行目标文件中的对应存储位置。因此，程序加载过程中，实际上并没有真正从外存上加载代码和数据到主存，而是仅仅创建了只读代码段和可读写数据段对应的页表项。只有在执行代码过程中发生了“缺页”异常，才会真正从外存加载代码和数据到主存。

7.3 符号表和符号解析

7.3.1 符号和符号表

链接器在生成一个可执行目标文件时，必须完成符号解析，而要进行符号解析，则需要用到符号表。通常目标文件中都有一个符号表，表中包含了在程序模块中被定义的所有符号的相关信息。对于某个 C 程序文件模块 *m* 来说，包含在符号表中的符号有以下三种不同类型。

1）在模块 *m* 中定义并被其他模块引用的**全局符号**（global symbol)。这类符号包括非静态的函数名和被定义为不带 static 属性的全局变量名。

2）由其他模块定义并被 *m* 引用的全局符号，称为模块 *m* 的**外部符号**（external symbol)，*m* 所引用的包括在其他模块定义的外部函数名和外部变量名。

3）在模块 *m* 中定义并在 *m* 中引用的**本地符号**（local symbol)。这类符号包括带 static 属性的函数名、全局静态变量名和局部静态变量名。虽然在一个过程（函数）内部定义的带 static 属性的静态局部变量的作用域局限在函数内部，但因为其生存期在整个程序运行过程中，所以这种变量并不分配在栈中，而是分配在静态数据区，即编译器为它们在节 .data 或 .bss 中分配空间。如果在模块 *m* 内有两个不同的函数使用了同名 static 局部变量，则需要为这两个变量都分配空间，并作为两个不同的符号记录在符号表中。

例如，对于以下同一个模块中的两个函数 func1() 和 func2()，假定它们都定义了 static 本地变量 x 且都被初始化，则编译器在该模块的 .bss 节和 .data 节中同时为这两个变量分配空间，并在符号表中构建符号 func1.x 和 func2.x（在 .data 节）的相关信息。

```
1  int func1( )
2  {
3      static  int x=0;
4      return x;
5  }
6
7  int func2( )
8  {
9      static  int x=1;
10     return x;
11 }
```

需要注意的是，非静态局部变量（auto 变量）不属于符号，不在静态数据区分配空间，而是分配在栈中（见图 6.1)，链接器不需要这类变量的信息，因而它们不包含在由节 .symtab 定义的符号表中。

例如，对于图 7.9 给出的两个源程序文件 main.c 和 swap.c 来说，在 main.c 模块中的全局符号有 buf 和 main，外部符号有 swap；在 swap.c 中的全局符号有 bufp0、bufp1 和 swap，外部符号有 buf。swap.c 中的 temp 是局部变量，在运行时动态分配在栈中，它不是符号，不会被记录在符号表中。

```
1 void swap(void);
2
3 int buf[2] = {1, 2};
4
5 int main()
6 {
7     swap();
8     return 0;
9 }
```

a) main.c 文件

```
1 extern int buf[];
2
3 int *bufp0 = &buf[0];
4 int *bufp1;
5
6 void swap()
7 {
8     int temp;
9     bufp1 = &buf[1];
10    temp = *bufp0;
11    *bufp0 = *bufp1;
12    *bufp1 = temp;
13 }
```

b) swap.c 文件

图 7.9　两个源程序文件模块

ELF 文件中包含的符号表中的每个表项具有以下数据结构。

```
typedef struct {
    Elf32_Word       st_name;
    Elf32_Addr       st_value;
    Elf32_Word       st_size;
    unsigned char    st_info;
    unsigned char    st_other;
    Elf32_Half       st_shndx;
} Elf32_Sym;
```

字段 st_name 给出符号在字符串表中的索引（字节偏移量），指向在字符串表（.strtab 节）中的一个以 null 结尾的字符串，即符号。st_value 给出符号的值，在可重定位文件中，是指符号所在位置相对于所在节起始位置的字节偏移量。例如，图 7.9 中 main.c 的符号 buf 在 .data 节中，其偏移量为 0。在可执行目标文件和共享目标文件中，st_value 则是符号所在的虚拟地址。st_size 给出符号所表示对象的字节数。若符号是函数名，则指函数所占字节数；若符号是变量名，则指变量所占字节数。如果符号表示的内容没有大小或大小未知，则值为 0。

字段 st_info 指出符号的类型和绑定属性，从以下定义的宏可以看出，符号类型占低 4 位，符号绑定属性占高 4 位。

```
#define ELF32_ST_BIND(info)          ((info) >> 4)
#define ELF32_ST_TYPE(info)          ((info) & 0xf)
#define ELF32_ST_INFO(bind, type)    (((bind)<<4)+((type)&0xf))
```

符号类型可以是未指定（NOTYPE）、变量（OBJECT）、函数（FUNC）、节（SECTION）

等。当类型为“节”时，其表项主要用于重定位。绑定属性可以是本地（LOCAL）、全局（GLOBAL）、弱（WEAK）等。其中，本地符号指在包含其定义的目标文件模块的外部不可见（也即作用域仅限本模块），因此名称相同的本地符号可存在于多个文件中而不会相互干扰。全局符号对于被合并的所有模块都可见，只是在其他模块中属于外部符号。**弱符号**是通过属性指示符 _attribute_((weak)) 指定的符号，因此与全局符号类似，也是在所有模块中都可见。

字段 st_other 指出符号的可见性。通常在可重定位目标文件中指定可见性，它定义了当符号成为可执行目标文件或共享目标库的一部分后访问该符号的方式。字段 st_shndx 用于指出符号所在节在节头表中的索引，有些符号属于三种特殊的**伪节**（pseudo section）之一，伪节在节头表中没有相应的表项，无法表示其索引值，因而用以下特殊的索引值表示：ABS 表示该符号不会由于重定位而发生值的改变，即不应该被重定位；UNDEF 表示未定义符号，即在本模块引用而在其他模块定义的外部符号；COMMON 表示还未被分配位置的未初始化的全局变量，称为 **COMMON 符号**，其 st_value 字段给出对齐要求，而 st_size 给出最小长度。上述三种伪节符号仅在可重定位文件中，而可执行文件中不存在。

可通过 GNU READELF 工具显示符号表。例如，对于图 7.9 给出的两个源程序模块文件 main.c 和 swap.c，可使用命令“readelf -s main.o”查看可重定位目标文件 main.o 中的符号表，最后三个表项显示结果如图 7.10 所示。

```
Num:    Value   Size    Type      Bind      Ot    Ndx   Name
  8:        0      8    OBJECT    GLOBAL     0      3   buf
  9:        0     17    FUNC      GLOBAL     0      1   main
 10:        0      0    NOTYPE    GLOBAL     0    UND   swap
```

图 7.10　main.o 中部分符号表信息

从图 7.10 的显示结果可看出，main 模块的三个全局符号中，buf 是变量（Type=OBJECT），位于节头表中第三个表项（Ndx=3）对应的 .data 节中偏移量为 0（Value=0）处，占 8 字节（Size=8）；main 是函数（Type=FUNC），位于节头表中第一个表项对应的 .text 节中偏移量为 0 处，占 17 字节；swap 是未指定类型（NOTYPE）且未定义（UND）的符号，说明 swap 是在 main 中被引用的由外部模块定义的符号。

使用 GNU READELF 工具显示可重定位文件 swap.o 符号表中最后 4 个表项的结果如图 7.11 所示。

```
Num:  Value  Size   Type    Bind          Ot     Ndx   Name
  8:      0     4   OBJECT  GLOBAL         0       3   bufp0
  9:      0     0   NOTYPE  GLOBAL         0     UND   buf
 10:      0    39   FUNC    GLOBAL         0       1   swap
 11:      4     4   OBJECT  GLOBAL         0     COM   bufp1
```

图 7.11　swap.o 中部分符号表信息

从图 7.11 可以看出，swap 模块的 4 个符号都是全局符号（Bind=GLOBAL）。其中 bufp0 位于节头表中第三个表项对应的 .data 节中偏移量为 0 处，占 4 字节；buf 是未指定类型的且无定义的全局符号，说明 buf 是在 swap 中被引用的由外部模块定义的符号；swap 是函数，它位于节头表中第一个表项对应的 .text 节中偏移量为 0 处，占 39 字节；bufp1 是未分配位置且未初始化（Ndx=COM）的全局变量，按 4 字节边界对齐（Value=4），至少占 4 字节（Size=4），因此，当 swap 模块被链接时，链接器将根据该符号表，将 bufp1 按 4 字节边界对齐方式分配 4 字节空间。注意，swap 模块中的 auto 变量 temp 是函数内的非静态局部变量，因而不包含在符号表中。

汇编器在对汇编代码文件进行处理时，是如何生成可重定位目标文件中的符号表的呢？

首先，编译器在对源程序进行编译时，会把每个符号的属性信息记录在汇编代码文件中。例如，在 5.1.3 节例 5.1 中，汇编代码文件 test.s 中记录了符号 add 的信息如下：

```
        ......
2       .text
3       .globl  add
4       .type   add, @function
5  add:
        ......
```

上述几行表明 add 是一个函数（.type add, @function）类型的全局符号（.globl add），定义在 .text 节中，add: 后面的内容即 add 符号的定义。

当汇编器对汇编代码文件进行进一步处理时，汇编器根据其中的汇编指示符（以“.”开头的行）对符号的属性进行解释，以生成可重定位文件（如 test.o）中的符号表。例如，对于上例 test.s 中的情况，汇编器会根据第 3 行和第 4 行中的汇编指示符，将符号 add 设定为全局变量（Bind=GLOBAL）和函数类型（Type=FUNC），并根据第 2 行确定其定义的内容位于节头表中 .text 节对应表项的某处（例如，节头表中的第 1 个表项为 .text 节时，设置 Ndx=1），符号表中 add 的 Value 设定为 add: 后面第 1 条指令的第 1 字节所在的地址，Size 则设定为 add 过程所有机器指令代码所占的字节数。

7.3.2　符号解析

符号解析的目的是将每个模块中引用的符号与某个目标模块中的定义符号建立关联。每个定义符号在代码段或数据段中都被分配了存储空间，因此，将引用符号与对应的定义符号建立关联后，就可以在重定位时将引用符号的地址重定位为相关联的定义符号的地址。

对于在一个模块中定义且在同一个模块中被引用的本地符号，链接器的符号解析比较容易进行，因为编译器会检查每个模块中的本地符号是否具有唯一的定义，所以，只要找到第一个本地定义符号与之关联即可。本地符号在可重定位文件的符号表中特指绑定属性为 LOCAL 的符号。

对于跨模块的全局符号，因为在多个模块中可能会出现同名全局符号的多重定义，所以链接器需要确认以哪个定义为准来进行符号解析。

1. 全局符号的解析规则

编译器在对源程序进行编译时，会把每个全局符号的定义输出到汇编代码文件中，汇编器通过对汇编代码文件的处理，在可重定位文件的符号表中记录全局符号的特性，以供链接时全局符号的符号解析操作所用。

一个全局符号可能是函数，也可能是 .data 节中具有特定初始值的全局变量，或者是 .bss 节中被初始化为 0 的全局变量，或者是说明为 COMMON 伪节的未初始化全局变量（即 COMMON 符号），还可能是绑定属性为 WEAK 的**弱符号**。为便于说明全局符号的多重定义问题，本书将前三类全局符号（即函数、.data 节和 .bss 节中的全局变量）统称为**强符号**。

在 Linux 系统中，GCC 链接器根据以下规则处理多重定义的同名全局符号。

- 规则 1：强符号不能多次定义，否则链接错误。
- 规则 2：若出现一次强符号定义和多次 COMMON 符号或弱符号定义，则按强符号定义为准。
- 规则 3：若同时出现 COMMON 符号定义和弱符号定义，则以 COMMON 符号定义为准。
- 规则 4：若一个 COMMON 符号出现多次定义，则以其中占空间最大的一个为准。因为符号表中仅记录 COMMON 符号的最小长度，而不会记录变量的类型，因此在链接器确定多重 COMMON 符号的唯一定义时，以最小长度中的最大值为准进行符号解析，能够保证满足所有同名 COMMON 符号的空间要求。
- 规则 5：若使用编译选项 -fno-common，则不考虑 COMMON 符号，相当于将 COMMON 符号作为强符号处理。

例如，对于图 7.12 所示的两个模块 main.c 和 p1.c，因为强符号 x 重复定义了两次，所以链接器将输出一条出错信息。

```
int x=10;
int p1(void);
int main()
{
    x=p1();
    return x;
}
```

a）main.c 文件

```
int x=20;
int p1()
{
    return x;
}
```

b）p1.c 文件

图 7.12　两个强符号定义的例子

考察图 7.13 所示例子中的符号 y 和符号 z 的情况。

图 7.13 中，符号 y 在 main.c 中是强符号，在 p1.c 中是 COMMON 符号，根据规则 2 可知，链接器将 main.o 符号表中的符号 y 作为其唯一定义符号，而在 p1 模块中的 y 作为引用符号，其地址等于 main 模块中定义符号 y 的地址，也即这两个 y 是同一个变量。在 main() 函数调用 p1() 后，y 的值从初始的 100 被修改为 200，因而，在 main() 函

数中用 printf() 打印出来后 y 的值为 200，而不是 100。

```
#include <stdio.h>
int y=100;
int z;
void p1(void);
int main()
{
    z=1000;
    p1( );
    printf("y=%d, z=%d\n", y, z);
    return 0;
}
```

a）main.c 文件

```
int y;
short z;

void p1( )
{
    y=200;
    z=2000;
}
```

b）p1.c 文件

图 7.13　同类型定义符号的例子

符号 z 在 main 和 p1 模块中都没有初始化，在两个模块中都是 COMMON 符号，按照规则 4，链接器将其中占空间较大的符号作为唯一定义符号，因此链接器将 main 模块中定义的符号 z 作为唯一定义符号，而在 p1 模块中的 z 作为引用符号，符号 z 的地址为 main 模块中定义的地址。在 main 函数调用 p1 函数后，z 的值从 1000 被修改为 2000，因而，在 main 函数中用 printf 打印出来后 z 的值为 2000，而不是 1000。

上述例子说明，如果在两个不同模块定义相同的全局变量名，很可能会发生程序员意想不到的结果。

特别是当两个重复定义的全局变量具有不同类型时，更容易出现难以理解的结果。例如，对于图 7.14a 和 b 所示例子，全局变量 d 在 main 模块中为 int 型强符号，在 p1 中是 double 型 COMMON 符号。根据规则 2 可知，链接器将 main.o 符号表中的符号 d 作为其唯一定义符号，其地址和所占字节数等于 main 模块中定义符号 d 的地址和字节数，因此符号长度为 4 字节，而不是 double 型变量的 8 字节。由于 p1.c 中的 d 为引用，因此其地址与 main 中变量 d 的地址相同，在 main() 函数调用 p1() 后，地址 &d 中存放的是 double 型浮点数 1.0 对应的低 32 位机器数 0000 0000H，地址 &x 中存放的是 double 型浮点数 1.0 对应的高 32 位机器数 3FF0 0000H（对应真值为 1 072 693 248），如图 7.14c 所示。因而，在 main() 函数中用 printf 打印出来后 d 的值为 0，x 的值是 1 072 693 248。可见 x 原来的内容被 p1.c 中的变量 d 冲掉了。这里，double 型浮点数 1.0 对应的机器数为 3FF0 0000 0000 0000H。

上述由于多重定义变量引起的值的改变往往是在没有任何警告的情况下发生的，而且通常是在程序执行了一段时间后才表现出来，并且远离错误发生源，甚至错误发生源在另一个模块。对于由成百上千个模块组成的大型程序的开发，这种问题将更加麻烦，如果不对变量的定义进行规范设置，那将很难避免这类错误发生。最好使用相应的选项命令 -fno-common 告诉链接器在遇到多重定义符号时触发一个错误，或者使用 -Werror 选项命令，将所有警告变为错误。

```
1  #include <stdio.h>
2  int d=100;
3  int x=200;
4  void p1(void);
5  int main()
6  {
7      p1();
8      printf("d=%d,x=%d\n",d,x);
9      return 0;
10 }
```

a）main.c 文件

```
1  double d;
2
3  void p1()
4  {
5      d=1.0;
6  }
```

b）p1.c 文件

	0	1	2	3
&x	00	00	F0	3F
&d	00	00	00	00

c）p1 执行后变量 d 和 x 中的内容

图 7.14　不同类型定义符号的例子

解决上述问题的办法是，尽量避免使用全局变量，一定需要用的话，可以定义为属性的静态变量 static。此外，尽量要给全局变量赋初值使其变成强符号，而外部全局变量则尽量使用 extern。对于程序员来说最好能了解链接器是如何工作的，如果不了解，那么就要养成良好的编程习惯。

2. 符号解析过程

编译系统通常会提供一种将多个目标模块打包成一个单独的**静态库**（static library）文件的机制。在构建可执行文件时只需指定静态库文件名，链接器会自动到库中寻找应用程序用到的目标模块，并且只把用到的模块从库中拷贝出来，与程序模块进行合并。

程序中的符号包括全局变量名、静态变量名和函数名，它们在程序中可能出现在定义处，称为**符号的定义**；也可能出现在引用处，称为**符号的引用**。为叙述方便起见，本书将定义处的符号和引用处的符号分别称为**定义符号**和**引用符号**。例如，对于图 7.14 中的符号 d，在 main.c 第 2 行中是定义符号，其余地方都是引用符号，在 main.c 中有一处（第 8 行）引用，在 p1.c 中有一处（第 5 行）引用。

链接器按照重定位目标文件和静态库文件出现在命令行中的顺序从左至右依次处理各文件，在此期间要维护多个集合。其中，集合 E 是指将被合并到一起组成可执行文件的所有目标文件集合；集合 U 是未解析符号的集合，**未解析符号**是指还未与对应定义符号关联的引用符号；集合 D 是指当前为止已被加到 E 的所有目标文件中的定义符号的集合。

符号解析开始时，集合 E、U、D 中都为空，然后按照以下过程进行符号解析。

1）对命令行中的每一个输入文件 f，链接器确定它是目标文件还是库文件，如果是目标文件，就把 f 加到 E 中，根据 f 中的未解析符号和定义符号分别对 U、D 集合进行修改，然后处理下一个输入文件。

例如，对于图 7.14 中的符号 d，在处理 main.o 文件时，因为在“int d=100;”中 d 是定义符号，所以 d 被加到 D 中；对于 printf() 语句中 d 的引用，因为可以与 main 中定义的已在集合 D 中的 d 关联，因此 d 不属于未解析符号，不加到 U 中。

然后，再处理目标文件 p1.o，对于第 1 行“double d;”对应的符号 d，因为在符号表中被说明为未初始化符号（Ndx=COM），当链接器在集合 D 中找到同名强符号 d 时，就将 COMMON 符号 d 自然丢弃，从而使 d 的定义以 main 中的强符号 d 为准。对于第 5 行“ d=1.0;”中对 d 的引用，链接器将其与 *D* 中已有的定义符号 d 建立关联，因此，不会将 d 加到未解析符号集合 *U* 中。

2）如果 *f* 是一个库文件，链接器会尝试把 *U* 中的所有未解析符号与 *f* 中各目标模块定义的符号进行匹配。如果某个目标模块 *m* 定义了一个 *U* 中的未解析符号 *x*，那么就把 *m* 加到 *E* 中，并把符号 *x* 从 *U* 移入 *D* 中。不断地对 *f* 中的所有目标模块重复这个过程，直到 *U* 和 *D* 不再变化为止。那些未加到 *E* 中的在库文件 *f* 中的目标模块就被简单地丢弃，链接器继续处理命令行中的下一个输入文件。

3）如果处理过程中往 *D* 加入一个已存在的符号（出现双重定义符号），或者当扫描完所有输入文件时 *U* 非空，则链接器报错并停止动作。否则，链接器把 *E* 中的所有目标文件模块进行重定位后，合并在一起，以生成可执行目标文件。

7.3.3 与静态库的链接

在类 UNIX 系统中，静态库文件采用一种称为**存档档案**（archive）的特殊文件格式，使用 .a 后缀。例如，标准 C 函数库文件名为 libc.a，其中包含一组广泛使用的标准 I/O 函数、字符串处理函数和整数处理函数，如 atoi、printf、scanf、strcpy 等，libc.a 是默认的用于静态链接的库文件，无须在链接命令中显式指出。还有其他的 C 函数库，例如浮点数运算函数库，文件名为 libm.a，其中包含 sin、cos 和 sqrt 函数等。

用户也可以自定义一个静态库文件。以下通过一个简单的例子来说明如何生成自己的静态库文件。

假定有两个源文件 myproc1.c 和 myproc2.c 如图 7.15 所示。

```
#include <stdio.h>
void myfunc1()
{
    printf("%s", "This is myfunc1 from mylib!\n");
}
```

a）myproc1.c 文件

```
#include <stdio.h>
void myfunc2()
{
    printf("%s", "This is myfunc2 from mylib!\n");
}
```

b）myproc2.c 文件

图 7.15 静态库 mylib 中包含的函数源文件

可以使用 AR 工具生成静态库，在此之前需要用“ gcc –c”命令将静态库中包含的目标模块先生成可重定位目标文件。以下两个命令可以生成静态库文件 mylib.a，其中包含两个目标模块 myproc1.o 和 myproc2.o。

```
gcc –c myproc1.c
```

```
gcc -c myproc2.c
ar rcs mylib.a myproc1.o myproc2.o
```

假定有一个 main.c 源程序文件，其中调用了静态库 mylib.a 中的函数 myfunc1。

```
1  void myfunc1(void);
2  int main()
3  {
4      myfunc1();
5      return 0;
6  }
```

为了生成可执行文件 myproc，可以先将 main.c 编译并汇编为可重定位目标文件 main.o，然后将 main.o 和 mylib.a 以及标准 C 函数库 libc.a 进行链接，其中 libc.a 为默认静态链接库，不需要在命令中显式给出。以下两条命令可以完成上述功能：

```
gcc –c main.c
gcc –static –o myproc main.o ./mylib.a
```

命令中使用 -static 选项指示链接器生成一个完全链接的可执行目标文件，即生成的可执行文件应能直接加载到存储器执行，而不需要在加载或运行时再动态链接其他目标模块。

命令“gcc –static –o myproc main.o ./mylib.a”中符号解析过程如下：

命令行中共有两个显式给出的输入文件：main.o 和 ./mylib.a。

一开始 E、U、D 都是空集，链接器首先扫描到输入文件 main.o，把它加入 E，同时把其中的未解析符号 myfun1 加入 U，把定义符号 main 加入 D。main.o 指定的默认标准静态链接库为 libc.a，链接器将它加入输入文件列表的末尾。

接着扫描到 ./mylib.a，因为这是静态库文件，所以会将当前 U 中的所有符号（本例中就一个符号 myfunc1）与 mylib.a 中的所有目标模块（本例中有两个目标模块 myproc1.o 和 myproc2.o）依次匹配，看是否有模块定义了 U 中的符号，结果发现在 myproc1.o 中定义了 myfunc1，于是 myproc1.o 被加入 E，myfunc1 从 U 转移到 D。在 myproc1.o 中发现还有未解析符号 printf，因而将其加入 U。同样地，mylib.a 指定的默认标准库还是 libc.a，它已经在当前输入文件列表的末尾，因此在此忽略。

在静态库 mylib.a 的各模块上不断地进行迭代以匹配 U 中的符号，直到 U、D 都不再变化。此时 U 中只有一个未解析符号 printf，而 D 中有 main 和 myfunc1 两个定义符号。因为模块 myproc2.o 没有被加入 E 中，所以它被丢弃。

接着扫描下一个输入文件，就是默认的库文件 libc.a。链接器发现 libc.a 中的目标模块 printf.o 定义了符号 printf，于是 printf 也从 U 移到 D，同时 printf.o 被加入 E，并把它定义的所有符号都加入 D，而所有未解析符号加入 U。链接器还会把每个程序都要用到的一些初始化操作所在的目标模块（如 crt0.o 等）以及它们所引用的模块（如 malloc.o、free.o 等）自动加入 E 中，并更新 U 和 D 以反映这些变化。事实上，标准库中各目标模块里的未解析符号都可以在标准库内的其他模块中找到定义，因此当链接器处理完 libc.a 时，U 一定是空的。此时，链接器合并 E 中的目标模块并输出可执行目标文件。

图 7.16 概括了上面描述的链接器进行符号解析的全过程。

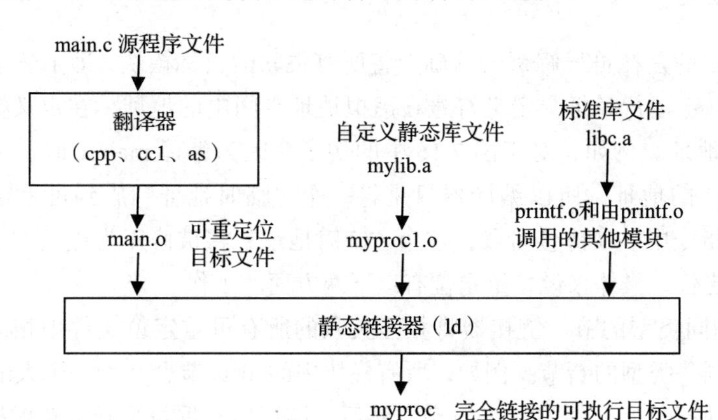

图 7.16　可重定位目标文件与静态库的链接

从上面描述的符号解析过程来看，符号解析结果与命令行中指定的输入文件的顺序相关。如果上述链接命令改为以下形式，则会发生链接错误：

```
gcc -static –o myproc ./mylib.a main.o
```

因为一开始先扫描 mylib.a，而 mylib.a 为静态库文件，所以，会根据其中是否存在 *U* 中的未解析符号对应的定义符号来确定是否将相应的目标模块加入 *E* 中。显然，开始时 *U* 是空的，因而在 mylib.a 中没有任何一个目标模块被加入 *E* 中，当扫描到 main.o 时，其引用符号 myfunc1 便不能被解析而被加入 *U* 中，这样，*U* 中的 myfunc1 在后面将一直无法得到解析，最终因为 *U* 不空而导致链接器输出错误信息并终止。

关于静态库的链接顺序问题，通常的准则是将静态库文件放在命令行文件列表的后面，如果有多个静态库文件，则根据这些静态库文件的目标模块中的符号是否有引用关系来确定顺序。若相互之间都没有引用关系，则说明它们之间相互独立，此时顺序可以任意，只要都放在后面即可；若相互之间有引用关系，则必须按照引用关系在命令行中排列静态库文件，使得对于每个静态库目标模块中的外部引用符号，在命令行中至少有一个包含其定义的静态库文件排在后面。例如，假设 func.o 调用了静态库 libx.a 和 liby.a 中的函数，而 libx.a 又调用了 libz.a 中的函数，且 libx.a 和 liby.a 之间、liby.a 和 libz.a 之间是相互独立的，则命令行中 libx.a 必须在 libz.a 之前，而 libx.a 和 liby.a 之间、liby.a 和 libz.a 之间无须考虑顺序关系，即以下几个命令行都是可行的：

```
gcc -static –o myfunc func.o libx.a liby.a libz.a
gcc -static –o myfunc func.o liby.a libx.a libz.a
gcc -static –o myfunc func.o libx.a libz.a liby.a
```

如果两个静态库的目标模块有相互引用关系，则在命令行中可以重复静态库文件名。例如，假设 func.o 调用了静态库 libx.a 中的函数，而 libx.a 又调用了 liby.a 中的函数，同时，liby.a 也调用了 libx.a 中的函数，则可用以下命令进行链接：

```
gcc -static –o myfunc func.o libx.a liby.a libx.a
```

7.4 重定位

重定位的目的是在符号解析的基础上将所有关联的目标模块（即上述集合 *E* 中的模块）合并，并确定运行时每个定义符号在虚拟地址空间中的地址，在定义符号的引用处重定位引用的地址。例如，对于图 7.16 中的例子，因为编译 main.c 时，编译器还不知道函数 myproc1 的地址，所以编译器只是将一个“临时地址”放到可重定位目标文件 main.o 的 call 指令中。在链接阶段，这个“临时地址”将被修正为正确的引用地址，这个过程称为**重定位**。具体来说，重定位有以下两方面的工作。

1）合并相同类型的节。链接器将相互关联的所有可重定位文件中相同类型的节合并，生成一个同一类型的新节。例如，所有模块中的 .data 节合并为一个大的 .data 节，它就是生成的可执行目标文件中的 .data 节。然后，链接器根据每个新节在虚拟地址空间中的起始位置以及新节中每个定义符号的位置，为新节中的每个定义符号确定存储地址。

2）引用符号的重定位。链接器对合并后新代码节（.text）和新数据节（.data）中的引用符号进行重定位，使其指向对应的定义符号起始处。为了实现这一步，显然链接器要知道目标文件中哪些引用符号需要重定位、所引用的是哪个定义符号等，这些称为**重定位信息**，放在重定位节（如 .rel.text 和 .rel.data）中。

7.4.1 重定位信息

在可重定位目标文件的 .rel.text 节和 .rel.data 节中，存放着每个需重定位的符号的重定位信息。.rel.text 节和 .rel.data 节采用的数据类型是结构数组，每个数组元素是一个表项，每个表项对应一个需重定位的符号，表项的数据结构如下：

```
typedef struct {
    Elf32_Addr    r_offset;
    Elf32_Word    r_info;
} Elf32_Rel;
```

字段 r_offset 指出当前需重定位的位置相对于所在节起始位置的字节偏移量。若重定位的是变量的位置，则所在节为 .data 节；若重定位的是函数的位置，则所在节是 .text 节。r_info 指出当前需重定位的符号所引用的符号在符号表中的索引值以及相应的重定位类型。从以下的宏定义中可以看出，符号索引（r_sym）是 r_info 的高 24 位，重定位类型（r_type）是其低 8 位。

```
#define ELF32_R_SYM(info)           ((info)>>8)
#define ELF32_R_TYPE(info)          ((unsigned char)(info))
#define ELF32_R_INFO(sym, type)     (((sym)<<8)+(unsigned char)(type))
```

重定位类型与特定的处理器有关，具体由 ABI 规范定义。IA-32 处理器的重定位类型有多种，最基本的是以下两种：

1）R_386_PC32：指明引用处采用 **PC 相对寻址**方式，即有效地址为 PC 内容加上重定位后的 32 位地址，PC 的内容是下条指令地址。例如，调用指令 call 中的跳转目标地址就采用相对寻址方式。

2）R_386_32：指明引用处采用**绝对地址**方式，即有效地址就是重定位后的32位地址。

重定位表的信息可以用命令“readelf –r”来显示，例如，可用命令“readelf -r main.o”来显示main.o中的重定位表项。为方便起见，以下叙述中把重定位后的32位地址简称为**重定位值**。

7.4.2 重定位过程

重定位过程需要对.text节和.data节中需要进行重定位的每一项按顺序执行。由.text节和.data节相应的重定位节.rel.text和.rel.data中的重定位表项指出每一个需要重定位的项目。

例如，图7.9所示例子中，main.o的.rel.text节中有一个表项：r_offset=0x7, r_sym=10, r_type=R_386_PC32。该表项说明，需要在其.text节中偏移量为0x7的地方按照PC相对寻址方式进行重定位，所引用的符号为main.o的符号表中第10个表项代表的符号，根据图7.10可知，该符号为swap。

图7.9所示例子中，swap.o的.rel.data中有一个表项：r_offset=0x0, r_sym=9, r_type=R_386_32。该表项说明，需要在其.data节中偏移量为0的地方按绝对地址方式进行重定位，所引用的符号为swap.o的符号表中第9个表项代表的符号，根据图7.11可知，该符号为buf。

1. R_386_PC32方式的重定位

对于图7.9所示例子，模块main.o的.text节中主要是main函数的机器代码，其中有一处需要重定位，就是与main.c中第7行swap函数对应的调用指令中的目标地址。

图7.17给出了main.o中.text节和.rel.text节的内容通过OBJDUMP工具反汇编出来的结果。

```
1  Disassembly of section .text:
2  00000000 <main>:
3       0:55                    push  %ebp
4       1:89 e5                 mov   %esp,%ebp
5       3:83 e4 f0              and   $0xfffffff0,%esp
6       6:e8 fc ff ff ff        call   7 <main+0x7>
7           7: R_386_PC32 swap
8       b:b8 00 00 00 00        mov   $0x0,%eax
9       10:c9                   leave
10      11:c3                   ret
```

图7.17　main.o中.text节和.rel.text节内容

从图7.17可以看出，符号main的定义从.text节中偏移量为0处开始，共占18（0x12）字节；.rel.text节中有一个重定位表项：r_offset=0x7, r_sym=10, r_type=R_386_PC32，被OBJDUMP工具以“7: R_386_PC32 swap”的可重定位信息显示在需重定位的call指令的下一行（图 7.17 中第 7 行）。call 指令中需重定位的项目是离 .text 节头偏移量为 0x7 的 4 字节地址，采用 PC 相对寻址方式，重定位后应指向符号 swap 的定义处（swap 函数的首地址）。

假定链接后在可执行文件中 main() 函数对应的机器代码从 0x8048380 开始，紧跟在 main 后的是 swap 的机器代码，且首地址按 4 字节边界对齐，则 swap 的机器代码将从 0x8048394 开始，即符号 swap 的定义处首地址为 0x8048394（因为 0x8048380+0x12= 0x8048392，要求 4 字节对齐的情况下就是 0x8048394）。

IA-32 中跳转目标地址（即有效地址）的计算公式为“跳转目标地址 =PC+ 偏移地址”。这里 PC 是下条指令地址。call 指令中需要重定位的部分（重定位值）就是偏移地址字段，因此重定位值 = 跳转目标地址 -PC。这里的跳转目标地址为符号 swap 的定义处首地址 0x8048394，PC 内容为 0x8048380+0x7+4=0x804838b，所以，重定位值应为 0x8048394-0x804838b=0x9。因此，重定位后，在可执行文件的 .text 节中，main() 函数机器代码中 call 指令的代码应修改为“e8 09 00 00 00”。

根据图 7.17 中 call 指令的机器代码“ e8 fc ff ff ff”可知，需重定位的 4 字节偏移地址的初始值（init）为 0xffff fffc（IA-32 为小端方式），即 -4。汇编器用 -4 作为偏移地址初始值，其原因是，在 call 指令的执行过程中，需要进行跳转目标地址计算，此时，PC 指向的是 call 指令的下条指令开始处，此处相对于需重定位的地址偏移为 4 字节。

从上面的分析过程可以看出，PC 相对寻址方式下的重定位值计算公式如下：

ADDR(r_sym) – ((ADDR(.text) + r_offset) − init)

其中 ADDR(r_sym) 表示符号 r_sym 在运行时的存储地址。ADDR(.text) 表示节 .text 在运行时的起始地址，它加上偏移量 r_offset 后得到需重定位处的地址，再减初值 init（相当于加 4）后，便得到 PC 值。ADDR(r_sym) 减 PC 值就是重定位值。例如，在上述例子中，ADDR(swap)=0x8048394，ADDR(.text)= 0x8048380，r_offset=0x7，init=−4。

2. R_386_32 方式的重定位

对于图 7.9 所示的例子，因为 main.c 中只有一个已初始化的全局定义符号 buf，并且 buf 的定义没有引用其他符号，所以 main.o 中的 .data 节对应的重定位节 .rel.data 中没有任何重定位表项。main.o 中的 .data 节和 .rel.data 节的内容通过 OBJDUMP 工具反汇编出来的结果如图 7.18a 所示。

对于图 7.9 所示例子中的 swap.c，其中第 3 行有一个对全局变量 bufp0 赋初值的语句，bufp0 被初始化为外部数组变量 buf 的首地址。因而，在 swap.o 的 .data 节中有相应的对 bufp0 的定义，在 .rel.data 节中有对应的重定位表项。图 7.18b 给出了 swap.o 中 .data 节和 .rel.data 节的内容通过 OBJDUMP 工具反汇编出来的结果。

从图 7.18b 中可以看出，目标模块 swap 中全局符号 bufp0 的定义在 .data 节中偏移量为 0 处开始，占 4 字节，初始值（init）为 0x0。对应重定位节 .rel.data 中有一个重定位表项：r_offset=0x0, r_sym=9, r_type=R_386_32，OBJDUMP 工具解释后显示为“0：R_386_32 buf”。

说明重定位类型是R_386_32，即绝对地址方式，因而重定位值应是初始值init加所引用的符号地址。假定所引用符号buf在运行时的存储地址ADDR(buf)=0x8049620，则在可执行目标文件中重定位后的bufp0的内容变为0x8049620，即“20 96 04 08”。

```
Disassembly of section .data:

00000000 <buf>:
  0:    01 00 00  00 02 00 00 00
```

a）main.o 中 .data 节和 .rel.data 节的内容

```
Disassembly of section .data:

00000000 <bufp0>:
   0:   00 00 00 00

          0: R_386_32 buf
```

b）swap.o 中 .data 节和 .rel.data 节的内容

图 7.18 main.o 和 swap.o 中 .data 节与 .rel.data 节的内容

可执行目标文件中的.data节是将main.o中的.data节和swap.o中的.data节合并后生成的，经过重定位后得到合并后的.data节的内容如图7.19所示。

```
Disassembly of section .data:

08049620 <buf>:
 8049620:        01 00 00 00 02 00 00 00

08049628 <bufp0>:
 8049628:        20 96 04 08
```

图 7.19 可执行目标文件中的 .data 节内容

可以看出，链接器进行重定位后，确定了运行时.data节在虚拟存储空间中的首地址为0x8049620，这个地址就是main.o中定义的buf数组的第一个元素的地址，buf有两个int型元素，因而占用8字节。从swap.o的.data节合并过来的bufp0从0x8049628开始，其内容为buf的首地址0x8049620。

图7.20给出了swap.o中的.text节和.rel.text节的内容通过OBJDUMP工具反汇编出来的结果（大括号部分是后加的功能说明）。

```
1  Disassembly of section .text:
2  00000000 <swap>:
3     0:55                          push   %ebp
4     1:89 e5                       mov    %esp,%ebp
5     3:83 ec 10                    sub    $0x10,%esp
6     6:c7 05 00 00 00 00 04        movl   $0x4,0x0       ┐
7     d:00 00 00                                          ├ bufp1=&buf[1]
8              8: R_386_32    .bss                        │
9              c: R_386_32    buf                         ┘
10    10:a1 00 00 00 00             mov    0x0,%eax       ┐
11             11: R_386_32   bufp0                       │
12    15:8b 00                      mov    (%eax),%eax    ├ temp=*bufp0
13    17:89 45 fc                   mov    %eax,-0x4(%ebp)┘
14    1a:a1 00 00 00 00             mov    0x0,%eax       ┐
15             1b: R_386_32   bufp0                       │
16    1f:8b 15 00 00 00 00          mov    0x0,%edx       │
17             21: R_386_32   .bss                        ├ *bufp0=*bufp1
18    25:8b 12                      mov    (%edx),%edx    │
19    27:89 10                      mov    %edx,(%eax)    ┘
```

图 7.20 swap.o 中的 .text 节和 .rel.text 节的内容

```
20     29:a1 00 00 00 00              mov     0x0,%eax          ┐
21           2a: R_386_32      .bss                             │
22     2e:8b 55 fc                    mov     -0x4(%ebp),%edx   ├*bufp1=temp
23     31:89 10                       mov     %edx,(%eax)       ┘
24     33:c9                          leave
25     34:c3                          ret
```

图 7.20 swap.o 中的 .text 节和 .rel.text 节的内容（续）

从图 7.20 可以看出，符号 swap 从 .text 节中偏移为 0 处开始，占 52 个字节。在对应的 .rel.text 节中有 6 个表项，分别指出需要在第 0x8、0xc、0x11、0x1b、0x21 和 0x2a 处（即指令中加粗部分）进行重定位，全部为绝对地址方式（即 R_386_32），分别引用符号 bufp1、buf、bufp0、bufp0、bufp1、bufp1 的存储地址，而符号 bufp1 的地址就是链接合并后 .bss 节的首地址。

由图 7.19 可知，buf 和 bufp0 的存储地址分别是 0x8049620 和 0x8049628，符号 bufp1 的地址为 .bss 节首地址，假定为 0x8049700，则链接生成的可执行文件的 .text 节中的内容如下所示。

```
08048380 <main>:
 8048380:   55                        push    %ebp
 8048381:   89 e5                     mov     %esp,%ebp
 8048383:   83 e4 f0                  and     $0xfffffff0,%esp
 8048386:   e8 09 00 00 00            call    8048394 <swap>
 804838b:   b8 00 00 00 00            mov     $0x0,%eax
 8048390:   c9                        leave
 8048391:   c3                        ret
 8048392:   90                        nop
 8048393:   90                        nop
08048394 <swap>:
 8048394:   55                        push    %ebp
 8048395:   89 e5                     mov     %esp,%ebp
 8048397:   83 ec 10                  sub     $0x10,%esp
 804839a:   c7 05 00 97 04 08 24      mov     $0x8049624,0x8049700
 80483a1:   96 04 08
 80483a4:   a1 28 96 04 08            mov     0x8049628,%eax
 80483a9:   8b 00                     mov     (%eax),%eax
 80483ab:   89 45 fc                  mov     %eax,-0x4(%ebp)
 80483ae:   a1 28 96 04 08            mov     0x8049628,%eax
 80483b3:   8b 15 00 97 04 08         mov     0x8049700,%edx
 80493b9:   8b 12                     mov     (%edx),%edx
 80493bb:   89 10                     mov     %edx,(%eax)
 80493bd:   a1 00 97 04 08            mov     0x8049700,%eax
 80493c2:   8b 55 fc                  mov     -0x4(%ebp),%edx
 80493c5:   89 10                     mov     %edx,(%eax)
 80493c7:   c9                        leave
 80493c8:   c3                        ret
```

上述可执行目标文件中的 .text 节是由 main.o 和 swap.o 两个目标模块中的 .text 节合并而来的，在可执行目标文件的 .text 节中真正存储的信息只是中间的机器代码，左边的地址和右边的汇编指令都是 OBJDUMP 工具根据图 7.7 所示的可执行目标文件中程序头表信息和指令代码本身反汇编出来的。合并过程如图 7.21 所示。从图 7.21 可以看出，在可执行目标文件的 .text 节和 .data 节中还分别包含系统代码（system code）和系统数据（system data）。

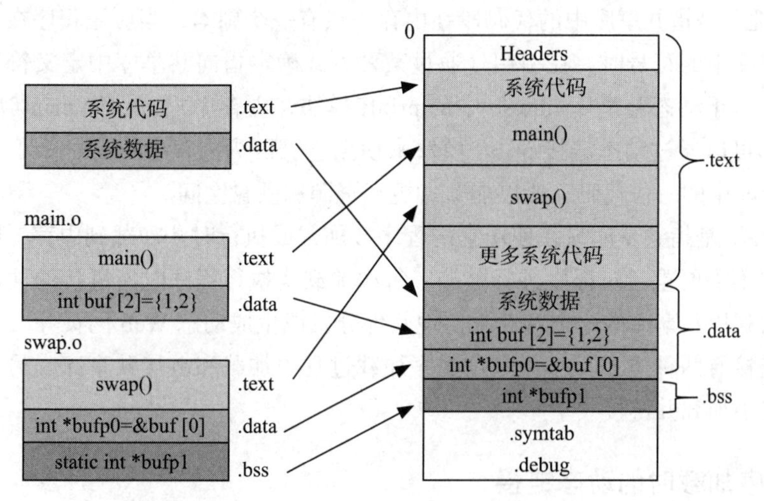

图 7.21　main.o 和 swap.o 合并成可执行文件

7.5　动态链接

前面介绍了可重定位目标文件和可执行目标文件，还有一类目标文件是**共享目标文件**（shared object file），也称为**共享库文件**。它是一种特殊的可重定位目标文件，其中记录了相应的代码、数据、重定位和符号表信息，能在可执行目标文件装入或运行时动态地装入到内存并自动链接，这个过程称为**动态链接**（dynamic link），由一个称为**动态链接器**（dynamic linker）的程序来实现动态链接。类 UNIX 系统中共享库文件采用 .so 后缀，Windows 系统中称其为**动态链接库**（dynamic link library，DLL），采用 .dll 后缀。

7.5.1　动态链接的特性

对于 7.3.3 节介绍的静态链接方式，因为库函数代码被合并包含在可执行文件中，所以会造成硬盘空间和主存空间的极大浪费。例如，静态库 libc.a 中的 printf 模块会在静态链接时合并到每个引用 printf 的可执行文件中，其中的 printf 代码会各自占用不同的可执行文件所在的硬盘空间。通常硬盘上存放有数千个可执行文件，因而静态链接方式会造成硬盘空间的极大浪费；当多个调用 printf() 函数的应用程序同时在系统中运行时，这些程序中的 printf 代码也会同时占用内存空间，这样，对于并发运行几十个进程的系统来说，会造成极大的主存资源浪费。

此外，静态链接方式下，程序员还需要定期维护和更新静态库，关注它是否有新版本出现，在出现新版本时需要重新对程序进行链接操作，以将静态库中最新的目标代码合并到可执行文件中。因此，静态链接方式更新和使用都不方便。

针对静态链接方式的这些缺点，提出了一种共享库的动态链接方式。共享库可以以动态链接方式被正在加载或执行中的多个应用程序共享，共享库的动态链接具有两方面的特点：一是“共享性”，二是“动态性”。

“共享性”是指共享库中的代码段在内存中只有一个副本，当应用程序在其代码中需要引用共享库中的符号时，在引用处通过某种方式确定指向共享库中定义符号的地址即可。例如，对于动态共享库 libc.so 中的 printf 模块，内存中只有一个 printf 副本，所有应用程序都可以通过动态链接 printf 模块来使用它。因为内存中只有一个副本，硬盘中也只有共享库中的一份代码，所以能节省主存资源和硬盘空间。

“动态性”是指共享库只在使用它的程序被加载或执行时才加载到内存，因而在共享库更新后并不需要重新对程序进行链接，每次加载或执行程序时所链接的共享库总是最新的。可以利用共享库的这个特性来实现软件分发或生成动态 Web 网页等。

动态链接有两种方式，一种是在程序加载过程中加载和链接共享库，另一种是在程序执行过程中加载并链接共享库。

7.5.2 程序加载时的动态链接

在类 UNIX 系统中，动态共享库文件使用 .so 后缀。例如，标准 C 函数库文件名为 libc.so。用户也可以自定义一个动态共享库文件。例如，对于图 7.15 所示的两个源程序文件 myproc1.c 和 myproc2.c，可以使用以下 GCC 命令生成动态链接的共享库 mylib.so。

```
gcc –shared –fPIC –o mylib.so myproc1.c myproc2.c
```

上述命令中 –shared 选项告诉链接器生成一个共享库目标文件；-fPIC 选项告诉编译器生成与位置无关的代码（Position Independent Code，PIC），使共享库在被任何不同的程序引用时都不需要修改共享库代码。这保证了共享库代码的存储位置不固定，可以浮动，而且即使共享库代码的长度发生改变也不会影响调用它的程序。

假定有一个 main.c 程序如下，其中调用了 mylib.so 中的函数 myfunc1()：

```
void myfunc1(void);
int main()
{
    myfunc1();
    return 0;
}
```

为了生成可执行目标文件 myproc，可以先将 main.c 编译并汇编为可重定位目标文件 main.o，然后再将 main.o 和 mylib.so 以及标准 C 函数共享库 libc.so 进行链接。以下命令可以完成上述功能：

```
gcc –o myproc main.c ./mylib.so
```

通过上述命令得到可执行目标文件 myproc，这个命令与静态链接命令“ gcc –static –o myproc main.c mylib.a”的执行过程不同。

静态链接生成的可执行目标文件在加载后可以直接运行，因为所有静态库函数的代码都已包含在可执行目标文件中，而动态链接生成的可执行目标文件在加载执行过程中需要和共享库进行动态链接，否则不能运行。这是因为在动态链接生成可执行目标文件时，对库函数中符号的引用地址是未知的。因此，在动态链接生成的可执行目标文件运行前，系统会首先将动态链接器以及所使用的共享库文件加载到内存。动态链接器和共享库文件的路径都包含在可执行目标文件中，其中，动态链接器由加载器加载，而共享库由动态链接器加载。

图 7.22 给出了动态链接的全过程。整个过程分成两步：首先，进行静态链接以生成部分链接的可执行目标文件 myproc，该文件中仅包含共享库（包括指定的共享目标文件 mylib.so 和默认的标准共享库 libc.so）中的符号表和重定位表信息，而共享库中的代码和数据并没有合并到 myproc 中；其次，在加载 myproc 时，由加载器将控制权转移到指定的动态链接器，由动态链接器对共享目标 libc.so、mylib.so 和 myproc 中相应模块内的代码和数据进行重定位并加载共享库，以生成最终的存储空间中完全链接的可执行目标，在完成重定位和加载共享库后，动态链接器把控制权转移到程序 myproc。在执行 myproc 的过程中，共享库中的代码和数据在存储空间的位置一直是固定的。

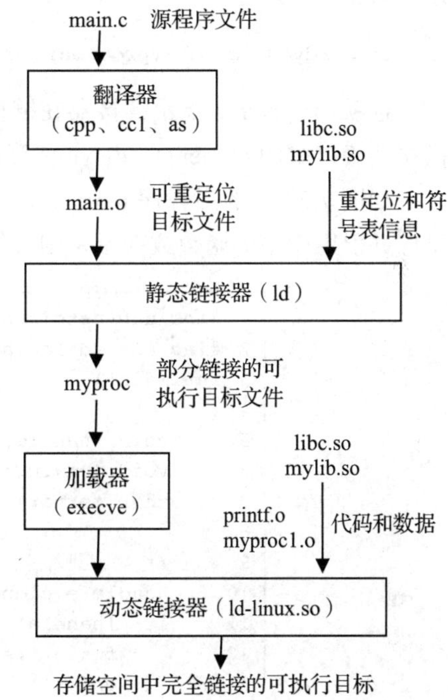

图 7.22 采用加载时动态链接的过程

在上述过程中，有一个重要的问题是，如何在加载过程中将控制权从加载器转移到动态链接器？参看图 7.7 可以发现，在可执行目标文件的程序头表中有一个 Type=INTERP 的段，指出从文件 0x000134 开始处的 19（0x13）个字节为动态链接器的路径名“/lib/ld-linux.so.2”。因此，可通过在可执行目标文件 myproc 中加入一个特殊的 .interp 节，实现从加载器转移到动态链接器执行的过程。

当加载 myproc 时，加载器会发现在 myproc 的程序头表中包含 .interp 节构成的段，其 p_type 字段取值为 PT_INTERP，该节中包含了动态链接器的路径名，而动态链接器本身也是一个共享目标文件，在 Linux 系统中文件名为 ld-linux.so，在 .interp 节中有这个文件的路径信息，因而可以由加载器根据指定的路径来加载并启动动态链接器运行。动态链接器完成相应的重定位工作后，再把控制权交给程序 myproc，启动其第一条指令执行。

7.5.3 程序运行时的动态链接

图 7.22 描述的是在程序加载时对共享库进行动态链接的过程，实际上，共享库也可以在程序运行过程中进行动态链接。在一些类 UNIX 系统中提供了一个动态链接器接口，其中定义了几个相应的函数，如 dlopen()、dlsym()、dlerror()、dlclose() 等，其头文

件为 dlfcn.h。以下给出一个例子，用以说明如何在应用程序中使用动态链接器接口函数对共享库进行动态链接。

图 7.23 给出了一个运行时进行动态链接的应用程序示例 main.c。对于由图 7.15 所示的两个源程序文件 myproc1.c 和 myproc2.c 生成的共享库 mylib.so，在 main.c 中调用了共享库 mylib.so 中的函数 myfunc1。要编译该程序并生成可执行文件 myproc，通常用以下 GCC 命令：

```
gcc –rdynamic –o myproc main.c –ldl
```

选项 –rdynamic 指示链接器在链接时使用共享库中的函数，选项 –ldl 说明采用动态链接器接口中的 dlopen()、dlsym() 等函数进行运行时的动态链接。

如图 7.23 中的源程序 main.c 所示，一个应用程序如果要在运行时动态链接一个共享库并引用库中的函数或变量，则必须经过以下几个步骤。

```
1 #include <stdio.h>
2 #include <dlfcn.h>
3 int main()
4 {
5     void *handle;
6     void (*myfunc1)();
7     char *error;
8
9     /* 动态装入包含函数 myfunc1() 的共享库文件 */
10    handle = dlopen("./mylib.so", RTLD_LAZY);
11    if (!handle) {
12        fprintf(stderr, "%s\n", dlerror());
13        exit(1);
14    }
15
16    /* 获得一个指向函数 myfunc1() 的指针 myfunc1*/
17    myfunc1 = dlsym(handle, "myfunc1");
18    if ((error = dlerror()) != NULL) {
19        fprintf(stderr, "%s\n", error);
20        exit(1);
21    }
22
23    /* 现在可以像调用其他函数一样调用函数 myfunc1() */
24    myfunc1();
25
26    /* 关闭（卸载）共享库文件 */
27    if (dlclose(handle) < 0) {
28        fprintf(stderr, "%s\n", dlerror());
29        exit(1);
30    }
31    return 0;
32 }
```

图 7.23 采用运行时动态链接的应用程序示例 main.c

1）通过 dlopen() 函数加载和链接共享库，如图 7.23 中第 10 行所示。第 10 行的含义是启动动态链接器来加载并链接当前目录中的共享库文件 mylib.so，这里 dlopen() 函数的第二个参数为 RTLD_LAZY，用来指示链接器对共享库中符号的引用不在加载时进行重定位，而是延迟到第一次函数调用时进行重定位，称为**延迟绑定**（lazy binding）技术。若 dlopen() 函数出错，则返回值为 NULL，否则返回指向共享库文件句柄的指针。

2）在 dlopen() 函数正常返回的情况下，通过 dlsym() 函数获取共享库中所需的函数，如图 7.23 中第 17 行所示。第 17 行用于指示动态链接器返回指定共享库 mylib.so 中指定符号 myfunc1 的地址。若指定共享库中不存在指定的符号，则返回 NULL。dlsym() 函数的第一个参数是指定共享库的文件句柄，第二个参数是用来标识指定符号的字符串，通常是后面将要使用的函数的名称。

3）在 dlsym() 函数正常返回的情况下，就可以使用共享库中的函数，如图 7.23 中第 24 行所示。函数对应代码的首地址由 dlsym() 函数返回。

4）在使用完程序所需的所有共享库内的函数或变量后，使用 dlclose() 函数卸载这个共享库，如图 7.23 中第 27 行所示。若卸载成功，返回为 0，否则为 -1。

若调用 dlopen()、dlsym() 和 dlclose() 时发生出错，则出错信息可通过调用 dlerror() 函数获得。

7.5.4 位置无关代码

共享库代码在硬盘上和内存中都只有一个备份，在硬盘上就是一个共享库文件，如类 UNIX 系统中的 .so 文件或 Windows 系统中的 .dll 文件。为了让一份共享库代码可以和不同的应用程序进行链接，共享库代码必须与地址无关，也就是说，在生成共享库代码时，要保证将来不管共享库代码加载到哪个位置都能够正确执行，也即共享库代码的加载位置是可浮动的，而且共享库代码的长度发生变化也不影响调用它的程序。满足上述这种特征的代码称为**位置无关代码**（Position-Independent Code，PIC）。显然，共享库文件必须是位置无关代码，因而在生成共享库文件时，必须使用 GCC 选项 -fPIC 来生成 PIC 代码。

符号之间的所有引用包含以下 4 种情况：

1）模块内过程调用和跳转；

2）模块内数据引用；

3）模块间数据引用；

4）模块间过程调用和跳转。

对于前两种情况，因为是在模块内进行函数（过程）和数据的引用，所以采用 PC 相对寻址方式就可以方便地实现位置无关代码。对于后面两种情况，由于涉及模块之间的访问，因此无法通过 PC 相对寻址来生成 PIC 代码，需要有专门的实现机制。

1. 模块内过程调用和跳转

图 7.24 给出了一个源程序代码，其中，函数 foo() 调用了模块内的函数 bar()，因此属于模块内过程调用。因为 foo 和 bar 在同一个模块中，所以这两个函数的代码都在同

一个 .text 节中，相对位置固定，只要在实现过程调用的 call 指令中采用 PC 相对寻址方式，即可生成位置无关代码。显然，不管 .so 中的代码加载到哪里，call 指令中的偏移量都不会改变。

以下是图 7.24 中的源程序经编译后得到的 IA-32 机器级代码示例。

```
0000344 <bar>:
    0000344:    55                 pushl  %ebp
    0000345:    89 e5              movl   %esp, %ebp
        ......
    0000362:    c3                 ret
    0000363:    90                 nop
0000364 <foo>:
    0000364:    55                 pushl %ebp
        ......
    0000374:    e8 cb ff ff ff     call 0000344 <bar>
    0000379:
        ......
```

```
static int a;
static int b;
extern void ext();

void bar()
{
    a=1;
    b=2;
}
void foo()
{
    bar();
    ext();
}
```

图 7.24　模块内过程调用

编译器在生成 call 指令时，只要根据被引用函数 bar() 的起始位置和 call 指令下条指令的起始位置之间的位移量，就可算出偏移地址为 0x0000344−0x0000379=0xffff ffcb=−0x35。同样，模块内的跳转也可用 jmp 指令通过 PC 相对寻址方式来生成 PIC 代码。

2. 模块内数据引用

在图 7.24 中，函数 bar() 引用了模块内的静态变量 a 和 b，因此属于模块内的数据访问。因为在同一个模块内数据段总是紧跟在代码段后面，因而任何引用某符号的指令与数据段起始处之间的位移量，以及本地符号在数据段内的位移量都是确定的。编译器可以利用这些特性生成位置无关代码。

以下是图 7.24 中源程序经编译后得到的部分机器级代码示例，主要给出了赋值语句“a=1;”的编译结果。可以看出，为了生成位置无关代码，编译器对语句“a=1;”生成了多条指令，这里假设 call 指令的下条指令到数据段起始位置之间的位移量为 0x118c，数据段起始位置到变量 a 之间的位移量为 0x28。

```
0000344 <bar>:
    0000344:    55                   pushl   %ebp
    0000345:    89 e5                movl    %esp, %ebp
    0000347:    e8 50 00 00 00       call    39c <__get_pc>
    000034c:    81 c1 8c 11 00 00    addl    $0x118c, %ecx
    0000352:    c7 81 28 00 00 00    movl    $0x1, 0x28(%ecx)
    ......
    0000362:    c3                   ret

000039c <__get_pc>:
    000039c:    8b 0c 24             movl    (%esp), %ecx
    000039f:    c3                   ret
```

上述机器级代码 0000347 处开始的三条指令对应函数 bar 中的语句“a=1;”。首先通过指令“call 39c <__get_pc>”将下条指令的地址保存在栈顶位置，然后再通过000039c处的“movl (%esp), %ecx”指令将当前栈顶位置处保存的返回地址送到ECX中，这样，不管这段共享代码加载到哪里，都会将引用a的指令的地址记录在ECX中。下一条指令再将该地址值加上0x118c，得到的数据段首地址送至ECX，然后再通过“基址加偏移量”的方式得到a的地址，从而实现对静态变量a的引用。通常，生成位置无关代码会带来一些额外的开销，可以看出，模块内数据访问情况下的位置无关代码多用了4条指令。在x86-64中，因为允许将RIP寄存器作为基址寄存器，所以使用一条指令即可实现模块内数据引用，从而可以减少额外开销。

3. 模块间数据引用

图7.25给出了一个源程序部分代码，其中，函数bar()中的赋值语句“b=2;”引用了模块外的一个外部变量b，因此属于模块间的数据访问。因为变量b是外部符号，所以在对赋值语句“b=2;”进行编译转换时，无法事先计算出变量b到引用b的指令之间的相对距离。不过，因为任何引用符号的指令与本模块数据段起始处之间的位移量是确定的，所以，可以在数据段开始处设置一个表，只要在程序执行时外部变量b的地址已记录在这个表中，那么引用*b*的指令就可以通过访问这个表中的地址来实现对b的引用。

```
static int a;
extern int b;
extern void ext();
void bar()
{
    a=1;
    b=2;
}
......
```

图7.25 模块间数据引用

以下是图7.25中源程序经编译后得到的IA-32机器级代码示例。此例中，假设引用b的指令序列开始处（即popl指令起始处）到变量b所在的表项之间的位移量为0x1180。

```
0000344 <bar>:
    0000344:  55                pushl %ebp
    ......
    0000357:  e8 00 00 00 00    call  000035c
    000035c:  5b                popl  %ebx
    000035d:                    addl  $0x1180, %ebx
    ......                      movl  (%ebx), %eax
    ......                      movl  $2, (%eax)
```

上述代码段中，通过0000357处开始的“call 000035c”和“popl %ebx”指令，将赋值语句“b=2;”对应的指令序列首地址送至EBX；通过加上位移量0x1180，得到外部变量b的地址所存放的表项的位置值，并记录在EBX中；然后根据EBX的内容访问变量b所对应的表项，得到变量b的地址，并送至EAX；最后通过EAX来引用变量b。

这个设置在数据段起始处的、用于存放全局变量地址的表称为**全局偏移量表**（Global Offset Table，GOT），其中每个表项对应一个全局变量，用于在动态链接时记录对应全局变量的地址。

ABI规范定义了GOT的具体结构与相应的处理过程。编译器为GOT中的每一个表项生成一个重定位项，指示动态链接器在加载并进行动态链接时必须对这些GOT表项中的内容进行重定位，也即在动态链接时需要对这些表项绑定一个符号定义，并填入所引用的符号的地址。例如，对于上述例子，在加载并进行动态链接时，动态链接器应将符号 b 在其他模块中定义的地址填入本模块 GOT 中变量 b 对应的表项中。这样，在指令执行时就可以从 GOT 中取到变量 b 在外部模块中的地址了。

同样，模块间数据访问时的位置无关代码也有缺陷，除了多用 4 条指令外，还增加了用于实现 GOT 的空间和时间，并多使用了一个被调用者保存寄存器 EBX。

4. 模块间过程调用和跳转

图 7.26 给出了一个源程序的部分代码，其中，函数 foo() 调用了一个外部函数 ext()，因此，属于模块间过程调用。与模块间数据引用一样，模块间过程调用也可以通过在数据段起始处增加一个全局偏移量表 GOT 来解决位置无关代码的生成问题，只要在 GOT 中增加外部函数对应的表项即可。

```
static int a;
extern int b;
extern void ext();
void foo()
{
    bar();
    ext();
}
```

图 7.26　模块间过程调用

对于图 7.26 所示的源程序，可以在 GOT 中设置一个与外部函数 ext() 对应的表项。以下是该源程序经编译后得到的 IA-32 机器级代码示例。此例中，假设调用 ext() 函数的指令序列起始处（即 popl 指令起始处）与 GOT 中 ext 对应表项之间的位移量为 0x1204。

```
000050c <foo>:
  000050c:     55                   pushl   %ebp
     ......
  0000557:     e8 00 00 00 00       call    000055c
  000055c:     5b                   popl    %ebx
  000055d:                          addl    $0x1204, %ebx
    ......                          call    *(%ebx)
    ......
```

上述代码中，从 0000557 开始的三条指令用于将数据段起始处的 GOT 中 ext 对应表项的地址送至 EBX，000055d 处随后的“call *(%ebx)”指令将 EBX 所指向的 GOT 表项中的地址作为调用函数的目标地址，转到 ext() 函数去执行。这里，*(%ebx) 为间接地址，即通过“R[eip] ← M[R[ebx]]”实现过程调用。

与模块间数据引用一样，编译器也要为 GOT 中的 ext 对应表项生成一个重定位项，GOT 中的 ext 函数地址也是在加载时通过动态链接器进行重定位而得到的。

从上述代码可以看出，每次进行模块间过程调用都要额外执行三条指令。如果存在大量这种模块间过程调用，就会额外执行大量指令。为此，GCC 编译器采用了一种延迟绑定技术，以减少额外的指令条数。

延迟绑定（lazy binding）技术的基本思想是：对于模块间过程的引用不在加载时进行重定位，而是延迟到第一次函数调用时进行重定位。延迟绑定技术除了需要使用 GOT 外，还需要使用**过程链接表**（Procedure Linkage Table，PLT）。其中，GOT 是 .data 节（包含在数据段中）的一部分，而 PLT 是 .text 节（包含在代码段中）的一部分，如图 7.27 所示，图中给出了图 7.26 对应可执行文件 foo 中的 PLT 和 GOT。

采用延迟绑定技术时，GOT 中开始的三项总是固定的，含义如下：GOT[0] 为

.dynamic 节首址，该节中包含动态链接器所需要的基本信息，如符号表位置、重定位表位置等；GOT[1] 为动态链接器的标识信息；GOT[2] 为动态链接器延迟绑定代码的入口地址。此外，所有被调用的外部函数在 GOT 中都有对应的表项，例如，图 7.27 中的 GOT[3] 就是外部函数 ext() 对应的表项。

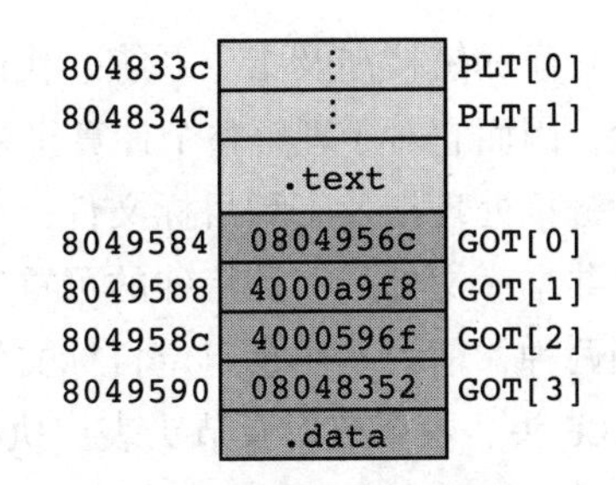

图 7.27　可执行文件 foo 中的 PLT 和 GOT

PLT 中每个表项占 16 字节，它是 .text 节的一部分，每个表项中包含的实际上是 3 条指令。除 PLT[0] 外，其余各项各自对应一个共享库函数，例如，以下的 PLT[1] 对应 ext() 函数。

```
PLT[0]
0804833c:  ff 35 88 95 04 08        pushl  0x8049588
 8048342:  ff 25 8c 95 04 08        jmp    *0x804958c
 8048348:  00 00 00 00

PLT[1] <ext>
0804834c:  ff 25 90 95 04 08        jmp    *0x8049590
 8048352:  68 00 00 00 00           pushl  $0x0
 8048357:  e9 e0 ff ff ff           jmp    804833c
```

编译器在处理外部过程 ext 的调用时，首先在 GOT 和 PLT 中填入以上相应信息，然后生成以下机器级代码：

```
804845b:  e8 ec fe ff ff    call   804834c <ext>
```

启动对应的可执行文件运行后，当第一次执行到上述这条 call 指令时，将根据目标地址 0x804834c，转到 PLT[1] 处执行。第一条间接跳转指令的执行过程是，先根据地址 0x8049590 找到 ext 对应的表项 GOT[3]，然后根据其中的内容再跳转到 0x08048352 处执行。此处是一条 pushl 指令，用于将 ext 对应的 ID 压栈，然后执行 jmp 指令，跳转到 0x804833c 处的 PLT[0] 处执行。

PLT[0] 中第一条指令将 GOT[1] 的地址 0x8049588 压栈，然后通过间接跳转指令，转到 GOT[2] 指出的动态链接器延时绑定代码处执行。这样，动态链接器延时绑定代码将根据 GOT[1] 中记录的动态链接器标识信息和 ext 对应的 ID 信息，对外部过程 ext 进行重定位，也即在 GOT[3] 中填入真正的外部过程 ext 的地址，并控制程序转 ext 过程执行。

这样，以后再调用外部过程 ext 时，每次都只要执行“ jmp *0x8049590”就可以直接跳转到 ext 执行了，这样就仅多执行一条 jmp 指令，而不是多执行三条指令。

可以看出，延迟绑定技术的开销主要是在第一次过程调用中需要额外执行多条指令，而以后每次都只是多执行一条 jmp 指令，这对于同一个外部过程被多次调用的情况非常有益。此外，使用延迟绑定技术使得符号解析过程推迟到第一次函数调用时，从而加速了程序加载过程。

7.6 小结

程序的链接涉及指令系统、代码生成、机器语言、程序转换和虚拟地址空间等诸多概念，因而它对于理解整个计算机系统各个抽象层之间的关联非常重要。

链接处理涉及三种目标文件：可重定位目标文件、可执行目标文件和共享库目标文件。共享库文件是一种特殊的可重定位目标文件。ELF 目标文件格式有链接视图和执行视图两种，前者是可重定位目标文件格式，后者是可执行目标文件格式。链接视图中包含 ELF 头、各个节以及节头表；执行视图中包含 ELF 头、程序头表（段头表）以及各种节组成的段。

链接分为静态链接和动态链接两种，静态链接处理的是可重定位目标文件，它将多个可重定位目标模块中相同类型的节合并，以生成完全链接的可执行目标文件，其中所有符号的引用都是确定在虚拟地址空间中的最终地址，因而可以直接被加载执行。而动态链接方式下的可执行目标文件是部分链接的，还有一部分符号的引用地址没有确定，需要利用共享库中定义的符号进行重定位，因而需要由动态链接器来加载共享库并重定位可执行文件中部分符号的引用。动态链接有两种方式，一种是可执行目标文件加载时进行共享库的动态链接；另一种是可执行目标文件在执行时进行共享库的动态链接。

链接过程需要完成符号解析和重定位两方面的工作，符号解析的目的就是将符号的引用与符号的定义关联起来，重定位的目的是分别合并代码和数据，并根据代码和数据在虚拟地址空间中的位置，确定每个符号的最终存储地址，然后根据符号的确切地址来修改符号的引用处的地址。

在不同的目标模块中可能会定义相同的符号，因为相同的多个符号只能分配一个地址，所以链接器需要确定以哪个符号为准。由链接器根据一套规则来确定多重定义符号中哪个是唯一的定义符号，如果不了解这些规则，则可能无法理解程序执行的有些结果。

加载器在加载可执行目标文件时，实际上只是把可执行目标文件中的只读代码段和可读写数据段通过页表映射到了虚拟地址空间中确定的位置，并没有真正把代码和数据从硬盘装入主存。

习题

1. 给出以下概念的解释说明。

链接	可重定位目标文件	可执行目标文件	符号解析
重定位	ELF 目标文件格式	ELF 头	节头表
程序头表（段头表）	只读代码段	可读写数据段	全局符号
外部符号	本地符号	强符号	弱符号
COMMON 符号	静态库	符号的定义	符号的引用
未解析符号	重定位信息	运行时堆	用户栈

动态链接　　共享库（目标）文件　　位置无关代码（PIC）　全局偏移量表（GOT）
延迟绑定　　过程链接表（PLT）

2. 简单回答下列问题。
（1）如何将多个C语言源程序模块组合起来生成一个可执行目标文件？简述从源程序到可执行目标文件的转换过程。
（2）引入链接的好处是什么？
（3）可重定位目标文件和可执行目标文件的主要差别是什么？
（4）静态链接方式下，静态链接器主要完成哪两方面的工作？
（5）可重定位目标文件的 .text 节、.rodata 节、.data 节和 .bss 节中分别主要包含什么信息？
（6）可执行目标文件中的 .text 节、.rodata 节、.data 节和 .bss 节中分别主要包含什么信息？
（7）可执行目标文件中有哪两种可装入段？哪些节组合成只读代码段？哪些节组合成可读写数据段？
（8）加载可执行目标文件时，加载器根据其中的哪个表的信息对可装入段进行映射？
（9）在可执行目标文件中，可装入段被映射到虚拟存储空间，这种做法有什么好处？
（10）静态链接和动态链接的差别是什么？

3. 假设一个C语言程序有两个源文件：main.c 和 test.c，它们的内容如图 7.28 所示。

```
1  /* main.c */
2  int sum();
3
4  int a[4]={1, 2, 3, 4};
5  extern int val;
6  int main( )
7  {
8      val=sum();
9      return val;
10 }
```

```
1  /* test.c */
2  extern int a[];
3  int val=0;
4  int sum()
5  {
6      int i;
7      for (i=0; i<4; i++)
8          val += a[i];
9      return val;
10 }
```

图 7.28　题 3 图

对于编译生成的可重定位目标文件 test.o，填写表 7.1 中各符号的情况，说明每个符号是否出现在 test.o 的符号表（.symtab 节）中。如果是的话，定义该符号的模块是 main.o 还是 test.o？该符号是全局、外部还是本地符号？该符号出现在 test.o 的哪个节（.text、.data 或 .bss）中？

表 7.1　题 3 表

符号	是否在 test.o 的符号表中	定义模块	符号类型	节
a				
val				
sum				
i				

4. 假设一个C语言程序有两个源文件：main.c 和 swap.c，其中，main.c 的内容如图 7.9a 所示，而 swap.c 的内容如下：

```
1    extern int buf[];
2    int *bufp0 = &buf[0];
```

```
3   static int *bufp1;
4
5   static void incr() {
6       static int count=0;
7       count++;
8   }
9   void swap() {
10      int temp;
11      incr();
12      bufp1 = &bufp[1];
13      temp = *bufp0;
14      *bufp0 = *bufp1;
15      *bufp1 = temp;
16  }
```

对于编译生成的可重定位目标文件 swap.o，填写表 7.2 中各符号的情况，说明每个符号是否出现在 swap.o 的符号表（.symtab 节）中。如果是的话，定义该符号的模块是 main.o 还是 swap.o？该符号是全局、外部还是本地符号？该符号出现在 swap.o 的哪个节（.text、.data 或 .bss）中？

表 7.2　题 4 表

符号	是否在 swap.o 的符号表中	定义模块	符号类型	节
buf				
bufp0				
bufp1				
incr				
count				
swap				
temp				

5. 假设一个 C 语言程序有两个源文件：main.c 和 proc1.c，它们的内容如图 7.29 所示。回答下列问题。

```
1  #include <stdio.h>
2  unsigned x=257;
3  short y, z=2;
4  void proc1(void);
5  void main()
6  {
7      proc1();
8      printf("x=%u,z=%d\n", x, z);
9      return 0;
10 }
```

a）main.c 文件

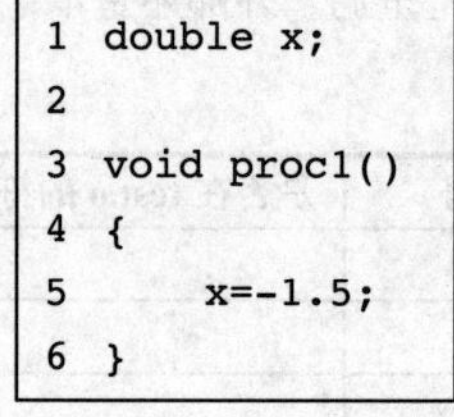

```
1  double x;
2
3  void proc1()
4  {
5      x=-1.5;
6  }
```

b）proc1.c 文件

图 7.29　题 5 图

（1）在上述两个文件中出现的符号哪些是强符号？哪些是 COMMON 符号？

（2）程序执行后打印的结果是什么？分别画出执行第 7 行的 proc1() 函数调用前、后，在地址 &x 和 &z 中存放的内容。若第 3 行改为“short y=1, z=2;”，则打印结果是什么？

（3）修改文件 proc1.c，使 main.c 能输出正确的结果（即 x=257，z=2）。要求修改时不改变任何变量的数据类型和名字。

6. 以下每一小题给出了两个源程序文件，它们被分别编译生成可重定位目标模块 m1.o 和 m2.o。在模块 *mj* 中对符号 *x* 的任意引用与模块 *mi* 中定义的符号 *x* 关联记为 REF(*mj.x*) → DEF(*mi.x*)。请在下列空格处填写模块名和符号名以说明给出的引用符号所关联的定义符号，若发生链接错误，则说明其原因；若从多个定义符号中任选，则给出全部可能的定义符号，若是局部变量，则说明不存在关联。

（1）
```
/* m1.c */
int p1(void);
int main()
{
    int p1 = p1();
    return p1;
}
```
```
/* m2.c */
static int main=1;
int p1()
{
    main++;
    return main;
}
```
① REF(m1.main) → DEF(________.________)
② REF(m2.main) → DEF(________.________)
③ REF(m1.p1) → DEF(________.________)
④ REF(m2.p1) → DEF(________.________)

（2）
```
/* m1.c */
int x=100;
int p1(void);
int main()
{
    x=p1();
    return x;
}
```
```
/* m2.c */
float x=100.0;
int main=1;
int p1()
{
    main++;
    return main;
}
```
① REF(m1.main) → DEF(________.________)
② REF(m2.main) → DEF(________.________)
③ REF(m1.x) → DEF(________.________)

（3）
```
/* m1.c */
int p1(void);
int p1;
int main()
{
    int x=p1();
    return x;
}
```
```
/* m2.c */
int x=10;
int main;
int p1()
{
    main=1;
    return x;
}
```
① REF(m1.main) → DEF(________.________)
② REF(m2.main) → DEF(________.________)
③ REF(m1.p1) → DEF(________.________)
④ REF(m1.x) → DEF(________.________)
⑤ REF(m2.x) → DEF(________.________)

（4）
```
/* m1.c */
int p1(void);
int x, y;
int main()
{
    x=p1();
    return x;
```
```
/* m2.c */
double x=10;
int y;
int p1()
{
    y=1;
    return y;
```

```
    }                                        }
① REF(m1.x) → DEF(__________.__________)
② REF(m2.x) → DEF(__________.__________)
③ REF(m1.y) → DEF(__________.__________)
④ REF(m2.y) → DEF(__________.__________)
```

7. 以下由两个目标模块 m1 和 m2 组成的程序，经编译、链接后在计算机上执行，结果发现即使 m2.c 中没有对数组变量 main 进行初始化，最终也能打印出字符串“0x5589\n”。为什么？请解释原因。

```
1      /* m1.c */
2   void p1(void);
3
4    int main()
5   {
6       p1();
7       return 0;
8   }
```

```
1      /* m2.c */
2  #include <stdio.h>;
3  char main[2];
4
5  void p1()
6  {
7      printf("0x%x%x\n", main[0], main[1]);
8  }
```

8. 图 7.30 中给出了用 OBJDUMP 显示的某个可执行目标文件的程序头表（段头表）的部分信息，其中，可读写数据段（Read/write data segment）的信息表明，该数据段对应虚拟存储空间中起始地址为 0x8049448、长度为 0x104 个字节的存储区，其数据来自可执行文件中偏移地址 0x448 开始的 0xe8 个字节。这里，可执行目标文件中的数据长度和虚拟地址空间中的存储区大小之间相差 28 字节。请解释可能的原因。

```
Read-only code segment
 LOAD off    0x00000000 vaddr 0x08048000 paddr 0x08048000 align 2**12
      filesz 0x00000448 memsz 0x00000448 flags r-x

Read/write data segment
 LOAD off    0x00000448 vaddr 0x08049448 paddr 0x08049448 align 2**12
      filesz 0x000000e8 memsz 0x00000104 flags rw-
```

图 7.30　某个可执行目标文件程序头表的部分信息

9. 假定 a 和 b 是可重定位目标文件或静态库文件，$a \rightarrow b$ 表示 b 中定义了一个被 a 引用的符号。对于以下每一小题出现的情况，给出一个最短命令行（含有最少数量的可重定位目标文件或静态库文件参数），使得链接器能够解析所有的符号引用。

（1）p.o → libx.a → liby.a

（2）p.o → libx.a → liby.a 同时 liby.a → libx.a

（3）p.o → libx.a → liby.a → libz.a 同时 liby.a → libx.a → libz.a

10. 图 7.17 给出了图 7.9a 所示的 main.c 源代码对应的 main.o 中 .text 节和 .rel.text 节的内容，图中显示其 .text 节中有一处需重定位。假定链接后 main() 函数代码起始地址是 0x8048386，紧跟在 main 后的是 swap() 函数的代码，且首地址按 4 字节边界对齐。要求根据对图 7.17 的分析，指出 main.o 的 .text 节中需重定位的符号名、相对于 .text 节起始位置的位移、所在指令行号、重定位类型、重定位前的内容、重定位后的内容，并给出重定位值的计算过程。

11. 图 7.20 给出了图 7.9b 中 swap() 对应的 swap.o 文件中 .text 节和 .rel.text 节的内容，图中显

示 .text 节中共有 6 处需重定位。假定链接后生成的可执行目标文件中 buf 和 bufp0 的存储地址分别是 0x80495c8 和 0x80495d0，bufp1 的存储地址位于 .bss 节的开始，为 0x8049620。根据对图 7.20 的分析，仿照例子填写表 7.3，指出各个重定位的符号名、相对于 .text 节起始位置的位移、指令所在行号、重定位类型、重定位前的内容、重定位后的内容。

表 7.3　题 11 表

序号	符号	位移	指令所在行号	重定位类型	重定位前内容	重定位后内容
1	bufp1（.bss）	0x8	6 和 7	R_386_32	0x00000000	0x8049620
2						
3						
4						
5						
6						

第 8 章　程序的加载和执行

通过链接器生成的可执行目标文件存放在系统的硬盘中，必须通过某种方式启动并加载后才能运行。那么系统是如何启动、加载并执行一个可执行文件的呢？

本章主要介绍可执行文件的加载和执行，包括程序和进程的概念、进程的存储器映射、程序的加载过程、进程的逻辑控制流、进程的上下文切换、程序指令的执行过程、打断程序正常执行的事件、CPU 的基本功能和基本组成。

8.1　进程与可执行文件的加载

从第 7 章介绍的程序链接过程可知，多个可重定位目标模块链接后生成可执行目标文件，程序的加载执行实际上就是可执行文件的加载执行。在生成可执行文件时，重定位过程会将目标代码和数据都映射到一个统一的虚拟地址空间，指令中操作数的地址实际上是一个虚拟地址，那么，可执行文件加载后，如何从一个文件形式的静态“程序”转换为由硬件执行的动态“进程”，如何将虚拟地址空间中的代码转换为物理存储器中存放的代码和数据呢？

8.1.1　程序和进程的概念

任何一个应用问题描述为处理算法后，都要用某种编程语言表示出来。绝大多数情况下，都采用高级语言编写源程序，而高级语言源程序需要进行编译、汇编转换为目标程序，在链接之前目标程序是可重定位目标文件形式，链接之后是可执行目标文件形式，代码部分是一个机器指令序列，可以被计算机直接执行。

对计算机来说，**程序**（program）就是代码和数据的集合，程序的代码是一个机器指令序列，因而程序是一种静态的概念。它可以作为目标模块存放在硬盘中，或者作为一个存储段保存在一个地址空间中。

简单来说，**进程**（process）就是程序的一次运行过程。进程是一个具有一定独立功能的程序关于某个数据集合的一次运行活动，因而进程具有动态的含义。计算机处理的所有**任务**实际上是由进程完成的。

每个应用程序在系统中运行时均有属于它自己的存储空间，用来存储它自己的程序代码和数据，包括只读区（代码和只读数据）、可读可写数据区（初始化数据和未初始化数据）、动态的堆区和栈区等。

进程是操作系统对处理器中程序的运行过程的一种抽象。进程有自己的生命周期，它由于任务的启动而创建，随着任务的完成（或终止）而消亡，它所占用的资源也随着进程的终止而释放。

一个可执行目标文件可以被多次加载执行，也就是说，一个程序可能对应多个不同的进程。例如，在 Windows 系统中用 Word 程序编辑一个文档时，相应的进程就是 winword.exe，如果多次启动同一个 Word 程序，就得到多个 winword.exe 进程。

小贴士

计算机系统中的**任务**通常指进程。例如，Linux 内核中把进程称为任务，每个进程主要通过一个称为**进程描述符**（process descriptor）的结构来描述，其结构类型定义为 task_struct，包含了一个进程的所有信息。所有进程通过一个双向循环链表实现的**任务列表**（task list）来描述，任务列表中每个元素是一个进程描述符。IA-32 中的任务状态段（TSS）、任务门（task gate）等概念中所称的任务，实际上也是指进程。

对于现代多任务操作系统，通常一段时间内会有多个不同的进程在系统中运行，这些进程轮流使用处理器并共享同一个主存储器。程序员在编写程序或者语言处理系统在编译并链接生成可执行目标文件时，并不用考虑如何和其他程序一起共享处理器和存储器资源，而只要考虑自己的程序代码和所用数据如何组织在一个独立的虚拟存储空间中。也就是说，程序员和语言处理系统可以把一台计算机的所有资源看成由自己的程序所独占，可以认为自己的程序是在处理器上执行的和在存储空间中存放的唯一的用户程序。显然，这是一种“错觉”。这种“错觉”带来了极大的好处，它简化了程序员的编程以及语言处理系统的处理，即简化了编程、编译、链接、共享和加载等整个过程。

“进程”的引入为应用程序提供了以下两方面的抽象：一个独立的逻辑控制流和一个私有的虚拟地址空间。每个进程拥有一个独立的逻辑控制流，使得程序员以为自己的程序在执行过程中独占使用处理器；每个进程拥有一个私有的虚拟地址空间，使得程序员以为自己的程序在执行过程中独占存储器。

为了实现上述两个方面的抽象，操作系统必须提供一整套管理机制，包括处理器调度、进程的上下文切换、虚拟存储管理等。

8.1.2 Linux 系统的虚拟地址空间

“进程”的引入除了为应用程序提供一个独立的逻辑控制流外，还为应用程序提供了一个私有的地址空间，这个私有地址空间就是虚拟地址空间。

1. Linux 中进程的虚拟地址空间

图 8.1 给出了在 Intel x86 架构下 Linux 操作系统中的一个进程对应的虚拟地址空间。

整个虚拟地址空间分为两大部分：**内核虚拟存储空间**（简称**内核空间**）和**用户虚拟存储空间**（简称**用户空间**）。在采用虚拟存储器机制的系统中，每个程序的可执行目标文件都被映射到同样的虚拟地址空间上，也即，所有用户进程的虚拟地址空间是一致的，只是在相应的只读区域和可读写数据区域中映射的信息不同而已，它们分别映射到对应可执行目标文件中的只读代码段（节 .init、.text 和 .rodata 组成的段）和可读写数据段

（节 .data 和 .bss 组成的段）。其中，.bss 节在可执行目标文件中没有具体内容，因此，在运行时由操作系统将该节对应的存储区初始化为 0。

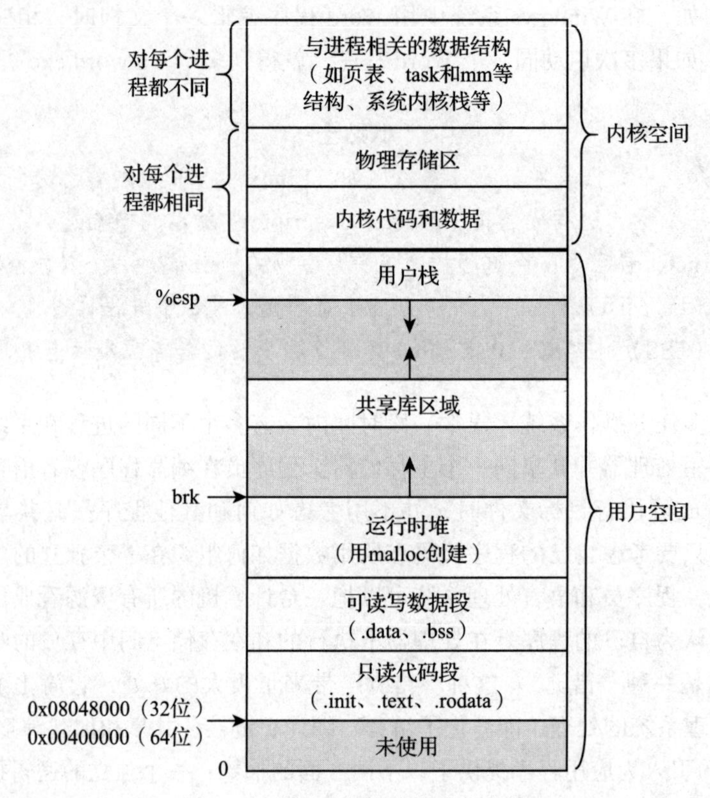

图 8.1 进程对应的虚拟地址空间

虚拟地址空间分成内核空间和用户空间。内核空间用来映射到操作系统内核代码和数据、物理存储区，以及与每个进程相关的系统级上下文数据结构（如进程标识信息、进程现场信息、页表等进程描述信息以及内核栈等），其中内核代码和数据区在每个进程的地址空间中都相同。用户程序没有权限访问内核空间。用户空间用来映射到用户进程的代码、数据、堆和栈等用户级上下文信息。每个区域都有相应的起始位置，堆区和栈区相向生长，其中，栈从高地址往低地址生长。

对于 IA-32，内核虚拟存储空间在 0xC000 0000 以上的高端地址上，用户栈区从起始位置 0xC000 0000 开始向低地址增长，堆栈区中的共享库映射区域从 0x4000 0000 开始向高地址增长，只读代码区域从 0x0804 8000 开始向高地址增长，只读代码区域后面跟着可读写数据区域，其起始地址通常要求按 4KB 对齐。

对于 x86-64，其最开始的只读代码区域从 0x40 0000 开始，用户空间的最大地址为 0x7FFF FFFF FFFF，通常，共享库映射在 0x7FFF F000 0000~0x7FFF FFFF FFFF 的区域内，从 0x7FFF F000 0000 向下是用户运行时栈（run_time stack），一般限定栈大小为 8MB，整个用户空间大小为 2^{47} 字节（128TB）。内核空间在 0x8000 0000 0000 以上的高端地址上，最大地址为 0xFFFF FFFF FFFF，整个内核空间大小也是 2^{47} 字节（128TB）。

小贴士

目前比较新的 Linux 发行版，如 ubuntu17.04，其 gcc 默认会生成位置无关可执行文件 PIE（Position Independent Executable），用 objdump 去查看这些可执行文件的反汇编代码，会发现其代码起始地址并不是在 0x804 8000（IA-32）或者 0x40 0000（x86-64），而是在地址 0 附近。这主要是为了提高代码的安全性而采用了第 6 章提到的 ASLR（Address Space Layout Randomization）技术，即地址空间随机化技术。

2. Linux 虚拟地址空间中的区域

Linux 将进程对应的虚拟地址空间组织成若干“区域”（area）的集合，这些区域是指在虚拟地址空间中的一个有内容的连续区块（即已分配的），例如，图 8.1 中的只读代码段、可读写数据段、运行时堆、用户栈、共享库等区域。每个区域可被划分成若干个大小相等（如页大小为 4KB）的虚拟页，主存和硬盘等外存之间按页进行数据交换，每个存在（有内容）的虚拟页一定属于某个区域。

Linux 内核为每个进程维护了一个进程描述符，数据类型为 task_struct 结构。task_struct 中记录了内核运行该进程所需要的所有信息，例如，进程的 PID、指向用户栈的指针、可执行目标文件的文件名等。如图 8.2 所示，task_struct 结构可对进程虚拟地址空间中的区域进行描述。

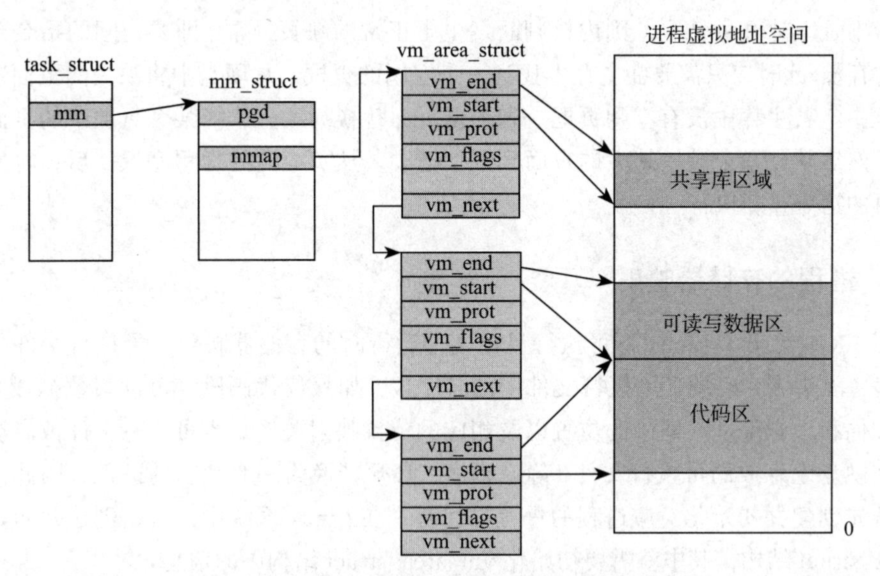

图 8.2 Linux 进程虚拟地址空间中区域的描述

task_struct 结构中有个指针 mm 指向一个 mm_struct 结构。mm_struct 描述了对应进程虚拟存储空间的当前状态，其中，有一个字段 mmap 指向一个由 vm_area_struct 结构构成的链表表头。Linux 采用链表方式管理用户空间中的区域，使得内核不用记录那些不存在（无内容）的“空洞”页面（如图 8.1 中的灰色区中的页面），因而这种页面不占用主存、硬盘或内核本身的任何额外资源。

每个 vm_area_struct 结构描述了对应进程虚拟存储空间中的一个区域，vm_area_struct 中部分字段如下：

- vm_start：指向区域的开始处。
- vm_end：指向区域的结束处。
- vm_prot：描述区域的访问权限。
- vm_flags：描述区域所映射的对象类型。
- vm_next：指向链表中的下一个 vm_area_struct。

3. Linux 中页故障处理

当 CPU 中的存储器管理部件（MMU）在对某个指令或数据的虚拟地址 VA 进行地址转换时，若检测到页故障，则转入操作系统内核进行页故障处理。Linux 内核可根据上述对虚拟地址空间中各区域的描述，将 VA 与 vm_area_struct 链表中每个 vm_start 和 vm_end 进行比较，以判断 VA 是否属于“空洞”页面，若是，则发生**段故障**（segmentation fault）；若不是，则再判断所进行的操作是否和所在区域的访问权限（由 vm_prot 描述）相符。若不相符，例如，假定 VA 属于代码区，访问权限为 PROT_EXE（可执行），但指令对地址 VA 的操作是写，那么就发生了**访问越权**；假定在用户态下指令要读取访问权限为 PROT_NONE（不可访问）的内核区域，那么就发生了**访问越级**。段故障、访问越权和访问越级都属于页故障异常，会导致当前进程终止。

若不是上述几种情况，则内核判断发生了正常的缺页异常（即要访问的指令或数据不在主存），此时，只需要在主存中找到一个空闲的页框，从硬盘中将缺失的页面装入主存页框中。若主存中没有空闲页框，则根据页面替换算法，选择某个页框中的页面交换出去，然后从硬盘上装入缺失的页面到该页框中。从页故障处理程序返回后，将回到发生缺页的指令重新执行。

8.1.3 进程的存储器映射

图 7.8 中给出了 Linux 下可执行目标文件运行时的存储器映射，可执行文件中的**程序头表**（段头表）记录了可执行文件中的各个段（如只读代码段、可读写数据段）在可执行文件和虚拟地址空间中的位置以及相应的位置映射关系。当可执行文件被启动执行时，在硬盘上存放的可执行文件（静态程序）必须转换为一个动态的进程，因此，操作系统首先创建并初始化对应进程的进程描述符，在 Linux 系统中，就是创建并初始化一个 task_struct 结构，其中就需要初始化 vm_area_struct 结构中的信息。

进程的**存储器映射**（memory mapping）就是指将进程的虚拟地址空间中的一个区域与硬盘上的一个对象建立关联，以初始化进程描述符 task_struct 中的 vm_area_struct 结构信息。可以使用 Linux 中的系统调用函数 mmap() 实现进程的存储器映射。mmap() 可以通过读取可执行文件的程序头表中的信息实现存储器映射。

在类 UNIX 系统中，可以使用 mmap() 函数进行存储器映射，创建某进程虚拟地址空间中的一个区域，从而可以据此生成一个 vm_area_struct 结构。

mmap() 函数的用法如下：

```
void *mmap(void *start, size_t length, int prot, int flags, int fd, off_t
    offset);
```

若该函数的返回值是 -1（MAP_FAILED），则表示出错；否则，返回值为指向映射区域的指针。该函数的功能是，将指定文件 fd 中偏移量 offset 开始的长度为 length 个字节的一块信息，映射到虚拟地址空间中起始地址为 start、长度为 length 个字节的一块区域。

对照 7.2.3 节可执行文件程序头表的数据结构以及图 7.7 中显示的程序头表表项的含义可知，mmap() 函数的功能就是将某一个程序头表表项的信息读出，并记录到一个 vm_area_struct 结构中。

参数 prot 指定该区域的访问权限位，对应 vm_area_struct 结构中的 vm_prot 字段。可能的取值包括以下几种。

- PROT_EXE：区域由可执行的指令组成。
- PROT_READ：区域内信息只可读不可写。
- PROT_WRITE：区域内信息可写。
- PROT_NONE：区域内信息不能被访问。

参数 flags 指定该区域所映射的对象的类型，对应 vm_area_struct 结构中的 vm_flags 字段，可以是以下两种类型中的一种。

1）普通文件。属于普通的可执行文件和共享库文件中的某种对象类型，例如，映射到可执行文件中的只读代码区域（.init、.text、.rodata）和已初始化数据区域（.data）的对象，这些对象属于**私有对象**，此时参数 flags 设置为 MAP_PRIVATE；映射到共享库区域的共享库文件中的对象，这些对象属于**共享对象**，此时，flags 设置为 MAP_SHARED。

2）匿名文件。由内核创建的、全部由 0 组成的文件，对应区域中的每个虚拟页称为**请求零的页**（demand-zero page）。若参数 flags 设置为 MAP_ANON，则说明被映射的对象为一个匿名文件，相应区域初始化为全 0。通常，未初始化数据区（.bss）、运行时堆、用户栈等区域都属于私有对象，且初始化为全 0，因此，这些区域的 flags 参数设置为 MAP_PRIVATE | MAP_ANON。

根据上述对 vm_area_struct 结构中 vm_prot 和 vm_flags 等字段的初始化设置，在可执行文件加载时，以及在对应进程执行过程中，操作系统可以为进程分配合适的主存空间，用相应的对象类型初始化主存空间，并正确判断对主存空间的读写是否合理（例如，是否读写了不能被访问的区域，是否对只能读不可写的区域进行了写操作等）。

8.1.4 程序的加载过程

当启动一个可执行目标文件执行时，首先会通过某种方式调出常驻内存的一个称为**加载器**（loader）的操作系统程序来进行处理。在 UNIX/Linux 系统中，可以通过调用 execve() 函数来启动加载器。

execve() 函数的功能是在当前进程的上下文中加载并运行一个新程序。execve() 函数的用法如下：

```
int execve(char *filename, char *argv[], *envp[]);
```

该函数用来加载并运行可执行目标文件 filename，可带参数列表 argv 和环境变量列表 envp。若出现错误，如找不到指定的文件 filename，则返回 -1，并将控制权返回给调用程序；若函数功能执行成功，则不返回，而是将 PC（在 IA-32 中为 EIP）设定为指向在可执行文件 ELF 头中字段 e_entry 所定义的入口点（Entry Point，即符号 _start 处）。每个程序执行的第一条指令的地址都由 Entry Point 指定，将 Entry Point 设定到 PC 后，即可跳转到符号 _start 处执行。每个 C 语言程序的入口处代码都在启动模块 crtl.o 中定义。

符号 _start 处定义的启动代码主要是一系列过程调用。首先，依次调用 __libc_init_first 和 _init 两个初始化过程；随后通过调用 atexit 过程对程序正常结束时需要调用的函数进行登记注册，这些函数称为**终止处理函数**，将由 exit() 函数自动调用执行；然后，再调用可执行目标文件中的主函数 main()；最后调用 _exit() 过程，以结束进程的执行，返回到操作系统内核。因此，启动代码的过程调用顺序如下：

__libc_init_first → _init → atexit → main（其中可能会调用 exit() 函数）→ _exit。

通常，主函数 main() 的原型形式如下：

```
int main(int argc, char **argv, char **envp);
```

或者是如下的等价形式：

```
int main(int argc, char *argv[], char *envp[]);
```

其中，argv 为一个以 null 结尾的指针数组表示的参数列表，每个数组元素都指向一个用字符串表示的参数。通常，argv[0] 指向可执行目标文件名，argv[1] 是命令（以可执行目标文件名作为命令的名字）第一个参数的指针，argv[2] 是命令第二个参数的指针，以此类推。参数个数由 argc 指定。

参数列表 argv 的组织结构如图 8.3 所示。图中显示了命令行“ ld -o test main.o test.o”对应的参数列表结构。

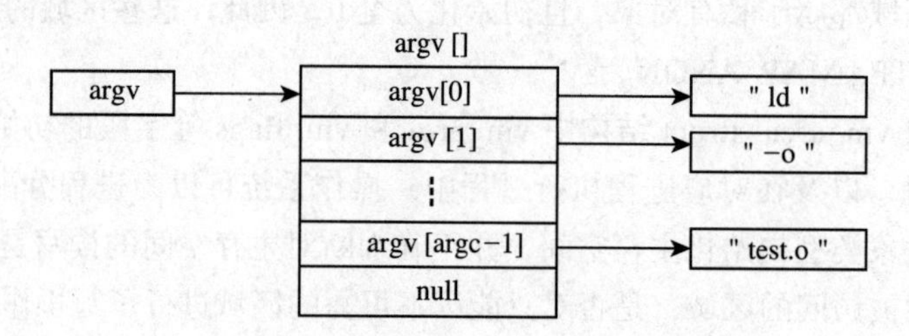

图 8.3　参数列表 argv 的组织结构

环境变量列表 envp 的结构与参数列表结构类似，也用一个以 null 结尾的指针数组表示，每个数组元素都指向一个用字符串表示的环境变量串，其中每个字符串都是一个形如“NAME=VALUE”的名 – 值对。

当 IA-32+Linux 系统开始执行 main() 函数时，在虚拟地址空间的用户栈中具有如图 8.4 所示的组织结构。

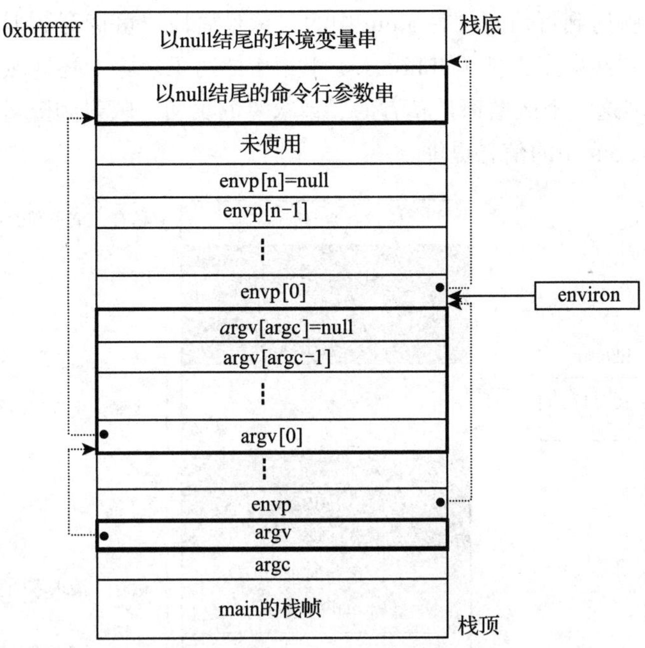

图 8.4　运行一个新程序的 main 函数时用户栈中的典型结构

如图 8.4 所示，用户栈的栈底是一系列环境变量串，然后是命令行参数串，每个串以 null 结尾，连续存放在栈中，每个串 *i* 由相应的 envp[*i*] 和 argv[*i*] 中的指针指示。在命令行参数串后面是指针数组 envp 的数组元素，全局变量 environ 指向这些指针中的第一个指针 envp[0]。然后是指针数组 argv 的数组元素。在栈的顶部是 main() 函数的三个入口参数：envp、argv 和 argc。在这三个参数所在单元的后面将生成 main() 函数的栈帧。

对于可执行文件 a.out 的加载执行，大致过程如下：

1）shell 命令行解释器输出一个命令行提示符（如：unix>），并开始接受用户输入的命令行。

2）当用户在命令行提示符后输入命令行“./a.out[enter]”后，开始对命令行进行解析，获得各个命令行参数并构造传递给函数 execve() 的参数列表 argv，将参数个数送至 argc。

3）调用函数 fork()。fork() 函数的功能是，创建一个子进程并使新创建的子进程获得与父进程完全相同的虚拟空间映射和页表，也即子进程完全复制父进程的 mm_struct、vm_area_struct 数据结构和页表，并将父进程和子进程中每一个私有页的访问权限都设置成只读，将两个进程的 vm_area_struct 中描述的私有区域中的页说明是私有的写时拷贝页。这样，如果其中某一页发生写操作，则内核将使用写时拷贝机制在主存中分配一个新页框，并将页面内容拷贝到新页框中。

4）以第 2 步命令行解析得到的参数个数 argc、参数列表 argv 以及全局变量 environ 作为参数，调用函数 execve()，从而实现在当前进程（新创建的子进程）的上下文中加载并运行 a.out 程序。在函数 execve() 中，通过启动加载器执行加载任务并启动程序运行。

如图 8.5 所示，a.out 进程用户空间中有 4 个区域，私有的只读代码区和私有的已初始化数据区分别映射到可执行文件 a.out 中的只读代码段、可读写数据段，共享库代码区和数据区映射到共享库文件（如 libc.so）中相应的对象。除上述区域外，未初始化数据（.bss）、栈和堆这三个区域都是私有的、请求零的页面，映射到匿名文件。未初始化数据区域长度由 a.out 中的信息提供。

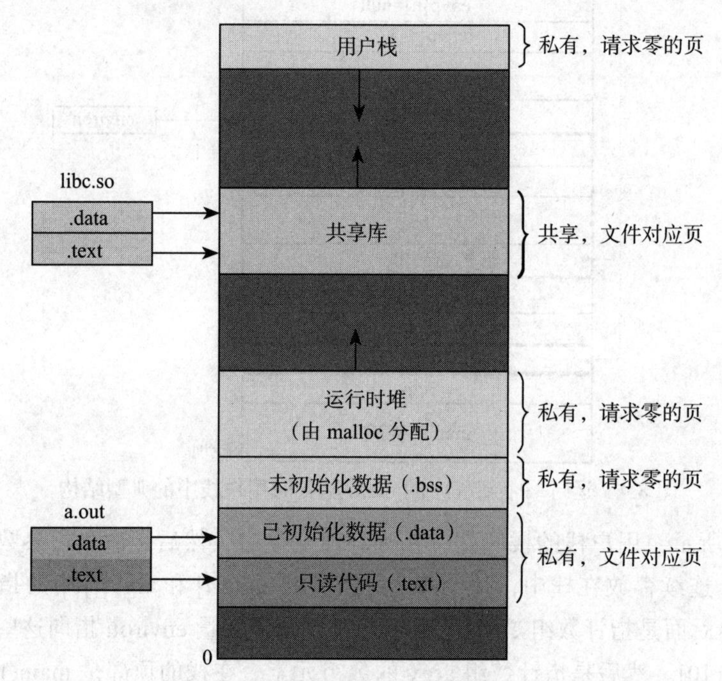

图 8.5 进程用户空间各区域对象类型

这里的"加载"实际上并没有将 a.out 文件中的代码和数据（除 ELF 头、程序头表等信息）从硬盘读入主存，而是根据可执行文件中的程序头表，对当前进程上下文中关于存储器映射的一些数据结构进行初始化，包括页表以及各 vm_area_struct 信息等，也即进行了存储器映射工作。当加载器执行完加载任务后，便将 PC 设定指向入口点（即符号 _start 处），从而开始转到 a.out 程序执行，从此，a.out 程序开始在新进程的上下文中运行。在运行过程中，一旦 CPU 检测到所访问的指令或数据不在主存（即缺页），则调用操作系统内核中的缺页处理程序执行。在处理过程中才将代码或数据真正从 a.out 文件装入主存。

8.2 进程的控制

程序的正常执行有两种顺序，一种是按指令存放的顺序执行，即新的 PC 值为当前指令地址加当前指令长度；一种是跳转到由跳转类指令指出的跳转目标地址处执行，即新的 PC 值为跳转目标地址。CPU 所执行的指令的地址序列称为 **CPU 的控制流**，通过上述两种方式得到的控制流为**正常控制流**。

在程序正常执行的过程中，CPU 会因为遇到内部异常事件或外部中断事件而打断原来程序的执行，转去执行操作系统提供的针对这些特殊事件的处理程序。这种由于某些特殊情况引起用户程序的正常执行被打断所形成的意外控制流称为**异常控制流**（Exceptional Control of Flow，ECF）。显然，计算机系统必须提供一种机制使得自身能够实现异常控制流。

在计算机系统的各个层面都有实现异常控制流的机制。例如，在最底层的硬件层，CPU 中有检测异常和中断事件并将控制转移到操作系统内核执行的机制；在中间的操作系统层，内核能通过进程的上下文切换将一个进程的执行转移到另一个进程执行；在上层的应用软件层，一个进程可以直接发送信号到另一个进程，使得接收信号的进程将控制转移到它的一个**信号处理程序**执行。

8.2.1 进程的逻辑控制流

一个可执行目标文件被加载并启动执行后，就成为一个进程。不管是静态链接生成的完全链接可执行文件，还是动态链接后在存储器中形成的完全链接可执行目标，它们的代码段中的每条指令都有一个确定的地址，在这些指令的执行过程中，会形成一个进程执行过程的指令地址序列，对于确定的输入数据，其指令执行的地址序列也是确定的。这个确定的执行指令的地址序列称为进程的**逻辑控制流**。

对于一个具有单处理器核的系统，如果在一段时间内有多个进程在其上运行，那么，这些进程会轮流使用处理器，也即处理器的**物理控制流**由多个逻辑控制流组成。例如，假定在某段时间内，**单处理器系统**中有三个进程 p_1、p_2 和 p_3 在运行，其运行轨迹如图 8.6 所示。图中水平方向为时间，垂直方向为指令的虚拟地址，不同进程的虚拟地址空间是独立的。

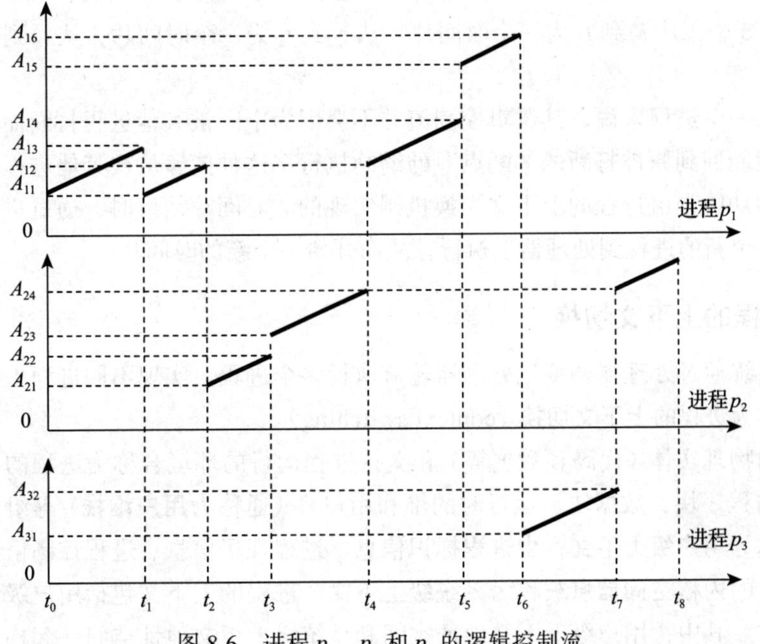

图 8.6 进程 p_1、p_2 和 p_3 的逻辑控制流

在图 8.6 中，进程 p_1 的执行过程为：从 t_0 到 t_1 时刻按序执行地址 A_{11} 到 A_{13} 处的指令，然后再跳转到 A_{11} 开始按序执行，直到 t_2 时刻执行 A_{12} 处指令时被换下处理器，一直等到 t_4 时刻，又从上次被中断的 A_{12} 处被换上处理器开始执行，直到 t_6 时刻执行完成。一个进程的逻辑控制流总是确定的，不管中间是否被其他进程打断，也不管被打断几次或在哪里被打断，这样，就可以保证一个进程的执行不管怎么被打断其行为总是一致的。可以看出，进程 p_1 的逻辑控制流为 $A_{11} \sim A_{13}$、$A_{11} \sim A_{14}$、$A_{15} \sim A_{16}$，即其执行轨迹总是先按序从 A_{11} 执行到 A_{13}；然后从 A_{13} 跳到 A_{11}，按序从 A_{11} 执行到 A_{14}；再从 A_{14} 跳到 A_{15}，按序从 A_{15} 执行到 A_{16}。在 p_1 整个逻辑控制流中在 A_{12} 处被 p_2 打断了一次。

进程 p_2 在 t_2 时刻被换上执行，在 t_4 时刻被换下处理器，然后在 t_7 时刻再次被换上处理器执行，直到 t_8 时刻执行完成。在 p_2 整个逻辑控制流中在 A_{24} 处被 p_1 打断了一次。

进程 p_3 则在 t_6 时刻被换上处理器执行，到 t_7 时刻执行完成。在 p_3 整个逻辑控制流中没有被打断。

从图 8.6 可以看出，有些进程的逻辑控制流在时间上有交错，通常把这种不同进程的逻辑控制流在时间上交错或重叠的情况称为**并发**（concurrency）。例如，进程 p_1 和 p_2 的逻辑控制流在时间上是交错的，因此，进程 p_1 和 p_2 是并发运行的，同样，p_2 和 p_3 也是并发的，而 p_1 和 p_3 不是并发的。并发执行的概念与处理器核数没有关系，只要两个逻辑控制流在时间上有交错或重叠都称为并发，而**并行**（parallelism）则是并发执行的一个特例，即并行执行的两个进程一定是并发的。我们称两个同时执行的进程的逻辑控制流是并行的，显然，并行执行的两个进程一定只能同时运行在不同的处理器或处理器核上。

从图 8.6 可以看出，三个进程的逻辑控制流在同一个时间轴上串行，也即进程是轮流在一个单处理器上执行的。连续执行同一个进程的时间段称为**时间片**（time slice）。例如，在图 8.6 中，从 t_0 到 t_2 为一个时间片，从 t_2 到 t_4 为一个时间片，从 t_4 到 t_6 为一个时间片。

对于某一个进程来说，其逻辑控制流并不会因为中间被其他进程打断而改变，因为被打断后还能回到原被打断的“断点”处继续执行。这种能够从被其他进程打断的地方继续执行的功能是由进程的上下文切换机制实现的。时间片结束时，通过进程的上下文切换，换一个新的进程到处理器上执行，从而开始一个新的时间片。

8.2.2　进程的上下文切换

操作系统通过处理器调度让处理器轮流执行多个进程。实现不同进程中指令交替执行的机制称为进程的**上下文切换**（context switching）。

进程的物理实体（代码和数据等）和支持进程运行的环境合称为**进程的上下文**。由用户进程的程序块、数据块、运行时的堆和用户栈（通称为**用户堆栈**）等组成的**用户空间信息**被称为**用户级上下文**；由进程标识信息、进程现场信息、进程控制信息和系统内核栈等组成的**内核空间信息**被称为**系统级上下文**。进程的上下文包括用户级上下文和系统级上下文。其中，用户级上下文地址空间和系统级上下文地址空间一起构成了进程的整个存储器映像，如图 8.7 所示，实际上它就是如图 8.1 所示的进程的虚拟地址空间。**进程控制信息**包含各种内核数据结构，如记录有关进程信息的进程描述符、页表、打开文件列表等。

图 8.7 进程的上下文

处理器中各个寄存器的内容称为**寄存器上下文**（也称为**硬件上下文**）。上下文切换发生在操作系统调度一个新进程到处理器上运行时，它需要完成以下三件事：

1）将当前处理器的寄存器上下文保存到当前进程的系统级上下文的现场信息中；

2）将新进程系统级上下文中的现场信息作为新的寄存器上下文，恢复到处理器的各个寄存器中；

3）将控制转移到新进程执行。

这里，一个重要的上下文信息是 PC 的值，当前进程被打断的断点处的 PC 作为寄存器上下文的一部分被保存在进程现场信息中，这样，下次该进程再被调度到处理器上执行时，就可以从其现场信息中获得断点处的 PC，从而能从断点处开始执行。

下面给出的例子是一种典型的进程上下文切换场景。以下是经典的 hello.c 程序：

```
1  #include <stdio.h>
2
3  int main()
4  {
5      printf("hello, world\n");
6  }
```

对于上述高级语言源程序，首先需要对其进行预处理并编译成汇编语言程序，然后再用汇编程序将其转换为可重定位的二进制目标程序，再和库函数目标模块 printf.o 进行链接，生成最终的可执行目标文件 hello。

假定在 UNIX 系统上启动 hello 程序，其 shell 命令行和 hello 程序运行的结果如下：

```
unix> ./hello [Enter]
hello, world
unix>
```

上下文切换指把正在运行的进程换下，换一个新进程到处理器执行。图 8.8 给出了上述 shell 命令行执行过程中 shell 进程和 hello 进程的上下文切换过程。首先运行 shell 进程，从 shell 命令行中读入字符串“./hello”到主存；当 shell 进程读到字符“[Enter]”后，shell 进程将通过系统调用从用户态转到内核态执行，由操作系统内核程序进行上下文切换，以保存 shell 进程的上下文并创建 hello 进程的上下文；hello 进程执行结束后，再转到操作系统完成将控制权从 hello 进程交回给 shell 进程。

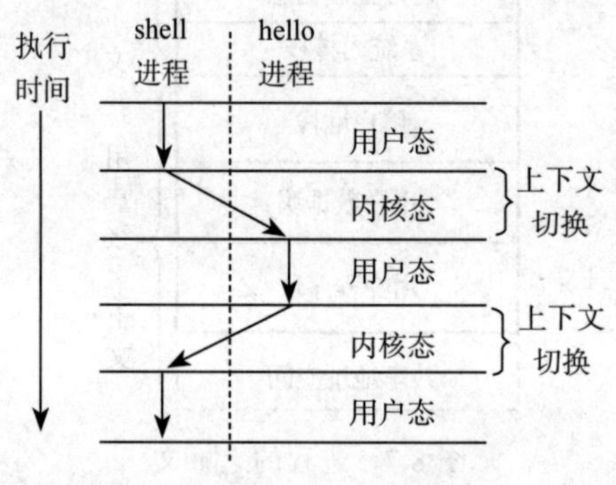

图 8.8　进程上下文切换示例

从上述过程可以看出，在一个进程的整个生命周期中，可能会有其他不同的进程在处理器中交替运行。例如，对于图 8.8 中的 hello 进程，用户感觉到的时间除 hello 进程本身的执行时间外，还包括操作系统执行上下文切换的时间。对于图 8.6 中的 p_1 进程，用户感觉到的时间除了包括操作系统执行上下文切换的时间外，还包括用户进程 p_2 的一段执行时间。因此，对于每个进程的运行很难凭感觉给出准确时间。

显然，处理器调度等事件会引起用户进程的正常执行被打断，因而形成突变的异常控制流，而进程的上下文切换机制很好地解决了这类异常控制流，实现了从一个进程安全切换到另一个进程执行的过程。

8.3　程序执行与 CPU 基本组成

计算机的所有功能都通过执行程序完成，程序由指令序列和所处理的数据构成。现代计算机最突出的特点之一是采用“存储程序”的工作方式，程序被启动后，计算机能自动逐条取出程序中的指令并执行。

8.3.1　程序及指令的执行过程

从第 6 章和第 7 章介绍的有关机器级代码的表示与生成过程可以看出，指令按顺序存放在存储空间的连续单元中，正常情况下，指令按其存放顺序执行，遇到需要改变程序执行流程时，用相应的跳转类指令（包括无条件跳转指令、条件跳转指令、调用指令和返回指令等）来改变程序执行流程。可以通过把即将执行的跳转目标指令所在地址送至程序计数器（PC）来改变程序执行流程。

CPU 取出并执行一条指令的时间称为**指令周期**。不同指令所要完成的功能不同，所用的时间可能不同，因此不同指令的指令周期可能不同。

对于图 7.9 中的例子，其链接生成的可执行目标文件的 .text 节中的 main 函数包含的指令序列如下：

```
1  08048380 <main>:
2      8048380:    55                  push   %ebp
3      8048381:    89 e5               mov    %esp,%ebp
4      8048383:    83 e4 f0            and    $0xfffffff0,%esp
5      8048386:    e8 09 00 00 00      call   8048394 <swap>
6      804838b:    b8 00 00 00 00      mov    $0x0,%eax
7      8048390:    c9                  leave
8      8048391:    c3                  ret
```

可以看出，指令按顺序存放在地址 0x08048380 开始的存储空间中，每条指令的长度可能不同，如 push、leave 和 ret 指令各占一字节，第 3 行的 mov 指令占两字节，第 4 行 and 指令占三字节，第 5 行和第 6 行指令都占五字节。每条指令对应的 0/1 序列的含义有不同的规定，如“push %ebp”指令为 55H=0101 0101B，其中高五位 01010 为 push 指令操作码，后三位 101 为 EBP 的编号，“leave”指令为 C9H=1100 1001B，没有显式操作数，8 位都是指令操作码。指令执行的顺序是，第 2~5 行指令按顺序执行，第 5 行指令执行后跳转到 swap 过程执行，执行完 swap 过程后回到第 6 行指令执行，然后顺序执行到第 8 行指令，执行完第 8 行指令后，再转到另一处开始执行。

为了能完成指令序列的执行，CPU 必须解决以下一系列问题：如何判定每条指令有多长？如何判定指令操作类型、寄存器编号、立即数等？如何区分第 3 行和第 6 行 mov 指令的不同？如何确定操作数是在寄存器中还是在存储器中？一条指令执行结束后如何正确地读取到下一条指令？

通常，CPU 执行一条指令的大致过程如图 8.9 所示，分成取指令、指令译码、源操作数地址计算并取操作数、执行数据操作、目的操作数地址计算并存结果、计算下条指令地址这几个步骤。

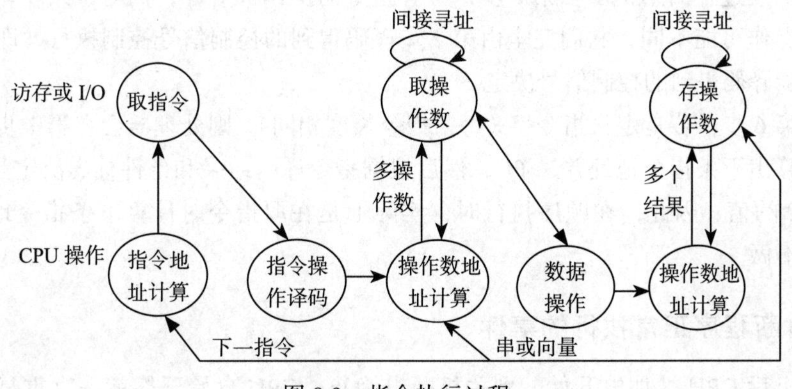

图 8.9 指令执行过程

1）取指令。马上将要执行的指令的地址总是在程序计数器（PC）中，因此，取指令的操作就是从PC所指出的存储单元中取出指令送到指令寄存器（IR）。例如，对于上述main过程的执行，刚开始时，PC（即IA-32中的EIP）中存放的是首地址0x0804 8380，因此，CPU根据PC的值取到一串0/1序列送到IR中，可以每次总是取最长指令字节数，假定最长指令有4字节，即IR为32位，此时，从0x0804 8380开始取4字节到IR中，也即，将55H、89H、E5H和83H这4字节信息送到IR中。

2）对IR中的指令操作码进行译码。不同指令的功能不同，指令涉及的操作过程不同，因而需要不同的操作控制信号。例如，上述第6行“mov $0x0,%eax”指令要求将立即数0x0送至寄存器EAX中；而上述第3行“mov %esp,%ebp”指令则要求从寄存器ESP中取数，然后送至寄存器EBP中。因而，CPU应该根据不同的指令操作码译出不同的控制信号。例如，对取到IR中的0x5589 E583进行译码时，可根据对最高5位（01010）的译码结果，得到push指令的控制信号。

3）源操作数地址计算并取操作数。根据寻址方式确定源操作数地址计算方式，若是存储器数据，则需要一次或多次访存，例如，当指令为间接寻址或两个操作数都在存储器中的双目运算时，就需要多次访存；若是寄存器数据，则直接从寄存器取数后，转到下一步进行数据操作。

4）执行数据操作。在ALU或加法器等运算部件中对取出的操作数进行运算。

5）目的操作数地址计算并存结果。根据寻址方式确定目的操作数地址计算方式，若是存储器数据，则需要一次或多次访存（如间接寻址时）；若是寄存器数据，则在进行数据操作时直接存结果到寄存器。

如果是串操作或向量运算指令，则可能会并行执行或循环执行第3～5步多次。

6）指令地址计算并将其送至PC。顺序执行时，下条指令地址的计算比较简单，只要将PC加上当前指令长度即可，例如，当对IR中的0x5589 E583进行操作码译码时，得知是push指令，因而指令长度为一字节，因此，指令译码生成的控制信号会控制使PC加1（即0x0804 8380+1），得到即将执行的下条指令的地址为0x0804 8381。如果译码结果是跳转类指令，则需要根据条件标志、操作码和寻址方式等确定下条指令地址。

对于上述过程的第1步和第2步，所有指令的操作都一样；而对于第3～5步，不同指令的操作可能不同，它们完全由第2步译码得到的控制信号控制执行，即指令的功能由第2步译码得到的控制信号决定。

对于第6步，若是定长指令字（每条指令长度相同），则处理器会在第1步取指令的同时，计算出下条指令地址并送PC，然后根据指令译码结果和条件标志决定是否在第6步修改PC的值，因此，在顺序执行时，实际上是在取指令时计算下条指令地址，第6步什么也不做。

8.3.2 打断程序正常执行的事件

从开机后CPU被加电开始，到关机断电为止，CPU自始至终就一直重复做一件事情：读出PC所指存储单元的指令并执行它。每条指令的执行都会改变PC中的值，因而CPU能够不断地执行新的指令。

正常情况下，CPU 按部就班地按照程序规定的顺序一条指令接着一条指令执行，或者按顺序执行，或者跳转到目标指令处执行，这两种情况都属于正常执行顺序。

当然，程序并不总是能按正常顺序执行，有时 CPU 会遇到一些特殊情况而无法继续执行当前程序。例如，以下事件会打断程序的正常执行。

- 对指令操作码进行译码时，发现是不存在的“非法操作码”，CPU 不知道如何实现当前指令而无法继续执行当前指令。
- 在访问指令或数据时，发现段错误、访问越级、访问越权或缺页等页故障，使得 CPU 没有获得正确的指令和数据而无法继续执行当前指令。
- 在 ALU 中运算的结果发生溢出、整数除法指令的除数为 0 等运算结果不正确而导致 CPU 无法继续执行程序。
- 在 CPU 执行指令过程中，CPU 外部发生了采样计时时间到、网络数据包到达等外部事件，要求 CPU 中止当前程序的执行，转去执行专门的外部事件处理程序。

因此，CPU 除了能够正常地不断执行指令以外，还必须具有程序正常执行被打断时的处理机制，这种机制被称为**异常控制**或**中断机制**，CPU 中相应的异常和中断处理逻辑电路称为**中断机构**。

计算机中很多事件的发生都会中断当前程序的正常执行，使 CPU 转到操作系统中预先设定的与所发生事件相关的处理程序去执行，有些事件处理完后可回到被中断的程序继续执行，此时相当于执行了一次过程调用，有些事件处理完后则不能回到原被中断的程序继续执行。

所有这些打断程序正常执行的事件可分成两大类：内部异常和外部中断。

内部异常（exception）是指 CPU 在执行某条指令时在 CPU 内部发生的意外事件或预先设定的触发事件。如非法操作码、除数为 0、设置断点、单步跟踪、栈溢出、缺页、段错误等。

外部中断（interrupt）是指程序执行过程中由 CPU 外部的设备完成某个指定任务或发生的某些特殊事件，例如，打印机缺纸、定时采样计数时间到、键盘缓冲区已满、从网络中接收一个信息包、从硬盘读入了一块数据等，外设通过向 CPU 发中断请求来要求 CPU 对这些情况进行处理。通常，每条指令执行完后，CPU 都会主动去查询有没有中断请求，有的话，则将下条指令地址作为**断点**保存，然后转到用来处理相应中断事件的**中断服务程序**执行，结束后回到断点继续执行。外部中断事件与正在执行的指令无关，由 CPU 外部的 I/O 子系统发出，因此也称为 **I/O 中断**。

8.3.3 CPU 的基本功能和组成

CPU 的基本职能是周而复始地执行指令，上一节介绍的机器指令执行过程中的全部操作都是由 CPU 中的控制器控制执行的。随着超大规模集成电路技术的发展，更多的功能逻辑被集成到 CPU 芯片中，包括 cache、MMU、浮点运算逻辑、异常和中断处理逻辑等，因而 CPU 的内部组成越来越复杂，甚至可以在一个 CPU 芯片中集成多个处理器核。但是，不管 CPU 多复杂，它最基本的部件是数据通路（datapath）和控制部件（control unit)。**数据通路**是指指令执行过程中数据流经的路径以及路径上的部件。**控制部件**根据每条指令功能的不同生成对数据通路的控制信号，并正确控制指令的执行流程。

CPU 的基本功能决定了 CPU 的基本组成，图 8.10 所示是 CPU 的基本组成原理图。

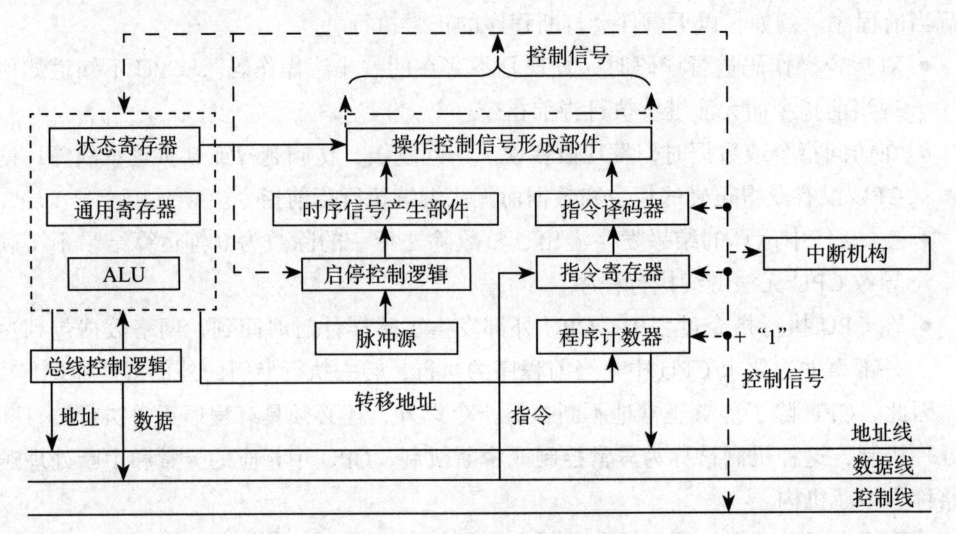

图 8.10　CPU 基本组成原理图

图 8.10 中的**地址线**、**数据线**和**控制线**并不属于 CPU，构成系统总线的这三组线主要用来使 CPU 与 CPU 外部的部件（如主存储器）交换信息，交换的信息包括地址、数据和控制三类，分别通过地址线、数据线和控制线进行传送，这里，数据信息包含指令，即数据和指令都可看成数据，因为对总线和存储器来说，指令和数据在形式上没有区别，而且数据和指令的访存过程也完全一样。除了地址和数据（包括指令）以外的所有信息都属于控制信息。地址线是单向的，由 CPU 送出地址，用于指定需要访问的指令或数据所在的存储单元地址。

图 8.10 所示的数据通路非常简单，只包括最基本的执行部件，如 ALU、通用寄存器和状态寄存器等，其余都是控制逻辑或与其密切相关的逻辑，主要包括以下几个部分。

1）程序计数器（PC）。PC 又称**指令计数器**或**指令指针寄存器**（IP），用来存放即将执行指令的地址。正常情况下，指令地址的形成有两种方式：

- 顺序执行时，PC +“1”形成下条指令地址（这里的“1”是指一条指令的字节数）。在有的机器中，PC 本身具有“+1”的计数功能，也有的机器借用运算部件完成 PC+“1”。
- 需要改变程序执行顺序时，通常会根据跳转类指令提供的信息生成跳转目标指令的地址，并将其作为下条指令地址送至 PC。

正如 8.1.4 节中所述，每个程序最开始执行时，总是把程序中第一条指令的地址（符号 _start 的值）送到 PC 中。

2）指令寄存器（IR）。**指令寄存器**用以存放现行指令。上文提到，每条指令总是先从存储器取出后才能在 CPU 中执行，指令取出后存放在指令寄存器中，以便送至指令译码器进行译码。

3）指令译码器（ID）。**指令译码器**对指令寄存器中的操作码部分进行分析解释，产生相应的译码信号提供给操作控制信号形成部件，以产生控制信号。

4）启停控制逻辑。在需要时能保证可靠地开放或封锁时钟脉冲，并控制时序信号的发生与停止，实现对机器的启动与停机。

5）操作控制信号形成部件。该部件将时序信号、指令译码信号和执行部件反馈的条件标志（如 CF、SF、ZF 和 OF）等进行相应的逻辑操作，以形成不同指令操作所需要的**控制信号**。

6）总线控制逻辑。实现对总线传输的控制，包括对数据和地址信息的缓冲与控制。CPU 对存储器的访问通过总线进行，CPU 将存储访问命令（即读写控制信号）送到控制线，将要访问的存储单元地址送到地址线，并通过数据线取指令或者与存储器交换数据信息。

7）中断机构。实现对内部异常和外部中断请求的处理。

8.4 小结

进程是一个具有一定独立功能的程序关于某个数据集的一次运行活动。“进程”的引入为应用程序提供了一个独立的逻辑控制流和一个私有的虚拟地址空间，使得程序员以为自己的程序在执行过程中独占使用处理器，并独立拥有一个私有的虚拟地址空间。

一个可执行文件被启动加载后将作为一个进程在计算机系统中被执行。程序的加载和执行需要操作系统的支持，在特定的 ISA+ 操作系统平台上都有相应的 ABI 规范规定进程的存储器映射。链接器在生成可执行文件时，会根据 ABI 规定的存储器映射方案确定只读代码段、可读写数据段等在虚拟地址空间中的位置，并将这种映射关系记录在可执行文件的程序头表中。

加载器可以根据程序头表中的信息，生成对应进程的虚拟地址空间划分，如 Linux 系统中每个进程控制块 task_struct 中的 vm_area_struct 结构链表中所描述的那样。在进程的执行过程中，CPU 可以根据 vm_area_struct 结构链表中的信息，对指令执行过程进行段故障、访问越级或越权等判断和处理。

每个进程都有其独立的逻辑控制流和私有的虚拟地址空间。在进程执行过程中，不管在哪条指令地址处被打断，每个进程的逻辑控制流都是确定的。操作系统通过进程的处理器调度，将当前正在处理器上执行的一个进程换下，把另一个进程换上处理器执行，导致系统在当前进程的执行过程中发生一个异常控制流，这种异常控制流通过进程的上下文切换来实现。

程序被加载结束时，加载器会将 PC 的内容设置为程序中第一条指令指令的地址，该地址并不是主函数 main 对应过程的第一条指令地址，而是启动代码中的第一条指令，从启动代码起始处开始，经过特定的几次过程调用，才跳转到 main 执行。

程序执行过程中，CPU 总是周而复始地执行程序所包含的指令，每条指令的执行过程包括取指令、指令译码、计算源操作数的地址、取源操作数并运算、计算目的操作数地址并保存结果。每条指令的执行都是在控制部件的控制下在数据通路中完成的。在发生内部异常或有外部中断请求的情况下，程序的正常执行会被打断。

习题

1. 给出以下概念的解释说明。

进程	内核空间	用户空间	段故障	访问越权
访问越级	页故障	缺页	私有对象	共享对象
请求零的页	CPU 的控制流	正常控制流	异常控制流	逻辑控制流
物理控制流	并发（concurrency）	并行（parallelism）	进程的上下文	系统级上下文
用户级上下文	寄存器上下文	进程控制信息	指令周期	内部异常
外部中断	中断服务程序	数据通路	控制部件	指令计数器
指令寄存器	指令译码器	控制信号	中断机构	

2. 简单回答下列问题。

（1）进程和程序之间最大的区别在哪里？

（2）在 IA-32+Linux 系统平台中，一个进程的虚拟地址空间如何划分？

（3）可执行文件、虚拟地址空间和进程描述符（如 Linux 系统中的进程描述符 task_struct）之间有什么关联关系？

（4）程序的加载过程中，如何得到对应进程描述符中的存储器映射信息（如 Linux 系统中进程的各区域描述 vm_area_struct 信息）？

（5）进程的引入为应用程序提供了哪两个方面的假象？这种假象带来了哪些好处？

（6）“一个进程的逻辑控制流总是确定的，不管中间是否被其他进程打断，也不管被打断几次或在哪里被打断，这样，就可以保证一个进程的执行不管怎么被打断其行为总是一致的。”计算机系统主要靠什么机制实现这个能力？

（7）引起异常控制流的事件主要有哪几类？

（8）在进行进程上下文切换时，操作系统主要完成哪几项工作？

3. 根据下表给出的 4 个进程运行的起、止时刻，指出每个进程对 *P*1−*P*2、*P*1−*P*3、*P*1−*P*4、*P*2−*P*3、*P*3−*P*4 中的两个进程是否并发运行？

进程	开始时刻	结束时刻
*P*1	1	7
*P*2	4	6
*P*3	3	8
*P*4	2	5

4. 假设在 IA-32+Linux 系统中一个 main 函数的 C 语言源程序 P 如下：

```
1   unsigned short b[2500];
2   unsigned short k;
```

```
3    main( )
4    {
5        b[1000]=1023;
6        b[2500]=2049%k;
7        b[10000]=20000;
8    }
```

经编译、链接后，第 5、6 和 7 行源代码对应的指令序列如下：

```
1    movw    $0x3ff, 0x80497d0        // b[1000]=1023
2    movw    0x804a324, %cx           // R[cx]=k
3    movw    $0x801, %ax              // R[ax]=2049
4    xorw    %dx, %dx                 // R[dx]=0
5    div     %cx                      // R[dx]=2049%k
6    movw    %dx, 0x804a324           // b[2500]=2049%k
7    movw    $0x4e20, 0x804de20       // b[10000]=20000
```

假设系统采用分页虚拟存储管理方式，页大小为 4KB，每页的第 1 次访问总是缺失，通过缺页处理把整个页调入主存后，以后对该页的访问就都能命中，不会发生缺页；第 1 行指令对应的虚拟地址为 0x80482c0，在运行 P 对应的进程时，系统中没有其他进程在运行，回答下列问题。

（1）对于上述 7 条指令的执行，在取指令时是否可能发生缺页？

（2）执行第 1、2、6 和 7 行指令时，在访问存储器操作数的过程中，哪些指令会发生缺页？哪些指令可能发生段故障（可能访问空洞页）？

（3）执行第 5 行指令时可能会发生什么情况而导致程序异常？

5. 假定当前环境变量列表如下：

```
SSH_CONNECTION=10.0.2.2 37182 10.0.2.15 22
LANG=C.UTF-8
XDG_SESSION_ID=5
USER=ZhangS
MYVAR=lxlinux.net
PWD=/home/ZhangS
HOME=/home/ZhangS
SSH_CLIENT=10.0.2.2 37182 22
XDG_DATA_DIRS=/usr/local/share:/usr/share:/var/lib/snapd/desktop
SSH_TTY=/dev/pts/0
TERM=xterm-256color
SHELL=/bin/bash
SHLVL=1
LOGNAME= ZhangS
XDG_RUNTIME_DIR=/run/user/1000
PATH=/usr/local/sbin:/usr/local/bin:/usr/sbin:/usr/bin:/
```

以下是一个打印命令行参数和环境变量列表的 C 语言程序：

```
1    #include <stdio.h>
2    int main(int argc, char *argv[], char *envp[])
3    {
4        int i;
5        printf("command line arguments:\n");
6        for (i=0; argv[i] != NULL; i=++)
```

```
7           printf("argv[%2d]: %s\n", i, argv[i]);
8       printf("\n");
9       printf("Environment variables:\n");
10      for (i=0; envp[i] != NULL; i=++)
11          printf("envp[%2d]: %s\n", i, envp[i]);
12      exit(0);
13  }
```

若上述程序生成的可执行文件名为 echo_prt，并按以下方式启动执行（命令行提示符为 unix>）：

```
unix> ./echo_prt comm_line_args env_vars
```

回答下列问题或完成下列任务。

（1）执行该程序后，在屏幕上打印的结果是什么？

（2）画出运行该程序时用户栈中的内容。

（3）简述该程序的加载执行过程。

附录A　gcc的常用命令行选项

gcc有多达上千个选项，其用户手册有近一万行，大多数选项很少用到，想了解gcc的使用方式，可以用命令man gcc显示使用说明。表A-1中给出了gcc常用选项及其功能说明。

表A-1　gcc常用命令行选项说明

选项	功能说明
-c	只进行编译不进行链接，生成以.o为后缀的可重定位目标文件
-o <file>	将结果写入文件<file>中
-o	不指定<file>时，默认结果文件名为a.out
-E	对源程序文件进行预处理，生成以.i为后缀的预处理文件
-S	对源程序文件或预处理文件进行汇编，生成以.s为后缀的汇编语言目标文件
-v	在标准错误输出上输出编译过程中执行的命令及程序版本号
-w	不输出任何警告级错误信息
-Wall	在标准错误输出上输出所有可选的警告级错误信息
-g	生成调试辅助信息，以便使用GDB等调试工具对程序进行调试
-pg	编译时加入剖析代码，以产生供gprof剖析用的统计信息
-O -O<*n*>	指定编译优化级别，<*n*>可以是0、1、2、3或者s，-O或省略该选项时都为-O1。-O0表示不进行优化，-O3的优化级别最高。-Os相当于-O2.5，表示使用所有不会增加代码量的二级优化（-O2）
-D <name>	-D <name>将宏<name>默认定义为1
-D <name>=<def>	显式地定义宏<name>等于<def>
-I <dir>	将目录<dir>加到头文件的搜索目录集合中，链接时在搜索标准头文件之前先对<dir>进行搜索
-L <dir>	将目录<dir>加到库文件的搜索目录集合中，链接时在搜索标准库文件之前先对<dir>进行搜索

小贴士

gprof是GNU工具之一，是一个**剖析程序**（profiler），通过编译时在每个函数的出入口加入剖析（profiling）代码监控程序在用户态的执行信息，可以得到每个函数的调用次数、执行时间、调用关系等信息，从而便于程序员查找用户程序的性能瓶颈。但是，对于很多时间都在内核态执行的程序，并不适合用gprof进行剖析。

有些剖析工具可以对内核运行情况进行剖析。例如，oprofile是一个开源的剖析工具，它使用处理器中的性能监视硬件来监控关于内核以及可执行文件的执行信息，监控开销比较小，而且统计信息较多，可以统计诸如cache缺失率、主存访问信息、分支预测错误率等，这些信息使用gprof是无法得到的，不过，使用oprofile不能得到函数调用次数。

总之，gprof工具较简单，适合于查找用户程序的性能瓶颈，而oprofile工具稍复杂，能得到更多性能方面的信息，更适合剖析系统软件。

附录B　GDB的常用命令

GDB 是一个程序调试工具软件。GDB 中的命令有一个非常有用的补齐功能。如同 Linux 下 shell 命令解释器中的命令补齐功能一样，输入一个命令的前几个字符后再按下 Tab 键时，能补齐命令。如果有多个命令的前几个字符相同，则会发出警告声，再次按下 Tab 键后，则将所有前几个字符相同的命令全部列出。

B.1　启动 GDB 程序

可以在 shell 命令行提示符下输入“ gdb”命令来启动 GDB 程序。假定 shell 命令行提示符为“unix>”，最常用的启动 GDB 程序的方式如下：

unix>gdb [可执行文件名]

该命令用于启动 GDB 程序并同时加载指定的将要被调试的可执行文件。如果仅输入“ gdb”而没有带可执行文件名，则仅启动 GDB 程序，因此必须在 GDB 调试环境下通过相应的 GDB 命令来加载需调试的可执行文件。

一旦启动 GDB 程序，则调试过程就在 GDB 调试环境下进行。

B.2　常用 GDB 命令

在 GDB 调试环境下，大部分 GDB 命令都可以利用补齐功能以简便方式输入。如 quit 可以简写为 q，因为以 q 打头的命令只有 quit。 list 可以简写为 l 等。此外，按回车键将重复上一个命令。

在 GDB 调试环境下使用的 GDB 命令有很多，本附录仅介绍最常用的几个。

✧ help [命令名]

  若想了解某个 GDB 命令的用法，最方便的方法是使用 help 命令。例如，在 gdb 提示符下输入 help list 将显示 list 命令的用法。

✧ file < 可执行文件名 >

  如果在启动 GDB 程序时忘记加可执行文件名，则在调试环境下可用 file 命令指定需加载并调试的可执行文件。例如，可用命令“ file ./hello”加载当前目录下的 hello 程序。注意，可执行文件的路径名一定要正确。

✧ run [参数列表]

  run 命令用来启动并运行已加载的被调试程序，如果被调试程序需要参数，则在 run 后接着输入参数列表，参数之间用空格隔开。

✧ list [显示对象]

list 命令用来显示一段源程序代码。在 list 后面指定显示对象的参数通常有以下几种。

- <linenum>：行号，显示对象为指定行号前、后若干行源码。
- <+offset>：相对当前行的正偏移量，显示对象为当前行的后面若干行源码。
- <-offset>：相对当前行的负偏移量，显示对象为当前行的前面若干行源码。
- <filename:linenum>：显示对象为指定文件中指定行号前、后若干行源码。
- <function>：函数名，显示对象为指定函数的源码。
- <filename:function>：显示对象为指定文件中指定函数的源码。
- <*address>：地址，显示指定地址处的源码。

✧ break [需设置的断点]

break 命令用来对被调试程序设置断点。在 break 后面的参数通常有以下几种。

- <linenum>：行号，在当前源文件中的指定行处设置断点。
- <filename:linenum>：在指定文件的指定行处设置断点。
- <function>：函数名，在指定函数的入口处设置断点。
- <filename:function>：在指定文件中指定函数的入口处设置断点。
- <*address>：地址，在指定地址处设置断点。
- <condition>：条件，只有在某些特定的条件成立时程序才会停下，称为条件断点。

设置一个断点后，它的起始状态是有效。可以用 enable、disable 来使某断点有效或无效，也可以用 delete 命令删除某断点。例如，可以用命令“ disable 2”使 2 号断点无效，用“delete 2”删除 2 号断点。

✧ info br|source|stack|args|…

info 命令用来查看被调试程序的信息，其参数非常多，但大部分不常用。其中，info br：查看设置的所有断点的详细信息，包括断点号、类型、状态、内存地址、断点在源程序中的位置等；info source：查看当前源程序；info stack：查看栈信息，它反映了过程（函数）之间的调用层次关系；info args：查看当前参数信息。

✧ watch < 表达式 >

watch 命令用来观察某个表达式或变量的值是否被修改，一旦修改则暂停程序执行。

✧ print < 表达式 >

print 命令用来显示表达式的值，表达式中的变量必须是全局变量或当前栈区可见的变量，否则 GDB 会显示以下类似信息：No symbol“xxxxx”in current context.

✧ x /NFU address

x 命令用来检查内存单元的值，x 是 examine 的意思，N 代表重复数，F 代表输出格式，U 代表每个数据单位的大小，上述命令表示从地址 address 开始以 F 格式显示 N 个大小为 U 的数值。若不指定 N，则默认为 1；若不指定 U，则默认每个数据单位为 4 个字节。F 的取值可以是 x（十六进制整数）、d（带符号十进制整数）、u（无符号十进制整数）或 f（浮点数格式）；U 的取值可以是 b（字节）、h（双字节）、w（四字节）或 g（八字节）。例如，命令 x/8ub 0x8049000 表示如下含义：以无符号十进制整数格式（u）显示 8 字节（b），即显示存储单元 0x8049000、0x8049001、0x8049002 和 0x8049003 中的内容。

✧ step

使用 step 命令可以跟踪进入一个函数的内部。

✧ next

使用 next 命令继续执行下一条语句，若当前语句中包含函数调用，则不会进入函数内部，而是完成对当前语句中的函数调用后跟踪到下一条语句。

✧ continue

当程序在断点处暂停执行后，可以用 continue 命令使程序继续执行下去。

✧ quit

使用 quit 命令可退出 GDB。

参考文献

[1] 袁春风，余子濠 . 计算机系统基础 [M]. 2 版 . 北京：机械工业出版社，2018.

[2] 布莱恩特，奥哈拉伦 . 深入理解计算机系统：第 3 版 [M]. 龚奕利，贺莲，译 . 北京：机械工业出版社，2016.

[3] 裘宗燕 . 从问题到程序：程序设计与 C 语言引论 [M]. 2 版 . 北京：机械工业出版社，2011.

[4] 尹宝林 . C 程序设计导引 [M]. 北京：机械工业出版社，2013.

[5] 袁春风 . 计算机组成与系统结构 [M]. 3 版 . 北京：清华大学出版社，2022.

推荐阅读

智能计算系统

作者：陈云霁 李玲 李威 郭崎 杜子东 编著 ISBN：978-7-111-64623-5 定价：79.00元

全面贯穿人工智能整个软硬件技术栈

以应用驱动，形成智能领域的系统思维

前沿研究与产业实践结合，快速提升智能计算系统能力

培养具有系统思维的人工智能人才必须要有好的教材。在中国乃至国际上，对当代人工智能计算系统进行全局、系统介绍的教材十分稀少。因此，这本《智能计算系统》教材就显得尤为及时和重要。

——陈国良　中国科学院院士，原中国科大计算机系主任，首届全国高校教学名师

懂不懂系统知识带来的工作成效差别巨大。这本教材以“图像风格迁移”这一具体的智能应用为牵引，对智能计算系统的软硬件技术栈各层的奥妙和相互联系进行精确、扼要的介绍，使学生对系统全貌有一个深刻印象。

——李国杰　中国工程院院士，中科院大学计算机学院院长，中国计算机学会名誉理事长

中科院计算所的学科优势是计算机系统与算法。本书作者在智能方向打通了系统与算法，再将这些科研优势辐射到教学，写出了这本代表了计算所学派特色的教材。读者从中不仅可以学到知识，也能一窥计算所做学问的方法。

——孙凝晖　中国工程院院士，中科院计算所所长，国家智能计算机研发中心主任

作为北京智源研究院智能体系结构方向首席科学家，陈云霁领衔编写的这本教材，深入浅出地介绍了当代智能计算系统软硬件技术栈，其系统性、全面性在国内外都非常难得，值得每位人工智能方向的同学阅读。

——张宏江　ACM/IEEE会士，北京智源人工智能研究院理事长，源码资本合伙人

本书对人工智能软硬件技术栈（包括智能算法、智能编程框架、智能芯片结构、智能编程语言等）进行了全方位、系统性的介绍，非常适合培养学生的系统思维。到目前为止，国内外少有同类书。

——郑纬民　中国工程院院士，清华大学计算机系教授，原中国计算机学会理事长

本书覆盖了神经网络基础算法、深度学习编程框架、芯片体系结构等，是国内第一本关于深度学习计算系统的书籍。主要作者是寒武纪深度学习处理器基础研究的开拓者，基于一流科研水平成书，值得期待。

——周志华　AAAI/AAAS/ACM/IEEE会士，南京大学人工智能学院院长，南京大学计算机系主任

推荐阅读

计算机体系结构基础 第3版

作者：胡伟武 等 书号：978-7-111-69162-4 定价：79.00元

我国学者在如何用计算机的某些领域的研究已走到世界前列，例如最近很红火的机器学习领域，中国学者发表的论文数和引用数都已超过美国，位居世界第一。但在如何造计算机的领域，参与研究的科研人员较少，科研水平与国际上还有较大差距。

摆在读者面前的这本《计算机体系结构基础》就是为满足本科教育而编著的……希望经过几年的完善修改，本书能真正成为受到众多大学普遍欢迎的精品教材。

—— 李国杰　中国工程院院士

- 采用龙芯团队推出的LoongArch指令系统，全面展现指令系统设计的发展趋势。
- 从硬件工程师的角度理解软件，从软件工程师的角度理解硬件。
- 优化篇章结构与教学体验，全书开源且配有丰富的教学资源 。

推荐阅读

数字逻辑与计算机组成

作者：袁春风 等 书号：978-7-111-66555-7 定价：79.00元

本书内容涵盖计算机系统层次结构中从数字逻辑电路到指令集体系结构（ISA）之间的抽象层，重点是数字逻辑电路设计、ISA设计和微体系结构设计，包括数字逻辑电路、整数和浮点数运算、指令系统、中央处理器、存储器和输入/输出等方面的设计思路和具体结构。

本书与时俱进地选择开放的RISC-V指令集架构作为模型机，顺应国际一流大学在计算机组成相关课程教学与CPU实验设计方面的发展趋势，丰富了国内教材在指令集架构方面的多样性，并且有助于读者进行对比学习。

- 数字逻辑电路与计算机组成融会贯通之作。
- 从门电路、基本元件、功能部件到微架构循序渐进阐述硬件设计原理。
- 以新兴开放指令集架构RISC-V为模型机。
- 通过大量图示并结合Verilog语言清晰阐述电路设计思路。